U0249934

晶体生长的物理基础

闵乃本　著

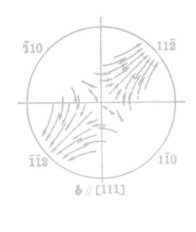

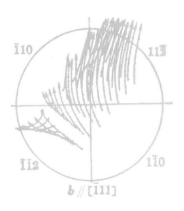

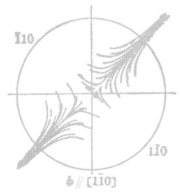

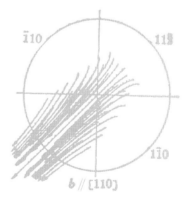

南京大学出版社

图书在版编目(CIP)数据

晶体生长的物理基础 / 闵乃本著. — 南京 : 南京
大学出版社, 2019.10(2023.7 重印)
ISBN 978 - 7 - 305 - 22536 - 9

Ⅰ. ①晶… Ⅱ. ①闵… Ⅲ. ①晶体生长 – 理论 Ⅳ.
①O781

中国版本图书馆 CIP 数据核字(2019)第 152257 号

出版发行　南京大学出版社
社　　址　南京市汉口路 22 号　　　　邮　编　210093
出 版 人　金鑫荣
书　　名　**晶体生长的物理基础**
著　　者　闵乃本
责任编辑　王南雁　　　　　　编辑热线　025 - 83595840
照　　排　南京南琳图文制作有限公司
印　　刷　南京爱德印刷有限公司
开　　本　787×1092　1/16　印张 24.75　字数 556 千
版　　次　2019 年 10 月第 1 版　2023 年 7 月第 2 次印刷
ISBN 978 - 7 - 305 - 22536 - 9
定　　价　98.00 元

网址：http://www.njupco.com
官方微博：http://weibo.com/njupco
官方微信号：njupress
销售咨询热线：(025) 83594756

闵乃本先生像

编者的话

过去开门办学，在工人师傅和工厂技术人员的帮助下，学习了以 YAG 为类型产品的生长工艺，实习过了水热法和关照法生长水晶和红宝石晶体；为进一步讨论生长工艺中有关晶体质量的问题，因而编写了"晶体生长的理论基础"。

遵照从数理的一般的原则，在第一章中首先讨论了在溶液熔体中生长的温场和热量传输，在第二章中讨论溶液及分凝和质量传输时介绍了熔体生长的其他方法。原来准备将有关熔体生长的数位及第五章编成上册，由于时间来不及，故将五章小面生长和成核另排在下册中。

准备在六、七、八章中结合"平衡态"、"成核理论"和"脱溶沉淀"的讨论，介绍其他合种生长方法。第九、十两章比较深入地讨论分面形貌和合面动力学理论；最合在第十一章中讨论晶体的展历。

也应遵照毛主席教导，从实践出发，上今到理论，地合我的到实践中古

至于每一章的编写，符合原理—实践—理论—实践 应用 的合式处理，但是由于编者自1972年才开始学习晶体生长，在工艺实践方面经验少差且接触面很狭，在生长理论方面理解得很肤浅，因而在具体编写过程中产生很大困难，不容易抓住问题的本质，而且不可避免地将出现很多错误，望同志们指点。

闵乃本先生手稿

序

闵乃本先生的专著《晶体生长的物理基础》再次出版了。该书首次出版是在 1982 年,由上海科学技术出版社出版,并于次年获全国科技图书一等奖。这次重新出版保持了原版的体系和特色,并补充了先生生前百忙之中对原书亲自做的仔细校订与补充,使得读者在使用该书时更方便。这次再版既满足了晶体界与材料界对一本高水平晶体生长教科书和参考书的期待,也了却了先生生前为了呼应同行们的需求而将其修订出版的心愿。

闵先生一生追求科学,兴趣广泛,对诸多领域都有涉猎,但最成系统、最有影响的贡献涉及两个方面,一是以介电体超晶格为代表的微结构科学,二是有关晶体生长机制的理论。貌似相隔甚远的两个方向,先生以科研实践将其关联了起来。正是基于闵先生晶体生长理论与技术研制出的聚片多畴铌酸锂晶体,成为了两者之间的桥梁,这推动了二十世纪八十年代初,南京大学利用该晶体实现了激光倍频增强实验,明确验证了由诺贝尔奖获得者 Bloembergen 等人 1962 年提出的非线性光学中的准相位匹配理论。八十年代中期,闵先生在上述工作基础上提出了介电体超晶格的概念,并组建团队发展出了光学超晶格、声学超晶格和离子型声子晶体三类微结构材料体系。这些工作早于国际上提出光子晶体、声子晶体和超构材料等,为国际上微结构功能材料研究的快速崛起做出了贡献,也奠定了我国在这一领域的国际学术地位。这方面的系统工作曾获 2006 年度国家自然科学一等奖。

闵先生对晶体生长的研究其实比介电体超晶格更早。1959 年闵先生大学毕业留校工作,在冯端先生带领下,他闯入了当时在国内尚是空白的晶体缺陷领域。他与同事一起设计了我国第一台电子束轰击仪,成功地制备了难熔金属单晶体,获得国家科技产品二等奖。到 1965 年,他在晶体缺陷领域的研究已经达到国际领先水平。二十世纪七十年代以后,半导体和激光技术的发展,使中国的科学家敏锐地觉察到人工晶体的重要性。闵先生转而开始了对激光与非线性光学晶体生长的研究。当时不仅国内没有晶体生长机理的系统理论,国际上也没有建立,这完全是一片尚未开发的处女地。先生萌生了将自己平时的讲义完善成一本包含晶体生长系统理论的教科书和参考书的想法,并随之将其付诸实践。正如闵先生自己在本书初版的序言中所述,当时"这门学科国内尚无专著,在国外也找不到一本较为系统的参考书",所以难度可想而知。闵先生正是靠着自己扎实的物理功底、超人的悟性以及多年的实践经验,系统地总结了不同条件下晶体生长规律,发展和完善了完整晶体、缺陷晶体的生长理论,完成了该书的写作。其实这已不是一般意义上的教科书,而是他自己对晶体生长的理解和十多年研究成果的系统总结。1982 年,41 万字的专著《晶体生长的物理基础》问世,成为当时国际上第一本全面论述晶体生长的理论专著。尽管该书成书较早,但到目前为止,该书仍是阐述晶体生长物理和技术的几本有特色的专著之一,其他的有:F. Rosenberger 著的 *Fundamentals of Crystal Growth*(Springer, 1979);A. Pimpinelli 和 J. Villain 著的 *Physics of Crystal Growth*(Cambridge University Press, 1998);以及 Ivan V. Markov 著的 *Crystal Growth for Beginners*(World Scientific, 1995)。其中犹他大学的 Rosenberger 教授(罗森伯格,美国晶体生长协会副主席)著的 *Fundamentals of Crystal Growth* 虽然出版于 1979 年,但由于历史的原因,闵先生是直到他专著完稿后才看到此书的(当时罗森伯格也只完成了三卷中的第一卷)。有趣的是在 1982 年到 1984 年期间,闵先生应罗森伯格教授的邀请去犹他大学做访问研究,罗森伯格在他的课堂上拿出先生的专著向学生介绍:"在晶体生长这一领域里,目前全世界可称为专著的只有两本,一本的作者是我,另一本的作者是闵教授。现在我们同时出现在你们面前给你们讲课,你们是多么幸运啊!"这段插曲已成为中美晶体生长界交流历史上的一段佳话。《晶体生长的物理基础》在晶体研制大国日本也产生了很大影响,著名晶体学家、东北大学教授砂川一郎在《日本结晶成长学会志》(Vol. 10, No. 3-4, P. 21)的书评中指出:"……该书内容新颖而且系统,包含了非常高深的内容,而且以一个完整的思路全面阐述了晶体生长学。例如,我们知道的有关成核、晶体生长机制、界面结构和形貌学等方面的理论和计算机模拟的结果都收集在该书中。通览一下该书主要参考书目的内容,也能知道无论在深度还是广度上,作者对晶体生长的理解都是十分透彻的。"中国晶体学的奠基人之一钱临照先生专门为该书写了书评,称之为"国内第一本全面论述晶体生长的理论专著……在此领域国际上也不多见"(见《物理》14 卷第 7 期)。作为一本广受欢迎的教材和参考书,这本书也的确担当了相应的历史责任,培养了好几代中国材料物理和晶体生长领域的工作者。

从二十世纪七十年代开始,闵先生花了近十年时间才完成了《晶体生长的物理基础》一书,其中遇到的困难不计其数,在那特殊的历史时期,这过程犹如凤凰涅槃。八十年代开始,情况好转,闵先生的研究受到国际同行越来越多的关注。1982 年到 1984 年,先生应罗森伯格教授邀请以访问学者的身份到美国犹他大学做合作研究。在此期间,他成功地解释了晶面热致粗糙化的难题,修正了晶体生长的"杰克逊"理论,其研究被誉为"近十年来晶体生长领域最好的研究成果",他也因此获得美国犹他大学和黑格斯公司联合设立的"大力神"奖。八十年代,闵先生在晶体生长研究方面最重要的贡献是提出与建立了系统的晶体生长的缺陷机制理论。早在 1949 年,晶体学家 Frank 就提出了晶体生长的螺位错机制,在七八十年代,人们陆续观察到不仅是螺位错、刃位错、层错、孪晶等缺陷在晶体生长过程中都有作为生长台阶源的迹象,然而一直没有进行深刻的理论解释。闵先生基于缺陷引起的点阵畸变以及缺陷邻近原子组态的分析,将螺位错机制推广为包括刃位错、混合位错、层错、孪晶等在内的更为普遍的缺陷机制,给出了实际晶体生长的缺陷机制理论[*J. Crystal Growth* 128 (1993) 104-112; *ibid*, 115 (1991) 199-202; *ibid*., 87 (1988) 13-17; *ibid*., 91 (1988) 11-15)]。根据这些机制,任何可以在晶体生长表面提供台阶源的缺陷都能为晶体生长做出贡献,这些台阶源包括完全台阶和不完全台阶(亚台阶)等,这一机制的建立成为经典晶体生长理论近几十年来最重要的发展之一。在不同的应用场合,先生提出的生长理论分别被称为"闵氏孪晶片理论""亚台阶机制/理论"等,并被应用到了片状银盐制备、蛋白质晶体生长、纳米材料制备、驰豫铁电体制备、金刚石生长和光电功能晶体生长等广泛体系中。

由于《晶体生长的物理基础》成书较早,上述介绍的先生自1982年以后在晶体生长方面的诸多贡献未来得及收录到这本书中。先生生前也曾着力筹划为本书增添几个章节,把最新的成果与进展收录进来,使得书中介绍的晶体生长机制体系更加完整。东风无力管苍天,非常遗憾先生的这一夙愿最终还是没能实现。现在将《晶体生长的物理基础》以先生亲自修订过的形式再版也是对先生的一种追思,先生开创的事业必将发扬光大、后继有人。

借此机会,我要感谢师母葛传珍老师,她对本次出版提出很多宝贵意见,并提供了珍贵的照片与资料,更重要的是她对我们给予了充分信任与支持。一辈子与先生的朝夕相处,患难与共,乃至曾经的参与,使得她对此书有特殊的理解与感情,对书中的公式也一一作了核对,找出印刷中的疏漏,这都感染了我们努力把事情做好!感谢朱永元和姚淑华两位老师,他们对书稿进行了详细的校验,提出了许多好建议。感谢先生的诸多学生和同仁对这事的关注与鼓励,没有大家的理解和共同努力,这项任务是很难完成的。感谢编辑王南雁女士和吴汀先生,你们不辞辛苦一遍又一遍与我们沟通,提供建设性方案,体现了专业水平和敬业精神。

祝世宁

2019 年 8 月于南京

序　言

本书是作者根据在南京大学物理系讲授"晶体生长的物理基础"的讲义改写而成。在改写过程中作者对内容作了较大的调整和补充,以使本书既可作为高等学校学生和研究生有关晶体生长课程的教材或教学参考书,又可作为从事晶体生长研制工作的科技人员的进修读物。

晶体生长是一种技艺,也是一门正在迅速发展的学科,在1972年到1976年间,作者撰写本书初稿时,无论在系统的拟定、内容的取舍以及处理的深度上,都是颇费心机的。这门学科国内尚无专著,在国外也找不到一本较为系统的参考书*,因而无从借鉴。为抓住主要矛盾,本书着重总结晶体生长的基本规律和解释生长过程中的基本现象。至于晶体生长工艺,在这里就不作系统的讨论。当然,熟悉晶体生长工艺和具有一定的实践经验,这是理解晶体生长理论的必要条件。但是要掌握晶体生长工艺的知识和技能,最好通过实验室中的专门训练或生产、科研单位的实地操作来达到。

单晶体既是广泛应用于电子器件、半导体器件、固体激光器件以及光学仪器和仪表工业的重要材料,同时又在实验固体物理学研究中起重要作用。在国内,工业性的晶体生长已经初具规模。无论在工业生产或实验室研制中,用直拉法生长晶体相当普遍,并已积累了丰富的资料;而作者近年来的研究工作也集中在氧化物晶体直拉法生长这一领域。因而本书就从总结直拉法这一特例出发,将由此得到的规律再推广到一般的生长过程。这样做比较切合国内晶体生长工作者当前的迫切要求,同时也不失为总结"发展中学科"的一条可行的途径。

本书前四章讨论了热量、质量和动量的传输理论,并结合炉内温场、溶质分凝、液流效应以及生长层的形成这些实际问题进行了分析和探讨。第五章对组分过冷和界面稳定性进行了系统的总结,这是近年来晶体生长领域中发展得比较成功的理论,迄今仍然十分活跃。晶体生长是一种能形成单晶体的特殊的相变过程,故在第六章和第七章中作者从热力学和统计物理学出发讨论了相平衡和相图以及界面的宏观性质与微观结构;这些内容不仅和晶体

---

* 本书完稿时,作者见到 F. Roseuberger 所著 *Fundamentals of Crystal Growth*, Springer, 1979,这是国外第一本较为系统的教科书,但目前只出版第一卷(计划为三卷)。

生长工艺密切相关,而且也是理解晶体生长微观过程的物理基础。第八章和第九章系统地讨论了晶体生长的动力学过程——成核和生长过程;在引入"相变驱动力"的概念后,作者将气相生长、溶液生长和熔体生长置于统一的物理框架之中,这是一种大胆的尝试。第十章讨论了晶体生长过程中位错的产生、延伸和分布规律,这是作者根据在全国固体缺陷学术讨论会(1979 年 6 月,南京)上的一篇评述性的论文写成的;不管是要获得高度完整的晶体,还是要获得设定缺陷组态的晶体,人们都希望了解这方面的知识。

阅读本书应具备一定的基础知识:如对热力学、物理化学、统计物理学、流体动力学、晶体学、晶体缺陷理论、数理方程等已有一些初步了解。为了便于非理科专业的读者自学,书中关于公式的推导是比较仔细的。本书的理论阐述,力求物理图像清晰、演绎严密。对具体问题,则首先描述现象的本身,然后在理论上予以解释;对于书中较难的章节(初学者不一定需要掌握的),作者标以星号" * ",以便读者自行取舍。由于作者学识浅陋、水平有限,书中难免有不少缺点和错误,希读者不吝指正。

作者写作本书的过程中,冯端教授不断地给予鼓励、支持和指导,并在百忙中抽空审阅了全部原稿。本书所依据的讲义,曾得到上海光机所侯印春同志、压电与声光研究所王鑫初工程师、国营 999 厂王致伟工程师的热情支持,山东大学张克从副教授提出了宝贵意见。本书定稿时蒙南京大学洪静芬同志仔细校阅。上海科学技术出版社的编辑为本书的编辑出版付出了辛勤的劳动,并提出了不少有益的建议。作者谨此致谢。

闵乃本

1980 年 6 月于南京

目　录

绪　论

　　晶体的性能决定于其内部的结构、成分和缺陷的分布状态。通常人们或是希望获得高度完整的晶体,即成分均匀、结构完整、缺陷甚少的晶体;或是为了获得某种物理性能,力图生长出具有预定的成分或缺陷分布状态的晶体。要达到上述目的就必须了解晶体生长的机制和所遵循的基本规律,因而学习、研究和掌握生长理论是非常必要的。

　　晶体生长理论是一门尚在发展中的学科。如果将吉布斯(Gibbs)于 1878 年发表的《论复相物质的平衡》这一著名的论文作为人们研究生长理论的开端,那么也有一百多年的历史了。但由于晶体生长是一种非平衡态过程,因而理论的发展是比较缓慢的。二十世纪二十年代,柯塞耳(Kossel)、斯特仑斯基(Stranski)提出完整晶体生长的微观理论。四十年代,弗兰克(Frank)发展了缺陷晶体生长的微观理论。1951 年,伯顿(Burton)、卡勃累拉(Cabrera)、弗兰克借助于统计物理学把这些工作加以总结,并撰写了篇名为《晶体生长及其界面的平衡结构》的论文。这篇论文为晶体生长的界面过程理论奠定了基础,可以将它看作晶体生长理论发展的重要里程碑。五十年代半导体晶体材料的发展,六十年代激光与非线性光学晶体材料的开拓,要求人们对晶体的成分、结构进行有效的控制。于是结合了温场设计、溶质分凝、生长层形成、组分过冷等实际问题,开展了热量、质量与动量的传输理论以及界面稳定性理论的研究。实际上,传输理论与描述界面过程的动力学理论相结合,就勾画出近代晶体生长理论的轮廓。这在 1970 年被清晰地总结在帕克(Parker)的《晶体生长机制:能量,动力学和传输》的评论文章中,这篇评论标志了晶体生长理论进入了新的发展阶段。能量、质量、动量的传输既可通过微观扩散也可通过宏观对流来实现。在七十年代结合弯月面效应、界面翻转、温度起伏等实际问题开展了液流效应的研究,弥补了传统传输理论中的一个空缺。今天,生长理论虽然以一门独立学科的姿态出现,但和丰富多彩的实验结果相比,理论仍然很不完善。目前多数的理论尚停留在定性和半定量的阶段,要使理论能够成为指导晶体生长工艺实践的有力工具,就迫切要求理论更进一步定量化和精确化。这表明这个领域的深入研究还是大有可为的。作者相信,在实现四化的宏伟目标鼓舞下,在晶体生长理论的发展方面,中国人民一定会作出较大的贡献。

第一章　温场和热量传输

要得到优质晶体,在晶体生长系统中必须建立合理的温度分布。在气相生长和溶液生长系统中,由于饱和气压和饱和浓度与温度有关,因而生长系统中温度分布对晶体生长行为有重要的影响。在熔体生长系统中,温度分布对晶体生长行为的影响却更加直接。而熔体生长中应用得最广的方法是直拉法生长(Czochralski growth, crystal growth by pulling)。直拉法生长对当代信息技术的进步作出了重要贡献,随着芯片集成度的提高,直拉法生长能够及时地提供直径足够大的、高度完整的 Si 单晶体,以保证芯片集成度提高的同时,其成本仍能持续降低。二十世纪六十年代以来,芯片集成度每 18 个月翻一番,而其性能价格比仍能每年以 25% ~ 30% 的速率指数增长,这应归功于直拉法生长提供了直径愈来愈大(当前直径已达 12 英寸,约 300 mm)的 Si 单晶基片。因而直拉法生长是最重要的晶体生长方法。本书从第一章至第五章讨论晶体生长系统中热量、质量、动量传输时将特别关注于直拉法生长系统。在本章中我们讨论直拉法生长的温度分布和热量传输。但是本章中分析问题的方法以及所得的主要结论,同样适用于其他熔体生长方法。

第一节　炉膛内温场的描述

一、温场

在单晶炉的炉膛内存在不同的介质,如熔体、晶体以及晶体周围的气氛等。不同的介质具有不同的温度,就是在同一介质内,温度也不是均匀分布的。显然,炉膛内的温度是随空间位置而变化的。在某确定的时刻,炉膛内全部空间中每一点都有确定的温度,而不同的点上温度可能不同,我们就把温度的空间分布称为炉内温场(temperature field in furnace)。一般说来,炉内温场随时间而变化,也就是炉内的温度是空间和时间的函数,这样的温场称为非稳温场(non-steady temperature field)。若炉内温场不随时间而变化,即温度分布与时间无关,这样的温场称稳态温场(steady temperature field)。

本节我们讨论稳态温场,而在第七节我们再分析非稳温场。

温场问题是十分重要的,从熔体中用直拉法生长晶体,如果没有合适的温场是无法生长晶体或是无法获得优质晶体的。

经验表明,如果我们只根据熔体液面中心沿铅直方向的温度梯度来设计温场,有时也不能长好晶体。这是由于铅直方向的温度梯度虽然反映了温场的性质,然而却没有反映其全部性质,或者说,只用液面中心铅直方向的温度梯度来描述温场是不充分的。

下面我们先讨论温场的若干重要性质以及如何对温场进行较为充分的描述。

如果我们将温场中温度相同的空间各点联结起来,我们就得到一个空间曲面。在此空间曲面上,温度处处相等,我们称此曲面为等温面。在温场中任意一点,只能具有一个温度,故过此点也只能作一个等温面,因而不同温度的等温面是永不相交的。在一确定的温场中,对应于一系列不同的温度,可以得到一系列的等温面,称为等温面族。图1-1就是用实验方法测得的钨酸锌单晶体生长时的等温面族[1]。在直拉法单晶炉温场内的等温面族中,有一个十分重要的等温面,该面的温度为熔体的凝固点,通常在这个等温面之上,温度低于凝固点,熔体凝为固相(晶体);在这个等温面之下,温度高于凝固点,故熔体仍为液相(在这里我们忽略了熔体凝固时偏离平衡态的过冷效应,这个问题将在第五章进行讨论)。这个温度为材料凝固点的等温面,就是固相与液相的分界面,被称为固液界面(solid-liquid interface)。由于钨酸锌熔体的凝固点为1190 ℃,故图1-1所示的等温面族中,温度为1190 ℃ 的等温面就是固液界面(图中实线所示)。

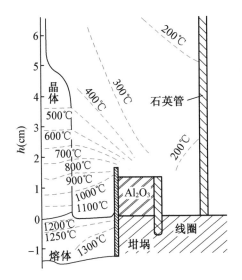

图1-1　钨酸锌晶体生长时用实验测得的等温面族[1]

固液界面通常有凸形(凸向熔体)、凹形和平坦的三种形状。固液界面之所以重要,是因为固液界面的宏观形状直接影响到晶体的质量。例如改变固液界面的形状可以避免小面生长和内核,可以控制与固液界面相交的位错的延伸。固液界面的形状也和晶体中溶质偏聚、气泡的形成、热应力的分布密切相关。因而控制固液界面形状就成为控制晶体质量之关键之一。另外,固液界面的微观结构,又直接决定了晶体的生长机制,因而关于固液界面的研究又是晶体生长理论研究的关键。

固液界面是温度为材料凝固点的等温面。故固液界面的形状是炉膛内温场的重要表现。如果要改变固液界面形状则只需改变温场,这可以通过改变炉膛结构(如改变发热元件的形状和发热元件与坩埚间的相对位置、改变保温层或保温罩的形状和相对位置等)或是改变工艺参量(如拉速、转速、气流情况等)来实现。在拉晶过程中,控制固液界面形状通常是通过改变工艺参量,特别是改变转速来实现的。

通过某一等温面上任意点,作出通过该点的法线,则沿此法线单位长度的温度变化就称为该点的温度梯度(temperature gradient)。温度梯度是一个矢量,它的方向是沿着等温面的法线指向温度升高的方向,它的大小就等于沿该方向单位长度温度的变化。通常我们将温度梯度矢量记为 grad T 或 ∇T。

温度梯度是一个十分重要的概念,因为它和热量传输过程中的热传导机制相联系(热传输机制有传导、对流、辐射,这里我们先讨论热传导)。我们知道热传导总是由高温传至低温,就是说热量是沿着与温度梯度相反的方向传导的。我们将单位时间通过单位面积的热量称为热流密度,经验表明,热流密度 $\dot{q}$ 的大小正比于温度梯度,而其方向与温度梯度矢量相反,因而热流密度亦为矢量,可表示为

$$\dot{q} = -k\,\nabla T \tag{1-1}$$

式中的比例常数 k 称热传导系数,负号表示式中的两矢量方向相反,(1-1)式就是熟知的傅里叶热传导定律(Fourier law of heat conduction)的数学表达式。

值得注意的是,热传导系数 k 不一定是常数,实际上所有物质的热传导系数都是温度的函数,至于液体或气体的热传导系数还与压力有关。晶体的热传导系数是随方向而显著地改变的,也就是说,晶体的热传导系数是各向异性的(anisotropy)。

二、温场的实验描述

我们在讨论了温场的基本性质后,有可能对温场进行较为具体的描述。我们先讨论温场的实验描述。

在晶体生长过程中,我们可以通过实验测定温场中空间各点温度。例如,熔体中或晶体周围气氛中的温度可以通过热电偶测量。而晶体中的温度,或是把热电偶长入晶体中进行测量,或是在晶体的不同位置钻不同深度的孔,将热电偶插入,再将该晶体与熔体熔接起来,继续生长时进行测量[1-2]。

对一具体的单晶炉,可用上述方法测定熔体、晶体和周围气氛中空间各点的温度。再根据测定的温度画出等温面族,并使面族中相邻等温面间的温差相同,这样我们就得到了温差为常数的等温面族。于是可根据等温面的形状推知温场中的温度分布。同时根据等温面的分布推知温度梯度,即等温面愈密处温度梯度愈大,愈稀处温度梯度愈小。习惯上是用液面邻近的轴向温度梯度和径向温度梯度来描述温场,严格地说,是用温度梯度矢量在轴向和径向的分量来描述温场。欲求这两个特殊方向的温度梯度分量,只需量出液面中心处相邻两等温面间沿轴向和径向的距离,再读出等温面间的温差,就能方便地求出上述两个方向的温度梯度分量。

图 1-2 就是用上述方法描述的锗单晶拉制时的温场[2],图中虚线是相界线,即表示了固

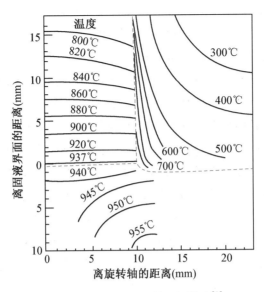

图 1-2 锗单晶生长的温场描述[2]

液界面、固气界面和液气界面。一般说来,直拉法单晶炉炉腔中的温度是轴对称的,因此可用剖面图的一半来表示。图中纵坐标就是晶体的旋转轴。在气相中相邻等温面的温差是100 ℃,可以看出愈近晶体表面温度愈高;愈近晶体表面,等温面愈密,故温度梯度也愈大。我们知道,温度梯度的方向恒垂直于等温面且指向温度升高的方向,这样我们对该温场中温度梯度的分布就有了大体的了解。我们又知道,热传导的热流密度矢量与温度梯度矢量的方向相反,且其大小与温度梯度成正比,于是我们又能大体上了解到热流情况。如果我们在图 1-2 中作一族曲线与等温线正交,这组曲线就是热传导的热流迹线。同样的分析,可以了解到在晶体中愈近固液界面温度愈高、温度梯度愈大。我们再来考察晶体中等温面的形状,从图中可以看出,固液界面是平面,愈近固液界面的等温面愈平,这意味着在晶体中固液界面邻近的热量是平行于提拉轴流向籽晶的,且该处邻近的晶体表面与周围气氛间是没有热交换的;而晶体中远离固液界面的等温面为凹面,由于热流密度矢量是垂直于等温面的,故在籽晶端晶体中的一部分热量是平行于生长轴流向籽晶,另一部分热量是沿着晶体表面耗散于周围气氛中。因而从晶体中等温面的形状及分布还可得知晶体与周围气氛间热交换的信息。至于熔体中的温场我们可作类似的分析,这里就不再重复。

上面我们已经介绍了如何通过实验测量来描述温场。至于如何通过理论来描述温场,在本章后半部分进行讨论。

三、稳态温场

如果炉腔中的温场为稳态温场,则炉腔内的温度只是空间位置的函数,而不随时间而变化。因而在稳态温场中能生长出性能完全均匀的优质晶体,故人们总是通过各种方式力图在生长过程中的等径阶段建立起稳态温场。

　　值得注意的是,单晶炉内的温场中总是存在温度梯度的,因而也是存在热流的。这些热量时时刻刻从炉膛流向并耗散于周围环境中。我们将单位时间内耗散于环境中的热量称为热损耗。于是由能量守恒定律可推知,如果炉膛内单位时间所产生的热量大于热损耗,炉温就要上升,反之炉温就要下降。这些情况下的温场都不是稳态温场,只有当炉膛内单位时间产生的热量等于热损耗,才能使炉温保持不变,从而建立稳态温场。

　　一般说来,炉膛中单位时间产生的热量是来自加热功率和晶体生长时所释放的结晶潜热(latent heat)。而热损耗的途径却是多种多样的,图1-3表明了感应加热的锗单晶炉在生长过程中应该考虑的各种热损耗[3]。该单晶炉采用的是石墨坩埚,其直径为6 cm,高为4 cm,坩埚与夹层水冷石英管间的距离为0.2 cm,坩埚中锗熔体的温度为936 ℃,炉中气氛是氢气,晶体的直径为1 cm,生长速率为3.6 cm/h。由图可知,炉膛中热量有两个来源:其一是在交变电磁场中石墨坩埚中因感应电流而产生的焦耳热(2090 W),其二是结晶潜热(10 W),总共2100 W。热损耗也分为两类,即传导以及对流与辐射损耗,其具体数值及其在总损耗中所占百分比分别表示于图中。由图1-3可知,由于灼热的坩埚、熔体和晶体与夹层水冷石英管间没有辐射挡板,因而辐射损耗较大(860 W);同样由于炉中没有保温层,因而通过炉中气氛(氢气)的对流和传导耗散于夹层水冷石英管中的功率是1240 W。故总的热损耗是2100 W。显然,该单晶炉中单位时间内产生的热量与热损耗相等,故炉中的温场是稳态温场。

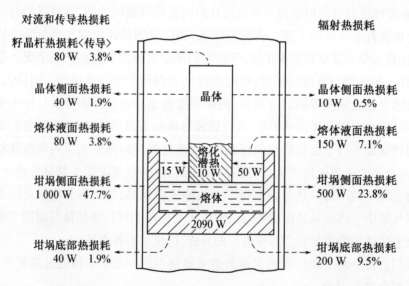

图1-3　感应加热 Ge 单晶生长过程中各种热损耗及其在总损耗中所占的百分比[3]

第二节　从能量守恒原理讨论晶体生长工艺

一、能量守恒方程

在温场中任取一闭合曲面,此闭合曲面内的介质,可以是固相、液相或气相,也可以包含有相界面,如固液界面、固气界面或液气界面。若此闭合曲面中的热源在单位时间内产生的热量为 $\dot{Q}_1$,该项热量包括通过电流产生的焦耳热、交变电磁场中感应电流所产生的焦耳热,以及由于物态变化所释放的汽化热、熔化热、溶解热等。若由热传输在单位时间内净流入此闭合曲面中的热量为 $\dot{Q}_2$,这两项热量之和必须等于该闭合曲面内在单位时间内温度升高所吸收热量 $\dot{Q}_3$,故有

$$\dot{Q}_1 + \dot{Q}_2 = \dot{Q}_3 \tag{1-2}$$

式(1-2)就是能量守恒方程。

若闭合曲面内的温场是稳态温场,即温度不随时间而变化,因而 $\dot{Q}_3 = 0$。于是有

$$\dot{Q}_1 = -\dot{Q}_2 \tag{1-3}$$

式中的 $-\dot{Q}_2$ 代表在单位时间内净流出闭合曲面的热量,对闭合曲面来说,就是热损耗。因而式(1-3)就是建立稳态温场的必要条件,即单位时间内在闭合曲面内产生的热量必须等于热损耗,这正是前一节所得的结论。

下面我们来讨论固液界面处的能量守恒方程。

如果我们不考虑晶体生长的动力学效应,固液界面就是温度恒为凝固点的等温面。若固液界面为一平面,作一其中包含固液界面的闭合圆柱面,柱面的直径与晶体的直径相同,柱的上、下底与固液界面平行,如图1-4中虚线所示。令此闭合柱面的高度无限地减少,闭合柱面的上下底就无限接近固液界面,由于固液界面的温度恒定(恒为凝固点),因而此闭合柱面内因温度变化而放出(或吸收)的热量 $\dot{Q}_3$ 为零。故在固液界面邻近必然满足能量守恒方程(1-3)。通常的晶体生长过程中,闭合柱面内的热源只是凝固潜热,若材料的凝固潜热为 L,单位时间内生长的晶体质量为 $\dot{m}$,于是单位时间内闭合曲面内产生的热量 $\dot{Q}_1$ 为

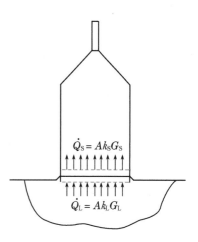

图1-4　固液界面处的能量守恒

$$\dot{Q}_1 = L\dot{m} \tag{1-4}$$

由于固液界面为平面,温度梯度矢量是垂直于此平面的,故此闭合曲面的柱面上没有热流。热量只是沿柱的上底和下底的法线方向流动,如图1-4。于是净流出此闭合柱面的热量 $-\dot{Q}_2$ 为

$$-\dot{Q}_2 = \dot{Q}_S - \dot{Q}_L \tag{1-5-a}$$

或

$$-\dot{Q}_2 = Ak_S G_S - Ak_L G_L \tag{1-5-b}$$

式中 A 为晶体的截面面积,k_S,k_L 分别为固相和液相的热传导系数,G_S,G_L 分别为固液界面处固相中和液相中的温度梯度。

将式(1-4)和式(1-5)代入能量守恒方程(1-3),于是有

$$L\dot{m} = \dot{Q}_S - \dot{Q}_L \tag{1-6-a}$$

或

$$L\dot{m} = Ak_S G_S - Ak_L G_L \tag{1-6-b}$$

式中 $\dot{Q}_S$ 等于单位时间内通过晶体耗散于环境中的热量,这就是热损耗。$\dot{Q}_L$ 是通过熔体传至固液界面的热量,是与加热功率成正比的。

式(1-6)就是固液界面处的能量守恒方程,显然它对于任意形状的固液界面也能成立。下面我们将由该方程出发,定性地讨论若干生长工艺问题。

二、晶体直径的控制

晶体的生长速率是等于单位时间内固液界面向熔体中推进的距离,在直拉法生长过程中如果不考虑液面下降速率,则晶体生长速率就等于提拉速率 v。于是单位时间内所生长的晶体质量为

$$\dot{m} = Av\rho_S \tag{1-7}$$

其中 ρ_S 为晶体的密度。将式(1-7)代入式(1-6-a),则

$$A = (\dot{Q}_S - \dot{Q}_L)/(Lv\rho_S) \tag{1-8}$$

由于 $\dot{Q}_L$ 正比于加热功率,由式(1-8)可知,若提拉速率 v 以及热损耗 $\dot{Q}_S$ 不变,调节加热功率可以改变所生长的晶体截面面积 A,亦即改变晶体的直径。如果增加加热功率,则 $\dot{Q}_L$ 增加,由式(1-8)知,晶体截面面积就减小,即晶体变细;反之,减少加热功率,就能使晶体长粗。这就是晶体生长过程中经常使用的控制晶体直径的方法。例如,在晶体生长过程中的放肩阶段,希望晶体直径不断长大,我们经常是不断地降低加热功率;又如在收尾阶段,我们希望晶体直径逐渐变细,最后与熔体断开,往往要提高加热功率。同样的理由,在等径生长阶段,为了保持直径不变,看来只要保持加热功率不变就行了,不过在具体拉晶过程中的等径阶段,由于我们不能保持热损耗 $\dot{Q}_S$ 不变,例如坩埚中熔体液面不断下降,晶体长度不断增加,这些都能改变热损耗 $\dot{Q}_S$,因此为了保持等径生长还是要不断地调节加热功率的,其目的是使 $\dot{Q}_S - \dot{Q}_L$ 不变。由式(1-8)可知,只有保持 $\dot{Q}_S - \dot{Q}_L$ 不变,在拉速 v 不变的条件下,才能保持等径生长。而在等径生长过程中,由于坩埚中液面下降以及晶体长度增加等因素造成热损耗的变化规律因不同的炉膛结构而各不相同,有些炉子在等径生长过程中需要不断地降低加热功率,也有完全相反的,即在等径过程中需要增加加热功率。而理想的炉膛结构是,使坩埚中液面下降、坩埚裸露、晶体长度增加等因素造成的热损耗的变化相互补偿,从而

使等径生长过程中不需调节加热功率,或只需少量地调节加热功率。

利用调节加热功率的大小来控制晶体直径,是大家普遍采用的方法。但是(1-8)式还告诉我们,还存在另一种控制晶体直径的方法,即保持拉速和加热功率都不变,而利用调节热损耗 $\dot{Q}_S$ 的办法控制晶体直径。布赖斯(Brice)等人在生长铌酸锶钡(BSN)单晶体时就采用了这个方法[4]。图 1-5 就是他们所使用的装置之一。如图所示,氧气通过石英喷嘴流过晶体,调节氧气流量就能调节热损耗,从而达到控制晶体直径的目的。据报道,使用这种方法控制氧化物晶体的直径,还有两个突出的优点:一是降低了环境温度和增加了热交换系数,从而增加了晶体肓径的惯性,使等径生长过程易于控制(这个

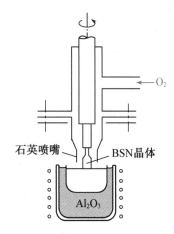

图 1-5　利用气流控制 BSN 晶体的直径[4]

问题将在第六节中专门讨论);二是可保证晶体在氧化气氛中生长,从而减少了氧化物晶体因缺氧而产生的晶体缺陷。

上面已经讨论了利用调节加热功率和热损耗来控制晶体直径的方法。下面介绍一种独特的控制晶体直径的方法,这就是利用珀耳帖效应(Peltier effect)控制晶体直径的方法[5]。珀耳帖效应是和热电偶的温差电效应相反的效应。由于在固液界面处存在接触电位差(以直拉法 Ge 晶体生长为例)。当电流由熔体流向晶体时电子被接触电位差产生的电场所加速,固液界面处有附加的热量放出(对通常的焦耳热来说是附加的),这就称为珀耳帖致热;同样,当电流由晶体流向熔体时,固液界面处将吸收热量,这就是珀耳帖致冷。如果我们考虑了固液界面处的珀耳帖效应,则在固液界面处所作的闭合圆柱面内,单位时间内产生的热量 $\dot{Q}_1$ 为

$$\dot{Q}_1 = (L\dot{m} \pm \dot{q}_i) \cdot A \tag{1-9}$$

式中 $\pm\dot{q}_i$ 是珀耳帖效应在固液界面的单位面积上单位时间内所产生($+\dot{q}_i$)或吸收($-\dot{q}_i$)的热量。以(1-9)式代替(1-4)式并作类似的推导可得

$$A = (\dot{Q}_S - \dot{Q}_L)/(Lv\rho_S \pm \dot{q}_i) \tag{1-10}$$

由上式可知,当保持加热功率、热损耗以及拉速不变时,调节珀耳帖致冷($-\dot{q}_i$)或珀耳帖致热($+\dot{q}_i$)都能控制晶体直径。

珀耳帖致冷已用于直拉法锗晶体生长的放肩阶段以及等径控制,珀耳帖致热已用于生长过程中的"缩颈"和"收尾"阶段。利用珀耳帖致冷控制等径生长所长成的锗晶体,其长度在 1~2 cm 范围内,直径偏差小于 ±0.1%[5]。

通常利用调节功率控制晶体直径,特别是电阻加热炉,其滞后时间很长,而珀耳帖效应控制直径的滞后时间极短。利用珀耳帖效应控制直径还有一个突出的优点,就是能自动地消除固液界面的温度起伏[5]。

我们再简单地提及晶体直径和提拉速率的关系,从式(1-8)可知,在加热功率和热损耗不变的条件下,拉速越快则直径越小。原则上可以用调节拉速来保证晶体的等径生长,但拉速的变化必将引起溶质的瞬态分凝,从而影响晶体质量,故通常晶体生长的实践中并不采用调节拉速来控制晶体直径。

三、晶体的极限生长速率

将式(1-7)代入式(1-6-b),于是有

$$v = (k_S G_S - k_L G_L)/(\rho_S L) \tag{1-11}$$

从上式可以看到,当晶体中温度梯度 G_S 恒定时,熔体中的温度梯度 G_L 愈小,晶体生长速率愈大;当 $G_L = 0$ 时,晶体的生长速率就达到最大值 v_{max},故有

$$v_{max} = k_S G_S/(\rho_S L) \tag{1-12}$$

当然,如果 G_L 为负值,生长速率更大,但此时熔体为过冷熔体,固液界面的稳定性遭到破坏,晶体生长变得不能控制,这是人工晶体生长所不许可的(见第五章)。从(1-12)式可知,最大生长速率取决于晶体中温度梯度的大小,提高晶体中的温度梯度是能提高晶体生长速率的,但晶体中温度梯度太大将会引起过高的热应力、位错密度增加,甚至引起晶体的开裂。

在上述讨论的基础上,鲁恩杨(Runyan)[6]进一步考虑了晶体侧面的辐射热损耗,从而估计了硅晶体的极限生长速率,其估计值为 2.96 cm/min,而实验测得硅晶体的极限生长速率为 2.53 cm/min,大体上符合。

从式(1-12)可知,晶体的极限生长速率还和晶体的热传导系数 k_S 成正比,一般说来,金属、半导体、氧化物晶体的热传导系数是按上述顺序减小的,因而其极限生长速率也应按上述顺序逐渐减小。但这一结论只能作为确定生长速率的参考。因为晶体生长速率不是由单一因素决定的,是由多种因素综合决定的。例如晶体的熔点、凝固潜热、环境气氛的类型(氩、氢、氮、空气或真空)、环境气氛的状态(是否流动、压力大小)等都有关系,因为这些因素和固液界面处产生的潜热多少及潜热耗散的难易都有关系。又如晶体生长速率和界面的稳定性有关,也取决于人们对晶体的要求。如纯 YAG 晶体可生长得较快,可是掺 Nd 的 YAG 为了避免组分过冷引起的界面失稳就不能生长得快(参看第五章);又如铜的热传导系数虽比硅大得多,但因铜易产生范性形变,因此铜单晶体的生长速率要比硅低。

四、放肩阶段

在晶体生长过程中的放肩阶段,在拉速不变的条件下,实践表明晶体直径不是均匀地增加的,开始时较慢,随后就迅速增快。我们仍然根据能量守恒方程来说明这个现象。

已经阐明,在式(1-6)中,热损耗 $\dot{Q}_S$ 是单位时间内通过晶体耗散于环境中的热量。在放肩过程中,热损耗 $\dot{Q}_S$ 的一部分是沿着提拉轴耗散于水冷籽晶杆中,我们近似地将它看为常数 B_1;热损耗 $\dot{Q}_S$ 的另一部分,是通过肩部的圆锥面耗散的,是正比于圆锥面积的。由初等几何学可知,圆锥面积为 $\pi r^2/\sin\theta$(见图 1-6),其中 θ 是放肩角。于是

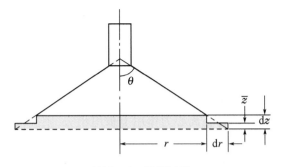

图 1-6 放肩过程

$$\dot{Q}_S = B_1 + B_2 r^2 \qquad\qquad (1\text{-}13\text{-a})$$

由于 $\dot{Q}_L = Ak_L G_L$，假设放肩过程中 G_L 不变，则有

$$\dot{Q}_L = B_3 r^2 \qquad\qquad (1\text{-}13\text{-b})$$

放肩过程中在 dt 时间内凝固的晶体质量为（参阅图 1-6）

$$dm = (\pi r^2 dz + 2\pi r dr \bar{z})\rho$$

式中括号中第一项是半径为 r、高为 dz 的柱体体积，第二项是内径为 r、宽为 dr 的圆锥环的体积，$\bar{z}$ 为锥环的等效厚度（等效于柱环）。今假设 $\bar{z}$ 与拉速 $v = \dfrac{dz}{dt}$ 无关，则

$$\dot{m} = \frac{dm}{dt} = \pi r^2 v \rho + 2\pi r \frac{dr}{dt} \bar{z}\rho \qquad\qquad (1\text{-}14)$$

将式（1-13）、（1-14）代入式（1-6），整理后得

$$r \frac{dr}{dt} = B_4 r^2 + B_5 \qquad\qquad (1\text{-}15)$$

微分方程（1-15）的解为

$$r^2 = B_6 \exp(2B_4 t) - B_5/B_4 \qquad\qquad (1\text{-}16)$$

这表明在拉速和熔体中温度梯度不变的情况下，肩部面积随时间按指数律增加。其物理原因在于，随着肩部面积增加，热量耗散容易，而热量耗散容易又促使晶体直径增加，这样互为因果。这就要求拉晶工作者在晶体直径达到预定尺寸前就要考虑到肩部自发增长的倾向，提前采取措施，才能得到理想形状的晶体。否则一旦晶体直径超过了预定尺寸，慌了手脚，过高地提高了熔体温度，在收肩（转入等径生长）过程中就容易出现"葫芦"。

为了减轻放肩过程中的直径自发增长的倾向，可用减小放肩角（即圆锥的半顶角 θ）来实现。这样就降低了肩部面积随晶体直径增长的速率，使收肩过程容易控制。因而放肩角不宜太大，当然对有经验的操作者来说，放肩角大一点，也是没有问题的。

以上半定量分析的结果和我们生长 $LiNbO_3$ 晶体的实践相符。

五、晶体旋转对直径的影响

晶体旋转能搅拌熔体，有利于熔体中溶质混合均匀；晶体旋转增加了熔体中温场相对于晶体的对称性,即使在不对称的温场中也能长出几何形状对称的晶体;晶体旋转还改变了熔体中的温场,因而可以通过晶体旋转来控制固液界面的形状。这些问题十分重要,我们将在以后的章节中讨论,在这里讨论的是旋转对晶体直径的影响,讨论问题的出发点仍然是能量守恒方程。

如果晶体以角速度 ω 旋转,假设固液界面是平面,固液界面邻近的熔体由于黏滞力的作用被带着旋转,这些旋转着的流体在离心力作用下被甩出去,则固液界面下部的流体将沿轴向上流向固液界面以填补空隙,类似于一台离心抽水机。由于我们考虑的是热传输问题,故我们只关心因晶体旋转而沿轴向上流向固液界面的这股液流。由于直拉法生长中熔体内的温度梯度矢量是向下的,亦即愈离开界面、越深入熔体,则温度越高,故晶体旋转引起的这股液流,其中总是携带了较多的热量;晶体转速越快,流向界面的液流的流量越大,传输到固液界面处的热量也越多。这就是说晶体转速越大,传输到界面处的 $\dot{Q}_L$ 越大,由式(1-8)可知,晶体直径就越小。上述结论是和实践经验相符的。虽然改变晶体转速能调节晶体直径,但转速的变化,将会引起晶体中溶质浓度的变化,因而用调节转速来获得等径生长,不是一种理想的方法。

第三节　能量守恒的微分形式和一维稳态温场

在第一节中,我们已经介绍了从实验的测量出发,描述一具体的单晶炉中温场的方法,在第二节中我们又从能量守恒方程定性地讨论了晶体生长中的若干工艺问题。现在的问题是,对一具体的单晶炉,能否通过理论分析求出其中温场,即给出其中温度分布、等温面、温度梯度以及热流情况的较为严格的数学描述,能否根据这些分析对晶体生长实践中的某些问题给予较为定量的说明。这正是以下各节试图解决的问题。

一、温场的数学描述

从原则上说,我们可以根据能量守恒的微分方程,结合单晶炉中具体的边值条件,求得温场的具体形式,即温度分布函数 $T(x,y,z)$。

若已经求得温场 $T(x,y,z)$ 的具体函数形式,则欲知炉膛中任一点的温度,只需将该点的坐标 (x_0,y_0,z_0) 代入,就能精确地给出该点的温度 $T(x_0,y_0,z_0)$。同样 $T(x,y,z)=T(x_0,y_0,z_0)$ 是一个空间曲面方程,就是通过该点 (x_0,y_0,z_0) 的等温面方程。由于固液界面是温度等于凝固点 T_m 的等温面,因而固液界面的曲面方程是

$$T(x,y,z)=T_m \tag{1-17}$$

若 $T_i(i=1,2,\cdots)$ 为一温度序列,则

$$T(x,y,z)=T_i \quad (i=1,2,\cdots) \tag{1-18}$$

就是等温面族的空间曲面方程。

而温场中任一点 (x,y,z) 的温度梯度 $\nabla T(x,y,z)$,亦可方便地给出

$$\nabla T(x,y,z) = \frac{\partial T}{\partial x}\boldsymbol{i} + \frac{\partial T}{\partial y}\boldsymbol{j} + \frac{\partial T}{\partial z}\boldsymbol{k} \qquad (1-19)$$

式中 $\boldsymbol{i},\boldsymbol{j},\boldsymbol{k}$ 是直角坐标中三坐标轴的单位矢量。而温度沿某给定方向 $\boldsymbol{l}(\cos\alpha,\cos\beta,\cos\gamma)$ 的变率,可用温度梯度矢量 ∇T 与方向矢量 $\boldsymbol{l}$ 的数性积表示,即

$$\frac{\partial T}{\partial l} = \nabla T \cdot \boldsymbol{l} = \frac{\partial T}{\partial x}\cos\alpha + \frac{\partial T}{\partial y}\cos\beta + \frac{\partial T}{\partial z}\cos\gamma \qquad (1-20)$$

这里的 $\cos\alpha,\cos\beta,\cos\gamma$ 是矢量 $\boldsymbol{l}$ 的方向余弦。至于传导产生的热流密度矢量 $\dot{\boldsymbol{q}}$,只须将式(1-19)代入式(1-1)就能得到。

由此可知,只要求得温场 $T(x,y,z)$ 的具体的函数形式,就能方便地得知温场的全部性质,如等温面、固液界面、温度梯度以及传导所引起的热流密度等重要性质。

二、能量守恒的微分形式

式(1-2)所表示的能量守恒方程,实质上是能量守恒的积分形式。我们由该式出发给出能量守恒的微分形式。

炉膛中包括熔体、晶体以及晶体周围的气氛,这是一非均匀系统。相界面两侧介质的物理性质不同,因而相界面为其间断面。为方便计,我们回避了间断面,分别考虑熔体、晶体以及气氛中的温场,这样所考虑的就是均匀系统,而相界面的性质可作为边值条件处理。只要我们分别求出晶体、熔体以及气氛中的温场,我们仍然能得到炉膛内全部空间中的温度分布。因而我们在考虑热量传输和能量守恒时,为方便起见所取的闭合曲面也应取于均匀介质中。

流体(包括熔体和气氛)中热量传输与晶体中热量传输的基本差异是,流体中存在宏观流动,因而流体中的热传输机制除了微观的热扩散(即传导)外,还有宏观的对流机制。而晶体中的热量传输只有热扩散机制。若流体中的速度场恒为零,即流体是静止的,则流体中的热传输机制与晶体中完全相同(这里我们忽略了晶体中热传导的各向异性)。因而晶体中的热量传输可视为流体中传输的特例。故我们下面导出能量守恒微分方程时就基于流体中热量传输的分析。

在流体中任取一闭合曲面,则此闭合曲面内单位时间内产生的热量 $\dot{Q}_1$、单位时间内净流入的热量 $\dot{Q}_2$ 以及由于温度上升单位时间内吸收的热量 $\dot{Q}_3$ 必然满足能量守恒方程式(1-2)。

若流体中无热源,则

$$\dot{Q}_1 = 0 \qquad (1-21)$$

单位时间内净流入闭合曲面中的热量 $\dot{Q}_2$ 来自两方面,一是来自热传导,其热流密度矢量 $\dot{\boldsymbol{q}}_1$ 如式(1-1)所示,二是来自对流,其热流密度矢量 $\dot{\boldsymbol{q}}_2$ 可表示为

$$\dot{\boldsymbol{q}}_2 = \rho c_p T \boldsymbol{v} \qquad (1-22)$$

式中 c_p 为定压比热容,$\boldsymbol{v}$ 是流体的速度矢量。于是单位时间内净流入闭合曲面的热量 $\dot{Q}_2$,就等于热流密度矢量 $\dot{\boldsymbol{q}}_1$ 和矢量 $\dot{\boldsymbol{q}}_2$ 和的面通量,即有

$$\dot{Q}_2 = - \oiint_s (- k \nabla T + \rho c_p T \boldsymbol{v}) \cdot \mathrm{d}\boldsymbol{S} \tag{1-23}$$

式中 $\mathrm{d}\boldsymbol{S}$ 是闭合曲面的面元矢量,规定其方向向外为正。由于按式(1-2)所规定的热流密度矢量与上述规定的面元矢量的方向相反,故在式(1-23)中出现了负号。

单位时间内闭合曲面内由于温度变化而吸收或放出的热量 $\dot{Q}_3$ 可表示为

$$\dot{Q}_3 = - \oiiint_V \rho c_p \frac{\partial T}{\partial t} \mathrm{d}V \tag{1-24}$$

将式(1-21)、(1-23)以及(1-24)代入能量守恒方程(1-2)中,于是有

$$\oiiint_V \rho c_p \frac{\partial T}{\partial t} \mathrm{d}V = \oiint_s (k \nabla T - \rho c_p T \boldsymbol{v}) \cdot \mathrm{d}\boldsymbol{S}$$

应用高斯定理将面积分化为体积分,故有

$$\rho c_p \frac{\partial T}{\partial t} = \nabla \cdot (k \nabla T - \rho c_p T \boldsymbol{v})$$

若流体的热传导系数 k、密度 ρ、定压比热容 c_p 为常数,且流体不可压缩,有 $\nabla \cdot \boldsymbol{v} = 0$,最后可得

$$\frac{\partial T}{\partial t} + (\boldsymbol{v} \cdot \nabla)T = \kappa \nabla^2 T \tag{1-25}$$

其中

$$\kappa = k/(\rho c_p) \tag{1-26}$$

一般说来,式(1-25)是二阶非线性偏微分方程,这就是能量守恒方程(1-2)的微分形式(differential form of conservation of energy),又称热传输方程。式中左边第一项是温度对时间的变率;第二项是来自对流引起的热传输,通常这是非线性项;该式的右边项是来自传导的热传输。而 κ 的定义如式(1-26)所示,称为热扩散系数。

式(1-25)是热传输方程的矢量式,而在不同坐标中的标量式可表示为

直角坐标:

$$\frac{\partial T}{\partial t} + v_x \frac{\partial T}{\partial x} + v_y \frac{\partial T}{\partial y} + v_z \frac{\partial T}{\partial z} = \kappa \left(\frac{\partial^2 T}{\partial x^2} + \frac{\partial^2 T}{\partial y^2} + \frac{\partial^2 T}{\partial z^2} \right) \tag{1-27}$$

圆柱坐标:

$$\frac{\partial T}{\partial t} + v_r \frac{\partial T}{\partial r} + \frac{v_\phi}{r} \frac{\partial T}{\partial \phi} + v_z \frac{\partial T}{\partial z} = \kappa \left[\frac{1}{r} \frac{\partial}{\partial r} \left(r \frac{\partial T}{\partial r} \right) + \frac{1}{r^2} \frac{\partial^2 T}{\partial \phi^2} + \frac{\partial^2 T}{\partial z^2} \right] \tag{1-28}$$

球坐标:

$$\frac{\partial T}{\partial t} + v_r \frac{\partial T}{\partial r} + \frac{v_\theta}{r} \frac{\partial T}{\partial \theta} + \frac{v_\phi}{r\sin\theta} \frac{\partial T}{\partial \phi}$$

$$= \kappa \left[\frac{1}{r^2} \frac{\partial}{\partial r} \left(r^2 \frac{\partial T}{\partial r} \right) + \frac{1}{r^2\sin\theta} \frac{\partial}{\partial \theta} \left(\sin\theta \frac{\partial T}{\partial \theta} \right) + \frac{1}{r^2\sin^2\theta} \frac{\partial^2 T}{\partial \phi^2} \right] \tag{1-29}$$

一般情况下,在导出能量守恒的微分方程时,还必须考虑由于流体遭到压缩和黏滞损耗在单位时间单位体积内引起的内能变化,这类较为一般的热传输方程,其矢量式及在直角坐标和曲坐标中的标量式可在文献[7]或本书第三章的附录中查到。

　　由于晶体中的热传输可视为流体中热传输的特例,故只需在式(1-25)中令 $\boldsymbol{v} \equiv 0$,则可得晶体中的热传导方程。

三、一维稳态温场

　　用直拉法、区熔法、焰熔法以及坩埚下降法等方法从熔体中生长晶体时,如果温场中所有的等温面(包括固液界面)恒为平面,则这些系统中的温场可视为一维温场。

　　在直拉法生长过程中,如果我们不考虑引晶、放肩和收尾过程,从坩埚中拉制一等径的柱状晶体,并将坩埚中的熔体全部拉完。这样的生长系统可等效于一维液柱的结晶,只需令液柱的直径等于直拉法拉制的晶体的直径、液柱体积等于开始时坩埚中熔体的体积、等效系统中固液界面推移速率等于直拉系统中的提拉速率与液面下降速率之和,并忽略固相与液相的密度差异。在这种情况下,如图1-7所示的液柱结晶就与上述一维生长系统完全等效。值得注意

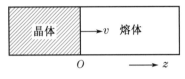

图1-7　一维生长系统的等效图

的是,并不限于直拉法,凡可看作一维生长系统的,如某些情况下的焰熔法、坩埚下降法等,都可用图1-7表示。

　　如图1-7所示,固液界面以恒速 v 自左向右移动,若取实验室坐标系,则晶体中某固定点的温度将连续地下降,因而晶体中的温场是与时间有关的,同理,熔体中的温场也不是稳态温场。但在实验室坐标系中除固液界面在运动外,晶体与熔体都是静止的(假设熔体中没有对流)。于是,由式(1-27),可得静止的晶体与熔体中的温度与时间有关的一维热传导方程为

$$\frac{\partial T_{\mathrm{S}}}{\partial t} = \kappa_{\mathrm{S}} \frac{\partial^2 T_{\mathrm{S}}}{\partial z'^2} \tag{1-30-a}$$

$$\frac{\partial T_{\mathrm{L}}}{\partial t} = \kappa_{\mathrm{L}} \frac{\partial^2 T_{\mathrm{L}}}{\partial z'^2} \tag{1-30-b}$$

式中坐标 z' 代表实验室坐标系,κ_{S},κ_{L} 分别为固相与液相中的热扩散系数,T_{S},T_{L} 分别为固相与液相中的温度。

　　若选取运动坐标系 z,将坐标原点固定于固液界面上,坐标轴指向熔体内部,则在运动坐标系中在晶体或熔体内的任一点,其温度是恒定不变的,因而在新的坐标系中晶体、熔体中的温场是稳态温场。两个坐标系间的关系为 $z' = z + vt$,对式(1-30)进行坐标变换,即得运动坐标系 z 中的一维热传导方程

$$\kappa_{\mathrm{S}} \frac{\mathrm{d}^2 T_{\mathrm{S}}}{\mathrm{d} z^2} + v \frac{\mathrm{d} T_{\mathrm{S}}}{\mathrm{d} z} = 0 \tag{1-31-a}$$

$$\kappa_{\mathrm{L}} \frac{\mathrm{d}^2 T_{\mathrm{L}}}{\mathrm{d} z^2} + v \frac{\mathrm{d} T_{\mathrm{L}}}{\mathrm{d} z} = 0 \tag{1-31-b}$$

上述一维热传导方程的边值条件为:在固液界面上($z = 0$),有

$$T_{\mathrm{S}} = T_{\mathrm{L}} = T_0$$

以及在界面处两相中的温度梯度分别为 G_S，G_L，于是满足一维热传导方程(1-31)及其边值条件的解为

$$T_S(z) = T_0 + \frac{\kappa_S G_S}{v}\left\{1 - \exp\left(-\frac{zv}{\kappa_S}\right)\right\} \tag{1-32-a}$$

$$T_L(z) = T_0 + \frac{\kappa_L G_L}{v}\left\{1 - \exp\left(-\frac{zv}{\kappa_L}\right)\right\} \tag{1-32-b}$$

式(1-32)就是在运动坐标系中一维稳态温场的解析表示式。根据该式，我们可以方便地求得晶体、熔体中任一点的温度、温度梯度。由于比较简单，我们就不再仔细讨论。

在处理某些实际问题时，我们只关心固液界面附近的温场，因而，在我们感兴趣的区域中有 $zv \ll \kappa_L$，κ_L 典型的量级为 10^{-5} cm$^2 \cdot$ s^{-1}，而 κ_S 和 κ_L 为同一量级，因而在该区域内有 $zv \ll \kappa_S \approx \kappa_L$，故式(1-32)可近似地表示为

$$T_S(z) = T_0 + G_S z \tag{1-33-a}$$
$$T_L(z) = T_0 + G_L z \tag{1-33-b}$$

这表明，如果只考虑固液界面邻近的温场，可以认为温度是线性分布的。因而我们在第二节中考虑固液界面处的能量守恒时，将 G_S 和 G_L 看作常数是允许的。在固液界面处两相中的温度梯度 G_S 和 G_L 的相对大小，可由界面处能量守恒方程(1-11)式确定，由该式可知，界面处两相中的温度梯度的相对大小，不仅与物质性质 L，ρ_S，k_S，k_L 有关，而且还与工艺参量——拉速 v 有关。

第四节　晶体中的温场

通过上节中关于一维温场的分析，我们厘清了如何运用理论来分析单晶炉中的实际温场。虽然一维近似与生长过程中的实际情况相差较远，例如，在生长实践中，我们虽能保持固液界面为一平面，却不能使晶体、熔体中的等温面都保持平面。必须指出，运用理论方法处理复杂的实际问题时，主要关键不完全在于理论模型的近似程度，而在于是否抓住了问题的实质。例如在分析组分过冷现象(第五章)时，虽采用了一维近似，却建立了为人们所普遍接受的组分过冷理论。然而，研究晶体中产生位错和引起开裂的热弹应力时，一维近似就不再适用了。我们必须更加精确地描述温场，下面我们对晶体中的温场(temperature field within crystals)进行较为细致的分析。

研究晶体中的温场所采用的数学模型如图1-8所示[2]。晶体的半径为 r_a，长度为 l。假设晶体为各向同性材料，其密度 ρ、比热容 c、热传导系数 k 皆为常数，同时假设晶体中的温场为稳态温场。选用圆柱坐标，坐标原点固定在固液界面上的 O 点(见图1-8)。由式(1-25)可得稳态温场中晶体内的热传导方程为

$$\nabla^2 T = 0 \tag{1-34}$$

在圆柱坐标下的标量式为

$$\frac{\partial^2 T}{\partial r^2}+\frac{1}{r}\frac{\partial T}{\partial r}+\frac{1}{r^2}\frac{\partial^2 T}{\partial \phi^2}+\frac{\partial^2 T}{\partial z^2}=0$$

近似地认为直拉法单晶炉中的温场具有圆柱对称性,其对称轴是晶体的旋转轴 z,故 T 只是 r,z 的函数而与 ϕ 无关,故有

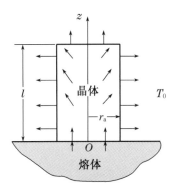

图 1-8　数学模型[2],箭头
为热流密度矢量

$$\frac{\partial^2 T}{\partial r^2}+\frac{1}{r}\frac{\partial T}{\partial r}+\frac{\partial^2 T}{\partial z^2}=0 \qquad (1-35)$$

结合边值条件求解二阶偏微分方程就能得到晶体中温场的表达式。

下面我们给出所需满足的边值条件。

在固液界面上,温度恒为凝固点 T_{m},故有

$$T=T_{\mathrm{m}}, \quad z=0 \qquad (1-36)$$

在晶体的籽晶端,$z=l$ 处,如图 1-8 所示。假设没有籽晶,也没有放肩部分,且为一平面,暗示我们忽略了籽晶杆的水冷效应。这样,晶体的顶面($z=l$)和晶体的侧面($r=r_{\mathrm{a}}$)都是与环境气氛相接触的,环境气氛的温度为 T_0。为了得到顶面($z=l$)和侧面($r=r_{\mathrm{a}}$)的边值条件,我们类似于第二节中的处理,于界面处作一闭合曲面,此闭合面内只包含单位面积的界面。由于界面处无热源,故 $\dot{Q}_1=0$;又由于是稳态温场,故 $\dot{Q}_3=0$;根据能量守恒方程(1-2)式,有 $\dot{Q}_2=0$,即净流入此闭合曲面的热量为零,或者说,流入此闭合曲面中的热量必等于流出的热量。

对顶面,取闭合曲面为上、下底平行于顶面的圆柱面,此闭合柱面中包含有单位面积的顶面,令圆柱之高度趋于零,则沿轴流入此闭合柱面的热流密度为 $-k\frac{\partial T}{\partial z}$;流出此闭合柱面的热流密度就是单位时间内单位面积的顶面上通过对流和辐射耗散于环境气氛中的热量,分别为

$$\dot{q}_{\mathrm{c}}=\beta(T-T_0)^{1.25}, \quad \dot{q}_{\mathrm{r}}=B\sigma(T^4-T_0^4)$$

其中 β 为对流的热损耗系数,B 为与晶体表面性质、环境气体性质有关的常数,σ 为斯特藩-玻尔兹曼常数(Stefan-Boltzmann constant),于是在晶体顶面处的边值条件为

$$-k\frac{\partial T}{\partial z}=\beta(T-T_0)^{1.25}+B\sigma(T^4-T_0^4), \quad z=l \qquad (1-37)$$

同样可得晶体侧面处的边值条件

$$-k\frac{\partial T}{\partial r}=\beta(T-T_0)^{1.25}+B\sigma(T^4-T_0^4), \quad r=r_{\mathrm{a}} \qquad (1-38)$$

于是求解满足边值条件式(1-36)、(1-37)、(1-38)的热传导方程(1-35)的解,就能得到晶体中的温场。然而边值条件(1-37)、(1-38)式是非线性的,欲得到满足非线性边值条件的二阶偏微分程的解,在数学上是有困难的。因此必须采取适当的近似使之线性化。

令 $\theta(r,z)=T(r,z)-T_0$,引入相对温度函数 $\theta(r,z)$ 代替 $T(r,z)$,仍不失其普遍性。于是热传导方程为

$$\frac{\partial^2 \theta}{\partial r^2} + \frac{1}{r}\frac{\partial \theta}{\partial r} + \frac{\partial^2 \theta}{\partial z^2} = 0 \tag{1-39}$$

固液界面处边值条件为

$$\theta = \theta_\mathrm{m} = T_\mathrm{m} - T_0, \quad z = 0 \tag{1-40}$$

下面我们将非线性边值条件(1-37)、(1-38)式线性化。对边值条件(1-37)式进行函数代换得

$$-k\frac{\partial \theta}{\partial z} = \beta \theta^{1.25} + B\sigma \big[(\theta + T_0)^4 - T_0^4\big]$$

整理后得

$$-k\frac{\partial \theta}{\partial z} = \beta \theta^{1.25} + 4B\sigma T_0^3\Big[1 + \frac{3}{2}\frac{\theta}{T_0} + \frac{\theta^2}{T_0^2} + \frac{1}{4}\frac{\theta^3}{T_0^3}\Big]\cdot\theta$$

令 $\varepsilon_\mathrm{c} = \beta \theta^{0.25}$ 和 $\varepsilon_\mathrm{r} = 4B\sigma T_0^3\Big[1 + \frac{3}{2}\Big(\frac{\theta}{T_0}\Big) + \Big(\frac{\theta}{T_0}\Big)^2 + \frac{1}{4}\Big(\frac{\theta}{T_0}\Big)^3\Big]$，并近似地将它们看作常数，于是得线性化后的边值条件

$$-k\frac{\partial \theta}{\partial z} = \varepsilon_\mathrm{c}\theta + \varepsilon_\mathrm{r}\theta = \varepsilon\theta, \quad z = l \tag{1-41}$$

同样，将晶体侧面的边值条件(1-38)式线性化，得

$$-k\frac{\partial \theta}{\partial r} = \varepsilon_\mathrm{c}\theta + \varepsilon_\mathrm{r}\theta = \varepsilon\theta, \quad r = r_\mathrm{a} \tag{1-42}$$

其中 ε 称热交换系数，是对流热交换系数 ε_c 与辐射热交换系数 ε_r 之和。

满足边值条件(1-40)、(1-41)、(1-42)的微分方程(1-39)的近似解为

$$\theta \approx \theta_\mathrm{m}\frac{\Big(1 - \frac{hr^2}{2r_\mathrm{a}}\Big)}{\Big(1 - \frac{1}{2}hr_\mathrm{a}\Big)}\exp\Big\{-\Big(\frac{2h}{r_\mathrm{a}}\Big)^{\frac{1}{2}}z\Big\} \tag{1-43}$$

晶体中温度梯度矢量沿轴向和径向的分量为

$$\frac{\partial \theta}{\partial z} \approx -\theta_\mathrm{m}\Big(\frac{2h}{r_\mathrm{a}}\Big)^{\frac{1}{2}}\frac{\Big(1 - \frac{hr^2}{2r_\mathrm{a}}\Big)}{\Big(1 - \frac{1}{2}hr_\mathrm{a}\Big)}\exp\Big\{-\Big(\frac{2h}{r_\mathrm{a}}\Big)^{\frac{1}{2}}z\Big\} \tag{1-44-a}$$

或

$$\frac{\partial \theta}{\partial z} \approx -\Big(\frac{2h}{r_\mathrm{a}}\Big)^{\frac{1}{2}}\theta \tag{1-44-b}$$

$$\frac{\partial \theta}{\partial r} \approx -\theta_\mathrm{m}\frac{2hr}{r_\mathrm{a}\Big(1 - \frac{1}{2}hr_\mathrm{a}\Big)}\exp\Big\{-\Big(\frac{2h}{r_\mathrm{a}}\Big)^{\frac{1}{2}}z\Big\} \tag{1-45-a}$$

或

$$\frac{\partial \theta}{\partial r} \approx -\frac{2hr}{r_\mathrm{a}\Big(1 - \frac{hr^2}{2r_\mathrm{a}}\Big)}\theta \tag{1-45-b}$$

以及
$$\frac{\partial^2 \theta}{\partial z^2} \approx \theta_m \frac{2h}{r_a} \exp\left\{ -\left(\frac{2h}{r_a}\right)^{\frac{1}{2}} z \right\} \tag{1-46}$$

式(1-43)就是布赖斯所获得的晶体中温场的解析表达式[2]。式中的 $h = \dfrac{\varepsilon}{k}$,即晶体与环境的热交换系数 ε 与晶体本身的热传导系数 k 之比值。

我们首先根据温场的解析表达式(1-43)讨论晶体中的温度分布。由式(1-43)可知,相对温度 θ 与 ϕ 无关,只要 r 和 z 相同,温度 θ 就一样,亦即在晶体内同一水平面上(即 z 为常数)以 r 为半径的圆周上(即 r 为常数)的任意点的温度都相同,这表明 z 轴是温场的对称轴。通常 $h \ll 1 \text{ cm}^{-1}$,r_a 的量级为 $1 \sim 2 \text{ cm}$,故不管 h 的正负,分母 $\left(1 - \dfrac{1}{2} h r_a\right) > 0$。由(1-43)式可知,当 z 为常数时,有 $\theta \approx$(常数)$\cdot (1 - hr^2/2r_a)$。当 h 为正值时,即环境气氛冷却晶体,晶体中的温度 θ 随 r 增大而降低(在同一水平面上),即晶体中的等温面凹向熔体,如图1-2所示。但是晶体生长时在某些条件下,晶体中的热量不能通过晶体表面耗散到环境中去,反而周围的热量流向晶体,此时 $h < 0$,由 $\theta \approx$(常数)$\cdot (1 - hr^2/2r_a)$ 可知,晶体中在同一水平面上的温度,随 r 增加而升高,故此时等温面凸向熔体。如 r 为常数,由(1-43)式可知,$\theta \approx$(常数)$\cdot \exp[-(\text{常数}) \cdot z]$,则晶体中的温度随 z 增加而按指数律减小。

下面我们讨论温度梯度的轴向分量 $\dfrac{\partial \theta}{\partial z}$ 和径向分量 $\dfrac{\partial \theta}{\partial r}$ 关于 r 和 z 的变化。由式(1-44-a)、(1-45-a)可知,晶体中温度梯度的轴向和径向分量都随 z 的增加而按指数律减少。当 z 为常数时,考虑同一水平面上的 $\dfrac{\partial \theta}{\partial r}$ 和 $\dfrac{\partial \theta}{\partial z}$ 关于 r 的变化。由(1-44-a)式,有 $\dfrac{\partial \theta}{\partial z} \approx$(常数)$\cdot (1 - hr^2/2r_a)$,故当 $h > 0$ 时,在同一水平面上,$\dfrac{\partial \theta}{\partial z}$ 随 r 增加而减少;$h < 0$ 时,$\dfrac{\partial \theta}{\partial z}$ 随 r 增加而增加。由式(1-45-a)得 $\dfrac{\partial \theta}{\partial r} \approx -$(常数)$\cdot r$,即在同一水平面上,$\dfrac{\partial \theta}{\partial r}$ 随 r 线性地变化。同样由式(1-44-b)、(1-45-b)可知,在同一等温面上,轴向温度梯度 $\dfrac{\partial \theta}{\partial z}$ 恒为常数,径向温度梯度 $\dfrac{\partial \theta}{\partial r}$ 不仅是 r 的函数而且与 h 有关,因而等温面的分布主要决定于 $\dfrac{\partial \theta}{\partial r}$。

上述关于晶体中温场的分析是布赖斯所获得的结果[2]。将上述结果与实验对比,可发现关于温场的表达式(1-43)基本上是正确的。

在 h 较小的情况下,式(1-44-a)、(1-46)预言,$r_a^{\frac{1}{2}} \dfrac{\partial \theta}{\partial z}$ 以及 $r_a \dfrac{\partial^2 \theta}{\partial z^2}$ 与晶体的 r_a 无关。布赖斯[2]的实验测量表明,用直拉法拉制锗晶体时($h = 1.5 \times 10^{-2} \text{ cm}^{-1}$),上述预言是正确的。结果如表1-1和表1-2所示。

表 1-1　Ge 晶体中 $z=0, r=0$ 处的轴向温度梯度

直径(cm)	$\dfrac{\partial \theta}{\partial z}$(℃·cm^{-1})	$r_{\mathrm{a}}^{\frac{1}{2}}\dfrac{\partial \theta}{\partial z}$(℃·cm$^{-\frac{1}{2}}$)
1.6	116 ± 1	104 ± 4
1.8	110 ± 4	105 ± 4
1.9	107 ± 2	104 ± 2
2.0	109 ± 5	109 ± 5
2.1	104 ± 5	107 ± 5
2.25	97 ± 4	104 ± 4

表 1-2　Ge 晶体中从 $z=0$ 到 $z=1$ cm 的 $\dfrac{\partial^2 \theta}{\partial z^2}$ 的平均值

直径(cm)	$\dfrac{\partial^2 \theta}{\partial z^2}$	$r_{\mathrm{a}}\dfrac{\partial^2 \theta}{\partial z^2}$
1.7 ~ 1.9	6.0 ± 0.9	5.3 ± 0.9
1.9 ~ 2.1	5.3 ± 0.5	5.3 ± 0.5
2.1 ~ 2.3	4.9 ± 0.8	5.4 ± 0.8

由式(1-44-b)可得

$$\frac{\partial T}{\partial z} = -\left(\frac{2h}{r_{\mathrm{a}}}\right)^{\frac{1}{2}}(T - T_0) \tag{1-47}$$

式(1-47)预言,轴向温度梯度 $\dfrac{\partial T}{\partial z}$ 与温度 T 的关系是线性的。斯科特(Scott)[1]用直拉法生长了 $ZnWO_4$, $ZnWO_4$ + 1.9 克分子% Co 以及 $ZnWO_4$ + 2.9 克分子% Co 的三种晶体,用实验测定了晶体中的温度分布,其结果如图 1-9 所示。结果表明,轴向温度梯度与温度的关系,确实正如理论所预言的是线性的。曲线还表明,在近于固液界面处出现了 $\dfrac{\partial T}{\partial z}$ 为常数的区域,关于这个问题,我们将在第五节中讨论。

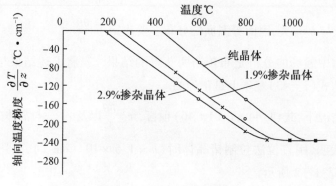

图 1-9　$ZnWO_4$ 中温度梯度与温度的关系曲线[1]

上述关于温场的理论分析结果,已被用来解释晶体的开裂[8]、晶体中热应力的形成和位错的分布[9]。

第五节 坩埚中液面位置及辐射屏对温场的影响

一、坩埚中液面位置对温场的影响

在晶体生长过程中,坩埚中液面位置不断下降,坩埚内壁不断地裸露出来,由于埚壁的温度很高,因而对晶体、熔体中的温场的影响是很大的。由于坩埚中液面是不断下降的,如果考虑埚壁对温场的影响,则温场就不是稳态温场。求解与时间有关的热传输方程,在数学上是比较困难的。因此我们对这个问题换一种提法,我们分别在埚壁不同裸露深度的条件下,求出晶体、熔体中的温场,再进行比较,这样我们就能了解埚壁裸露深度对温场的影响。在给定的裸露深度下,在不太长的时间间隔内,晶体、熔体中的温场仍然可以看为稳态温场。这样我们就回避了求解与时间有关的热传输方程的困难。

有住彻弥和小林信之[10]按这样的思路用计算机对锗晶体生长过程中的温场进行了数值计算。现在我们来讨论他们所获得的结果。

在这里所研究的系统是晶体–熔体系统,晶体和熔体的物理性质不同,故此系统是非均匀系统,而固液界面为其间断面。假设晶体是各向同性的均匀介质,其比热容 c_S、热传导系数 k_S、密度 ρ_S 皆为常数,同样假设熔体亦为各向同性的均匀体,其 c_L,k_L,ρ_L 亦为常数。并且不考虑对流对热传输的贡献。

所考虑的数学模型如图 1–10 所示。晶体是半径为 r_a、长为 l 的圆柱体,坩埚半径为 R_C,埚壁裸露深度为 h_C。由于模型是圆柱对称的,故采用圆柱坐标,坐标原点固定在固液界面上。

如前所述,在不太长的时间间隔内,可当作稳态温场处理,故 $\dfrac{\partial T}{\partial t}=0$;由于温场是圆柱对称的,故 T 与 ϕ 无关;由于不考虑熔体中的对流,故晶体、熔体中的温场所满足的微分方程都是式(1–39)。

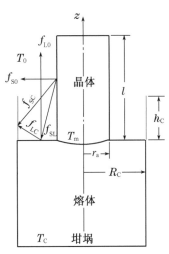

图 1–10 液面下降对温场的影响[10]

下面给出边值条件。在熔体–坩埚界面上有

$$T = T_C, \quad 当 r = R_C \qquad (1-48)$$

在固液界面上有

$$T = T_m, \quad vL\rho_S = -k_S\frac{\partial T}{\partial z} + k_L\frac{\partial T}{\partial z}, \quad 当 z = 0 \qquad (1-49)$$

顶面上的边值条件和上节中式(1–37)相同,故有

$$-k_S \frac{\partial T}{\partial z} = \beta(T-T_0)^{1.25} + B_S\sigma(T^4-T_0^4), \quad \text{当 } z=l \tag{1-50}$$

晶体柱面和熔体自由表面因气体对流而产生的单位面积的热损耗（热流密度）仍为 $\dot{q}_c = \beta(T-T_0)^{1.25}$。但是由于坩埚裸露，因而改变了晶体柱面和熔体自由表面的辐射损耗（见图 1-10）。因而晶体柱面辐射损耗的热流密度 $\dot{q}_S$ 应该是柱面对气氛辐射损耗的净热流密度、柱面对埚壁裸露部分辐射损耗的净热流密度以及柱面对熔体辐射损耗的净热流密度之和，即

$$\dot{q}_S = B_S\sigma[f_{S0}(T_S^4-T_0^4) + B_C f_{SC}(T_S^4-T_C^4) + B_L f_{SL}(T_S^4-T_L^4)] \tag{1-51}$$

式中下标 S,0,C,L 分别表示晶体、气氛、坩埚、熔体。B_S，B_L，B_C 分别表示晶体、熔体、坩埚的辐射系数（决定于表面性质）。f 是决定于相互辐射系统的几何因素的常数。同样，熔体自由表面的辐射热损耗的热流密度 $\dot{q}_L$ 为

$$\dot{q}_L = B_L\sigma[f_{L0}(T_L^4-T_0^4) + B_C f_{LC}(T_L^4-T_C^4) + B_S f_{LS}(T_L^4-T_S^4)] \tag{1-52}$$

于是晶体柱面上的边值条件为

$$-k_S \frac{\partial T}{\partial r} = \beta(T-T_0)^{1.25} + \dot{q}_S, \quad \text{当 } r=r_a, \, 0 \leqslant z \leqslant l \tag{1-53}$$

在熔体自由表面上的边值条件为

$$-k_L \frac{\partial T}{\partial r} = \beta(T-T_0)^{1.25} + \dot{q}_L, \quad \text{当 } R_C \geqslant r \geqslant r_a, \, z=0 \tag{1-54}$$

由于圆柱对称性，故沿 z 轴有

$$\frac{\partial T}{\partial r} = 0, \quad \text{当 } r=0 \tag{1-55}$$

在原则上可求出满足边值条件(1-48)~(1-55)式的热传导方程(1-39)式的解。然而满足非线性边值条件的解析解是难以获得的。因而有住彻弥和小林信之[10]用计算机进行了数值计算，获得了温度和温度梯度沿轴向的分布。

为了方便地说明埚壁裸露深度对温场的影响，我们先引入表面发射效率 η 这个物理量，η 的定义为

$$\eta = \dot{q} / (B\sigma T^4) \tag{1-56}$$

即单位面积表面在单位时间内耗散于真实环境中的净热量与耗散于温度为 0 K 的绝对黑体环境中的热量之比。显然 η 与环境温度、环境物性（气体、液面、埚壁裸露部分的物性）、环境的几何因素（如坩埚、熔体液面的几何形状、尺寸及其所张的立体角）有关。

数值计算表明，晶体柱面上的发射效率、熔体液面上的发射效率强烈地依赖于 h_C，对锗晶体的计算结果，如图 1-11 和图 1-12 所示。晶体柱面上的发射效率 η_S 随着埚壁裸露深度 h_C 的增加而迅速降低。如 h_C 为 3 cm，见图 1-11 中的曲线 3，则在离开固液界面 2 cm 内，晶体柱面上的发射效率为零，这就是说，由于埚壁裸露部分对晶体的辐射，晶体的这一段根本无法通过辐射将热量由晶体表面（柱面）耗散出去。如果埚壁裸露深度 h_C 为 4 cm，离开固液界面 2.5 cm 以内，晶体柱面上的发射效率为负值，见图 1-11 中的曲线 4，这就是说，晶体耗散于环境中的热量小于埚壁和液面辐射到晶体的热量。这样就十分强烈地改变了晶体中的

温场。随着 h_C 的增加,也强烈地降低了熔体自由表面的发射效率,如图 1 - 12,同样也改变了熔体中的温场。

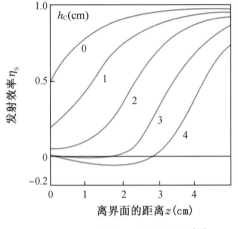

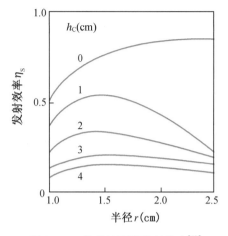

图 1 - 11　晶体柱面的发射效率[10]　　　　图 1 - 12　熔体液面的发射效率[10]

图 1 - 13 是晶体中的温度沿轴向的分布。图 1 - 14 是晶体中温度梯度的轴向分布。可以看出当 h_C 增加时,晶体中轴向温度梯度减小,而且均匀地减小,h_C 每增加 1 cm,轴向温度梯度减少 12 ℃/cm 左右。

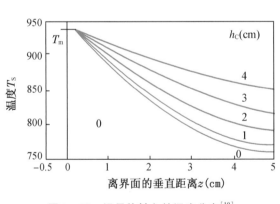

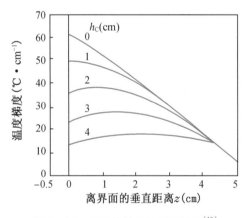

图 1 - 13　沿晶体轴向的温度分布[10]　　　　图 1 - 14　沿晶体轴向的温度梯度[10]

由图 1 - 14 可以看到,由于埚壁的裸露效应,在晶体中距固液界面数厘米的范围内,轴向温度梯度几乎不变。这正好为斯科特[1]对 $ZnWO_4$ 晶体中的温度测量所证实,如图 1 - 9 所示。在锗中的测量结果表明,距固液界面至少 8 mm 内的晶体中温度梯度是恒定的[11],在硅中距固液界面 12 ~ 15 mm 的范围内,实验测得的轴向温度梯度也是不变的[12]。

二、辐射屏对晶体中温场的影响

辐射屏(radiation screen)或保温罩对晶体、熔体中温场的影响与埚壁裸露部分的影响相似。可降低晶体柱面和熔体自由表面上的发射效率 η，以及降低晶体中的温度梯度和减小温度梯度的变化，从而降低了晶体中的热弹应力，减小了晶体中热弹应力产生位错的可能性。

米利维茨基（Мидьвидский）等人[13-14]给出了辐射屏存在时的边值条件，应用数值计算求解了热传输方程，得到了不同情况下晶体中的温场，据此求得了晶体中相应的热弹应力（见第十三章第三节之一），并进一步估计了热弹应力于晶体中引起位错的可能性，最后和实验进行了对比。下面介绍他们所获的主要结果。

图 1-15 是锗晶体在不同生长条件下计算所得的温场和热弹应力场。图 1-15(a) 是无辐射屏时所得结果，如图所示，等温面是凹面；使用简单的辐射屏后，下部的等温面逐渐变平、变凸，如图 1-15(b)；进一步改进辐射屏，等温面完全变凸，如图 1-15(c)。由于晶体中的热流恒垂直于等温面，等温面由凹变凸，表明由"环境冷却晶体"变化到"环境加热晶体"，或者说，晶体侧面的发射率 η 由正变到负，这清楚地表明了辐射屏的效应。对比图(a)、(b)、(c)中温度梯度及温度梯度的变化（根据等温面的分布），可以发现辐射屏明显地降低了温度梯度，减小了温度梯度的变化，特别是在固液界面邻近。在图 1-15 中已将根据温度分布求得的热弹应力的等切应力线表示出来，图中还将产生位错的区域以及强烈产生位错的区域分别用斜线和交叉斜线表示出来。对比图(a)(b)(c)可以清楚地看到，辐射屏显著地降低了晶体中的热弹应力，完全消除了产生位错的可能性。实验结果表明，相应于图 1-15(a)(b)(c)条件下所长成的锗晶体中位错密度分别为 $5 \times 10^4 \ cm^{-2}$、$5 \times 10^3 \ cm^{-2}$、$0 \ cm^{-2}$，定性地与理论估计一致。对硅、砷化镓晶体生长中的温场、热弹应力场的研究也曾作了类似的分析[13]。

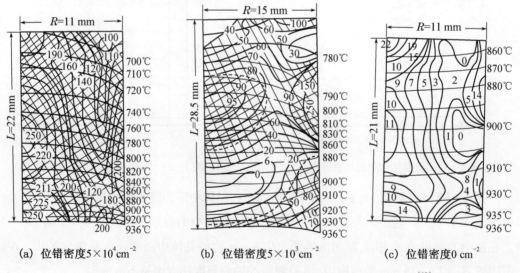

(a) 位错密度 $5 \times 10^4 \ cm^{-2}$　　(b) 位错密度 $5 \times 10^3 \ cm^{-2}$　　(c) 位错密度 $0 \ cm^{-2}$

图 1-15　直拉法生长的 Ge 晶体中的等温面和等切应力线的分布[13]

第六节 晶体生长过程中直径的惯性和直径响应方程

一、直径的惯性

由牛顿第二定律可知,同样大小的力作用于不同的物体,所产生的加速度决定于物体的惯性质量,惯性质量愈大,产生的加速度愈小。对一单晶炉来说,功率起伏 $\Delta \dot{Q}$(以单位时间热量的起伏表示)将引起温度起伏 ΔT,其间的关系是: $Q = C \Delta T$,其中 C 为单晶炉的热容量。经验表明,同样的功率起伏对不同的炉子将引起不同的温度起伏,热容量 C 愈大,温度起伏愈小。因此我们将热容量称为热惯性。我们又知道,晶体生长过程中温度起伏 ΔT 将引起晶体直径的起伏 Δd,其间的关系亦可表示为: $\Delta T = C^* \Delta d$。同样的温度起伏对不同的生长系统将引起不同的直径起伏,显然, C^* 愈大,直径起伏 Δd 愈小。于是我们将 C^* 称为晶体直径的惯性(diameter inertia of growing crystals)。

生长过程中不同的工艺阶段对直径惯性 C^* 的要求不同。等径生长阶段,我们希望直径的惯性 C^* 越大越好。因为直径的惯性越大,同样的温度起伏引起直径的变化越小。但是在放肩和收尾阶段,却不希望直径的惯性太大,否则欲改变直径时,就会感到生长系统太"迟钝"了。

直径的惯性反映了生长系统的综合性能。与所生长晶体的类别和尺寸、环境气氛的类别和温度以及生长时的工艺参量有关。

为了阐明直径的惯性 C^* 的意义,我们将进一步导出直径的响应方程。

二、温度边界层

熔体中是存在自然对流和强迫对流的,而对流对热传输的贡献又较大,因而关于熔体中温场的分析是比较复杂的,这个问题我们将在第三章讨论。这里为了导出直径响应方程,我们先引入温度边界层(temperature boundary layer)的概念。

在直拉法生长中,固液界面的温度恒为凝固点 T_{m},熔体的平均温度 T_{b} 高于 T_{m},即 $T_{\mathrm{b}} > T_{\mathrm{m}}$。我们假定在固液界面邻近,在一定深度 δ_T 之下,熔体的温度恒为平均温度 T_{b}。而在此深度 δ_T 之内,温度是逐渐降低到界面温度 T_{m} 的,如图 1−16 所示,这个深度 δ_T 就称为温度边界层的厚度。温度边界层厚度 δ_T 决定于流体搅拌的程度,即决定于自然对流和强迫对流。通常直拉法生长中晶体旋转产生强迫对流,若晶体旋转速率为 ω,可以证明边界层厚度 δ_T 与转速 ω 间有(参阅第三章中式(3−85)和(3−87))

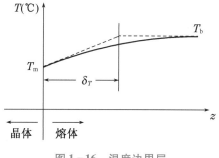

图 1−16 温度边界层

$$\delta_T \propto \omega^{-\frac{1}{2}} \qquad (1-57)$$

可知,晶体转速愈快,温度边界层愈薄。

在引入温度边界层的概念后,在固液界面处熔体中的轴向温度梯度就可近似地表示为

$$\frac{\partial T_L}{\partial z} = (T_b - T_m)/\delta_T \qquad (1-58)$$

三、直径响应方程

由固液界面处能量守恒导出的关系式(1-11)可得

$$v\rho_S L = k_S \frac{\partial T_S}{\partial z} - k_L \frac{\partial T_L}{\partial z} \qquad (1-59)$$

固液界面是温度恒为凝固点 T_m 的等温面,根据式(1-47)可得在固液界面处晶体内沿轴的温度梯度 $\frac{\partial T_S}{\partial z}$ 为

$$\frac{\partial T_S}{\partial z} = (T_m - T_0)\left(\frac{2h}{r_a}\right)^{\frac{1}{2}} \qquad (1-60)$$

注意式(1-47)与式(1-60)的符号相反,是由于坐标轴相反的缘故。将(1-58)式和(1-60)式代入(1-59)式得

$$k_S(T_m - T_0)\left(\frac{2h}{r_a}\right)^{\frac{1}{2}} = k_L(T_b - T_m)/\delta_T + v\rho_S L \qquad (1-61)$$

若其他参量不变,当熔体的温度由 T_b 变到 T_b',则相应的晶体半径 r_a 改变到 r_a',同样有

$$k_S(T_m - T_0)\left(\frac{2h}{r_a'}\right)^{\frac{1}{2}} = k_L(T_b' - T_m)/\delta_T + v\rho_S L \qquad (1-62)$$

由式(1-61)减去式(1-62)有

$$k_S(T_m - T_0)\left[\left(\frac{2h}{r_a}\right)^{\frac{1}{2}} - \left(\frac{2h}{r_a'}\right)^{\frac{1}{2}}\right] = \frac{k_L}{\delta_T}(T_b - T_b') \qquad (1-63)$$

令熔体温度的改变为 $\Delta T_b = T_b - T_b'$,晶体直径的改变为 $\Delta d = 2(r_a - r_a')$,代入(1-63)式,化简后可得

$$\Delta T_b = \frac{k_S^{\frac{1}{2}} \cdot \varepsilon^{\frac{1}{2}} \cdot (T_m - T_0) \cdot \delta_T}{k_L \cdot d^{\frac{3}{2}}} \cdot \Delta d \qquad (1-64)$$

故直径的惯性 C^* 为

$$C^* = \frac{k_S^{\frac{1}{2}} \cdot \varepsilon^{\frac{1}{2}} \cdot (T_m - T_0) \cdot \delta_T}{k_L \cdot d^{\frac{3}{2}}} \qquad (1-65)$$

式(1-64)称为直径的响应方程,可以看出直径的惯性 C^* 愈大,对同样的温度起伏 ΔT_b 产生直径的变化愈小,因而在等径生长阶段要求具有较大的直径的惯性。

在直径的惯性的表达式(1-65)中包含热交换系数 ε,由式(1-41)或(1-42)可以看出,热交换系数 ε 等于晶体表面与环境气氛间的对流热交换系数 ε_c 和辐射热交换系数 ε_r 之

和。故 ε 不仅和晶体表面的辐射系数等物体常数有关,而且通过 ε_c 还和周围气体的热传导系数、气体密度、定压比热容、黏滞系数、膨胀系数以及晶体的长度有关。

因此通过式(1-65)可以看出,直径的惯性 C^* 和晶体的物性、熔体的物性、周围气氛的物性以及晶体的几何尺寸有关,又通过温度边界层 δ_T 式(1-57)和晶体的转速相联系。

对给定的生长系统(即给定晶体的类别、周围气氛的类别),如何才能提高晶体直径的惯性呢? 从式(1-65)可知,降低环境温度 T_0、减小晶体直径 d、减慢晶体转速 ω、增加热交换系数 ε 都能提高直径的惯性 C^*。

布赖斯等人用直拉法生长铌酸锶钡时,碰到的主要困难就是直径的惯性太小,晶体的直径对温度起伏过于敏感,生长不易控制。于是设计了如图 1-5 所示的装置,用吹氧的办法有效地降低了环境温度 T_0,增加了热交换系数 ε,从而提高了直径的惯性 C^*,取得了较好的结果[4]。

*第七节　非稳温场和温度波

如前所述,温场中的温度不仅是空间坐标的函数而且也是时间的函数,这样的温场称为非稳温场,可以记为 $T(x,y,z,t)$。在非稳温场中一固定点,其温度随时间而变化,因此不同的时刻有不同的温度。在某一时刻过此固定点可作一等温面,在下一时刻又可作另一等温面。对于同一点不同时刻的等温面,不仅等温面的温度不同(该点温度在不同时刻有不同值),而且一般说来,等温面的形状也不同(因空间各点的温度随时间变化的速率不同)。当然非稳温场中温度梯度矢量的大小和方向都将随时间变化。

能量守恒的微分方程(1-25)式,实际上是在非稳温场中推导出来的。因为在推导过程中考虑了闭合曲面中单位时间内因温度变化所吸收或放出的热量,因而要了解非稳温场,只需求满足给定边值条件和初始条件的偏微分方程(1-25)的解。

求解非稳温场是比较复杂的。我们这里只讨论一个特殊的非稳温场问题,即温度波的问题。

温度起伏(或振动)以有限速率在介质中的传播过程,叫温度波。由于温度波(transport of temperature wave)普遍地存在于晶体生长过程中,因而关于温度波的讨论是十分重要的。

如果是感应加热,坩埚就是发热体,加热功率的起伏将产生坩埚温度的起伏,由此而产生的温度波是如何通过熔体传到固液界面的? 如果是硅碳棒电阻加热,则温度波如何穿过气流、坩埚、熔体传至固液界面邻近? 如果由于籽晶杆中冷却水的流量起伏,造成晶体籽晶端的温度起伏,则温度波是如何穿过晶体影响固液界面的? 如果环境温度起伏(如实验室中气流起伏),则温度波又是如何穿越炉壳、保温层……影响固液界面的? 显然这些问题是十分复杂的,我们不可能精确地讨论,但对其中的某些问题作一定的近似处理后,我们就能将其简化为一维模型,这样就能对某些重要现象作出定性的说明。

如果一等径生长的晶体,籽晶端为平面,使坐标原点固定于此端面中心,z 轴平行于晶体生长轴且指向熔体。如果晶体中的等温面是平面,且平行于 $x-y$ 面,则热流的迹线平行于 z 轴。如果在晶体籽晶端的端面上(即 $z=0$),其温度周期性起伏(例如由冷却水流量的起伏所致),可表示为

$$T(0,t) = A_0 \cos \omega t, \quad z=0 \text{ 处} \tag{1-66}$$

当晶体的长度较长时,我们就可将这个问题看作一维半无限长杆上的温度波的传播问题。后面我们将说明,只要晶体的长度大于温度波的波长,用这样的近似来定性地说明问题还是可以的。

于是根据式(1-27)可得晶体中一维非稳温场所满足的方程为

$$\frac{\partial^2 T}{\partial z^2} = \frac{1}{\kappa} \frac{\partial T}{\partial t} \tag{1-67}$$

因此温度波在晶体中的传播(晶体中的非稳温场)可以通过求解偏微分方程(1-67)及边值条件(1-66)而获得。可以看出,满足式(1-67)和边值条件(1-66)的解具有下列形式

$$T(z,t) = T_0(z) \exp(\mathrm{i}\omega t) \tag{1-68}$$

将式(1-68)代入(1-67)中可导出 $T_0(z)$ 所满足的微分方程

$$\frac{\mathrm{d}^2 T_0(z)}{\mathrm{d}z^2} = \frac{\mathrm{i}\omega}{\kappa} T_0(z) \tag{1-69}$$

此为常系数二次齐次方程的最简单形式,其解为

$$T_0(z) = A_0 \exp(-\sqrt{\mathrm{i}\omega/\kappa} \cdot z)$$

由于 $\sqrt{\mathrm{i}} = \dfrac{1}{\sqrt{2}}(1+\mathrm{i})$,故有

$$T_0(z) = A_0 \exp(-(1+\mathrm{i})\sqrt{\omega/2\kappa} \cdot z) \tag{1-70}$$

于是将式(1-70)代入(1-68)得到式(1-67)的解为

$$T(z,t) = A_0 \exp(-\alpha z)\cos(\omega t - \alpha z) \text{ 或 } T(z,t) = A_0 \exp(-\alpha z)\sin(\omega t - \alpha z) \tag{1-71-a}$$

其中具有正弦形式的解不满足边值条件式(1-66),故其解为

$$T(z,t) = A_0 \exp(-\alpha z)\cos(\omega t - \alpha z) \tag{1-71-b}$$

其中 $\alpha = \sqrt{\dfrac{\omega}{2\kappa}}$,式(1-71-b)是振幅随传播距离 z 而衰减的温度波的波动方程。波之振幅是 $A_0 \exp(-\alpha z)$,α 愈大,温度波衰减得愈快,故 α 称为温度波的衰减系数。若令 $z=1$ cm,此处温度波的振幅为 A_1,则 $A_1 = A_0 \exp(-\alpha)$,故 $\alpha = \ln \dfrac{A_0}{A_1}$,故温度波的衰减系数在数值上等于温度波在原点的振幅 A_0 与传至 1 cm 处振幅 A_1 之比值的对数。由此可以通过实验的方法求得材料的温度波的衰减系数,由于 $\alpha = \sqrt{\dfrac{\omega}{2\kappa}}$,故又能进一步得到材料的热扩散系数 κ。另外还可以看出,频率愈高,衰减系数愈大。

式(1-71)中的 $(\omega t - \alpha z)$ 是温度波传播至 z 处的位相角,αz 称为位相延迟,即在 z 处的位

相角和在原点的位相角之差值。如果温度波的波长为 λ，则 $2\pi \cdot \dfrac{z}{\lambda}$ 亦为位相延迟，故有 $\alpha z = 2\pi \dfrac{z}{\lambda}$，于是可求得温度波的波长

$$\lambda = \left(\frac{8\pi^2\kappa}{\omega}\right)^{\frac{1}{2}} \tag{1-72-a}$$

其中 ω 是角频率，温度波的频率 $\nu = \dfrac{\omega}{2\pi}$，故有

$$\lambda = \left(\frac{4\pi\kappa}{\nu}\right)^{\frac{1}{2}} \tag{1-72-b}$$

我们写出温度波传至 z 处的振幅表达式

$$A = A_0\exp(-\alpha z) = A_0\exp(-\sqrt{\omega/2\kappa}\cdot z) = A_0\exp\left(-\frac{2\pi}{\lambda}\cdot z\right) \tag{1-73}$$

可知 $z = \lambda$ 处，$A = A_0\exp(-2\pi) = 0.0019A_0$，即温度波传播到一个波长处，其振幅只有其原振幅的 0.19%。因此我们可以定义温度波的波长为该温度波的穿透深度。显然温度波的穿透深度（或波长）决定于材料的热扩散系数 κ 以及温度波的频率 ν，我们估计了在不同材料中温度波的穿透深度（或波长），其数据列于表 $1-3$。

表 $1-3$ 不同材料的温度波穿透深度（波长）的估计

材料		金属	半导体	氧化物晶体	
		铜 Cu	锗 Ge	YAG	LiNbO₃
物理常数	热传导系数* k $(\text{cal}\cdot\text{cm}^{-1}\cdot\text{s}^{-1}\cdot\text{℃}^{-1})$	0.926	0.05	0.03	0.01
	比热容* c $(\text{cal}\cdot\text{g}^{-1}\cdot\text{℃}^{-1})$	0.091	0.09	0.15	0.513
	密度* ρ $(\text{g}\cdot\text{cm}^{-3})$	8.96	5.3	4.55	4.64
	热扩散系数* κ $(\text{cm}^2\cdot\text{s}^{-1})$	1.15	0.1	5.0×10^{-2}	1.4×10^{-2}
穿透深度 $h = \lambda = \left[\dfrac{4\pi\kappa}{\nu}\right]^{\frac{1}{2}}$ （cm）	频率 （r/s） 0.1	11.2	3.55	2.50	1.33
	1.0	3.80	1.12	0.79	0.42
	10	1.12	0.355	0.25	0.133
	100	0.38	0.112	0.079	0.042

* 表中列出的是室温下的物理常数，但不影响对穿透深度的半定量估计。

由表 $1-3$ 可知，由于金属、半导体、氧化物的热扩散系数依次减少，故给定频率的温度波波长（穿透深度）亦依次减小，例如：对频率为 1 Hz 的温度波在铜中穿透到 3.8 cm 处，其振幅

衰减到原振幅的 0.19%,而在 $LiNbO_3$ 中只穿透到 0.42 cm。同时可以看出,频率稍高的温度起伏,穿透深度更小,故只需晶体的长度大于几个波长,把这种情况作为无限长处理是许可的。

还有一点,我们特别感兴趣的,就是一般非正弦式的温度波,总可以展开成傅里叶级数,而其中只有频率较低的温度波才有可能传至固液界面邻近。

一般单晶炉(如硅碳棒电阻炉、硅钼棒电阻炉以及感应加热的单晶炉)都有耐火材料的保温层。这些耐火材料如氧化铝、氧化锆、氧化镁,其热扩散系数的数值与表 1-3 中的 $Y_3Al_5O_{12}(YAG)$, $LiNbO_3$ 相近,只要保温层有一定厚度,温度起伏特别是高频温度起伏是不能传至固液界面的。

当加热功率起伏时,如为感应加热,则直接产生坩埚温度的起伏;如为电阻加热,加热功率的起伏也可以近似地看作坩埚温度的起伏。因而问题归结为因坩埚温度起伏而产生的温度波是如何在熔体中传播的。这显然比较复杂,不过如果坩埚足够大,坩埚底和固液界面间的等温面又近于平面,我们同样可把这一问题近似看作一维的温度波传播。不过我们此时将坐标原点固定于坩埚底部的中心,z 轴平行于坩埚的对称轴且指向晶体。于是由(1-27)式得到非稳温场所满足的微分方程

$$\frac{\partial^2 T(z,t)}{\partial z^2} + \frac{v}{\kappa}\frac{\partial T(z,t)}{\partial z} = \frac{1}{\kappa}\frac{\partial T(z,t)}{\partial t} \tag{1-74}$$

其边值条件为

$$T(0,t) = A_0\cos\omega t, \ z=0 \tag{1-75}$$

式中 v 是熔体的流动速率。在一维近似的情况下,若固液界面的位置不变,则 v 等于晶体的提拉速率,故通常可将 v 看作常数。因而在熔体中的非稳温场,就是温度波在熔体中的传播。可通过求解满足边值条件(1-75)的微分方程(1-74)式得到。

同样的数学运算,可知式(1-74)的解,仍然是振幅随 z 的增加而指数衰减的温度波。其振幅的表达式和(1-73)相同,为

$$A = A_0\exp(-\alpha z) \tag{1-76}$$

不过其衰减系数 α 较为复杂,其表示式为[15]

$$\alpha = \left[-v + \left\{ \frac{1}{2}\left[(v^4 + 16\omega^2\kappa^2)^{\frac{1}{2}} + v^2 \right]^{\frac{1}{2}} \right\} \right]/2\kappa \tag{1-77}$$

其中 v 是流速在 z 方向的分量,在流体强烈对流的条件下,有 $v^2 \gg 4\omega\kappa$,则式(1-77)可表示为

$$\alpha \approx \omega^2\kappa/v^3 \tag{1-78}$$

如果熔体中传导占优势,则 v 很小,或对流的速率 $v \approx 0$,即没有对流,此时

$$\alpha = \left(\frac{\omega}{2\kappa}\right)^{\frac{1}{2}} \tag{1-79}$$

在这种情况下,则方程(1-74)就退化为(1-67),而 α 的表达式(1-79)就和固体中传播的衰减系数全同。这种情况我们在前面已经详细地讨论过了。

对比式(1-78)和式(1-79),流体中在对流占优势的区域,v 较大,故 α 较小,而传导占优势的区域 α 较大。这表明,熔体中的宏观对流,有利于温度波的传播。而温度波在无宏观对流的区域衰减较快。

参考文献

[1] Scott R A M. J Cryst Growth, 1971, 10: 39.

[2] Brice J C. J Cryst Growth, 1968, 2: 395.

[3] Bridgers H E, Scarf J H, Shive J N. Transistor Technology[M]. Van Nostrand, 1958, 1: Chapter 6.

[4] Brice J C, Hill O F, Whiffln P A C, et al. J Cryst Growth. 1971, 10: 133.

[5] Vojdani S, Dabiri A E, Ashoori H. J Cryst Growth. 1974, 24/25: 374.

[6] Runyan W G. Silicon Semiconductor Technology[M]. McGraw-Hill, 1965: 38-49.

[7] Bird R B, Stewart W E, Lightfoot E N. Transport Phcnomcna[M]. Wilcy, 1960: Chapter 10.

[8] Brice J C. J Cryst Growth, 1977, 42: 427.

[9] Brice J C. J Cryst Growth, 1970, 7: 9.

[10] Arizumi T, Kobayashi N. J Cryst Growth, 1972, 13/14: 615.

[11] Brice J C, Whiffin P A C. Solid state Electron, 1964, 7: 183.

[12] Turovskii B M, Cheremin K D. Inorgan Mater, 1968, 4: 712.

[13] Mil'vidskii M G, Bochkarew J. J Cryst growth, 1978, 44: 61.

[14] Милъвидски М Г, Освенскии В В. Пробдеми Современныи Кристаддографии[M]. Наука, 1975: 79.

[15] Hurle D T J, Pike E R. J Cryst Growth, 1968, 3/4: 633.

第二章

溶质分凝和质量传输

在晶体生长的实践中,为了获得某种物理性能的单晶体,我们有意识地掺入某些微量元素。例如:在 YAG 晶体中掺入 Nd,生长的 Nd^{3+}:YAG 晶体就能作为产生激光的工作物质。又如在 $LiNbO_3$ 晶体中掺入 Fe,就能作为全息记录介质。这些有意识地掺入的微量元素,我们称为溶质(solute)。

除此而外,我们有时也会无意识地在晶体中掺入一些微量元素,可能由于原料本身不纯,或在称量、混料、压结、烧结、熔融、提拉等工艺过程中,带进了一些杂质,这些杂质如果以原子或离子状态掺入晶体,也可称为溶质。

例如,在原料合成工艺中,由于称量不准,某种原料过量了,或虽然称量是准确的,但是烧结过程中某种原料挥发得较多,这样熔体的组分便产生偏离,如在配制 $LiNbO_3$ 晶体时,熔体中的 Nb 过量了,这过量的 Nb 就可看为溶质。

微量溶质对晶体生长和晶体性能影响极大,我们主要关注于两个问题,其一是在生长过程中及长成的晶体中溶质是如何分布的? 其二是反过来溶质是如何影响晶体的生长过程的? 本章主要讨论在恒定的生长速率下溶质的分布规律。第四章讨论生长速率起伏时的溶质分布规律(生长层)。第五章再讨论溶质对生长过程的影响(界面稳定性和组分过冷)。

在正常情况下生长的单晶体中,溶质分布是不均匀的,或是始端溶质浓度低,愈近尾部愈高,或者相反。而我们希望获得溶质均匀分布的单晶体。因此了解生长过程中溶质的分布规律,以及利用这些规律来制备溶质均匀分布的单晶体是十分必要的。这在制备工艺中称之为晶体生长的溶质均化(solute homogenizing of crystal growth)。

第一节　固溶体和溶液

在热力学中,将一个含多组元的均匀系称为溶体。当溶体为气相时,通常称为混合气体,或气相溶体。当溶体为液相,称溶液(solution)。溶体为固相,则称固溶体(solid solution),而将金属固溶体称为合金(alloy),将非金属固溶体称为和晶(mix-crystal)。在稀溶体中数量占得最多的那种组元叫溶剂(solvent),其他组元叫溶质(solute)。若溶体不稀,就不能分辨溶剂和溶质。

例如将少量的 Nd 掺入 YAG 中,我们就可将 YAG 称为溶剂,Nd 称溶质,掺有 Nd 的 YAG熔体称溶液,掺 Nd 的 YAG 晶体则称固溶体。

我们知道,晶体中的原子规则地排列成晶格,晶体中的间隙位置可以容纳溶质原子。如果溶质原子占据了溶剂晶格中的间隙位置,我们称这种固溶体为填隙固溶体。如果溶质原子替代了晶格坐位上的溶剂原子,我们称这种固溶体为置换固溶体。我们知道掺 Nd 的 YAG 固溶体中,Nd 占据了 YAG 晶格的正常坐位,替代了 Y 离子,故 Nd:YAG 为置换固溶体。

在一定量的溶液或固溶体中,所含溶质的量叫溶液浓度或固溶体的浓度。而浓度用溶质质量占全部固溶体(或溶液)质量的百分比来表示,称百分比浓度,例如3%的 Nd 的 YAG 固溶体就是 100 g 的 YAG 晶体中含有 3 g 的 Nd 和 97 g 的 YAG。

在一定温度下,固溶体中能够溶解溶质的最大浓度,我们称这个最大浓度为此温度下固溶体的固溶度。显然,对一定的溶剂和溶质来说,固溶度与温度有关,一般说来,温度愈高固溶度愈大。

在一定温度下,如果固溶体的溶质浓度达到了固溶度,我们称这种固溶体为饱和固溶体。如果固溶体中溶质浓度超过了固溶度,我们称它为过饱和固溶体。过饱和固溶体是不稳定的,它要析出固溶体中过量的溶质,我们称过饱和固溶体析出溶质的现象为脱溶沉淀。

第二节 溶液的凝固和平衡分凝系数

纯物质熔体(溶剂)有确定的凝固点 T_0,而其中掺入微量的溶质后,溶液的凝固情况却比较复杂。取溶质浓度为 C_L 的溶液,从较高的温度无限缓慢地冷却,当温度下降到某温度 T_L 时,可以观察到有固溶体析出,如果溶液的温度继续下降,则固溶体继续析出,一旦温度停止下降,固溶体也就停止析出,而且已析出的固溶体和剩余的溶液的量保持不变,形成固溶体和溶液共存的状态,只当温度下降到 T_S 时,溶液才全部结晶为固溶体。由此可以看出,溶液和纯溶剂的凝固行为不同,纯溶剂的凝固点是唯一确定的,而溶液却存在两个凝固温度,一个是开始凝固的温度 T_L,一个是凝固完成的温度 T_S。

用实验的方法对任一浓度 C_L 的溶液,都能测出相应的 T_L 和 T_S,我们在温度和溶质浓度的坐标平面内,将相应于不同 C_L 溶液的开始凝固温度 T_L 联结起来,构成一曲线,我们称为液相线。同样我们将所有 T_S 联结起来得到固相线,见图 2-1。于是将温度和溶质浓度的坐标平面分成三个区域,液相线之上为溶液区域,固相线之下为固溶体区域,两者之间的为溶液和固溶体共存的区域。

同样,我们对溶质浓度 C_S 的固溶体,无限缓慢地加热,当它的温度升高到 T_S 时,固溶体开始熔化;当温度达到 T_L 时固溶体全部熔化完毕;在温度和溶质浓度的坐标平面内得到的固溶体的 T_S 和 T_L 关于 C_S 的曲线与图 2-1 完全相同,这是由于我们所考虑的熔化和凝固过程是无限缓慢的而且忽略了动力学效应的缘故。

可知,液相线是溶液的凝固点相对于溶质浓度的曲线,而固相线就是固溶体的熔化点相对于溶质浓度的曲线。

显然,溶液的凝固点是溶质浓度的函数,一般情况下,其间的关系并不是线性的。不过

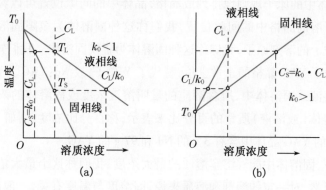

图 2-1　溶液的凝固

对微量溶质,可以将溶液的凝固点和溶质浓度间的关系近似地看为线性,如图 2-1。如果溶质浓度为 C_L,同时溶液凝固点 $T(C_L)$ 是直线,则斜率 $m = \dfrac{\mathrm{d}T}{\mathrm{d}C_L}$ 为常数,故 $T(C_L)$ 可表示为

$$T(C_L) = T_0 + mC_L \tag{2-1}$$

经验表明存有两类溶质,一种溶质会降低溶液的凝固点,即 m 为负数,见图 2-1(a)。另一种溶质会提高溶液的凝固点,即 m 为正值,见图 2-1(b)。m 表征溶液中溶质改变单位浓度所引起凝固点的变化,其数值决定于溶液系统的性质,即决定于溶剂和溶质的性质(关于溶液凝固点与浓度间的关系,在第六章第二节之六中有详细讨论)。

　　已经说过,在图 2-1 中固相线与液相线之间,是固溶体和溶液共存的区域,在恒定的温度 T 下,两者同时共存,其数量不增不减,呈热力学平衡态。如果在图 2-1 中,以温度 T 作水平线,交液相线于 C_L、交固相线于 C_S,则在温度为 T 时,固溶体和溶液间处于热力学平衡态的充要条件是两者的溶质浓度必须为其平衡浓度 C_S 和 C_L。浓度相对于 C_S 和 C_L 的任何偏离都会破坏其间的平衡。

　　如果固相线和液相线是直线,不同的温度下虽然有不同的平衡浓度 C_S 和 C_L,但其比值恒为常数,即

$$k_0 = \frac{C_S}{C_L}$$

常数 k_0 与温度无关、与溶液的浓度无关,只决定于溶剂和溶质的性质,我们将这个常数称为分凝系数。由于分凝系数 k_0 是表征溶液与固溶体共存的热力学平衡性质的,故其又称为溶质的平衡分凝系数(equilibrium segregation coefficients)。

　　由图 2-1 可知,对降低溶液凝固点的溶质,有 $C_S < C_L$,故 $k_0 < 1$;对提高溶液凝固点的溶质,有 $C_S > C_L$,故 $k_0 > 1$。

　　在给定的温度下,固溶体与溶液同时共存呈热力学平衡态的条件是,溶质在两者中的浓度必须为平衡浓度 C_S 和 C_L。为什么平衡浓度不相等?下面我们进一步讨论这个问题[1]。

　　如果固溶体与溶液处于平衡态,即固溶体不熔化,溶液也不凝固,此时固液界面是静止

的。从统计力学的观来点来看,在界面上固溶体的原子或离子仍然不断进入溶液熔化,同时溶液中的原子或离子也不断地进入固液界面的晶格坐位上(凝固),只不过任何时刻两者的速率相等。一般说来,界面处晶格坐位上的溶质原子所具有的势能与界面邻近溶液中溶质原子所具有的势能是不相等的。同时溶质原子由固溶体进入溶液必须克服其近邻原子的键合力,这个过程等价于翻越位垒 Q_S。同样溶液中的溶质原子欲进入界面的晶格坐位上,也必须翻越位垒 Q_L。Q_S,Q_L 又称溶质越过界面位垒的扩散激活能(activation energy for diffusion)。对不同的溶液系统可能出现两种情况,如图 2–2。在给定温度下,溶质原子越过位垒进入溶液的概率正比于 $\exp\left(-\dfrac{Q_S}{kT}\right)$,同时还和固溶体中的浓度 C_S 成正比,于是进入溶液的速率为

$$R_{熔化} = B_1 C_S \exp\left(-\frac{Q_S}{kT}\right)$$

同样,溶质原子进入界面晶格坐位的速率为

$$R_{凝固} = B_2 C_L \exp\left(-\frac{Q_L}{kT}\right)$$

若:(1)固液界面为光滑(原子尺度)的平面;(2)溶质原子在固溶体和溶液中的振动频率相等;(3)忽略原子在熔化或凝固运动过程中的弹性碰撞,或是在两过程中碰撞的概率相等,则比例常数 $B_1 = B_2$。

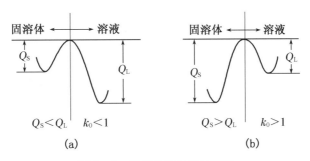

图 2–2 平衡分凝的统计解释

已经说过,当固溶体与溶液处于平衡态,溶质由固溶体进入溶液的速率等于其由溶液进入固溶体的速率,即 $R_{熔化} = R_{凝固}$,于是有

$$C_S \exp\left(-\frac{Q_S}{kT}\right) = C_L \exp\left(-\frac{Q_L}{kT}\right)$$

故

$$k_0 = \frac{C_S}{C_L} = \exp\left(\frac{Q_S - Q_L}{kT}\right) \tag{2-2}$$

可知,由于溶质越过位垒进入溶液所需之激活能 Q_S 和进入固溶体所需之激活能 Q_L 不等,因此处于平衡态时,溶质在溶液和固溶体中的平衡浓度也不等。如果 $Q_S < Q_L$,则 $C_S < C_L$,即

$k_0 < 1$。即溶质原子越过位垒进入溶液的概率较大,要两者速率相等,溶质在固溶体中的平衡浓度 C_S 必须较小。同样,若 $Q_S > Q_L$,则 $C_S > C_L$,即 $k_0 > 1$。由此可知,不同溶液系统的平衡分凝系数 k_0 不同,其物理原因是溶质穿越固液界面所需的激活能不同。

关于平衡分凝系数的热力学意义,我们将在第六章第二节之五中讨论。

第三节　溶质浓度场和溶质守恒

由于溶液凝固过程中出现了分凝现象,因此在晶体生长过程中,溶质在晶体、熔体中都不是均匀的。显然,晶体、熔体中的溶质浓度随空间位置而变化。在晶体、熔体中的全部空间内,每一点都有确定的浓度,而不同点的浓度不完全相同,我们把浓度的空间分布称为溶质的浓度场(solute concentration field)。

同样,在浓度场中将浓度相等的空间各点联结起来,所得到的空间曲面称等浓度面。浓度梯度矢量沿着等浓度面的法线并指向浓度升高的方向,其大小是沿该方向单位长度浓度的变化。

若浓度场记为 $C(x,y,z)$,则浓度梯度(gradient of concentration)可表示为

$$\nabla C = \frac{\partial C}{\partial x}\boldsymbol{i} + \frac{\partial C}{\partial y}\boldsymbol{j} + \frac{\partial C}{\partial z}\boldsymbol{k} \qquad (2-3)$$

温度梯度引起了热量的扩散传输(热传导)。同样,浓度梯度也产生溶质的扩散传输。与支配热传导的傅里叶定律(式1-1)相似,支配溶质扩散的称为菲克定律(Fick's law),可表示为

$$\dot{\boldsymbol{q}}_1 = -D\,\nabla C \qquad (2-4)$$

这里的 $\dot{\boldsymbol{q}}_1$ 为质流密度矢量,是通过单位面积的溶质流量,并指向浓度升高的方向。式中负号表示质流密度矢量与浓度梯度矢量的方向相反,D 称为溶质的扩散系数。

同样,流体的宏观对流也引起溶质的传输,对流引起的溶质质流密度矢量记为 $\dot{\boldsymbol{q}}_2$,可表示为

$$\dot{\boldsymbol{q}}_2 = C\boldsymbol{v} \qquad (2-5)$$

完全类似于第一章中关于能量守恒的处理,我们给出溶质守恒的微分形式。

在浓度场中任取一闭合曲面。若此闭合曲面内无质源,则单位时间内产生的溶质的量 $\dot{Q}_1 = 0$。若单位时间内净流入闭合曲面的溶质为 $\dot{Q}_2$,单位时间内闭合曲面中由于浓度升高而吸收的溶质为 $\dot{Q}_3$,由溶质守恒有

$$\dot{Q}_2 = \dot{Q}_3 \qquad (2-6)$$

$\dot{Q}_2$ 来自对流和扩散两种机制,故

$$\dot{Q}_2 = -\oiint_S (-D\,\nabla C + C\boldsymbol{v}) \cdot \mathrm{d}\boldsymbol{s}$$

而 $\dot{Q}_3$ 可表示为

$$\dot{Q}_3 = \oiiint_V \frac{\partial C}{\partial t}\mathrm{d}V$$

于是有
$$\oiiint_v \frac{\partial C}{\partial t}\mathrm{d}V = \oiint_S (D\,\nabla C - C\boldsymbol{v})\cdot\mathrm{d}\boldsymbol{S}$$

若扩散系数 D 为常数,流体为不可压缩流体,有 $\nabla\cdot\boldsymbol{v}=0$。最后可得

$$\frac{\partial C}{\partial t} + (\boldsymbol{v}\cdot\nabla)C = D\,\nabla^2 C \qquad (2-7)$$

上式即溶质守恒的微分形式,又称溶质传输方程,在直角坐标系中的标量式为

$$\frac{\partial C}{\partial t} + v_x\frac{\partial C}{\partial x} + v_y\frac{\partial C}{\partial y} + v_z\frac{\partial C}{\partial z} = D\left(\frac{\partial^2 C}{\partial x^2} + \frac{\partial^2 C}{\partial y^2} + \frac{\partial^2 C}{\partial z^2}\right) \qquad (2-8)$$

将式(2-7)、(2-8)与式(1-25)、(1-27)对比,我们可以发现,热量传输与质量传输有着完全类似的性质。

第四节　溶质保守系统中的浓度场

在整个晶体生长过程中,晶体-溶体系统中的溶质总质量是不变的,我们称之为溶质保守系统(solute conservative system)。

一、属于溶质保守系统的生长方法

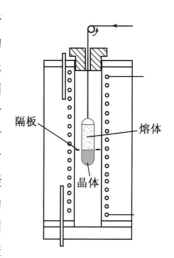

图 2-3　坩埚下降法

我们所熟知的直拉方法或称丘克拉斯基方法,就是应用于溶质保守系统。在生长的全过程中溶质不增不减,因而溶质的总质量是不变的。其次应用较多的属于溶质保守系统的生长方法是坩埚下降法或称布里奇曼方法(Bridgman method),见图 2-3。用石墨或铂或石英做成的坩埚,底部为圆锥形,开始时晶体材料于坩埚中全部熔融,此时坩埚位于隔板之上,然后坩埚缓缓下降,坩埚的锥形底部先达到隔板位置,底部的熔体首先结晶,随着坩埚下降,晶体就逐渐长成(隔板处温度为材料凝固点)。这种方法是典型的溶质保守系统,常用来生长大型的碱金属卤化物(如 NaCl,KBr,CaF$_2$,LiF,NaI,KCl),供光学应用或作闪烁晶体,此外作为红外材料的金红石(TiO$_2$)、氟化镁(MgF$_2$),作为荧光材料的 CaWO$_4$,作为电绝缘材料的氟金云母(KMg$_3$AlSiO$_{10}$F$_2$),都可用此法制备单晶体。

熔体生长的方法中,还有一种称为凯罗泡洛斯方法(Kyropoulos method),也是属于溶质保守系统的。这种方法的设备和直拉法类似,但生长时晶体不向上提拉,而是强迫水冷籽晶,使晶体在熔体中生长,长出的晶体近于半球形(近年来,有人将这个方法引用到助熔剂生长,籽晶以每天几毫米的速率向上提拉,也被称为凯罗泡洛斯方法,但我们这里暂不考虑)。

二、在准静态生长过程中的溶质分布[2]

所谓准静态生长过程(quasi-static growth process),就是生长十分缓慢的过程,这样就能将这个生长过程看为热力学的平衡过程。于是可以将溶液和固溶体共存所需满足的平衡条件应用于固液界面。因此在固液界面处固溶体(晶体)中的溶质浓度必须为其平衡浓度 C_S,溶液中的平衡浓度必须为 C_L,且有 $k_0 = C_S/C_L$。对给定的溶剂(晶体)-溶质系统,在生长全过程中的固液界面处,$k_0 = C_S/C_L$ 总是成立的,或者说 $C_S = k_0 C_L$ 总是成立的。

溶质的分凝系数 k_0 可以大于1,也可以小于1。下面的讨论我们只限于 $k_0 < 1$ 的情况;至于 $k_0 > 1$,在生长过程中溶质的行为稍有不同,但最后的结论在形式上仍然一致,读者可自行推证。

当 $k_0 < 1$,则固液界面处固溶体中溶质平衡浓度 C_S 将小于溶液中的平衡浓度 C_L,于是随着晶体生长、固液界面向前推进,固液界面前沿不断地有溶质排泄出来。例如:Nd 在 YAG 中的平衡分凝系数为 $k_0 = 0.16$,即在固液界面处有 $C_S = 0.16C_L$,这就意味着固液界面处 YAG 熔体(溶液)中的 Nd 的平衡浓度约为 Nd:YAG 晶体(固溶体)中的六倍,或者说,当单位体积的熔体结晶时,必须将其中84%的 Nd 排泄出来。因此随着 YAG 晶体的生长,余料中 Nd 的浓度 C_L 逐渐增加。由于 C_L 逐渐增加,故晶体中 Nd 的浓度 C_S 也逐渐增加。这就是一根 YAG 激光晶体中愈近晶体尾部 Nd 的浓度愈高的物理原因。

下面我们推导在晶体生长过程中溶质的分布。一般说来,溶质在固液界面处溶液中的浓度与晶体生长速率、溶液的自然对流、溶液的强迫对流(搅拌)有关,因而晶体中溶质浓度分布也和这些因素有关。但我们先讨论一个极端的情况,即准静态生长过程中的溶质分布。由于生长过程是十分缓慢的,我们就有理由认为在生长过程中的任何时刻,溶液中溶质的分布总是完全均匀的。

如果生长过程中,固液界面为平面,而等浓度面亦为平行于固液界面的平面,于是可作一维近似处理,并可等效为一柱状熔体,从一端开始结晶,固液界面以等速向前推进,直至全部结晶完毕,如图 2 - 4。和第一章的规定相同,以 z' 代表实验室坐标系,以 z 代表固定于固

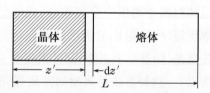

图 2 - 4 溶质保守系分凝的等效模型

液界面上的运动坐标系。我们假设在开始结晶前,溶液中溶质的初始浓度为 C_L,而且在溶液中是均匀分布的。如果液柱的截面积为 A,长为 L,当固液界面移至 z' 处,此时凝固的固溶体中溶质的平衡浓度为 $C_S(z')$。根据共存的平衡条件得知,此时溶液的平衡浓度必为 $C_L(z')$,且有 $C_S(z') = k_0 C_L(z')$。若此时有薄层 dz' 凝固,新凝固的固溶体中溶质浓度必为 $k_0 C_L(z')$;若 $k_0 < 1$,则导致溶液中溶质浓度之提高。根据溶质守恒可知,dz' 薄层内因凝固排出的溶质的总质量应等于溶液中溶质质量的增量,于是有

$$(1 - k_0) C_L(z') dz' \cdot A = (L - z') \cdot A \cdot dC_L(z')$$

$$\frac{\mathrm{d}C_\mathrm{L}(z')}{\mathrm{d}z'} = \frac{(1-k_0)}{(L-z')} C_\mathrm{L}(z')$$

$$C_\mathrm{L}(z') = \alpha\left(1 - \frac{z'}{L}\right)^{k_0-1}$$

其中 α 为待定常数。由于 $C_\mathrm{S}(z') = k_0 C_\mathrm{L}(z')$，故

$$C_\mathrm{S}(z') = k_0\alpha\left(1 - \frac{z'}{L}\right)^{k_0-1}$$

代入边值条件，即当 $z'=0$ 时，$C_\mathrm{S}(0) = k_0 C_\mathrm{L}$，故有 $\alpha = C_\mathrm{L}$，于是

$$C_\mathrm{S}(z') = k_0 C_\mathrm{L}\left(1 - \frac{z'}{L}\right)^{k_0-1} \tag{2-9}$$

$$C_\mathrm{L}(z') = C_\mathrm{L}\left(1 - \frac{z'}{L}\right)^{k_0-1} \tag{2-10}$$

其中 C_L 是溶液中溶质的初始浓度。对 $k_0 < 1$ 的溶质，在始端溶质浓度最低，由式（2-9），在 $z'=0$ 处有 $C_\mathrm{S}(0) = k_0 C_\mathrm{L}$；$z'$ 逐渐增加则 $C_\mathrm{S}(z')$ 随之增加。对 $k_0 > 1$，始端浓度最高，随 z' 增加，$C_\mathrm{S}(z')$ 逐渐降低。而（2-10）式则为晶体长为 z' 时溶液中的溶质浓度。

下面我们将（2-9）、（2-10）式进一步推广。令 $g = \dfrac{z'}{L}$，则 g 可理解为已凝固部分的长度百分数。由于在推导过程中假设是等径柱体的凝固，即截面是不变的，故 g 又可理解为已凝固部分的体积百分数。故（2-9）、（2-10）式可改写为

$$C_\mathrm{S}(g) = k_0 C_\mathrm{L}(1-g)^{k_0-1} \tag{2-11}$$

$$C_\mathrm{L}(g) = C_\mathrm{L}(1-g)^{k_0-1} \tag{2-12}$$

于是（2-11）、（2-12）式能适用于任何溶质保守系统，包括凯罗泡洛斯方法。

我们现在将不同的分凝系数 k_0，由（2-11）式计算出来的表示固溶体中溶质浓度 $C_\mathrm{S}(g)$ 对凝固部分体积百分数 g 的曲线表示于图 2-5。为了普遍适用，我们取初始浓度为 1。对具体配料中的溶质初始浓度，只需进行适当的换算。我们知道 Nd 在 YAG 中的分凝系数 $k_0 = 0.16$，于是图 2-5 中的 $k_0 = 0.20$ 和 $k_0 = 0.10$ 的曲线可以大体上描绘出 Nd 在 YAG 晶体中的分布。由曲线可知，在 Nd:YAG 晶体的始端，其 Nd 浓度只为配料中浓度的 16%；而晶体中 Nd 浓度为配料浓度 50% 处，是相应于已凝固的体积百分数为 76% 处。

值得注意的是，在（2-11）式推导过程中，我们忽略了凝固时任何体积的变化（假定固相与液相的比容相等），假定 k_0 是常数（即与溶质浓度和温度无关），并假定任何时刻溶质在溶液中的分布是完全均匀的。这些假定与实际情况是有差异的。因此，式（2-11）只是一个近似表达式，它不能在整个 g 的范围内都成立，例如该式预言：当 $g=1$ 时，$C_\mathrm{S} = \infty$，这是不可能的。在任何实际系统中，由于液相中的浓度不断增加，共晶或包晶成分都可能达到，这样式（2-11）就无效了。另一方面，k_0 的数值必然随浓度而变化，因此要在整个 g 的范围内使 k_0 为常数是不可能的。

然而（2-11）式却给出了溶质分布的极限情况，对理解从溶质保守系统中生长的晶体中

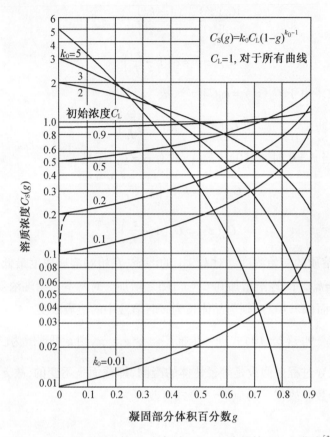

图 2-5 对不同分凝系数 k_0，根据式（2-11）求得的 $C_S(g)$ 曲线[2]

的溶质分布是十分有用的。

三、溶质的扩散效应[3]

上面讨论的准静态生长过程中的溶质分布是实际生长过程中的一种极限情况。在准静态过程中，由于生长速率无限缓慢，因而生长全过程中，任一时刻溶液中溶质分布总是均匀的。我们现在讨论另一极限情况，就是晶体以给定的宏观速率生长，溶液中溶质的传输方式只是扩散，或是说，暂时不考虑对流（包括搅拌）效应。

晶体实际生长过程中，溶质在溶液中的分布，既不像准静态过程那样完全均匀，也不像只有扩散传输那样偏聚。实际的生长过程正好是介于两者之间。

我们考虑的是一维生长系统，其等效模型如图 2-4 所示。如果溶质的平衡分凝系数 $k_0 < 1$，在固液界面处溶质在固溶体中的平衡浓度 C_S 必然小于在溶液中的平衡浓度 C_L。于是当溶液凝固成固溶体时，在固液界面处必然排泄溶质。单位时间内于单位面积的固液界面上排泄的溶质的量（即质流密度）$\dot{q}_1$ 为

$$\dot{q}_1 = \left[C_L(0) - C_S \right] v \qquad (2-13)$$

其中 $C_L(0)$ 和 C_S 分别为固液界面处溶液和固溶体中的溶质浓度，v 为晶体生长速率。

假设生长开始前，溶液中溶质是均匀分布的。生长开始后，由于固液界面不断地排泄溶质，故在固液界面处建立了溶质富集的边界层，产生了浓度梯度，因而溶质向远离界面的溶液中扩散。据式(2－4)，可得固液界面处溶质向溶液中扩散的质流密度 $\dot{q}_2$ 为

$$\dot{q}_2 = -D\frac{\mathrm{d}C}{\mathrm{d}z} \tag{2-14}$$

由式(2－13)可知，由于生长速率 v 是恒定的，因而固液界面排泄溶质的质流密度 $\dot{q}_1$ 也是恒定的。然而生长开始前，溶液中溶质是均匀分布的，即 $\frac{\mathrm{d}C}{\mathrm{d}z}=0$，故 $\dot{q}_2=0$。而生长开始后，随着浓度梯度 $\frac{\mathrm{d}C}{\mathrm{d}z}$ 的增加，$\dot{q}_2$ 也逐渐增加。及至 $\dot{q}_1=\dot{q}_2$ 时，在固液界面前沿才能建立稳定的边界层，此时有

$$\left[C_L(0) - C_S \right]v + D\frac{\mathrm{d}C}{\mathrm{d}z} = 0 \tag{2-15}$$

在建立稳态溶质边界层之前，因为有 $\dot{q}_1 > \dot{q}_2$，故边界层中的溶质浓度随时间而增加，这是一个与时间相关的瞬态过程，如图2－6所示。图中用虚线表示了界面达到 z_1', z_2', z_3' 时边界层中的溶质分布，可以看出在界面达到 z_L' 前，边界层中的浓度是逐渐增加的。而界面达到 z_L' 后，边界层中的浓度分布如图中 $C_L(z)$ 所示，由于此时有 $\dot{q}_1=\dot{q}_2$，故此后边界层中的浓度分布

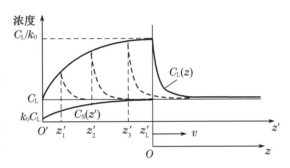

图2－6　稳态浓度场的建立[3]

就不再随时间而变化了，此为稳态溶质边界层。值得注意的是，在界面达 z_L' 后，边界层中的浓度分布与时间无关，这只是在运动坐标系 z 中才是正确的。若取实验室坐标系 z'，由图可以看出边界层中任一点的浓度仍然和时间有关。

我们首先讨论在稳态溶质边界层建立后，溶液中的溶质分布，即求出图2－6中 $C_L(z)$ 的解析表达式。

已经阐明，在界面达到 z_L' 后，在实验室坐标系 z' 中，浓度分布仍与时间有关。我们不考虑溶液的宏观对流，故对实验室坐标系来说，溶液是静止的。因此由式(2－8)可得溶质的一维传输方程为

$$D\frac{\partial^2 C_L(z', t)}{\partial z'^2} = \frac{\partial C_L(z', t)}{\partial t} \tag{2-16}$$

在运动坐标系 z 中，浓度分布与时间无关，通过坐标变换

$$z' = z + vt$$

得运动坐标系中的一维溶质扩散方程

$$D\frac{\mathrm{d}^2 C_\mathrm{L}(z)}{\mathrm{d}z^2} + v\frac{\mathrm{d}C_\mathrm{L}(z)}{\mathrm{d}z} = 0 \qquad (2-17)$$

其边值条件为

$$C_\mathrm{L}(0) = C_\mathrm{S}/k_0, \quad 当 z = 0$$
$$C_\mathrm{L}(\infty) = C_\mathrm{L}, \quad 当 z = \infty$$

满足扩散方程(2-17)及其边值条件的解为

$$C_\mathrm{L}(z) = C_\mathrm{L}\left\{1 + \frac{1-k_0}{k_0}\exp\left(-\frac{v}{D}z\right)\right\} \qquad (2-18)$$

式(2-18)表示了稳态溶质边界层形成后,溶质在溶液中的分布。图2-7就是根据式(2-18)所画的曲线。可以看出在固液界面处($z=0$),溶液中溶质浓度最高,即 $C_\mathrm{L}(0) = C_\mathrm{S}(0)/k_0$,同时有 $C_\mathrm{S}(0) = C_\mathrm{L}$。即溶液中稳态溶质分布建立后,所生长的晶体中溶质是均匀的,恒为 C_L。

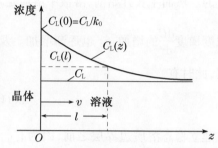

图2-7 溶液中的稳态浓度分布

由图2-7还可以看出,随着离开界面的距离 z 的增加,溶液中浓度按指数律减小并趋于 C_L。蒂勒(Tiller)等[3]定义浓度下降到 $1/\mathrm{e}$ 处,该处距界面的距离为溶质边界层的特征厚度,记为 l。即有(参阅图2-7)

$$C_\mathrm{L}(l) = C_\mathrm{L} + \left[(C_\mathrm{L}(0) - C_\mathrm{L})\frac{1}{\mathrm{e}}\right]$$

将上式代入式(2-18),得溶质边界层的特征厚度

$$l = \frac{D}{v} \qquad (2-19)$$

下面讨论长成的晶体中的溶质分布,我们采用实验室坐标系 z'。我们知道长入晶体的溶质浓度 C_S,随着生长过程的延续而逐渐趋于 C_L(见图2-6)。假设 C_S 趋于 C_L 的速率正比于 $(C_\mathrm{L}-C_\mathrm{S})$,即

$$\frac{\mathrm{d}(C_\mathrm{L}-C_\mathrm{S})}{\mathrm{d}z'} = -\alpha(C_\mathrm{L}-C_\mathrm{S})$$

这里 α 是一待定的比例常数。该方程的解为

$$C_\mathrm{L} - C_\mathrm{S}(z') = A\exp(-\alpha z') \quad 或 \quad C_\mathrm{S}(z') = C_\mathrm{L} - A\exp(-\alpha z)$$

其中 A 为待定积分常数。由于晶体开始生长时,即 $z'=0$ 时有 $C_\mathrm{S}(0) = k_0 C_\mathrm{L}$,故

$$A = C_\mathrm{L}(1-k_0)$$

因此有

$$C_\mathrm{S}(z') = C_\mathrm{L}\left\{(1-k_0)(1-\exp(-\alpha z')) + k_0\right\}$$

现在我们来确定待定的比例常数 α。根据质量守恒,并参阅图2-6,C_L 与 $C_\mathrm{S}(z')$ 间的面积必须等于 C_L 与 $C_\mathrm{L}(z)$ 间的面积。$C_\mathrm{S}(z')$ 与 C_L 间的面积 S_1 由上式积分得

$$S_1 = \frac{1}{\alpha}C_\mathrm{L}(1-k_0)$$

$C_L(z)$ 与 C_L 间的面积 S_2 由(2-18)式积分得

$$S_2 = C_L \frac{1-k_0}{k_0} \frac{D}{v}$$

根据质量守恒的条件 $S_1 = S_2$，故有

$$\alpha = \frac{k_0}{D} v$$

α 值代入 $C_S(z')$ 的表达式有

$$C_S(z') = C_L \left\{ (1-k_0)\left[1 - \exp\left(-\frac{k_0 v}{D} \cdot z' \right) \right] + k_0 \right\} \tag{2-20}$$

式中 D/v 为溶质边界层的特征厚度 l，参阅式(2-19)，于是有

$$C_S(z') = C_L \left[1 - (1-k_0)\exp\left(-\frac{k_0}{l} \cdot z' \right) \right] \tag{2-21}$$

　　在溶液中只有扩散传输(即假定无对流)时，式(2-21)描述了晶体中的溶质分布。可以看到，当 $z' \gg l/k_0$ 时，有 $C_S(z') \approx C_L$，在此阶段所生长的晶体中浓度均匀，并与溶液中的平均浓度相等，此谓稳态分凝阶段。而当 $z' < l/k_0$，晶体中的浓度随生长而逐渐增加，此谓瞬态分凝阶段。晶体中瞬态分凝的长度 $\left(z'_L = l/k_0 = \dfrac{D}{vk_0} \right)$ 不仅与 D，k_0 有关，而且与生长速率 v 有关。

　　准静态生长晶体中的溶质分布曲线，与溶液中只有扩散传输时生长晶体中的溶质分布曲线的一个定性比较如图2-8所示。扩散为溶质传输的唯一机制时，晶体中的浓度分布曲线如图中的(b)曲线。在 $0 \sim z'_L$ 区间内，尚未形成稳态溶质边界层。在 $z'_L \sim z'_E$ 区间内，晶体中溶质浓度近于保持不变。故在 $0 \sim z'_E$ 的区间内，可用(2-21)式描述，但当 $z' > z'_E$ 时，由于坩埚中所剩的熔体不多，余料中浓度不能保持

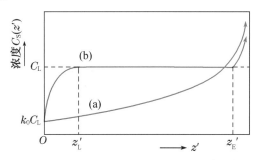

图2-8　晶体中的溶质分布曲线
(a)：准静态过程，(b)：溶液中只有扩散传输

为 C_L，所以长出的晶体中的浓度就很快提高。图2-8中曲线(a)是准静态生长晶体中的溶质分布。实际生长过程中，生长速率不是无限缓慢的，溶液中溶质不可能混合均匀，故不能得到如曲线(a)所示的分布。同时在溶液中总是有对流存在的，故也不能得到如曲线(b)的分布。但是实际生长过程中的浓度分布曲线是介于曲线(a)和(b)之间的。

　　实际生长过程中，我们可以消除强迫对流(不进行搅拌)，但是溶液中总是存在温度梯度的，因而一般说来在重力场中自然对流是无法消除的。故无法得到如图2-8中曲线(b)所示的溶质均匀分布的区域。然而在空间实验室中，由于重力场很小，可以不产生自然对流。故空间实验室中的晶体生长实验提供了检验上述理论的可能性。图2-9是在三号空间实验室(Skylab Ⅲ)所获的结果[4]。图中实线是空间实验室中生长晶体中的浓度分布，可以看出在 InSb 晶体始端的 0.5 cm 内，溶质 Te 的浓度是递增的，此为在固液界面前沿形成稳态溶质

分布之前的瞬态过程。此后长达 5 cm 的晶体中,溶质浓度恒定,此为稳态分凝阶段。而由同样条件下地面上生长晶体中的浓度分布(图中虚线)可以看出,重力场的存在使自然对流出现,使稳态分凝不能确立,故溶质浓度递增。这些实验结果与上述理论预言吻合,从而验证了理论。

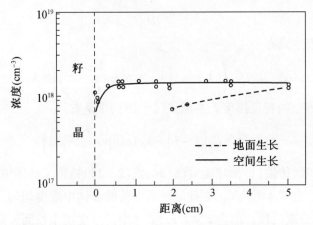

图 2 - 9　掺 Te 的 InSb 单晶生长时溶质(Te)的分布,实线为空间实验室的
生长结果,虚线为同样条件下地面生长的结果[4]

四、对流对溶质分凝的影响及有效分凝系数[5]

　　已经阐明,通常的晶体生长都是在重力场中进行的,故溶液中总是有自然对流的。为了使溶液中的溶质混合均匀,或是为了加速溶质传输,往往进行人为的搅拌,如旋转晶体、旋转坩埚等,因而经常有强迫对流。有对流存在时,流动着的流体不仅携带着热量,而且也携带着溶质,因此对流必然影响溶液中的溶质浓度场。

　　精确地求得运动流体中的溶质浓度场及其对溶质分凝的影响,是很困难的。这里我们采用了伯顿(Burton)等的近似[5]。

　　由式(2-18)或图 2-7 可以看出,扩散是溶质传输的唯一机制时,只当 $z \to \infty$,$C_L(z)$ 才趋于 C_L。而溶液中存有对流时,对流强烈地使溶质混合均匀,因而使 $C_L(z)$ 很快地趋近于 C_L,如图 2-10 所示。伯顿等引入了溶质边界层厚度 δ 的概念。他们假定在边界层之外的“大块”流体中,即当 $z > \delta$ 时(参阅图 2-10),由于对流的搅拌作用,溶质完全混合均匀。在边界层之内,即 $0 \leqslant z \leqslant \delta$,宏观流动只是平行于界面的层流,因此扩散是溶质传输的唯一机制。而边界层厚度 δ 的大

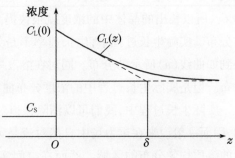

图 2 - 10　界面邻近的溶质分布,虚线
确定了边界层厚度[5]

小决定于宏观对流,即决定于搅拌的程度。在上述假定下,我们可方便地求得存在对流的情况下,溶体中的溶质分布 $C_L(z)$。

十分类似,根据式(2-8),可得一维的与时间有关的传输方程,再通过坐标变换,即从实验室坐标系变换到运动坐标系,即得一维稳态传输方程

$$D\frac{d^2 C_L(z)}{dz^2} + v\frac{dC_L(z)}{dz} = 0$$

而其边值条件为

$$\left[C_L(0) - C_S\right]v + D\frac{dC_L(z)}{dz}\bigg|_{z=0} = 0, \quad z=0$$

$$C_L(\delta) = C_L, \qquad\qquad\qquad z=\delta$$

满足上述边值条件的微分方程的解为

$$C_L(z) = C_S + (C_L - C_S)\exp\left(\frac{v}{D}\delta - \frac{v}{D}z\right) \qquad (2-22)$$

式(2-18)和式(2-22)同样表示了溶液中浓度 $C_L(z)$ 的分布。但前者代表了溶液中只有扩散传输的溶质分布,后者代表溶液中存在自然对流和搅拌(强迫对流)情况下的溶质分布。而流体的对流效应由式中 δ 表现出来,亦即不同的自然对流或搅拌情况下 δ 的大小不同。

从式(2-22)我们可立刻求出在固液界面处溶液中的溶质浓度

$$C_L(0) = C_S + (C_L - C_S)\exp\left(\frac{v}{D}\delta\right) \qquad (2-23)$$

在通常的晶体生长条件下,在固液界面前沿形成了溶质边界层。因此在生长出的晶体中,其溶质浓度不再决定于熔体中的平均浓度 C_L,而是决定于固液界面上溶液内的浓度 $C_L(0)$。由式(2-23)可知,准静态生长过程中,生长速率无限缓慢,$v=0$,则 $C_L(0) = C_L$,此即溶质边界层消失了。反之,晶体以有限速率生长时,$C_L(0)$ 总异于 C_L,总是存在溶质边界层的。前面已经说过,平衡分凝系数 $k_0 = C_S/C_L(0)$,而 k_0 对确定的溶液系统是常数,因而求某一时刻生长晶体中的溶质浓度($C_S = k_0 C_L(0)$),必须先求出 $C_L(0)$,即先求出该时刻溶质边界层内固液界面处的浓度,才能求出该时刻晶体中的溶质浓度;但是在实用上往往要求根据该时刻溶液中的平均浓度 C_L 来求出长入晶体中的浓度,因此我们定义有效分凝系数 (effective segregation coefficient),$k_{有效} = C_S/C_L$,这样我们只需求出某一时刻的 $k_{有效}$,就能根据当时溶液中的平均浓度求得当时长入晶体中的溶质浓度。根据式(2-23)和 $k_0 = C_S/C_L(0)$ 可求得

$$k_{有效} = \frac{C_S}{C_L} = \frac{k_0}{k_0 + (1-k_0)\exp\left(-\frac{v}{D}\delta\right)} \qquad (2-24)$$

对确定的溶液系统,平衡分凝系数 k_0 是常数,故有效分凝系数 $k_{有效}$ 与晶体生长速率 v、溶质在溶液中的扩散系数 D、边界层厚度 δ 有关,而 δ 又和溶液的自然对流和搅拌有关,这样某一时刻生长晶体中的溶质浓度 C_S 可由当时溶液中的平均浓度 C_L 和有效分凝系数 $k_{有效}$ 决定,即

$C_S = k_{有效} \cdot C_L$。通过$k_{有效}$,C_S又和工艺参量生长速率v、边界层厚度δ联系起来,故生长速率、溶液中的对流状态的任何改变都要影响到该时刻长入晶体中的溶质浓度。

由(2−24)式可知,当生长速率$v \to 0$,则$k_{有效} \to k_0$,这是本节第二部分所讨论的情况,即准静态生长过程中的溶质分凝。当扩散边界层厚度$\delta \to \infty$时,$k_{有效} \to 1$,这就是本节第三部分所讨论的情况,即溶液中扩散是溶质传输的唯一机制,且是稳态溶质边界层建立后的溶质分凝。通常实践中,生长速率不是无限缓慢的,溶液中总是存有对流传输,因而$k_{有效}$介于k_0和1之间。由此可见,第二和第三部分讨论的是实际过程的两种极限情况。

为了应用上的方便,将$k_{有效}$作为$\dfrac{v}{D}\delta$的函数画成曲线表示于图2−11和图2−12。通常生长工艺中,v是已知的,至于δ,在直拉法生长中如果不考虑自然对流,则决定于晶体转速ω和熔体的运动黏滞系数ν(下节我们将讨论)。于是,如果已知工艺参量v和ω,又知道溶液系统的物理参量:k_0、D和ν,则可由图2−11或图2−12求出相应的$k_{有效}$,于是该工艺条件下凝固晶体中的溶质浓度就可以知道了。

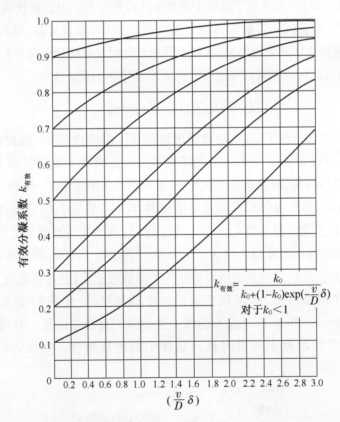

$$k_{有效} = \frac{k_0}{k_0 + (1-k_0)\exp(-\frac{v}{D}\delta)}$$
对于$k_0 < 1$

图2−11 对不同的平衡分凝系数k_0,有效分凝系数$k_{有效}$与参量$\dfrac{v}{D}\delta$间的关系($k_0 < 1$)[2]

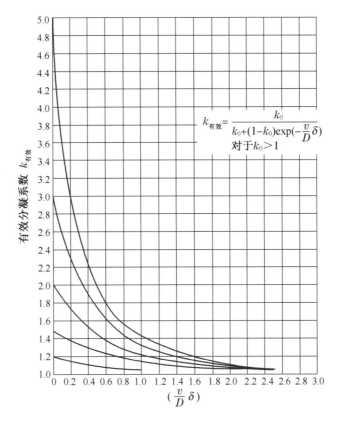

图2-12 对不同的平衡分凝系数 k_0，有效分凝系数 $k_{有效}$ 与参量 $\frac{v}{D}\delta$ 间的关系（$k_0 > 1$）[2]

五、直拉法生长中晶体旋转对溶质分凝的影响[5]

溶液中自然对流和强迫对流对晶体生长过程中溶质分凝的影响，可以归结为对流对溶质边界层的影响。自然对流（决定于溶液中的温度梯度场）和强迫对流（决定于搅拌形式）分别以不同的方式影响溶质边界层的厚度 δ。总之具体问题必须具体分析，不过分析这类问题是十分复杂的。我们这里仅分析晶体旋转对溶质分凝的影响。

晶体旋转对流体的速度场和浓度场的影响，我们将在第三章讨论。我们这里先引用该分析中所获得的一个结果。如果固液界面为平面，且不考虑晶体边缘的影响，若 ω 为晶体转速，ν 为流体的运动黏滞系数，坐标 z 指向流体内部，其原点在固液界面中心，则在固液界面附近，即 $z \ll \sqrt{\dfrac{\nu}{\omega}}$，流体的轴向速度分量 v_z 的近似表达式为（详见第三章(3-74)式）

$$v_z = -0.51\nu^{-\frac{1}{2}} \cdot \omega^{\frac{3}{2}} \cdot z^2 \qquad (2-25)$$

由式(2-25)可知，流体的轴向速度分量 v_z 不是 r, φ 的函数，这就使我们有理由将本问题简化为一维问题。

据(2-8)式，在实验室坐标系中，一维传输方程为

$$\frac{\partial C_L}{\partial t} + v_z \frac{\partial C_L}{\partial z'} = D \frac{\partial^2 C_L}{\partial z'^2}$$

而在运动坐标系中有

$$D \frac{d^2 C_L}{dz^2} + (v - v_z) \frac{dC_L}{dz} = 0$$

将式(2-25)代入,有

$$D \frac{d^2 C_L}{dz^2} + (v + 0.51 \nu^{-\frac{1}{2}} \cdot \omega^{\frac{3}{2}} \cdot z^2) \frac{dC_L}{dz} = 0 \qquad (2-26)$$

其边值条件为

$$[C_L(0) - C_S]v + D \frac{dC_L}{dz} \Big|_{z=0} = 0, \quad 当 z = 0$$

$$C_L(\infty) \rightarrow C_L, \qquad\qquad 当 z \rightarrow \infty$$

求微分方程(2-26)的解析解是比较困难的,伯顿等通过数值计算得到了溶质边界层的厚度 δ 关于晶体转速 ω 的关系为[5]

$$\delta = 1.61 D^{\frac{1}{3}} \nu^{\frac{1}{6}} \omega^{-\frac{1}{2}} \qquad (2-27)$$

其中 D 为溶质在溶液中的扩散系数,ν 为溶液的运动黏滞系数,ω 为晶体的转速。上式较一般的推导见第三章的(3-88)式。

我们将式(2-27)与式(2-24)联系起来,就能看出工艺参量 v 和 ω 以及溶液系统的物性参量 k_0,D 和 ν 是如何影响晶体生长过程中的溶质分凝的。

至于自然对流对溶质分凝的影响,必须视其对溶质边界层的厚度 δ 的影响如何。然而对直拉法生长系统来说表征自然对流的参量与 δ 间的确切关系尚未建立,因而尚无法作出定量的分析。

第五节　溶质非保守系统中的浓度场

如果在整个晶体生长过程中,晶体-熔体系统中溶质总量是有变化的,我们称之为溶质非保守系统(solute non-conservative system)。

一、属于溶质非保守系统的生长方法

属于溶质非保守系统的熔体生长方法如图2-13,其典型的是水平区熔法(horizontal zone melting),如图2-13(a)。材料置于水平舟内,水平舟可以移动,首先在籽晶和材料间产生熔区,然后以一定的速率移动水平舟,于是熔区就从舟之一端移至另一端,单晶体就生长完毕。在这个方法中溶质是非保守的,因为生长过程中在晶体-熔体系统中不断地加入了溶质(当熔区移动时,溶质是和材料一起熔化而进入熔体的)。

浮区区熔法(float-zone melting),如图2-13(b),基本上和水平区熔法相同。其差别在于

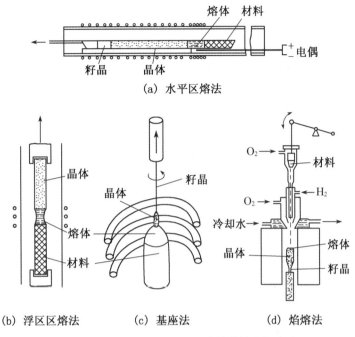

图 2 - 13　属于溶质非保守系统的熔体生长方法

晶体和材料间产生的熔区是靠熔体的表面张力维持的,因而不需坩埚,这样可以避免坩埚本身对熔体的污染,同时这种方法生长的晶体的熔点,不受坩埚熔点的限制。这种方法多用于生长高熔点氧化物单晶体、碳化物单晶体、难熔金属单晶体。其加热方式可用高频感应加热、电子束加热、弧像加热等。我们在 1959—1965 年间,曾用电子束浮区区熔方法生长了钼、钨、铌单晶体[6]。这个方法的缺点是热应力较大,晶体缺陷较多。

　　基座法,见图 2 - 13(c),是浮区区熔法和提拉法结合而成的,它保持浮区区熔法的优点,并引入了提拉法的优点,可生长较浮区区熔法直径更大的晶体。

　　焰熔法(verneuil method),是最先投入工业性生产单晶体的方法,见图 2 - 13(d),用氢氧焰产生高温,在温场中温度相当于晶体凝固点处置一籽晶。粉料由上面漏斗中以一定速率落下,在籽晶上形成熔体,熔体与晶体的界面就是温度为凝固点的等温面,固液界面之上的熔体温度高于晶体凝固点。此时以恒速缓缓下降晶体,熔体就不断结晶,粉料以相应的速率落下,补充熔体,以维持熔体的质量不变,于是就能稳定地生长晶体。在这种方法的生长过程中,溶质是和粉料一起不断地熔入熔体的,因此晶体-熔体系统中的溶质总质量是变化着的,所以是溶质非保守系统。用这种方法生长的晶体如红宝石和白宝石($\alpha - Al_2O_3$),这是工业规模生产的。尖晶石($Al_2O_3 \cdot MgO$)、钛酸锶($SrTiO_3$)、氧化钛(TiO_2)、钛酸钡($BaTiO_3$)等也可用此法生长。

二、溶质非保守系统的分凝理论——区熔理论[2]

　　上述的应用于溶质非保守系统的四种方法,通常都可简化为如图 2 - 14(a)所示的一维等效模型,这是区域熔化(zone melting)的标准模型。一般说来,不断熔入熔区中的溶质浓度并不一定是常数,可以按任意给定的规律变化,但我们在这里只讨论从溶质均匀分布的材料中生长的晶体中的溶质分布。我们假定熔区的长度 l 和截面 A 是不变的。平衡分凝系数 k_0 亦为常数,且小于1;原始材料中溶质分布是均匀的,其浓度 C_L 为常数。

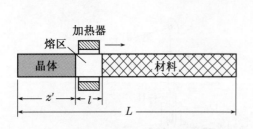

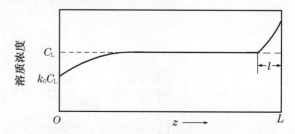

(a) 溶质非保守系统的等效模型　　(b) 具有均匀浓度C_0的原料生长的晶体中的浓度分布

图 2-14　溶质非保守系统的模型和浓度分布

在熔区通过材料后,其溶质分布如图 2-14(b)所示。曲线可分为三个不同的区域,即初始区域、均匀区域和最后区域。这些区域是这样产生的,当整个熔区在材料的始端形成时,熔区中溶质浓度是被熔化材料的原始浓度 C_L。当熔区开始前进时,它在 $z'=0$ 处凝固的晶体中的溶质浓度为 k_0C_L,同时它在 $z'=l$ 处,熔入一层浓度为 C_L 的材料。这样一来,其结果是熔区内溶质浓度增加了,于是稍后将凝固出溶质浓度较高的晶体。当熔区继续前进时,熔区内溶质增加的速度逐渐降低,直到熔域中的浓度增加到 C_L/k_0 为止。此后进入(熔化材料)与离开熔区(凝为晶体)的浓度是相等的,并且凝固出的晶体中的浓度恒为 C_L 直至熔区达到锭料尾部为止。此后加热器进一步移动,熔区长度就减少,引起溶质浓度的上升,这就和第四节讨论的情况一样。

图 2-14(b)中的第一和第二个区域,可以用统一的数学方程来描述,第三个区域实际上就是溶质保守系统的分凝,因而可用方程(2-11)来描述。

下面我们来推导图 2-14(b)中第一和第二区域内的溶质浓度分布。我们仍然假设溶质在熔区中是均匀分布的(即无溶质边界),材料中的初始浓度为 C_L 且为常数,材料之截面为 l。当熔区在 z' 处(见图 2-14(a)),熔区中溶质浓度为 $C_L(z')$;当熔区从 z' 处前移 dz' 时,凝固的晶体薄层中溶质浓度为 $C_S(z')$,且有

$$C_L(z') = C_S(z')/k_0$$

故当熔区前移 dz' 时,由熔区中排出的溶质为 $C_S(z')dz'$,与此同时,熔区前部有 dz' 的材料薄层熔入,熔区中溶质的增加为 C_Ldz',在熔区中净增之溶质总量为 $[C_L-C_S(z')]dz'$。

另一方面,设由于熔区前移 dz',熔区浓度之改变为 $dC_L(z')$。显然,$dC_L(z')=dC_S(z')/k_0$,故熔区中溶质净增之总量为

$$l\,dC_L(z') = \frac{l}{k_0}\,dC_S(z')$$

于是有

$$\frac{l}{k_0}\mathrm{d}C_S(z') = [C_L - C_S(z')]\mathrm{d}z'$$

其解为

$$C_S(z') = C_L + a\exp\left(-\frac{k_0}{l}\cdot z'\right)$$

其中 a 为待定积分常数。由边值条件:当 $z'=0$, $C_S(0)=k_0C_L$,可得 $a=C_L(k_0-1)$。于是有

$$C_S(z') = C_L\left[1-(1-k_0)\exp\left(-\frac{k_0}{l}\cdot z'\right)\right] \tag{2-28}$$

图 2-15 画出了 k_0 从 0.01 到 5.0 的 $C_S(z')$ 对 $\frac{z'}{l}$ 的曲线,其中距离以熔区长度为单位。这些曲线是从方程(2-28)计算出来的。把每一个长度为生长 90% 的溶质浓度分布都表示出来了。与溶质保守系的曲线(图 2-5)比较,$k_0<1$ 的曲线是向下凹的。因此由溶质非保守系生长出的晶体中的溶质分布较由溶质保守系中的要均匀。实际上在溶质非保守系中熔区 l 愈狭,长出的晶体中的溶质分布愈均匀。反之,熔区愈宽愈不均匀,其极限情况是,熔区长度等于材料的长度,这种情况就成为溶质保守系统了。

　　反过来,区域熔化可作为金属、半导体等材料提纯的有效手段。如对 $k_0<1$ 的溶质,熔区多次通过锭料,在锭料的始端可得纯度很高的材料,正因为发明了区熔,半导体的性质才能加以利用,从而产生了半导体工业。

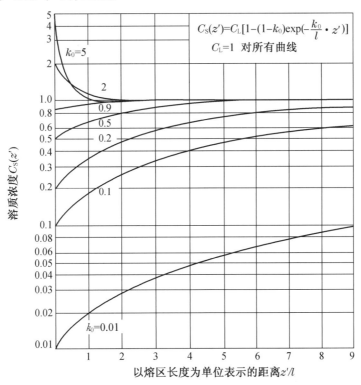

图 2-15　溶质非保守系中生长的晶体中的溶质浓度分布[2]

三、扩散占优势的溶质边界层与熔区的相似性

对比图 2-8 中的曲线(b)与图 2-14 中的(b),可以发现两种情况下长成的晶体中的溶质分布完全相似。这就暗示了在扩散是溶质传输的唯一机制的情况下,其溶质边界层与区域熔化方法中的熔区具有某种相似性。

对比两种情况下描述溶质分布的解析表达式(2-21)和(2-28)。可以精确地发现,扩散是溶质传输的唯一机制的情况下,溶质边界层的特征厚度 $l = D/v$,与区域熔化方法中的熔区长度 l 完全相似。这就表明,如果我们使特征长度与熔区长度相等,就能保证在两种情况下长成的晶体中具有相同的溶质分布。

为了得到溶质分布均匀的晶体,希望利用建立稳态溶质边界层的方法,来制备均匀晶体。已经阐明,在空间实验室中确实用这种方法得到了长达 5 cm 的均匀晶体。但在地面上,由于溶液中必然存在自然对流,扩散不可能成为溶质传输的唯一机制,因而不能用上法制备均匀晶体。

根据溶质边界层与熔区的相似性,似乎可以利用区域熔化方法制备溶质分布均匀的晶体。实践表明,这确实是一个现实可行的方法(具体的情况我们将在下节中介绍)。区域熔化方法之所以现实可行,是因为对溶质传输来说,熔区与待熔材料间的界面是"刚性"界面,而溶质边界层与"大块"熔体间的界面是"非刚性"的,对流能将溶质迅速地传输到"大块"熔体中去。

四、多次区熔的极限分布[7]

区域熔化是晶体生长的一种方法,又是获得超纯材料的有效手段。熔区多次通过锭料,在锭料之一端可获高纯材料。但锭料经熔区多次通过后,溶质分布将达到一极限分布,这表示了区域提纯的最大效能。当极限分布到达时,由溶质分凝引起的溶质向前的流量,被熔区中的混合作用所引起的向后的流量所抵消。极限分布可方便地导出。令极限分布为 $C_S(z')$,假如具有长为 l 的熔区通过锭料,而并不改变这种分布,则熔区在任一点 z' 所凝固出来的浓度必定是 $C_S(z')$,而在熔区中的浓度 $C_L(z')$ 必定是 $C_S(z')/k_0$。如果是单位截面,则 $C_L(z')$ 可表示为

$$C_L(z') = \frac{1}{l} \int_{z'}^{z'+l} C_S(z') \, dz'$$

因为 $C_S(z') = k_0 C_L(z')$,故有

$$C_S(z') = \frac{k_0}{l} \int_{z'}^{z'+l} C_S(z') \, dz' \tag{2-29}$$

式(2-29)的解具有指数形式

$$C_S(z') = A\exp(Bz') \tag{2-30}$$

其中 A 和 B 都是常数,可从边界条件 $C_S(0) = k_0 C_L(0)$, $C_L = \dfrac{1}{L}\displaystyle\int_0^l C_S(z')\,\mathrm{d}z'$ 中得到

$$k_0 = \frac{Bl}{\exp(Bl) - 1} \tag{2-31}$$

$$A = \frac{C_L Bl}{\exp(Bl) - 1} \tag{2-32}$$

上式中 C_L 是平均溶质浓度。

式(2-30)是近似的。今将根据式(2-30)算出的几个 k_0 值的极限分布表示于图 2-16。

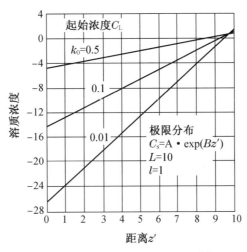

图 2-16 区域提纯的极限分布[2]

五、温度梯度区域熔化——TGZM[7]

考虑溶液(A + B)系统,A 为溶剂,B 为溶质。在两块固体 A 之间夹一片固体 B 的薄片。把它放在一具有温度梯度的温场内,使得 B 层温度在溶液系统的最低熔点之上,而使固体内最高温度 T_h 低于 A 的熔点。夹在固体 A 间的一层 B 将熔化,并溶解一些 A 形成溶液,于是熔区宽度扩张了。在熔区的两个固液界面不断溶解 A 时,熔区中 B 的浓度将减小。这在图 2-17(a)中相应于 B 的浓度点向左移动(浓度减小)。温度较低的固液界面将扩张,直到界面浓度达到温度 T_1 的平衡浓度 C_1 为止,此时这个界面将停止扩张。但温度为 T_2(较高)的界面仍继续扩张,直到界面浓度达到 C_2 为止。

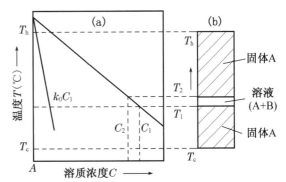

图 2-17 温度梯度区域熔化

由于 C_1 大于 C_2，即熔体下界面的平衡浓度 C_1 大于上界面的平衡浓度 C_2，故溶质将由下向上扩散；扩散结果使下端凝固点升高而开始凝固，上端开始熔化；结晶和熔化的结果又使熔体之上、下端浓度回复到平衡浓度；这样再扩散、再熔化（上端）、再凝固（下端），不断进行，这就使此溶液在固体 A 内沿着温度梯度方向爬行，这就称为温度梯度区熔化（Temperature Gradient Zone Melting，或 TGZM）。

利用温度梯度区熔化过程制备单晶体的主要优点是，无需机械移动，即加热器和锭料都是静止的，因而设备简单，但只适用于二或多元的固溶体生长。

理论分析已经得出了二元系统的温度梯度区熔过程中熔区移动速率的表达式[8]。结果表明熔区移动速率正比于温度梯度和扩散系数，反比于液相线斜率。

温度梯度区熔不仅是单晶体生长的一种方法，温度梯度区熔理论还被用来解释组分过冷中溶质尾迹的形成（见第五章）。

第六节　直拉法生长过程中的溶质均化[10]

通过上述分析可以知道，在生长工艺完全正常的情况下，生长的晶体中溶质分布也是不均匀的。通过上面的讨论，我们掌握了溶质分凝的规律，现在我们试图利用这些规律来帮助我们获得溶质均匀分布的晶体。

必须指出，这里我们企图消除的晶体中的溶质不均匀性，是指恒速生长过程中产生的不均匀性，即正常凝固时的不均匀性，而不包括生长速率起伏时的不均匀性（这种不均匀性称生长层，我们将在第四章讨论）。

一、计划速率法[5,9]

对给定的溶液系统，若 $k_0 < 1$，随着生长的进行，在固液界面前沿不断地排泄出溶质，故剩余溶液中的溶质浓度 $C_L(z')$ 逐渐增加。另一方面，任一时刻生长的晶体，其中的溶质浓度 $C_S(z') = k_{有效} \cdot C_L(z')$。而 $k_{有效}$ 可以通过改变工艺参量 v, ω 来调节，参阅式（2-24）和式（2-27）。于是，就可以通过改变拉速 v、转速 ω 来调节 $k_{有效}$ 的大小，使它和 $C_L(z')$ 的乘积不变，这样就能保持 $C_S(z')$ 不变。例如由于 $C_L(z')$ 逐渐增大，我们可使拉速 v 按一定的计划程序逐渐减少，这样可以获得溶质均匀分布的晶体。

现在我们将指出，生长条件应按怎样的规律变化，才能获得溶质均匀分布的晶体。如果溶液的初始体积为 V，初始平均浓度为 C_M，则初始的溶质总量为 $C_M V$。当凝固的体积分数为 g 时，溶液中溶质的余量为 $C_L(g)(1-g)V$。由于要求长入晶体的浓度 C_S 保持不变，故长入晶体中的溶质总量为 $gVC_S = gVk_0C_L(0)$。由于直拉法为保守系统，长入晶体的溶质总量与溶液中溶质的余量之和不变，等于初始的溶质总量，故有

$$C_L(g)(1-g) + gk_0C_L(0) = C_M$$

或

$$\frac{C_L(g)}{C_L(0)}(1-g) + k_0 g = \frac{C_M}{C_L(0)} \tag{2-33}$$

其中 $C_L(g)$ 是凝固体积分数为 g 时溶液中的平均浓度，$C_L(0)$ 是该时刻溶质边界层中溶质在固液界面处的浓度。而凝固体积分数为 g 时长入晶体的溶质浓度为 $C_S(g)$。

根据定义，有 $k_0 = \frac{C_S(g)}{C_L(0)}$，$k_{有效} = \frac{C_S(g)}{C_L(g)}$。故 $\frac{C_L(g)}{C_L(0)} = \frac{k_0}{k_{有效}}$，将 $k_{有效}$ 的表达式(2-24)代入，可得

$$\frac{C_L(g)}{C_L(0)} = k_0 + (1-k_0)\exp\left(-\frac{v}{D}\delta\right) \tag{2-34}$$

由于 $C_S(g) = k_0 C_L(0)$，故欲得均匀晶体，要求 $C_L(0)$ 不变。由于 $C_L(g)$ 是逐渐增加的，由式(2-34)可知，若在生长过程中使 $\frac{v}{D}\delta$ 逐渐减少，就有可能使 $C_L(0)$ 保持不变。而当 $\frac{v}{D}\delta$ 为零时，就给出了可能得到的均匀晶体的最大体积分数 g_{max}，式(2-34)得

$$\frac{C_L(g_{max})}{C_L(0)} = 1 \tag{2-35}$$

将式(2-35)代入(2-33)式，并令 $g = g_{max}$，则得

$$\frac{C_M}{C_L(0)} = 1 - (1-k_0)g_{max} \tag{2-36}$$

故在均匀晶体区间内，即 $0 \leq g \leq g_{max}$，由式(2-33)与(2-36)得

$$\frac{C_L(g)}{C_L(0)} = \frac{(1-g_{max}) + k_0(g_{max}-g)}{1-g} \tag{2-37}$$

于是，由式(2-37)与(2-34)可得在均匀晶体的区间内，生长条件 $\frac{v}{D}\delta$ 必须满足的条件

$$\exp\left(-\frac{v}{D}\delta\right) = \frac{1-g_{max}}{1-g} \tag{2-38}$$

g_{max} 是用计划速率法可能获得的最大体积分数。g_{max} 的大小决定于开始按计划速率生长时的拉速与转速。如果进入等径生长阶段，开始用计划速率来生长，如果此时的拉速为 v_i，转速为 ω_i，通过(2-27)式可求得 δ_i，并令此时的 $g_i = 0$，根据(2-38)式可得

$$g_{max} = 1 - \exp\left(-\frac{v_i}{D}\delta_i\right) \tag{2-39}$$

随着晶体生长，即随着 g 的增加，如果我们根据(2-38)式制定的程序来改变拉速，这样就能长出溶质分布均匀的晶体，这就称为计划拉速方法。同样，我们根据(2-38)式和(2-27)式制定的程序来改变转速 ω，这样也可长出浓度均匀的晶体，这就称为计划转速方法。

伯顿等人[9]用直拉法生长了以砷为溶质的锗单晶体。采用了计划拉速方法，生长时转速为 60 r/min，$g_{max} = 0.5$，根据式(2-38)求得的拉速的减速程序如图 2-18 的曲线所示。实验所得的结果如图 2-19，图中表示了电阻率(与砷浓度成反比)沿锗晶体轴向的分布。可以

看出,上述理论与实验结果基本一致。

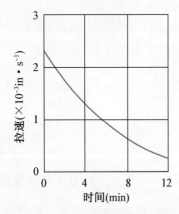

图18 提拉的减速程序(1 in = 2.54 cm)

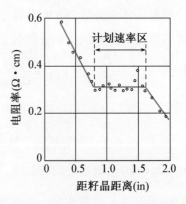

图 2‒19 电阻率沿 Ge 晶体轴向
的分布[9]

二、溶液稀释法[11]

如图 2‒20(a)所示。一只具有两个熔室的坩埚,其底部有一管道相连,熔室 Ⅱ 中是浓度

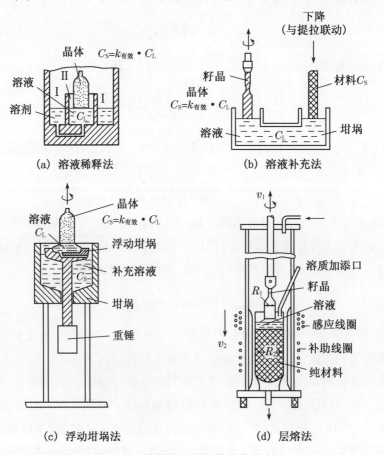

(a) 溶液稀释法

(b) 溶液补充法

(c) 浮动坩埚法

(d) 层熔法

图 2‒20 获得浓度均匀的晶体的方法

为 C_L 的溶液,熔室 I 中是纯溶剂。对 $k_0 < 1$ 的溶质,在生长过程中室 II 中溶液的浓度愈来愈大,同时其中的溶剂减少,液面下降。由于连通管的原理,室 I 中的溶剂就会流入室 II,于是使室 II 中的溶液稀释。在拉速、转速不变的情况下,若能保持室 II 中溶液的浓度不变,就能生长出浓度均匀的晶体。令室 I 和室 II 的截面面积之和为 A_1,室 II 的截面面积为 A_2,如果

$$\frac{A_1}{A_2} = \frac{1}{k_0}$$

则能达到溶质均匀化的目的。

三、溶液补充法[12-13]

如上所述,对给定的工艺参量 v 和 ω,只需保持坩埚中溶液的浓度不变,就能生长出浓度均匀的晶体。如果在晶体生长时,通过与提拉联动的装置,使具有同样浓度的材料以同样的速率熔化于坩埚中,见图 2-20(b),这样可保持坩埚中溶液的浓度不变。于是在工艺参量 v 和 ω 不变的条件下,就能生长出浓度均匀的单晶体。

图 2-20(c)所示的浮动坩埚法[12-13],是上述装置的变形,其原理相同。补充的溶液是在浮动坩埚的自重(包括重锤)作用下由毛细管进入浮动坩埚的。

这种方法的特点是,将区域熔化方法的原理与直拉法的装置结合起来,图 2-20(b)中的熔体,以及图 2-20(c)之浮动坩埚中的熔体就相当于区熔方法中的熔区。这个方法实际上是利用了图 2-14(b)中曲线之水平部分,因而可以得到溶质均匀的晶体。

四、层熔法[14]

如图 2-20(d),这个方法也是区熔方法的变形。在坩埚中的初始材料中不加溶质,在上端由感应加热产生一定深度的熔化层,由溶质添加器加入 $k_0 < 1$ 的溶质。在晶体生长的同时,熔化层向下移动。为了保持熔化层深度不变,生长速度 v_1 和熔化层移动速度 v_2 必须满足下面的关系:

$$v_2 = \frac{v_1}{(R_2/R_1)^2 - 1}$$

其中 v_1 为提拉速率,v_2 为感应线圈移动速率,R_1 为晶体直径,R_2 为坩埚直径。

在一定工艺条件下,按一定的方式添加溶质,就能得到浓度均匀的晶体。

参考文献

[1] Chalmers B. Physical Metallurgy[M]. Wiley, 1959: 54.

[2] Pfann W G. Zone Melting[M]. Wiley, 1958. 中译本: 刘民治等译. 区域熔化. 科学出版社, 1962.

[3] Tiller W A, Jackson K A, Rutter J W, et al. Acta Met, 1953, 1: 428.

[4] Witt A F, Gatos H C, Lichtensteiger M, et al. J Electronchem Soc, 1975, 122: 276.

[5] Bridgers H E, Scaff J H, Shive J N. Transistor Technology[M]. Van Nostrand, 1958, 1: Chapter 5. Burton J A, Prim R C, Slichter W G. J Chem Phys, 1953, 21: 1987.

[6] 闵乃本,范崇讳,李齐,等. 物理学报,1963, 19:160.

闵乃本,吉光民,冯端. 南京大学学报(自然科学),1964, 8:54.

[7] Pamplin B R. Crystal Growth[M]. Pergamon, 1975: 104.

[8] Tiller W A. J Appl Phys, 1963, 34: 2757;1965, 36: 261.

Hurle D T J, Mullin J B, Pike E R. Phil Mag, 1964, 9: 423;J Mater Sci, 1967, 2: 46.

[9] Burton J A, Kolb E D, Slichter W P, et al. J Chem Phys, 1953, 21: 1991.

[10] 山本美喜雄. 结晶工学ハンドツケ[M].共立出版,昭和46年:506-508.

[11] Valcic A V. Solid State Electron, 1962, 5: 131.

[12] Goorisen J, Karstensen F. Z Metallkde, 1959, 50: 46.

[13] Leung G W. Solid State Electron, 1965, 8: 571.

[14] Horp F H. J Electronchem Soc, 1958, 105: 393.

第三章 热量、质量的混合传输

第一节 混合传输

前面两章,我们已分别讨论了热量、质量的传输。实际上,晶体生长系统不可能是等温系统,一般说来也不是等浓度系统。故流体的宏观运动,必然引起热量和质量的对流传输。流体分子的微观运动,必然引起热量和质量的扩散传输。因而在实际生长系统中,热量和质量是同时传输的,这就称为混合传输。

流体中的混合传输,实质上还包括动量传输。我们对其虽无直接兴趣,但为了确定流体中的温场和浓度场,还必须关心动量传输。例如,从热量和质量传输方程(1-25)、(2-7)

$$\frac{\partial T}{\partial t} + (\boldsymbol{v} \cdot \nabla) T = \kappa \nabla^2 T$$

$$\frac{\partial C}{\partial t} + (\boldsymbol{v} \cdot \nabla) C = D \nabla^2 C$$

可以看出,欲确定温场 $T(x,y,z,t)$ 和浓度场 $C(x,y,z,t)$,必须事先或同时确定流体的速度场 $\boldsymbol{v}(x,y,z,t)$。欲确定流体的速度场,可根据流体动力学方程和连续性方程

$$\rho \left[\frac{\partial \boldsymbol{v}}{\partial t} + (\boldsymbol{v} \cdot \nabla) \boldsymbol{v} \right] = \mu \nabla^2 \boldsymbol{v} - \nabla p + \rho \boldsymbol{g} \tag{3-1}$$

$$\rho \left[\frac{\partial \boldsymbol{v}}{\partial t} + (\boldsymbol{v} \cdot \nabla) \boldsymbol{v} \right] = \mu \nabla^2 \boldsymbol{v} - \rho \beta_T \boldsymbol{g}(T - T_0) - \rho \beta_C \boldsymbol{g}(C - C_0) \tag{3-2}$$

$$\nabla \cdot \boldsymbol{v} = 0 \tag{3-3}$$

式(3-1)、(3-2)分别为强迫对流和自然对流的流体动力学方程,实质上是流体动量守恒的微分形式,又称纳维叶-斯托克斯方程(Navier-Stokes equations)。式之左边括号中为流体加速度,故式左为单位体积的质量与加速度的乘积,即单位体积流体的惯性力。两式的右边第一项为单位体积流体的黏滞力。在强迫对流的动力学方程(3-1)中,还考虑了压力梯度和重力。在自然对流的式(3-2)中,除了黏滞力外,只考虑了温度、浓度的不均匀性引起的浮力。式(3-3)为连续性方程。

可以看出,由于强迫对流的表达式(3-1)中不包含未知函数 $T(x,y,z,t)$,$C(x,y,z,t)$,故可先由式(3-1)、(3-3)结合边值条件和初始条件求得流体的速度场,然后再由式(1-25)、(2-7)求坩埚中流体的温场和浓度场。但对自然对流,问题更为复杂,由于自然对

流是浮力驱动的,浮力又决定于坩埚中流体的温场和浓度场,因而式(1-25)、(2-7)、(3-2)中都包含未知函数 $T(x,y,z,t)$,$C(x,y,z,t)$,$\boldsymbol{v}(x,y,z,t)$。故不能像强迫对流那样,先求速度场,再求温场和浓度场,而必须将式(1-25)、(2-7)、(3-2)、(3-3)联立求解。可以看出,在数学方面是十分困难的。

在混合传输问题中,迄今只有少数问题能用数学方法求得普遍适用的解析解。而直拉法生长系统中,坩埚内流体的混合传输问题,至今仍无法用解析方法解决。而这个问题无论对晶体生长工艺或是对晶体质量控制都是亟待解决的。因而人们采用了不同的近似方法。这些近似方法:一是模拟方法,或是进行实验模拟,或是进行数字模拟(即数值计算,或称计算机实验);二是进行量纲分析,某些实际问题如生长过程中的界面翻转,虽然复杂得难以用解析方法解决,但应用量纲分析,却能方便地给予半定量的描述;三是进行区域近似,例如将旋转圆盘下的精确解近似地应用到旋转晶体下的局部区域。

下面我们将概略地讨论这些近似方法及其所获得的结果。

第二节　实验模拟和数字模拟

已经阐明,直拉法坩埚中液流的混合传输问题尚无法通过混合传输方程结合其边值条件和初始条件而获得解析解。然而,我们又希望了解晶体生长过程中坩埚内具体的温场、浓度场和速度场。解决问题的现实途径之一是对晶体生长过程进行实验模拟和数字模拟。本节并不准备系统地介绍有关的结果,而只是分别举一例证说明模拟的概况,以便由此进一步讨论相似性原理。至于模拟得到的重要结果我们将在本章或下章的有关部分进行介绍。

一、实验模拟

在通常的模拟实验中,选择具有不同黏滞系数、密度、导热系数、热膨胀系数的透明流体,例如水、水-甘油混合物或低熔点透明有机物质,来模拟生长工艺中的实际流体。将石英或玻璃的透明坩埚制成不同形状和大小,以模拟实际使用的坩埚。选择不同的加热方式,如侧面加热或底面加热,以模拟坩埚在炉膛内的实际受热方式。用金属或其他材料制成不同直径的棒,于坩埚中心液面处以不同的转速旋转,以模拟不同直径以不同转速旋转的晶体的搅拌效应。

通常以染料或反光颗粒使之悬浮在流体体内或漂浮在液面,以显示体内或表面的流动图像,经常使用的是过锰酸钾、荧光素(fluorescein)、铝粉、聚苯乙烯小珠等。在原则上可利用悬浮反光颗粒显示坩埚内任意平面内的流动图像,这可用通过一狭缝的平行光对所需研究的平面照明,以与晶体同步旋转的照相机摄影。近年来已将这种方法发展为可以定量地研究三维流动的图像,这就是将多层显示与数据的自动处理结合起来以定量地确定非常复杂的三维流动图像。最近的多普勒(Doppler)激光流速计不仅可测定流速的大小,而且亦能确定其方向,因而已能定量地研究流体内的速度场。

三维温场的研究比较方便。早期使用单根热电偶或电偶的简单排列来测定温场。近来将热电偶的复杂的组合和数据探测系统结合起来，能更细致地研究温场，当然热敏电阻也有应用。

下面我们介绍一个早期的模拟实验[1]。在图 3-1(a)中，晶体不旋转，坩埚侧面加热，坩埚中自然对流清晰可见。当晶体以 100 r/min 旋转，虽然坩埚侧面加热，但坩埚中液流是以强迫对流为主，如图 3-1(c)。当晶体以 10 r/min 旋转时，坩埚中自然对流与强迫对流同时存在，如图 3-1(b)。通过实验模拟已经得到了一些有意义的结论，并以此为依据对生长实际过程中的一些现象进行了合理的解释，我们将在后面介绍。现在我们关心的问题是，如图 3-1 所示的三种液流图像，分别代表何种生长系统在怎样的工艺条件下所产生的真实液流。或者对问题换一种提法，即如何设计模拟实验，才能保证模拟实验所观测到的图像确实代表晶体生长的某一实际过程。

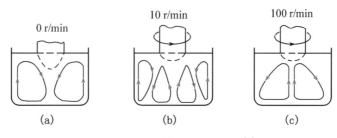

图 3-1　实验模拟的一个结果[1]

二、数字模拟

在直拉法生长系统中，我们虽然不能求得其温场、浓度场普遍适用的解析解。但对一特定的生长系统，我们却能应用计算机进行数值计算，求得流体中不同点的速度和温度。这种对特定生长系统用数值计算的方法求得其中温场、浓度场及速度场的方法称数字模拟。下面介绍小林信之和有住彻弥对锗晶体的直拉法生长所作的数字模拟[2]。

对锗晶体直拉法生长进行数字模拟所用的模型如图 3-2 所示。晶体长为 l，半径为 r_0，坩埚半径为 r_C，深为 h_C，坩埚温度为 T_C，晶体转速为 ω_S。

采用圆柱坐标 (r, φ, z)。假定温场具有旋转对称性。所谓旋转对称性是指彻体力(body force)具有独立于 φ 的势，切向速率 v_φ、径向速率 v_r、轴向速率 v_z 都与 φ 无关。如果再附加一个条件，即 $v_\varphi = 0$，就称为轴对称性，故轴对称性是旋转对称性的特例。我们还假定温场为稳态温场，生长(提拉)速率不变，且为 F。热量在晶体中传输是热传导，在

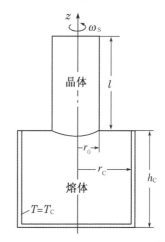

图 3-2　数字模拟所用的模型[2]

流体中是传导和对流。热量从晶体表面和熔体表面的耗散是通过对流和辐射的形式。

在上述假设的条件下,晶体中温场满足的方程和式(1-35)相同。

对熔体,所满足的热传输方程如式(1-28)所示,不过我们在这里还考虑黏滞损耗所产生的热量,故在式(1-28)的右端还有一附加项,应为

$$\frac{\partial T}{\partial t} + v_r \frac{\partial T}{\partial r} + \frac{v_\varphi}{r}\frac{\partial T}{\partial \varphi} + v_z \frac{\partial T}{\partial z} \tag{3-4}$$

$$= \kappa\left[\frac{1}{r}\frac{\partial}{\partial r}\left(r\frac{\partial T}{\partial r}\right) + \frac{1}{r^2}\frac{\partial^2 T}{\partial \varphi^2} + \frac{\partial^2 T}{\partial z^2}\right] + \frac{\mu}{\rho C_p}\Phi$$

其中 Φ 称为耗散函数[3],由本章附录三可得柱坐标下的表达式为

$$\Phi = 2\left[\left(\frac{\partial v_r}{\partial r}\right)^2 + \left(\frac{1}{r}\frac{\partial v_\varphi}{\partial \varphi} + \frac{v_r}{r}\right)^2 + \left(\frac{\partial v_z}{\partial z}\right)^2\right] + \left[r\frac{\partial}{\partial r}\left(\frac{v_\varphi}{r}\right) + \frac{1}{r}\frac{\partial v_r}{\partial \varphi}\right]^2 +$$

$$\left[\frac{1}{r}\frac{\partial v_z}{\partial \varphi} + \frac{\partial v_\varphi}{\partial z}\right]^2 + \left[\frac{\partial v_r}{\partial z} + \frac{\partial v_z}{\partial r}\right]^2 \tag{3-5}$$

由于我们所考虑的温场是稳态温场,故 $\frac{\partial T}{\partial t} = 0$。同时假设温场和速度场具有旋转对称性,故

$\frac{\partial T}{\partial \varphi} = \frac{\partial v_r}{\partial \varphi} = \frac{\partial v_\varphi}{\partial \varphi} = \frac{\partial v_z}{\partial \varphi} = 0$。因此上式可简化为

$$v_r \frac{\partial T}{\partial z} + v_z \frac{\partial T}{\partial z} = \kappa\left(\frac{\partial^2 T}{\partial r^2} + \frac{1}{r}\frac{\partial T}{\partial r} + \frac{\partial^2 T}{\partial z^2}\right) + \frac{\nu}{C_p}\left\{2\left[\left(\frac{\partial v_r}{\partial r}\right)^2 + \left(\frac{v_r}{r}\right)^2 + \left(\frac{\partial v_z}{\partial z}\right)^2\right] +\right.$$

$$\left.\left[\frac{\partial v_\varphi}{\partial r} - \frac{v_\varphi}{r}\right]^2 + \left[\frac{\partial v_r}{\partial z} + \frac{\partial v_z}{\partial r}\right]^2 + \left(\frac{\partial v_\varphi}{\partial z}\right)^2\right\} \tag{3-6}$$

其中 κ 为热扩散系数, ν 为运动黏滞系数, C_p 为熔体定压比热容。

其边值条件如下:

在轴上,因轴对称性有
$$\frac{\partial T}{\partial \varphi} = 0$$

在晶体侧面有
$$-k_S \frac{\partial T}{\partial r} = \beta_S T^{1.25} + B_S \sigma T^4$$

在晶体顶面有
$$-k_S \frac{\partial T}{\partial z} = \beta_S T^{1.25} + B_S \sigma T^4$$

在熔体自由表面有
$$-k_L \frac{\partial T}{\partial z} = \beta_L T^{1.25} + B_L \sigma T^4$$

在坩埚壁上有
$$T = T_0$$

在固液界面上有
$$T = T_m$$

以及
$$-k_L \frac{\partial T}{\partial z}\bigg|_L + FL\rho_S = -k_S \frac{\partial T}{\partial z}\bigg|_S$$

其中温度 T 采用绝对温标, F 为生长(提拉)速率,其他符号与第一章第四节中相同。

在流体中,同时考虑了由温度不均匀而引起的自然对流以及由晶体旋转引起的强迫对

流,故使用了与(3-2)式相类似的流体动力学方程并给出了边值条件[2]。

在类似于式(3-2)的流体动力学方程中,由于考虑了自然对流,所以其中包含了未知函数 T,同样在式(3-6)中包含未知函数 v。故在确定温场和速度场时,要将上述方程联立求解。

小林信之和有住彻弥将锗晶体和熔体的物性参量及生长系统的工艺参量[2]代入后,进行了数值计算,所获结果表示于图3-3、图3-4中。

图3-3是根据数字模拟的结果画出的熔体中的流线或迹线(对稳态速度场,流线与迹线一致)。由图3-3(a)可以看出,当晶体不旋转时,坩埚中的液流是自然对流,这和通过实验模拟所观察到的自然对流的图像完全一致,参阅图3-1(a)。当晶体转速为 40 r/min 时,坩埚中同时存在自然对流(图3-3(b)之下部)和强迫对流(图3-3(b)之上部)。这也和实验模拟所观察到的图像(图3-1(b))有相似之处,不过所得的信息更为丰富。

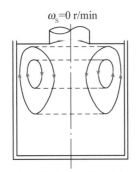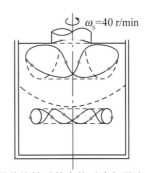

(a) 晶体不旋转时熔体的自然对流　　　　(b) 晶体旋转时的自然对流与强迫对流

图3-3　坩埚中锗熔体的速度场[2]

晶体旋转,固液界面邻近的熔体在离心力作用下被甩出去,下面的熔体沿轴上升填补其空隙,造成与自然对流相反的环流,如图3-3(b)所示。通常环流中的流线是一绕晶体转轴边旋转、边上升(或下降)的螺旋线(由于图3-3是二维的,这种三维的螺旋线未能确切地表示出来)。如图3-3(b)所示,在坩埚下部还存在自然对流的环流,不过在该条件下自然对流的环流比较微弱。值得注意的是,自然对流和强迫对流的环流间还存在一如图中圆弧状的虚线边界,此边界两侧的流体分别按二环流的迹线运动,在稳态速度场中,边界两侧的流体不产生宏观的交流,这就影响了坩埚中热量和溶质的传输。

图3-4是根据数值计算画出的晶体和熔体中的等温面。对比图中之(a)、(b),就可以看出流体之速度场对温场的影响。如上所述,由于晶体旋转,在熔体的上部产生了强迫对流的环流,此环流沿灼热的埚壁螺旋地下降,再于晶体下面螺旋地上升。这样必然将更多的热量传输到晶体下方。这一效应就等价于将等温面向上推挤,如图3-4所示。由于固液界面是温度为凝固点的等温面,故晶体旋转能使固液界面由凸变平,或由平变凹。其次,晶体旋转使晶体下面熔体中的等温面变密(见图3-4),故晶体旋转能提高固液界面邻近的熔体中的温度梯度。

应用数字模拟已经取得了不少结果,不仅能模拟稳态温场、速度场,而且还能模拟与时间有关的非稳速度场[4],某些结果,我们将在下面介绍。

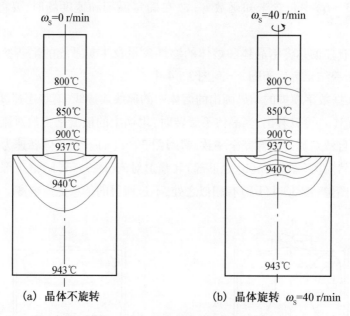

$\omega_S=0$ r/min $\omega_S=40$ r/min

800℃   800℃
850℃   850℃
900℃   900℃
937℃   937℃
940℃   940℃
943℃   943℃

（a）晶体不旋转   （b）晶体旋转 $\omega_S=40$ r/min

图 3-4　晶体和熔体的温度场[2]

上述结果是对半径为 1 cm、长为 5 cm 的锗晶体,从一半径为 2.5 cm、深为 5 cm 的装满熔体的坩埚中生长时的模拟。现在,我们所关心的问题是,在上述具体条件下由数字模拟所获的结果,是否具有较普遍的意义？是否也适用于其他晶体的直拉法生长？如果也是适用的,则又需满足什么样的具体条件？

在实验模拟中怎样才能保证模拟实验结果确实代表某真实过程？在数字模拟中如何推广所获结果？这些问题我们通过下一节相似性原理的讨论都能获得确切的答案。

第三节　相似流动

晶体生长过程中,我们往往需要了解某具体条件下坩埚中的流体速度、温度、浓度分布。最直接的方法就是进行实地测量和观察。但这种直接的观测又受到很多限制,例如,有时由于熔体和坩埚不透明,无法观察到液流图像和溶质分布,有时由于熔体的温度太高或炉膛内几何空间太小,无法进行直接测量,因而就需要进行实验模拟或数字模拟。数字模拟当然能直接给出实际过程中的图像,但是实验模拟却不能。例如对高温晶体生长的模拟实验往往在较低温度下进行,因而所得的温场、浓度场、速度场就不可能与实际的过程全同。但只要适当地选择各种参量,就能使模拟实验中的温场、浓度场、速度场与实际过程中的完全相似。所谓相似,就是将量度模拟实验中的温度、浓度、速度的比例尺适当地改变,就能得到实际过程中的温场、浓度场和速度场。

我们引入相似的概念后,就能将上述关于锗晶体的数字模拟结果进行推广。我们说,如图 3 - 3、图 3 - 4 所示的结果,完全适用于一切与之相似的生长系统(生长的材料可以是半导体、金属或氧化物)。

因而问题可归结为:在两生长系统中,欲使两者的温场、浓度场、速度场完全相似所需满足的充分而必要的条件是什么? 这正是我们要讨论的命题。

在本节中我们只讨论两系统中流体的速度场的相似,即讨论相似流动。而温场、浓度场的相似我们稍后讨论。

一、相似流动——雷诺数和弗鲁得数[5]

两生长系统中速度场的相似,可用速度场中流线在几何上的相似来表征。两系统速度场的相似被称为动力学相似(dynamical similarity),这与两系统在几何上的相似不同。两系统在几何上不相似,例如一个坩埚是圆的,一个是方的,则两坩埚中的流动一定不具有动力学相似。如果两生长系统在几何上是相似的,例如坩埚、晶体的形状都是相似的,但是若两系统中的流体不同,晶体的转速不同,晶体、坩埚的线度不同,则两系统中的液流不一定具有动力学相似。因而系统在几何上的相似是流体动力学相似的必要条件。而两系统中的液流具有动力学相似的充要条件是,不仅要求两系统具有几何上相似的边界,而且要求在两不同系统中位于几何上相似位置的二流体体元,其所受之诸作用力,在任何时刻,必须具有相同的比值。

动力学相似的充要条件的具体表达式,决定于作用在流体体元上诸力的性质。我们首先考虑的是,作用于流体体元上只有惯性力和黏滞力的情况。在这种情况下,只有当作用于两系统中相应位置上的流体体元上的惯性力与黏滞力的比值相同,两系统才具有动力学相似,即两系统中的流动才是相似流动。

考虑在几何上相似的两直拉法生长系统,于晶体下面固液界面邻近考虑一流体体元,取 x 轴平行于某时刻该体元的运动方向,作用于单位体积流体上惯性力为 $\rho \dfrac{\mathrm{d}v_x}{\mathrm{d}t}$。

在稳态速度场中有 $\dfrac{\mathrm{d}v_x}{\mathrm{d}t} = \dfrac{\partial v_x}{\partial t} + \dfrac{\partial v_x}{\partial x} \cdot \dfrac{\mathrm{d}x}{\mathrm{d}t} = v_x \dfrac{\partial v_x}{\partial x}$,

故单位体积上的惯性力为 $\rho v_x \dfrac{\partial v_x}{\partial x}$。下面估计黏滞力,由图 3 - 5 可求得体元上的合切应力为

$$\left(\tau + \frac{\partial \tau}{\partial y}\mathrm{d}y\right)\mathrm{d}x\mathrm{d}z - \tau\mathrm{d}x\mathrm{d}z = \frac{\partial \tau}{\partial y}\mathrm{d}x\mathrm{d}y\mathrm{d}z$$

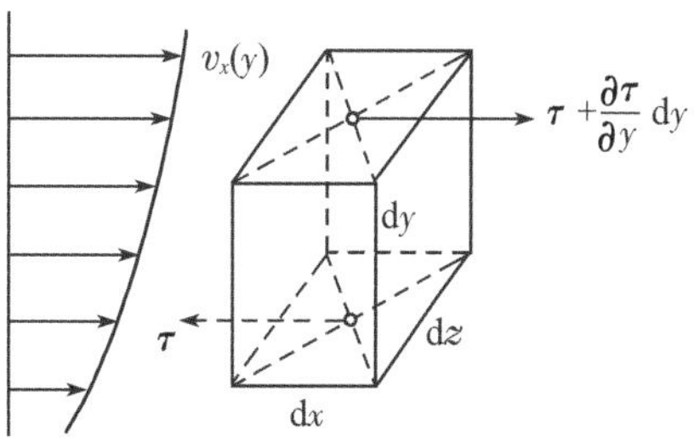

因而单位体积上的黏滞力为 $\dfrac{\partial \tau}{\partial y}$。由牛顿黏滞定律有

图 3 - 5　作用于流体体元上的黏滞力

$\tau = \mu \dfrac{\mathrm{d}v_x}{\mathrm{d}y}$,故单位体元上的黏滞力为 $\mu \dfrac{\partial^2 v_x}{\partial y^2}$。

根据相似性条件,要求作用于两系统中相应点的惯性力与黏滞力的比值为常数,故有

$$\frac{\text{惯性力}}{\text{黏滞力}} = \frac{\rho v_x \dfrac{\partial v_x}{\partial x}}{\mu \dfrac{\partial^2 v_x}{\partial y^2}} = \text{常数}$$

在直拉法生长系统中,流体的速度场与晶体边缘的线速度 v、晶体直径 d 有关(这里暂不考虑引起自然对流的浮力,不考虑坩埚旋转)。速度场中任一点的速度正比于线速度 v,速度梯度正比于 v/d,同样,$\dfrac{\partial^2 v_x}{\partial y^2}$ 正比于 v/d^2,故有

$$\frac{\text{惯性力}}{\text{黏滞力}} = \frac{\rho v_x \dfrac{\partial v_x}{\partial x}}{\mu \dfrac{\partial^2 v_x}{\partial y^2}} = \frac{\rho v^2/d}{\mu v/d^2} = \frac{\rho v d}{\mu}$$

因此,如果两系统中的量 $\rho v d/\mu$ 相等,两系统中的液流就是相似流动。由于 $\nu = \mu/\rho$,故量 $\rho v d/\mu$ 亦可写为 vd/ν,由于它是二力的比值故为无量纲数。这就是熟知的雷诺数(Reynolds number)。因而当两几何上相似的系统中的雷诺数

$$R = \rho v d/\mu = vd/\nu \tag{3-7}$$

相等,两系统中的液流就是相似流动。这又称为雷诺相似性原理。

如果我们考虑惯性力和重力,而忽略黏滞力(在坩埚中熔体的自由表面附近就应考虑重力)。在这种情况下,只当作用于两系统中相应位置上的惯性力与重力的比值相同,两系统中的液流才是相似流动。单位体积的流体所受的重力为 ρg,故相似流动的条件可表示为

$$\frac{\text{惯性力}}{\text{重力}} = \frac{\rho v_x \dfrac{\partial v_x}{\partial x}}{\rho g} = (\rho v^2/d)/(\rho g) = v^2/dg = \text{常数}$$

量 $v^2/(dg)$ 是两力的比值,亦为无量纲数,称弗鲁得数(Froude number)。于是,对两几何上的相似系统,如果作用于流体上的力只是惯性力和重力,则两系统中的弗鲁得数

$$F = v^2/(d \cdot g) \tag{3-8}$$

相等,两系统中的液流就是相似流动。这又称弗鲁得相似性原理。

我们现在从一个完全不同的角度来考虑相似流动。我们考虑两个几何上相似的系统,借助于流体动力学方程,即(3-1)式,导出相似流动所需满足的条件。

我们考虑的两个系统,虽然有相似的几何边界,但是坩埚中的流体不同,即具有不同的 ρ 和 μ,晶体的转速不同,晶体、坩埚的尺寸也不同。因而用来描述这两个系统的微分方程(3-1)及其边值条件也不同。

微分方程(3-1)是动量守恒定律的微分形式,而任何物理规律的存在与所选取的单位无关,故式(3-1)中的物理量是可以选择不同的单位的。

如果我们能将描述一个系统的微分方程(3-1),通过选用别的单位将它变换为描述另一系

统的微分方程,则此两系统中的流动就是相似流动。这是由于我们所选用的两种单位制中各物理量间的比例常数,正好等于前述的用来量度两相似流动的不同比例尺间的比例常数。

然而,现有的单位制间的关系不一定能满足任意的两相似流动间所需的比例。因而可引入一些与流动本身有关的特征量,用它们去量度方程中出现的各种量,从而可以得到无量纲方程。于是两个无量纲方程具有相同解的条件,就是相似条件。

为此,我们引入特征长度 d、特征速度 v、动力头 ρv^2(具有压力的量纲)。在直拉法生长系统中可选取晶体直径为特征长度,晶体边缘的线速度为特征速度。于是各无量纲参量以及无量纲算子与普通参量和普通算子间的关系如下

$$\boldsymbol{v}^* = \frac{\boldsymbol{v}}{v}, \; p^* = p/(\rho v^2), \; t^* = tv/d$$

$$\boldsymbol{r}^*(x^*, \quad y^*, \quad z^*) = \boldsymbol{r}^*\left(\frac{x}{d}, \frac{y}{d}, \frac{z}{d}\right)$$

$$\nabla^* = d\,\nabla, \; \nabla^{*2} = d^2\,\nabla^2, \; \frac{\partial}{\partial t^*} = \frac{d}{v}\frac{\partial}{\partial t}, \; (\boldsymbol{v}^* \cdot \nabla^*) = \frac{d}{v}(\boldsymbol{v} \cdot \nabla)$$

这样可将动力学方程(3-1)、连续性方程(3-3)变为无量纲方程

$$\frac{\partial \boldsymbol{v}^*}{\partial t^*} + (\boldsymbol{v}^* \cdot \nabla^*)\boldsymbol{v}^* = -\nabla^* p^* + \left[\frac{\mu}{dv\rho}\right]\nabla^{*2}\boldsymbol{v}^* + \left[\frac{gd}{v^2}\right]\frac{\boldsymbol{g}}{g} \qquad (3-9)$$

或

$$\frac{\partial \boldsymbol{v}^*}{\partial t^*} + (\boldsymbol{v}^* \cdot \nabla^*)\boldsymbol{v}^* = -\nabla^* p^* + \frac{1}{R}\nabla^{*2}\boldsymbol{v}^* + \frac{1}{F}\frac{\boldsymbol{g}}{g} \qquad (3-10)$$

$$\nabla^* \boldsymbol{v}^* = 0 \qquad (3-11)$$

由式(3-10)和(3-11)可知,如果两不同系统,其雷诺数和弗鲁得数相同,这两个系统都可用同一无量纲微分方程来描述。如果两系统的无量纲初始条件和边界条件也相同(只当两系统在几何上相似才有可能),则两系统在数学上就完全相同。这就是说,其无量纲速度分布 $\boldsymbol{v}^*(x^*, y^*, z^*, t^*)$ 和无量纲压力分布 $p^*(x^*, y^*, z^*, t^*)$ 相同,则这两个系统就具有动力学相似,或者说,这两个系统中的流动是相似流动。

二、模拟实验的设计

如果我们要了解某晶体生长过程中晶体旋转的搅拌作用,即了解晶体旋转在坩埚中产生强迫对流的速度场,这是一个无法用解析方法解决的实际问题,但是我们能用模拟实验来获得一些信息。现在的问题是,我们应如何设计模拟实验才能得到反映真实情况的液流图像。或者说,如何选择透明流体、坩埚尺寸以及"模拟晶体"的转速和尺寸,才能保证模拟系统中的液流与真实系统中的液流是动力学相似的。

首先必须选用其几何形状与生长系统相似的模拟系统,如晶体与坩埚都是圆柱状的,则"模拟坩埚"与"模拟晶体"也必须具有同样的形状。

其次,我们用无量纲流体动力学方程(3-10)和无量纲边界条件来确定如何选择模拟系统中的各种参量,才能保证两系统中的液流为相似流动。

设生长系统中几何参量为 H_1, d_1, D_1, 工艺参量为 ω_1, 物性参量为 μ_1, ρ_1, 而在模拟系统中相应的参量则以下标 2 表示, 诸参量的意义参阅图 3-6。进一步假设两系统中的速度场都是稳态速度场。由于要求两系统中的流动为相似流动, 故两系统中的速度场满足相同的无量纲动力学方程和连续性方程, 由式 (3-10)、式 (3-11) 有

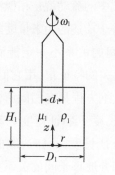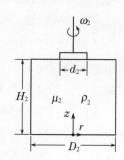

图 3-6　模拟实验的设计

$$(\boldsymbol{v}^* \cdot \nabla^*)\boldsymbol{v}^* = -\nabla^* p^* + \frac{1}{R}\nabla^{*2}\boldsymbol{v}^* + \frac{1}{F}\boldsymbol{g}/g$$

$$\nabla^* \cdot \boldsymbol{v}^* = 0$$

其边值条件为

生长系统

$v = 0$, 在 $z = 0$, $0 < r < \dfrac{D_1}{2}$

$v = 0$, 在 $r = \dfrac{D_1}{2}$, $0 < z < H_1$

模拟系统

$v = 0$, 在 $z = 0$, $0 < r < \dfrac{D_2}{2}$

$v = 0$, 在 $r = \dfrac{D_2}{2}$, $0 < z < H_2$

将上述边值条件变换为无量纲边值条件

生长系统

$v^* = 0$, 在 $z^* = 0$, $0 < r^* < \dfrac{D_1}{2d_1}$

$v^* = 0$, 在 $r^* = \dfrac{D_1}{2d_1}$, $0 < z^* < \dfrac{H_1}{d_1}$

模拟系统

$v^* = 0$, 在 $z^* = 0$, $0 < r^* < \dfrac{D_2}{2d_2}$

$v^* = 0$, 在 $r^* = \dfrac{D_2}{2d_2}$, $0 < z^* < \dfrac{H_2}{d_2}$

欲生长系统和模拟系统中的流动为相似流动, 则必须描述两系统的无量纲微分方程和无量纲边值条件完全相同, 故应有

$$\frac{D_1}{d_1} = \frac{D_2}{d_2} \tag{3-12}$$

$$\frac{H_1}{d_1} = \frac{H_2}{d_2} \tag{3-13}$$

$$\frac{d_1^2 \omega_1 \rho_1}{\mu_1} = \frac{d_2^2 \omega_2 \rho_2}{\mu_2} \tag{3-14}$$

$$\frac{d_1 \omega_1^2}{g} = \frac{d_2 \omega_2^2}{g} \tag{3-15}$$

式 (3-12)、(3-13) 要求两系统必须具有几何上的相似性, 只有满足了几何上的相似性, 两系统才有全同的无量纲边值条件。式 (3-14)、(3-15) 要求两系统的雷诺数和弗鲁得数相同, 只有两无量纲数相同, 两系统才能用同样的无量纲微分方程描述。由 (3-15) 式有

$$\frac{\omega_1}{\omega_2} = \sqrt{\frac{d_2}{d_1}} \qquad\qquad (3-16)$$

将(3-16)式代入(3-14),得

$$\frac{\rho_2}{\mu_2} = \frac{\rho_1}{\mu_1}\left(\frac{d_1}{d_2}\right)^{\frac{3}{2}} \qquad\qquad (3-17)$$

或

$$\frac{\nu_1}{\nu_2} = \left(\frac{d_1}{d_2}\right)^{\frac{3}{2}} \qquad\qquad (3-18)$$

于是我们得到一个有趣的结论,欲两系统具有相似流动,如果所选用的模拟液体的运动黏滞系数 ν_2 较大,则"模拟晶体"的直径 d_2 应较大(式3-18)、模拟坩埚的直径 D_2 应较大(式3-12)、模拟坩埚的深度 H_2 也应较大(式3-13),而"模拟晶体"的转速 ω_2 反而应较小(式3-16)。

于是我们可以按上述关系设计模拟实验,其中所观察到的图像,就和真实生长系统中晶体旋转所引起的液流相似。

第四节 坩埚中的自然对流

一、非等温系统和非等浓度系统中的浮力

实际上晶体生长系统都是非等温系统或非等浓度系统。系统中如果存在温度不均匀性,则由于热膨胀的差异,将引起流体密度的差异,在重力场中密度较小(较轻)的流体体元将受到浮力的作用。同样,系统中如果存在浓度的不均匀性,由于溶质和溶剂的密度不同,也会引起浮力。

在重力场中,流体密度差异产生的浮力是自然对流的驱动力。当浮力克服了黏滞力,自然对流就将发生。理论分析和实验观察表明,密度差异产生的浮力可以使流体运动得很快,甚至发生湍流。实际上,如果流体密度变化为百分之一的量级,流速就很可观。流体密度的变化主要来自温度和浓度的差异,而压力的变化对密度的影响不大。以水为例,压力改变5个标准大气压,其产生密度的变化才与温度改变1 ℃所产生的密度变化相同。

由于在自然对流过程中,流体的密度变化较小。因而我们在处理流体动力学问题时,虽然考虑密度变化引起的浮力,但仍将流体看为不可压缩流体。

已经阐明,由于压力对液体密度的影响较小,因而可将密度看为只与温度、浓度有关,通常可表示为

$$\rho(T,C) = \rho_0\left[1 - \beta_T(T - T_0) + \beta_C(C - C_0)\right] \qquad (3-19)$$

式中 ρ_0, T_0, C_0 为参考密度、参考温度和参考浓度。β_T 为温度引起的体膨胀系数,其定义为

$$\beta_T = \frac{1}{V}\left(\frac{\partial V}{\partial T}\right)_{p,C} = \frac{1}{(1/\rho)}\left(\frac{\partial(1/\rho)}{\partial T}\right)_{p,C} = -\frac{1}{\rho}\left(\frac{\partial \rho}{\partial T}\right)_{p,C} \qquad (3-20)$$

同样,β_C 为浓度引起的体膨胀系数,其定义为

$$\beta_C = \frac{1}{\rho}\left(\frac{\partial \rho}{\partial C}\right)_{p,T} \tag{3-21}$$

于是,单位体积的流体由于密度变化所产生的浮力为

$$\boldsymbol{F} = \rho(T, C)\boldsymbol{g} - \rho_0\boldsymbol{g} \tag{3-22}$$

$$= [-\beta_T(T - T_0) + \beta_C(C - C_0)]\rho_0\boldsymbol{g}$$

式(3-22)就是自然对流的流体动力学方程式(3-2)中的浮力项。

通常的晶体生长系统,不可能是等温系统或等浓度系统,由式(3-22)知,熔体中总是有浮力存在的,故坩埚中不可能只存在强迫对流。不过在实际生长系统中,只要强迫对流占优势,我们就可以不考虑浮力效应。反之,我们就只考虑自然对流。

二、水平温差和浓度差引起的自然对流——格拉斯霍夫数

图3-7(a)、(b)表示了晶体生长系统中,水平温差引起的自然对流。图3-7(a)代表了利用水平正常凝固法、水平区熔法生长晶体时,坩埚中或熔区内的自然对流。图3-7(b)代表了直拉法、坩埚下降法、浮区区熔法生长晶体时,坩埚中或熔区中的自然对流。其共同特征是,这些自然对流都是由水平温差或径向温差所引起的。这些自然对流都可近似地简化为图3-7(c)所示的模型。现在我们先用解析的方法来分析模型中的自然对流。

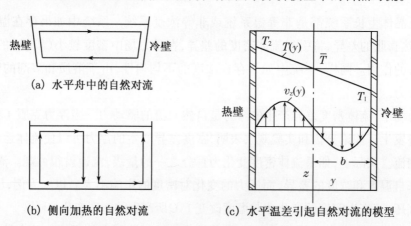

(a) 水平舟中的自然对流

(b) 侧向加热的自然对流

(c) 水平温差引起自然对流的模型

图3-7 水平温差引起的自然对流

我们已将问题简化为如图3-7(c)那样的热壁与冷壁间的液流问题。设热壁、冷壁间的间距为 $2b$,其间的流体密度为 ρ,动力黏滞系数为 μ。坐标选取亦如图3-7(c)所示,在 $y = -b$ 处为热壁,其温度为 T_2,$y = +b$ 处为冷壁,温度为 T_1。我们先求流体中的温场。如果假设热壁和冷壁在 z 方向很长,则温场又可进一步简化为一维温场,即温度只是 y 的函数。于是热传输方程(1-25)可简化为

$$\kappa \frac{d^2 T}{dy^2} = 0 \tag{3-23}$$

其边值条件为

$$T = T_2, \qquad 在 y = -b 处$$
$$T = T_1, \qquad 在 y = +b 处$$

满足上述微分方程及其边值条件的解为

$$T(y) = \overline{T} - \frac{1}{2}\Delta T \cdot \left(\frac{y}{b}\right) \tag{3-24}$$

其中 $\Delta T = T_2 - T_1$，即水平温差。$\overline{T} = \frac{1}{2}(T_1 + T_2)$ 即平均温度。

我们再求其速度场。根据上述简化条件，流体动力学方程(3-2)简化为

$$\mu \frac{\mathrm{d}^2 v_z}{\mathrm{d}y^2} = -\rho_0 \beta_T g(T - T_0)$$

将(3-24)式代入有

$$\mu \frac{\mathrm{d}^2 v_z}{\mathrm{d}y^2} = -\rho_0 \beta_T g\left[(\overline{T} - T_0) - \frac{1}{2}\Delta T \cdot \left(\frac{y}{b}\right)\right] \tag{3-25}$$

其边值条件为

$$v_z = 0, \ 在 y = \pm b 处$$

满足式(3-25)及其边值条件的解为

$$v_z = \frac{\rho_0 \beta_T g b^2 \Delta T}{12\mu}\left[\eta^3 - A\eta^2 - \eta + A\right] \tag{3-26}$$

其中 $A = 6(\overline{T} - T_0)/\Delta T$ 和 $\eta = \frac{y}{b}$。

现要求热壁、冷壁间沿 z 方向的净流量为零，即

$$\int_{-1}^{+1} v_z \mathrm{d}\eta = 0$$

将(3-26)式代入，得

$$-\frac{2}{3}A + 2A = 0$$

故 $A = 0$，或 $T = \overline{T}$。于是速度分布的最终表达式为

$$v_z = \frac{\rho_0 \beta_T g b^2 \Delta T}{12\mu}(\eta^3 - \eta) \tag{3-27}$$

式(3-27)所描述的速度分布表示于图3-7(c)。

如果我们引入无量纲速度 $v_z^* = \frac{\rho_0 b v_z}{\mu}$，无量纲线度 $y^* = \frac{y}{b} = \eta$，则有

$$v_z^* = \frac{1}{12}G_T(y^{*3} - y^*) \tag{3-28}$$

其中 G_T 为格拉斯霍夫数(Grashoff number)，其表达式为

$$G_T = \frac{g\beta_T\, b^3 \Delta T}{\nu^2} \tag{3-29}$$

由式(3-28)可知,这种类型的自然对流中的无量纲速度场,完全是决定于格拉斯霍夫数。因而可将格拉斯霍夫数看为水平温差引起自然对流的驱动力。

通过对(3-29)式的量纲分析可以发现格拉斯霍夫数为无量纲数。

以上讨论的是等浓度系统中,水平温差引起的自然对流。现在我们讨论等温系统中,水平浓度差引起的自然对流。在以上讨论的全过程中,只需将水平温差 ΔT 替换为水平浓度差 ΔC、将温度引起的体膨胀系数 β_T 换为浓度引起的 β_C、将热扩散系数 κ 换为物质的扩散系数 D,则我们得到的浓度场的表达式就和式(3-24)完全相似。我们同样定义格拉斯霍夫数 G_C 为水平浓度差引起自然对流的驱动力

$$G_C = \frac{g\beta_C\, b^3 \Delta C}{\nu^2} \tag{3-30}$$

则无量纲速度场的表达式与(3-28)式相同。

因此水平温差和水平浓度差同样都引起如图 3-7 所示的自然对流,故我们用类似的格拉斯霍夫数来表征水平温差和水平浓度差引起的驱动力。

三、铅直温差和浓度差引起的自然对流——瑞利数

当坩埚中存在的温度梯度矢量与重力一致时,例如于坩埚底部加热时,铅直温差将产生流体的密度差(下部密度较小、较轻),因而出现了浮力,而当浮力克服了黏滞力时,就将发生自然对流。

对一深为 h 的坩埚,其中装满熔体并由底部加热,熔体之底部和其自由表面间的铅直温差为 ΔT,现在来估计作用于单位体积流体上的浮力和黏滞力的比值。为简单计,考虑坩埚中半径为 a 的球状流体体元,该体元内的温度梯度为 $\frac{\Delta T'}{a}$。在包含该体元球心的水平面内,体元球心较周围环境的温度高 $\Delta T'$(℃)。该体元在浮力作用下,如果在上升距离为 a 的时间间隔内,其上升速率足够快,致使体元因损耗热量而造成的温度降低不超过原来的温差 $\Delta T'$。这样的条件下,作用于上升流体体元上的浮力不致耗竭,体元将继续上升。我们先来估计这一临界上升速率。体元较环境多余的热量 $Q = \frac{4}{3}\pi a^3 \Delta T' \rho\, C_p$,通过球面单位时间损耗于环境的热量为 $\dot{Q} = [4\pi a^2] \cdot \left[\frac{k\Delta T'}{a}\right]$,体元内(多余的)热量耗竭所需的时间 $t = \frac{Q}{\dot{Q}} \approx \frac{a^2 \rho\, C_p}{k} = \frac{a^2}{\kappa}$,

故临界上升速率为 $v = a/t = \kappa/a$。由式(3-22)可得作用于体元上的浮力为 $\frac{4}{3}\pi a^3 \cdot \beta_T g \Delta T' \rho$。根据斯托克斯定律(Stocks low),黏滞阻力为

$$6\pi\mu a v = 6\pi\mu a \cdot \kappa/a = 6\pi\mu\kappa$$

故当浮力克服阻力导致自然对流时必有

$$\frac{g\beta_T\,a^3\Delta T\,'}{\nu\kappa}>1$$

不等式左边为一无量纲数,代表浮力与黏滞力的比值,可作为铅直温差引起自然对流的判据,这就是熟知的瑞利数(Rayleigh number)。由于上述模型比较粗糙,无法精确地确定体元半径 a,故无法精确地估计导致自然对流的瑞利数的临界值。通常取坩埚中液体的深度 h 为 a,坩埚内铅直温差 ΔT 为 $\Delta T'$,于是瑞利数为

$$\mathscr{R}=g\beta_T\,h^3\Delta T/\nu\kappa \tag{3-31}$$

可看出,瑞利数除与流体的物性参量(ν, κ, β_T)、坩埚的几何参量(h)以及重力加速度 g 有关,瑞利数还决定于铅直温差 ΔT。当瑞利数超过某临界值时,就意味着浮力克服了黏滞力,于是对流运动就将开始。

对一水平线度甚大于铅直线度的坩埚,若其中流体的下界面为刚性界面(即埚底),上界面为流体的自由表面,则临界瑞利数为1100。这就是说当坩埚由底部加热,铅直温差 ΔT 逐渐增加,瑞利数亦随之增加,当瑞利数达到和超过1100时,坩埚中的流体将由静止状态转变为对流状态。若上述流体的上、下界面都是刚性界面,则临界瑞利数为1710。

当瑞利数超过临界值,所产生的对流运动具有非常特别的性质。由于所考虑的流体在水平方向是十分广延的,显然,在水平方向的运动应具有周期性。换句话说,介于两水平界面间的整个流体,可以设想被分成了同一形状的有规则的棱柱体,每一棱柱内的流体都以同一方式运动,如图3-8。这些棱柱体与水平平面相截,在该平面上构成了二维点阵。想从理论上来确定这种二维点阵的对称性是极端困难的;但实验观察表明,这些对流胞有构成二维密排点阵的,如图3-8(a),有构成二维正方点阵的,如图3-8(c)[6]。这些二维点阵中相应棱柱体中的液流图像如图3-8(b)、(d)所示。这些棱柱体经常被称为贝纳德胞(Benard cell)。通常还将上面讨论的问题称为贝纳德问题。

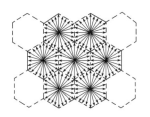

(a) 二维密排点阵的对流胞

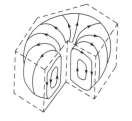

(b) 棱柱体中的液流

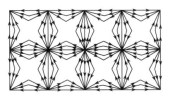

(d) 二维正方点阵的对流胞

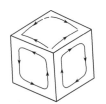

(d) 棱柱中的液流

图3-8　铅直温度差引起自然对流所形成的贝纳德胞

如果坩埚中流体密度差是铅直的浓度差所引起的,也应引起类似的流动图像。我们类似于式(3－31),可定义相应于浓度差的瑞利数

$$\mathscr{R} = \frac{g\beta_c \, h^3 \Delta C}{\nu D} \tag{3-32}$$

于是相应于浓度差的瑞利数超过某临界值时,就相当于浮力克服了黏滞力,故将发生自然对流。

实际情况更为复杂,在二元或多元流体中,不仅上述两种效应同时存在,而且其间还有耦合效应。例如底部加热二组元流体(组元的定义见第六章的引言),热量的传输就会产生浓度梯度,此即索里特效应(Soret effect),而且这样产生的微小浓度梯度对流体的自然对流有着奇妙的影响。对这些问题已经进行了一系列的细致的研究[7]。

近年来的研究表明,在贝纳德问题中还必须考虑表面张力梯度。实际上在该系统中浮力和表面张力是强烈地耦合着的(参阅本书第四章第五节之四)。

第五节　混合传输的相似性原理

下面我们给出混合传输中温场、浓度场、速度场相似的充分且必要的条件。

我们在第三节讨论相似流动时曾经指出,如果两个系统中的速度场都可用同一无量纲动力学方程来描述,且有相同的无量纲初始条件和边值条件,则此两速度场必相似。现在我们推广上述结论,即在混合传输中,若两系统中的速度场、温度场、浓度场可由同样的无量纲动力学方程、无量纲连续性方程、无量纲热传输方程、无量纲质量传输方程来描述,且又有相同的无量纲初始条件和边值条件,则两系统中的速度场、温场、浓度场必相似。

描述混合传输的诸方程已由(3－1)、(3－2)、(3－3)以及(1－25)、(2－7)式给出。为了讨论方便起见,我们抄录如下

$$\rho\left[\frac{\partial \boldsymbol{v}}{\partial t} + (\boldsymbol{v} \cdot \nabla)\boldsymbol{v}\right] = \mu \, \nabla^2 \boldsymbol{v} - \nabla p + \rho \boldsymbol{g} \qquad\qquad \text{强迫对流}$$

$$\rho\left[\frac{\partial \boldsymbol{v}}{\partial t} + (\boldsymbol{v} \cdot \nabla)\boldsymbol{v}\right] = \mu \, \nabla^2 \boldsymbol{v} - \rho\beta_T \, \boldsymbol{g}(T - T_0) - \rho\beta_c \, \boldsymbol{g}(C - C_0) \qquad \text{自然对流}$$

$$\nabla \boldsymbol{v} = 0$$

$$\frac{\partial T}{\partial t} + (\boldsymbol{v} \cdot \nabla)T = \kappa \, \nabla^2 T$$

$$\frac{\partial C}{\partial t} + (\boldsymbol{v} \cdot \nabla)C = D \, \nabla^2 C$$

现在定义无量纲温度 $T^* = \dfrac{T - T_0}{\Delta T}$,无量纲浓度 $C^* = \dfrac{C - C_0}{\Delta C}$,其中 $\Delta T = T_1 - T_0$, $\Delta C = C_1 - C_0$,T_0, C_0 为参考温度和参考浓度,T_1, C_1 为特征温度和浓度。其余的无量纲参量的定义及无量纲算子与普通算子间的关系和第三节相同。于是可得下列无量纲方程组

$$\frac{\partial \boldsymbol{v}^*}{\partial t^*} + (\boldsymbol{v}^* \cdot \nabla^*) \boldsymbol{v}^* = \frac{1}{R} \nabla^{*2} \boldsymbol{v}^* - \nabla^* p^* + \frac{1}{F} \boldsymbol{g}/g \qquad (\text{强迫对流}) \qquad (3-33)$$

$$\frac{\partial \boldsymbol{v}^*}{\partial t^*} + (\boldsymbol{v}^* \cdot \nabla^*) \boldsymbol{v}^* = \frac{1}{R} \nabla^{*2} \boldsymbol{v}^* - \frac{G_T}{R^2} T^* \boldsymbol{g}/g + \frac{G_C}{R^2} C^* \boldsymbol{g}/g \qquad (\text{自然对流}) \quad (3-34)$$

$$\nabla^* \cdot \boldsymbol{v}^* = 0 \qquad (3-35)$$

$$\frac{\partial T^*}{\partial t^*} + (\boldsymbol{v}^* \cdot \nabla^*) T^* = \frac{1}{RP} \nabla^{*2} T^* \qquad (3-36)$$

$$\frac{\partial C^*}{\partial t^*} + (\boldsymbol{v}^* \cdot \nabla^*) C^* = \frac{1}{RS} \nabla^{*2} C^* \qquad (3-37)$$

上述方程组中除出现了已经熟悉的雷诺数 R、弗鲁得数 F、水平温差的格拉斯霍夫数 G_T 以及水平浓度差的格拉斯霍夫数 G_C 外,还出现了两个反映流体物性的无量纲数,即普兰托数(Prandtl number)

$$P = \frac{\nu}{\kappa} \qquad (3-38)$$

和斯密特数(Schmidt number)

$$S = \frac{\nu}{D} \qquad (3-39)$$

普兰托数 P 是流体的运动黏滞系数与热扩散系数之比,而斯密特数 S 是流体的运动黏滞系数与溶质扩散系数之比。

由此可见,欲两系统中混合传输相似,除要求两系统具有同样的无量纲初始条件和边界条件外,对强迫对流来说,还必须要求两系统的 R,F,P,S 相同。对自然对流,必须要求 R, G_T, G_C, P, S 相同。只有这样,两系统才能用同样的无量纲微分方程组来描述。

下面我们阐明无量纲方程组(3-33)~(3-37)中各系数的物理意义(请参阅第三节)。

$$\frac{1}{R} = \frac{\nu}{vd} = \frac{\mu v/d^2}{\rho v^2/d} = \frac{\text{黏滞力}}{\text{惯性力}} \qquad (3-40)$$

$$\frac{1}{F} = \frac{gd}{v^2} = \frac{\rho g}{\rho v^2/d} = \frac{\text{重力}}{\text{惯性力}} \qquad (3-41)$$

$$\frac{G_T}{R^2} = \frac{g\beta_T \dfrac{d^3 \Delta T}{\nu^2}} \cdot \frac{\nu^2}{v^2 d^2} = \frac{g\beta_T d\Delta T}{v^2} = \frac{\rho g\beta_T \Delta T}{\rho v^2/d} = \frac{\text{浮力(水平温差)}}{\text{惯性力}} \qquad (3-42)$$

$$\frac{G_C}{R^2} = \frac{\rho g\beta_C \Delta C}{\rho v^2/d} = \frac{\text{浮力(水平浓度差)}}{\text{惯性力}} \qquad (3-43)$$

$$\frac{1}{RP} = \frac{\nu}{vd} \cdot \frac{\kappa}{\nu} = \frac{k\Delta T/d}{\rho C_p v\Delta T} = \frac{\text{传导的热流密度}}{\text{对流的热流密度}} \qquad (3-44)$$

$$\frac{1}{RS} = \frac{\nu}{vd} \cdot \frac{D}{\nu} = \frac{D\Delta C/d}{v\Delta C} = \frac{\text{扩散的质流密度}}{\text{对流的质流密度}} \qquad (3-45)$$

我们在第三节中曾从两个不同的观点讨论了流动的相似性。一是要求在两不同系统中位于几何上相似位置的两流体体元,其所受的作用力,在任何时刻必须具有确定的比值。二是要求描述两不同系统的无量纲微分方程以及无量纲边界条件和初始条件应该全同。我们在阐明了无量纲方程组中各系数的物理意义后,就可以将上述两观点统一起来。

显然,欲两系统中混合传输相似,必须要求描述两系统的无量纲方程组(3-33)~(3-37)完全相同,即要求该方程组中的各系数全同。通过各系数物理意义的表达式(3-40)~(3-45)可以看出,在两系统中作用于相应点上的黏滞力、重力、浮力分别与惯性力的比值必须恒定,同时还要求传导与对流的热流密度之比及扩散与对流的质流密度之比亦须恒定。显然,诸力之比值恒定,保证了速度场的相似;而诸效应(3-44)、(3-45)的比值恒定,保证了温场与浓度场的相似。

因而,两不同系统中具有相似的混合传输,所需满足的条件是:(1) 两系统必须具有相似的几何形状。这样,两系统才可能具有相同的无量纲初始条件和边值条件。(2) 在两系统中作用于相应点上的诸力之比值,在任何时刻必须相同。只有这样,两系统才能用同一个无量纲动力学方程来描述,才能具有相似的速度场。(3) 两系统中相应点上诸效应之比值必须恒定。只有这样,两系统才能用相同的无量纲传热、传质方程描述,才能具有相似的温场和浓度场。

第六节　生长过程中液流的转变与界面翻转

一、自然对流向强迫对流的转变

从第二节中实验模拟与数字模拟的结果可以看出,通常自然对流和强迫对流同时存在于直拉法生长系统的坩埚中。两种模拟结果都表明,对同样直径的晶体,其转速逐渐增加,坩埚中的液流将从自然对流占优势的状态转变为强迫对流占优势的状态。实验结果表明,这种流动状态的转变具有突变的性质。下面给出这种流动状态转变的半定量判据[8]。

晶体旋转使邻近的流体体元获得了加速度,而当作用于该流体体元上的惯性力克服了黏滞力时,流体就产生强迫对流。故惯性力是流体强迫对流的驱动力,而惯性力与黏滞力的比值就是雷诺数(第三节),因而对给定流体,强迫对流决定于雷诺数。

坩埚侧壁加热,产生径向水平温差,坩埚中由于密度不均匀而产生浮力。当浮力克服了黏滞力就产生自然对流,因而浮力是自然对流的驱动力。由式(3-28)可以看出,自然对流决定于格拉斯霍夫数。

已经阐明,当惯性力克服了黏滞力就产生强迫对流,当浮力克服了黏滞力就产生自然对流。由于对同一种流体,其黏滞力是同样的,因而就可能将惯性力和浮力间的相对大小与强迫对流和自然对流间的相对优势联系起来。于是我们得到的推论是,当惯性力大于或等于浮力时,自然对流占优势的状态就转变为强迫对流占优势的状态。由式(3-42)可知,浮力与惯性力之比就等于格拉斯霍夫数与雷诺数平方之比。于是液流由自然对流占优势的状态转变为强迫对流占优势的状态的临界判据是

$$R^2 \geqslant G_T \tag{3-46}$$

对直拉法系统,若晶体直径为 d,坩埚半径为 r_C,晶体转速为 ω,流体的运动黏滞系数为 ν,体膨胀系数为 β_T,径向温差为 ΔT。取晶体边缘的线速度 $\pi\omega d$ 为特征速度,晶体直径 d 为特征长度,于是雷诺数 $R = \dfrac{vd}{\nu} = \dfrac{\pi\omega d^2}{\nu}$,格拉斯霍夫数 $G_T = \dfrac{g\beta_T \Delta T r_C^3}{\nu^2}$。由(3-46)式得

$$d \geqslant d_C = \left[g\beta_T \Delta T r_C^3 \pi^{-2} \right]^{\frac{1}{4}} \cdot \omega^{-\frac{1}{2}} \tag{3-47}$$

这表明,对给定的生长系统,在 ω 不变的条件下,晶体直径大于、等于(3-47)式给定的临界值 d_C 时,液流将由自然对流占优势的状态转变为强迫对流占优势的状态。

二、界面翻转

当液流由自然对流占优势的流动状态转变为强迫对流占优势的状态,晶体下面出现了强迫对流的环流(见图3-1和图3-3)。该环流沿液面径向流出,经灼热的坩埚,于晶体下方沿轴流向固液界面。因而,一旦强迫对流的环流占优势,就有更多的热量传输到固液界面处,可能造成固液界面形状的突变。

图3-9(a)是 YAG 直拉法生长时呈现的界面翻转(inversion of direction of solid-liquid interface)。由照片可清楚地看到,在放肩过程中固液界面为凸形,且其曲率半径很小。随着晶体直径增加,当直径达到某一临界值时,固液界面突然变得平坦。我们将界面形状的突变称为界面翻转。界面翻转暗示了相应的熔体流动状态的转变是一种突变过程。一旦固液界面邻近出现了占优势的强迫对流的环流,传输到固液界面处的热量突然增加,使得局部晶体回熔(见示意图3-9(b)中的虚线部分),因而造成了界面翻转。

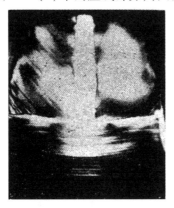 

(a) YAG晶体的界面翻转* (b) 界面翻转示意图[8]

图3-9 界面翻转(*图片由 209 所梁泽荣提供——编者)

卡拉瑟斯(Carruthers)为了检验上述理论的可靠性[8],对式(3-47)中的诸参量取典型值:$\beta_T = 10^{-3}(℃)^{-1}$,$r_C = 2.5$ cm 以及 $\Delta T = \dfrac{dT}{dr} \cdot r_C$,其中 r_C 为坩埚半径,$\dfrac{dT}{dr}$ 为熔体中径向温

度梯度,分别取$\dfrac{\mathrm{d}T}{\mathrm{d}r}=140\ ℃/cm$ 和$\dfrac{\mathrm{d}T}{\mathrm{d}r}=100\ ℃/cm$。根据式(3-47)可得两条理论曲线,如图3-10所示。图中实验点是根据高木等[9]的测量结果。由图3-10可以看出,实验点大体上与理论曲线相符,这表明上述关于流动状态转变的半定量理论基本上是可靠的。

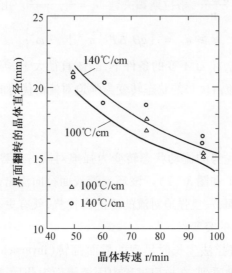

图3-10　界面翻转时晶体直径与转速的关系[8]

　　界面翻转经常发生在直拉法生长的放肩阶段或转入等径生长的过渡阶段。这是由于在上述阶段虽然晶体转速保持不变,但晶体直径不断增加,当直径达到(3-47)式所预言的临界直径d_c时,液流状态的突变就引起了界面翻转。界面翻转有时还出现在晶体的等径生长后期。在等径生长过程中,虽然晶体直径和转速都保持不变,但由于熔体的液面下降,坩壁的裸露效应,有时使坩埚内的径向温差ΔT逐渐减小。由式(3-47)可知,ΔT逐渐减小就使界面翻转的临界直径d_c减小,及至临界直径d_c小于或等于当时所生长的晶体直径d时,就出现界面翻转。同样,晶体转速增加,也会使临界直径减小,从而导致界面翻转。

　　界面翻转对晶体等径生长的人工控制以及等径生长的称重自动控制的影响也不相同。称重等径自控生长实际上控制的参量不是晶体直径而是晶体的质量增长率。界面翻转时实际上当时的直径未曾明显减少,但由于晶体回熔,故使质量增长率突然大幅度减小,这就形成了直径突然减少的假信号。因而在称重等径自控生长的晶体上,相应于界面翻转处晶体直径是突然增加的(即自控系统于该处不能保证等径生长)。而对于人工控制等径生长,一旦发生界面翻转,由于当时无法及时发现,后来又降温过度,在界面翻转后有时会出现组分过冷的情况,如图3-11所示[10]。

　　界面翻转现象是高木等[9]、柴杰克(Zyelzik)[11]、科克

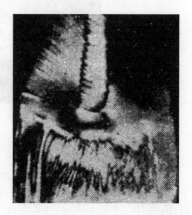

图3-11　YAG晶体界面翻转后
出现的组分过冷[10]

因(Cockayne)等[12]各自独立地发现的。国内在这方面也进行了一些工作[13-14]。

卡拉瑟斯给出的理论[8]——式(3-46),虽然能得到流动状态转变的判据,但其推导过程仍是定性的,故理论尚待进一步发展。

第七节 旋转流体中的液流

直拉法晶体生长系统中,由于晶体旋转以及坩埚旋转,因而通常流体是旋转着的。旋转流体中存有惯性离心力和科里奥利力(Coriolis force),故其液流具有某种特征[15-16]。下面我们将讨论与直拉法生长有关的这类特征流动。

* 一、旋转流体的描述

虽然应用实验室坐标系可以描述旋转流体。但若采用旋转坐标系,所写出的全部边值条件具有较简单的形式,易于与动量、热量、质量的传输方程组联合求解。

如取一流体体元,以恒角速度 $\boldsymbol{\Omega}$ 旋转其边界,在充分长的时间后,整个流体就以相同的角速度旋转,就像一块刚体旋转。任何干扰——在非旋转坐标系中任何使流体运动的干扰,都会产生相对于该旋转坐标系的运动。在旋转坐标系中可以求得此相对运动的图像,这就是固定于旋转坐标系中的观察者所观察到的运动图像。

实验室坐标系是惯性坐标系,旋转坐标系是非惯性坐标系。故在旋转坐标系中,存在与非惯性坐标系相关联的加速度,这就产生了惯性离心力和科里奥利力。实验室(惯性)坐标系与旋转坐标系中加速度的关系为

$$\left(\frac{\mathrm{d}\boldsymbol{v}}{\mathrm{d}t}\right)_{\mathrm{I}} = \left(\frac{\mathrm{d}\boldsymbol{v}}{\mathrm{d}t}\right)_{\mathrm{R}} + \boldsymbol{\Omega} \times (\boldsymbol{\Omega} \times r) + 2\boldsymbol{\Omega} \times \boldsymbol{v}_{\mathrm{R}} \qquad (3-48)$$

下标 I 和 R 分别表示惯性坐标系和旋转坐标系。$\left(\dfrac{\mathrm{d}\boldsymbol{v}}{\mathrm{d}t}\right)_{\mathrm{I}}$ 是流体质点的实际加速度, $\rho\left(\dfrac{\mathrm{d}\boldsymbol{v}}{\mathrm{d}t}\right)_{\mathrm{I}}$ 是作用于单位体积流体上各力之矢量和。$\left(\dfrac{\mathrm{d}\boldsymbol{v}}{\mathrm{d}t}\right)_{\mathrm{R}}$ 是相对于旋转坐标系的加速度,可以表示为

$$\left(\frac{\mathrm{d}\boldsymbol{v}}{\mathrm{d}t}\right)_{\mathrm{R}} = \frac{\partial \boldsymbol{v}_{\mathrm{R}}}{\partial t} + (\boldsymbol{v}_{\mathrm{R}} \cdot \nabla)\boldsymbol{v}_{\mathrm{R}} \qquad (3-49)$$

于是根据式(3-48)、(3-49)可将惯性坐标系中的动力学方程式(3-1)变换为旋转坐标系中的动力学方程。由于下式就是旋转坐标系中的动力学方程,故不再注下标 R,所以有

$$\frac{\partial \boldsymbol{v}}{\partial t} + (\boldsymbol{v} \cdot \nabla)\boldsymbol{v} = \nu\,\nabla^2\boldsymbol{v} - \frac{1}{\rho}\nabla p - \boldsymbol{\Omega} \times (\boldsymbol{\Omega} \times r) - 2\boldsymbol{\Omega} \times \boldsymbol{v} + \boldsymbol{g} \qquad (3-50)$$

式中右边第三项为离心加速度、第四项为科里奥利加速度。式中重力 $\boldsymbol{g}$ 是保守力,故有 $\boldsymbol{g} = \nabla u$。而在许多问题中,惯性离心力可以表示为一标量的梯度,即

$$\boldsymbol{\Omega} \times (\boldsymbol{\Omega} \times r) = -\nabla\left(\frac{1}{2}\Omega^2 r'^2\right)$$

其中 r' 是离开转轴的距离,见图 3-12。故可和压力梯度项合并,令

$$P = p - \frac{1}{2}\rho \, \Omega^2 r'^2 + \rho u$$

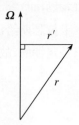

图 3-12　r' 的定义

P 称为约化压力(reduced pressure)。故(3-50)式可简化为

$$\frac{\partial \boldsymbol{v}}{\partial t} + (\boldsymbol{v} \cdot \nabla)\boldsymbol{v} = \nu \nabla^2 \boldsymbol{v} - \frac{1}{\rho}\nabla p - 2\boldsymbol{\Omega} \times \boldsymbol{v} \qquad (3-51)$$

上式为旋转坐标系中的流体动力学方程,在形式上除多了一项科里奥利加速度外,其他各项和惯性坐标系中全同。

式(3-51)的应用范围是,压力不明显地出现于边值条件中,并要求流体的密度为常数。因为与密度变化相联系的惯性离心力的变化将产生彻体力,这种彻体力能改变流体的运动状态。

二、泰勒-普劳德曼定理

旋转流动与非旋转流动的主要差异是,在旋转流体中出现了科里奥利力。为了阐明科里奥利力在旋转流体动力学中的作用,我们首先将式(3-51)变换为无量纲方程。

取 d, Ω^{-1}, v 为特征长度、特征时间和特征速度,则诸无量纲参量为 $r^* = \dfrac{\boldsymbol{r}}{d}$, $t^* = t \cdot \Omega$, $\boldsymbol{v}^* = \dfrac{\boldsymbol{v}}{v}$, $P^* = \dfrac{P}{\rho \Omega v d}$。而取 $\boldsymbol{k}$ 为无量纲转速的单位矢量,则式(3-51)可变换为无量纲方程

$$\frac{\partial \boldsymbol{v}^*}{\partial t^*} + R_0(\boldsymbol{v}^* \cdot \nabla^*)\boldsymbol{v}^* = E\nabla^{*2}\boldsymbol{v}^* - \nabla^* p^* - 2\boldsymbol{k} \times \boldsymbol{v}^* \qquad (3-52)$$

式中 R_0 为罗斯比数(Rossby number)

$$R_0 = \frac{v}{\Omega d} = \frac{\rho v^2 / d}{\rho \Omega v} = \frac{\text{惯性力}}{\text{科里奥利力}} \qquad (3-53)$$

而 E 为埃克曼数(Ekman number)

$$E = \frac{\nu}{\Omega d^2} = \frac{\mu v / d^2}{\rho \Omega v} = \frac{\text{黏滞力}}{\text{科里奥利力}} \qquad (3-54)$$

罗斯比数是流体对流产生的惯性力与科里奥利力之比值,它表明了非线性项(对流项)的相对重要性。埃克曼数是流体动力学方程——式(3-52)中最高阶微分项的系数,是某些区域中是否存在速度边界层的形式判据。该边界层是局限于界面邻近的薄的切变层内。在边界层内,由于黏滞作用,使得流体的切向速度逐渐趋近于边界值。然而黏滞作用所产生的切变层也可以产生于液体内部,即产生于流体内部流速尖锐变化处,或速度分布的不连续处。黏滞作用集中于薄的切变层中,这意味着别处流体可看为非黏滞流体,即 $E = 0$。

若旋转流体中的对流比较微弱,即 $R_0 \approx 0$,同时又远离切变层,即 $E \approx 0$,于是(3-52)式退化为

$$2\boldsymbol{k} \times \boldsymbol{v}^* = -\nabla p^* \qquad (3-55)$$

上式表征着该流动中科里奥利力与压力梯度保持平衡。在地球物理学中或在物理气象学中

将具有上述特征的流动称为地转流动（geostrophio flows），下面我们将看到在直拉法生长系统中也存在这种流动。

从式（3-55）中可以清楚地看到地转流动的一个重要的性质，这就是在该流动中，科里奥利力恒垂直于流速，因而压力梯度也垂直于流速，这意味着流线就是等压线。这是旋转流体流动与非旋转流体流动的重要区别，我们从非旋转流动的伯努利方程（Bernoulli's equation）可以知道，沿着流线，压力是变化的。

我们对（3-55）式两边取旋度，就可以看出地转流动的另一有趣的性质。由于势矢量 $\nabla^* p^*$ 无旋度，故

$$\nabla^* \times (\boldsymbol{k} \times \boldsymbol{v}^*) = 0$$

进行矢量运算并利用连续性方程，最后得

$$(\boldsymbol{k} \cdot \overrightarrow{\nabla}^*) \boldsymbol{v}^* = 0 \tag{3-56}$$

取转速 $\boldsymbol{\Omega}$ 的无量纲单位矢量 $\boldsymbol{k}$ 与 z 轴一致，故得

$$\frac{\partial \boldsymbol{v}^*}{\partial z} = 0 \tag{3-57}$$

或

$$\frac{\partial v_x}{\partial z} = \frac{\partial v_y}{\partial z} = \frac{\partial v_z}{\partial z} = 0 \tag{3-58}$$

这表明沿着旋转轴，流体的速度场是不变的。这就是熟知的泰勒-普劳德曼定理（Taylor-Proudman theorem）。

如果旋转系统中垂直于旋转轴存在刚性边界，如直拉法生长系统中的固液界面，在边界上有 $v_z = 0$，则上述定理暗示，旋转流体中处处有

$$\frac{\partial v_x}{\partial z} = \frac{\partial v_y}{\partial z} = 0, \quad v_z = 0$$

这表明，整个流动是在垂直于旋转轴平面内的二维流动。

三、直拉法生长系统中的泰勒柱

在直拉法生长系统中，当坩埚与晶体同步旋转时，如果转速恒定，在充分长的时间后，整个流体就以同样的速度旋转，就像一块同步旋转的刚体。如果晶体与坩埚的转速不同，实验模拟[17]和数字模拟[18]表明，在晶体和坩埚间存在一流体柱，如图3-13。在柱体之外，液体仍像刚体一样，同步地随坩埚旋转。柱体之内，流体是按泰勒-普劳德曼定理所规定的方式运动。我们将该流体柱称为泰勒柱（Taylar columns）。

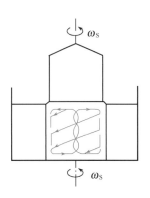

图3-13　坩埚中的泰勒柱

在柱体内，由于速度场与 z 无关，见式（3-58），在转轴的任一同轴柱面上，所有流体质点的速度矢量都相同。由于在泰勒柱内只存在科里奥利力，且科里奥利力恒垂直于质点的流动速度，见式

（3-55），故柱中流体质点的轨迹或为圆，或为在同轴柱面上的螺旋线。对稳态速度场，在泰勒柱中的流线和等压线，也应为圆或柱面上的螺旋线。

固液界面为刚性边界，在边界上有 $v_z = 0$。按泰勒-普劳德曼定理，整个泰勒柱内应有 $v_z = 0$，因为 $\frac{\partial v_z}{\partial z} = 0$。这和实验模拟的观察结果不符，实验观察到泰勒柱内的流体具有恒定的轴向速度分量。这种分歧的出现并不奇怪，因为泰勒-普劳德曼定理只适用于黏滞力和对流的惯性力可以忽略的区间，而在固液界面处必然存在一速度边界层，在边界层中黏滞力和对流的惯性力不能忽略，且在边界层内流体亦具有轴向速度分量。同样的理由，在坩底处亦存在类似的边界层，因而泰勒柱只是存在于上、下边界层之间，如图3-13。由于泰勒柱的上、下端面并非刚性边界，且在泰勒柱与上、下边界层的界面上 $v_z \neq 0$，故整个泰勒柱内的 v_z 不为零，且在同一柱面 v_z 是恒定的。既然 $v_z \neq 0$，故泰勒柱内在科里奥利力的作用下，流体质点的运动轨迹不是圆，而是在柱面上等螺距的螺旋线。这一点已为实验观察所证实。

于是在泰勒柱内，沿轴向上的流量为 $\dot{Q} = \int_0^{r_a} 2\pi v_z(r)\mathrm{d}r$。流体必以同样的流量通过上边界层，并经泰勒柱的外表面进入下边界层，再流入泰勒柱内，见图3-13。这表明在同步地跟着坩埚旋转的流体环和泰勒柱间，存在一管状切变层。由于切变层的截面甚小于泰勒柱的截面，故切变层中的流速较大。同样由于科里奥利力的作用，切变层中流体质点的轨迹也是一螺旋线。卡拉瑟斯等[17]在进行实验模拟时，用医用注射器将染料注入泰勒柱中，观察到流体质点的运动轨迹确实是螺旋状的，且在管状切变层中的流速较高。他们通过模拟实验还发现了一个重要的事实，即注入泰勒柱的染料在柱内缓慢地传输，并通过柱周围的切变层形成一闭合循环。这意味着与坩埚同步旋转的流体，其中的溶质是不能和泰勒柱中的溶质相混合的。卡拉瑟斯等进一步指出，不相混合的区域的出现，对溶质分凝的影响极大。

若晶体与坩埚的旋转方向相反，则在泰勒柱和晶体间出现了一由晶体旋转所控制的环流，如图3-14[17]，我们将该环流称为上胞。而在上胞和泰勒柱之间又出现了新的切变层。实验观察表明上胞的尺寸随晶体转速增加而增大，随坩埚转速增加而减小。而泰勒柱内的液流仍然具有如泰勒-普劳德曼定理所规定的特性。

朗格洛伊斯（Longtois）[4]用数字模拟研究坩埚中的液流图像。他所得的坩埚中流体的角速度分布如图3-15所示。由于假定坩埚中速度场是轴对称的，因而只画出了通过转轴的剖面图的一半。图中标明尺度的单位是厘米。数字模拟所用的参量是，坩埚半径 $R_C = 6.40$ cm，晶体半径 $R_S = 4.18$ cm，坩埚高 $H = 3.94$ cm，晶体转速 $\Omega_S = -2.31$ r/min，坩埚转速 $\Omega_C = 1.57$ r/min。在图3-15中，可

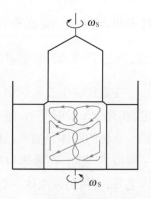

图3-14　晶体与坩埚反向
　　　　旋转时的泰勒柱

以看到泰勒柱。在泰勒柱与固液界面之间，确实存在上胞。上胞中流体是跟着晶体旋转而不是跟着坩埚旋转的。泰勒柱内的角速度，确实与深度（z）无关。泰勒柱之下，存在一切变层，

在切变层内,流体的角速度逐渐过渡到坩埚的转速。同样的切变层也出现在固液界面与上胞之间以及上胞与泰勒柱之间。在泰勒柱与埚壁间的环形区域内,流动十分近似于刚体旋转。这一结果与如图 3-14 实验模拟的结果十分一致。

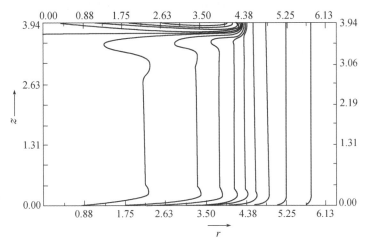

图 3-15 坩埚中流体的角速度分布[4] ($R_C = 6.40, R_S = 4.18, H = 3.94, \Omega_S = 2.31, \Omega_C = 1.57$)

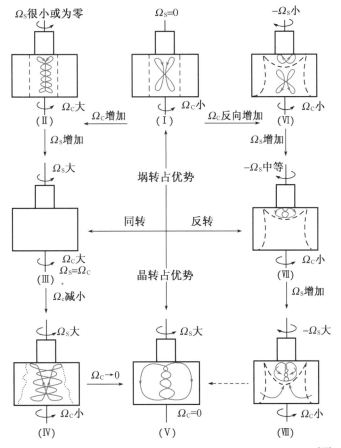

图 3-16 泰勒柱与晶体、坩埚转速的相对方向及大小的关系[17]

　　坩埚中泰勒柱的形状、大小还和晶体、坩埚的相对转速有关。卡拉瑟斯[17]等用实验模拟进行了细致的研究,他们观测的结果总结在图 3 - 16 中。当晶体与坩埚同向、同速旋转,坩埚中的流体就像一刚体跟着旋转,如图 3 - 16(Ⅲ)。如晶体转速 Ω_S 减小,则泰勒柱出现,并随着 Ω_S 的减小,泰勒柱的直径逐渐变大,见图(Ⅱ)和(Ⅰ)。同样,保持 Ω_S 不变,坩埚转速 Ω_C 减小,泰勒柱的直径亦增大,如图(Ⅳ)和(Ⅴ),不过泰勒柱中的轴向流速 v_z 的方向与前者相反。晶体与坩埚反向旋转时,如图(Ⅶ)所示,当 $|\Omega_S|$ 减小,则上胞缩小,如图(Ⅵ);当 $|\Omega_S|$ 增加则上胞扩大,如图(Ⅷ)。小林信之等[18]应用数字模拟研究了同样的问题,所得的结果和实验模拟的结果——图 3 - 16 相符。

第八节　直拉法生长系统中熔体的区域近似

　　由于直拉法生长系统中,坩埚内的混合传输问题无法用解析方法解决。因此我们讨论了模拟方法——实验模拟和数字模拟。模拟方法分析的是一特定系统,所获结果的适用范围虽可根据"相似性原理"进行适当的推广,但模拟方法的应用仍然是有较大的局限性的。为了解决晶体生长中的实际问题,还需讨论别的近似方法。

　　我们知道,$(\boldsymbol{v} \cdot \nabla)\boldsymbol{v}$ 是流体动力学方程中的非线性项,故求解满足给定边值条件和初始条件的流体动力学方程是很复杂的。如要进一步考虑流动的稳定性问题,在数学上遇到的困难将更大。在流体动力学中只有少数问题可以求出准确解,如无限大的旋转圆盘下的液流问题、相对旋转的同轴柱面间的液流及其稳定性问题。但是这些问题与坩埚中液流问题的差异太大,不能直接引用所得的结果。如何才能在晶体生长中利用当前流体动力学中已经取得的成果,这是本节将要着重讨论的问题。

　　基于上节中关于泰勒柱的分析,我们可以将坩埚中的流体划分成不同的区域,见图 3 - 17。该生长系统中晶体的转速为 Ω_S,坩埚的转速为 Ω_C。j 区像刚体一样以转速 Ω_C 随坩埚同步旋转。i 区为泰勒柱,视为一整体,其平均转速为 $\Omega_T = \frac{1}{2}(\Omega_S + \Omega_C)$。k,l 区为切变区,或称边界层,其中流体转速分别由 Ω_S,Ω_C 逐渐变化到 $\frac{1}{2}(\Omega_S + \Omega_C)$。m 区为管状切变区,其中流体的转速由 Ω_C 逐步过渡到 $\frac{1}{2}(\Omega_S + \Omega_C)$。

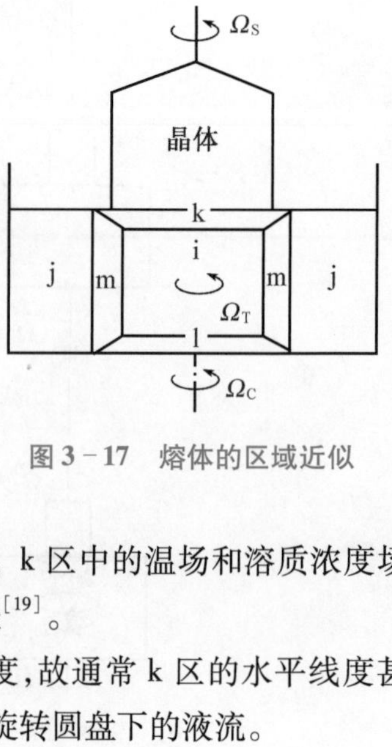

图 3 - 17　熔体的区域近似

　　大量的实验结果表明,k 区和 m 区对晶体生长的影响最大。k 区中的温场和溶质浓度场直接影响晶体质量。m 区的液流情况影响晶体生长的控制过程[19]。

　　k 区的直径接近于晶体的直径,k 区的厚度即边界层的厚度,故通常 k 区的水平线度甚大于其铅直线度,于是可近似地将 k 区内的流动看为无限大的旋转圆盘下的液流。

　　既然可将 j 区看为一旋转刚体,将 i 区看为一旋转圆柱体——泰勒柱,因而就可近似地将 m 区中的流动看为同轴柱面间的液流。

　　于是,对于晶体生长最关紧要的 k 区和 m 区中的液流问题,都可直接引用流体动力学中已经获得的结果,这就是解决直拉法生长系统中熔体流动的区域近似方法。

第九节　旋转晶体下的混合传输

　　根据直拉法生长系统中的区域近似,在旋转晶体下固液界面邻近的边界层内,其混合传输可以近似地直接引用无限大的旋转圆盘下混合传输的结果。因此我们先讨论旋转圆盘下流体中的速度场、温度场和浓度场。

一、旋转圆盘下流体的速度场

　　旋转圆盘下的传输问题,是一个典型的强迫对流下的混合传输问题。由于强迫对流的流体动力学方程(3-1)式中不包含未知函数 $T(r)$ 和 $C(r)$,因而不需和热传输方程(1-25)式、质量传输方程(2-7)式联立求解。可以先由(3-1)、(3-3)式结合边值条件求得速度场,再将求得的速度场代入传输方程(1-25)、(2-7),求得温场和浓度场。故我们先求解旋转圆盘下的速度场(velocity field of flow under rotating desk)。

　　旋转圆盘下的流动问题,曾先后由冯卡曼(Von Karman)[20]和科克伦(Cochran)[21]解决。从后者所得流体动力学方程的准确解,可以得知流体运动的图像。圆盘以等角速度绕垂直于该平面的轴旋转,由于黏滞力的作用,圆盘附近的流体被带着转动,其角速度越靠近圆盘越大,直至和圆盘本身的角速度相等。这些转动着的流体在离心力作用下被甩出去,下部的流体沿轴流近圆盘以填补空隙,这些流体又依次被甩出去。

　　旋转圆盘附近的液流问题,不仅对直拉法晶体生长是重要的,就是对流体动力学本身也有着特别意义。因为它是完全的流体动力学方程组能有准确解的少数例子之一。所谓准确解,指的是能从该解得出黏滞流体全部体积中的速度分布。

　　由于这个问题具有旋转对称性而不是圆柱对称性,故不能简化为二维问题。但采用柱坐标 (r,φ,z) 则较为方便,这是由于旋转对称性,导致所有对 φ 的导数全部消失。

　　在强迫对流的流体动力学方程(3-1)式中,由于重力可表示为势函数的梯度,因此可和(3-1)式中的压力梯度合并而引入约化压力(参阅第七节之一),于是(3-1)式简化为

$$\rho\left[\frac{\partial \boldsymbol{v}}{\partial t}+(\boldsymbol{v}\cdot\nabla)\boldsymbol{v}\right]=\mu\,\nabla^2\boldsymbol{v}-\nabla p$$

我们考虑的是稳态速度场,故 $\frac{\partial \boldsymbol{v}}{\partial t}=0$;假设压力只是由重力而产生的,即压力只是 z 的函数;同时由于具有旋转对称性,所有关于 φ 的导数全部为零。于是将上面的流体动力学方程的矢量形式写为柱坐标下的标量形式,并根据上述假设加以简化,于是有

$$\left.\begin{array}{l} v_r\dfrac{\partial v_r}{\partial r}-\dfrac{v_\varphi^2}{r}+v_z\dfrac{\partial v_r}{\partial z}=\nu\left(\dfrac{\partial^2 v_r}{\partial z^2}+\dfrac{\partial^2 v_r}{\partial r^2}+\dfrac{1}{r}\dfrac{\partial v_r}{\partial r}-\dfrac{v_r}{r^2}\right)\\[3mm] v_r\dfrac{\partial v_\varphi}{\partial r}+\dfrac{v_r v_\varphi}{r}+v_z\dfrac{\partial v_\varphi}{\partial z}=\nu\left(\dfrac{\partial^2 v_\varphi}{\partial z^2}+\dfrac{\partial^2 v_\varphi}{\partial r^2}+\dfrac{1}{r}\dfrac{\partial v_\varphi}{\partial r}-\dfrac{v_\varphi}{r^2}\right)\\[3mm] v_r\dfrac{\partial v_z}{\partial r}+v_z\dfrac{\partial v_z}{\partial z}=-\dfrac{1}{\rho}\dfrac{\partial p}{\partial z}+\nu\left(\dfrac{\partial^2 v_z}{\partial z^2}+\dfrac{\partial^2 v_z}{\partial r^2}+\dfrac{1}{r}\dfrac{\partial v_z}{\partial r}\right) \end{array}\right\} \quad (3-59)$$

而连续性方程(3-3)式的标量形式为

$$\frac{\partial v_z}{\partial z}+\frac{\partial v_r}{\partial r}+\frac{v_r}{r}=0 \quad (3-60)$$

其中 v_r, v_φ, v_z 为径向、切向、轴向速度分量。

在圆盘表面满足的边值条件是

$$当 z=0，\quad v_r=0，\quad v_\varphi=r\omega，\quad v_z=0$$

式中 ω 是圆盘旋转的角速度。切向速度分量的边值条件表明,在盘面上的流体和圆盘一起转动。盘的旋转带动了流体,使盘面邻近出现相当大的径向速度。为保证向盘面供应流体,在远离圆盘处,应该存在不变的垂直向上的液流。因此在无穷远处的边值条件为

$$z\rightarrow\infty，\quad v_r=0，\quad v_\varphi=0，\quad v_z=-U_0$$

U_0 值可从问题的解的本身求得。负号表示液流速度指向圆盘,其方向与 z 轴相反。

按冯卡曼的方法[20],我们引入新参量 ξ,定义 $\xi=z\sqrt{\dfrac{\omega}{\nu}}$,此为无量纲距离。我们用无量纲距离 $\xi=z\sqrt{\dfrac{\omega}{\nu}}$ 代替 z,并引入无量纲函数

$$F(\xi)=\frac{v_r}{r\omega}，\quad G(\xi)=\frac{v_\varphi}{r\omega}，\quad H(\xi)=\frac{v_z}{\sqrt{\nu\omega}}，\quad P(\xi)=-\frac{p}{\rho\nu\omega}$$

将无量纲参量 ξ 和无量纲函数 F,G,H,P 代入式(3-59),可将偏微分方程转换为常微分方程

$$F^2-G^2+F'H=F'' \quad (3-61)$$

$$2FG+G'H=G'' \quad (3-62)$$

$$H\cdot H'=P'+H'' \quad (3-63)$$

$$2F+H'=0 \quad (3-64)$$

同样,边值条件变换为

$$当 \xi\rightarrow 0 \quad F=0,G=1,H=0 \quad (3-65)$$

$$当 \xi\rightarrow\infty \quad F\rightarrow 0,G\rightarrow 0,H\rightarrow-\alpha \quad (3-66)$$

其中 $\alpha=\dfrac{U_0}{\sqrt{\nu\omega}}$ 待定。

根据远离圆盘处及圆盘表面上的边值条件,可以写出函数 F,G,H 满足上述方程及其边

值条件的展开式。在 ξ 很大时，该展开式（渐近展开式）的性质可以从 H 的边值条件中得到启示。因为当 $\xi \to \infty$ 时，$H \to -\alpha$，而此时 F,G 很小，为一微量。所以在方程(3-61)中可以略去二阶微量，近似地写为

$$当\xi \to \infty \qquad -F'\alpha \approx F''$$

积分这一方程，我们得到 F 的渐近表达式

$$当\xi \to \infty \qquad F \approx \exp(-\alpha\xi)$$

同样，在 $\xi \to \infty$ 时，方程(3-62)近似地表示为

$$当\xi \to \infty \qquad -G'\alpha \approx G''$$

由此得 G 的渐近表达式 $\qquad 当\xi \to \infty \qquad G \approx \exp(-\alpha\xi)$

因此 F,G,H 的渐近展开式应按 $\exp(-\alpha\xi)$ 的乘幂展开。满足微分方程(3-61)~(3-64)及边值条件(3-65)、(3-66)的展开式的前几项是

$$F = A\exp(-\alpha\xi) - \frac{A^2+B^2}{2\alpha^2}\exp(-2\alpha\xi) + \frac{A(A^2+B^2)}{4\alpha^4}\exp(-3\alpha\xi) + \cdots \qquad (3-67)$$

$$G = B\exp(-\alpha\xi) - \frac{B(A^2+B^2)}{12\alpha^4}\exp(-3\alpha\xi) + \cdots \qquad (3-68)$$

$$H = -\alpha + \frac{2A}{\alpha}\exp(-\alpha\xi) - \frac{A^2+B^2}{2\alpha^3}\exp(-2\alpha\xi) + \frac{A(A^2+B^2)}{6\alpha^5}\exp(-3\alpha\xi) + \cdots \qquad (3-69)$$

同样可得 ξ 很小时满足微分方程组及其边值条件的展开式

$$F = a\xi - \frac{1}{2}\xi^2 - \frac{1}{3}b\xi^3 + \cdots \qquad (3-70)$$

$$G = 1 + b\xi + \frac{1}{3}a\xi^2 + \cdots \qquad (3-71)$$

$$H = -a\xi^2 + \frac{1}{3}\xi^3 + \cdots \qquad (3-72)$$

常数 A,B,a,b,α 待定。即应这样选择常数，使 F,G,H 及其导数 F',G' 连续。于是由方程组得知其余导数也是连续的。由数值积分得到下列常数

$$a = 0.51, \quad b = -0.62, \quad \alpha = 0.89, \quad A = 0.93, \quad B = 1.21$$

压强分布自然亦可求出。

图 3-18 画出了 F,G,H 关于 ξ 的曲线。这些曲线是科克伦用数值积分精确计算的结果[21]。

取近似展开式(3-69)的一级近似，并根据 $v_z = \sqrt{\nu\omega}H$，可得 v_z 在 $z \to \infty$ 时的近似表达式

$$z \to \infty, \quad v_z = -0.89\sqrt{\nu\omega} \qquad (3-73)$$

取近似展开式(3-72)的一级近似，亦根据 $v_z = \sqrt{\nu\omega}H$，得

$$z \ll \sqrt{\frac{\nu}{\omega}}, \quad v_z = -0.51\omega^{\frac{3}{2}}\nu^{-\frac{1}{2}}z^2 \qquad (3-74)$$

近似表达式(3-73)、(3-74)在研究直拉法晶体生长的溶质分凝时很有用处,例如在第二章中关于旋转晶体下轴向流速的近似式(2-25)就是直接引用了式(3-74)。

上面关于 v_z 的近似表达式(3-73)、(3-74)亦可直接从图3-18中得到。我们观察图中的 H 曲线,当 $\xi \to \infty$,H 趋于一渐近值,即 $H(\infty) \to -0.89$,故当 $z \to \infty$ 时,$v_z = -0.89\sqrt{\nu\omega}$。另一方面,当 $z \ll \sqrt{\dfrac{\nu}{\omega}}$ 时,即 $\xi \ll 1$ 时,H 与 ξ 的关系近于抛物线,故可得(3-74)式。现将旋转圆盘下的速度场示意地表示于图3-19。

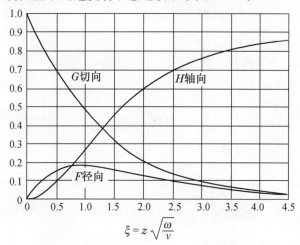

图3-18　旋转圆盘附近的速度分布[21]

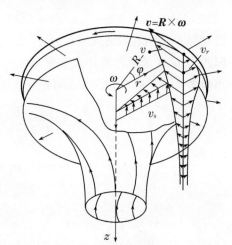

图3-19　旋转圆盘附近速度场示意图[5]

二、旋转圆盘下的温场和浓度场

根据图3-18及 v_r,v_φ,v_z 与 F,G,H 的关系,可精确地求得流体中任一点的速度场。根据已知速度场,由热传输和质量传输方程就可求出旋转圆盘下的温度场和浓度场(temperature field and concentration field of flow under rotating desk)。

根据式(1-25)、(2-7)可得柱坐标下具有旋转对称的稳态温场、稳态浓度场中的热传输和质量传输方程

$$v_r \frac{\partial T}{\partial r} + v_z \frac{\partial T}{\partial z} = \kappa \left[\frac{1}{r} \frac{\partial}{\partial r}\left(r \frac{\partial T}{\partial r}\right) + \frac{\partial^2 T}{\partial z^2} \right] \tag{3-75}$$

$$v_r \frac{\partial C}{\partial r} + v_z \frac{\partial C}{\partial r} = D \left[\frac{1}{r} \frac{\partial}{\partial r}\left(r \frac{\partial C}{\partial r}\right) + \frac{\partial^2 C}{\partial z^2} \right]$$

流体速度仍然应用冯卡曼的参量变换

$$\xi = \sqrt{\frac{\omega}{\nu}}\, z, \quad F(\xi) = \frac{v_r}{r\omega}, \quad G(\xi) = \frac{v_\varphi}{r\omega}, \quad H(\xi) = \frac{v_z}{\sqrt{\nu\omega}} \tag{3-76}$$

这些是无量纲坐标和无量纲速度分量。与第五节中类似,引入无量纲温度 T^* 与无量纲浓度 C^*

$$T^* = \frac{T - T_0}{T_1 - T_0}, \quad C^* = \frac{C - C_0}{C_1 - C_0} \tag{3-77}$$

其中 T_0, C_0 为参考温度和参考浓度,可以选取流体的平均温度和平均浓度 T_0, C_0。T_1, C_1 为盘面温度和盘面浓度。进行参量变换后,可简化为无量纲温度 T^*、无量纲浓度 C^* 的常微分方程

$$T^{*\prime\prime} = P \cdot HT^{*\prime}$$
$$(3-78)$$
$$C^{*\prime\prime} = S \cdot HC^{*\prime}$$

其中 P 为普兰托数,S 为斯密特数。而边值条件为

$$\xi = 0, \quad T^* = 1, \quad C^* = 1$$
$$(3-79)$$
$$\xi \to \infty, \quad T^* = 0, \quad C^* = 0$$

可以看出,若流体的普兰托数与斯密特数相等,则流体内的温场和浓度场不仅有相同的无量纲方程,而且有相同的无量纲边值条件,则该流体中的温场和浓度场完全相似。一般说来,温场与普兰托数有关,而浓度场决定于斯密特数。不过我们可将方程(3-78)及边值条件(3-79)归结为

$$\theta'' = N \cdot H\theta'$$
$$(3-80)$$

以及

$$\xi = 0, \quad \theta = 1; \quad \xi \to \infty, \quad \theta = 0$$
$$(3-81)$$

若 $N = P$,则 $\theta = T^*$,若 $N = S$,则 $\theta = C^*$;因而只需在数学上解满足边值条件(3-81)的微分方程(3-80)就能得到流体中的温场和浓度场。值得注意的是,我们虽然通过参量变换得到了普通的微分方程,但仍然必须用数值解。斯帕罗(Sparrow)和格雷格(Gregg)[22]对 N 为 0.01、0.1、1、10 和 100 已分别求得了 θ,而他们对式(3-80)进行数值计算时,对式中 H 的数值是取自图3-18中的 H 曲线。他们所获的结果表示于图3-20中。图中的结果是根据

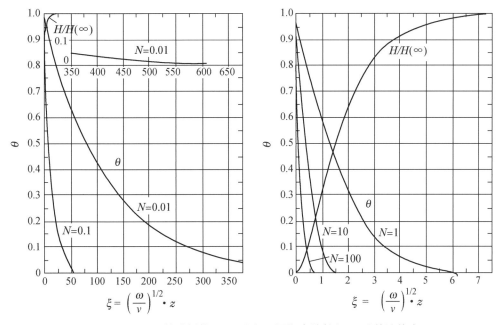

图3-20 不同普兰托数($N=P$)和不同斯密特数($N=S$)的流体中

温场的温度($\theta = T^*$)和浓度场($\theta = C^*$)[22]

式(3-80)、(3-81)求解的,故当 N 为普兰托数时,曲线代表无量纲温度 T^* 关于 ξ 的分布,而当 N 为斯密特数时,曲线代表无量纲浓度分布。从图中不同的 N 的曲线形状可以看出,旋转圆盘下的温场和浓度场的性质与流体本身的物理性质(以普兰托数和斯密特数表征)的关系十分密切。

三、旋转晶体下的边界层和边界层近似

1. 速度边界层 δ_v

根据旋转圆盘下流体中的速度场(图3-18),可以确定旋转圆盘下的速度边界层。

由图3-18可以看出,当 $\xi=3.6$ 时, H 值达到0.8,十分近于 H 的极限值 $H(\infty)=0.89$;而 G 降低到盘面的0.05;同时 F 值亦很小。于是我们可以定义 $\xi=3.6$ 为速度边界层的无量纲厚度,故速度边界层厚度可表示为

$$\delta_v = 3.6\sqrt{\frac{\nu}{\omega}} \tag{3-82}$$

于是我们对旋转圆盘下的速度场可采用速度边界层近似(boundary layer approximation)。即将旋转圆盘下如图3-18所示的速度场近似地简化为:在边界层之外,径向速度 v_r、切向速度 v_φ 为零,而轴向速度 v_z 恒定(如式(3-73)所示);而在边界层之内,轴向速度 v_z 如式(3-74)所示,而 v_r,v_φ 亦异于零。

如果我们在晶体生长中采用速度边界层近似,对液流问题的处理就能简化,并且将生长过程中的搅拌效应只归结于对速度边界层厚度的影响,例如对直拉法生长中晶体旋转的搅拌效应,可通过(3-82)式归结为晶体的角速度 ω 对 δ_v 的影响。必须注意的是,关于速度边界层的定义有一定的任意性,不同的作者是不一致的。

2. 温度边界层 δ_T 与浓度边界层 δ_C

由图3-20可以看出,无量纲温度分布或无量纲浓度分布是普兰托数或斯密特数的函数,因而在盘面附近的无量纲温度梯度或无量纲浓度梯度亦为相应的无量纲数的函数。根据斯帕罗和格雷格的计算结果[22],有

$$当 N 很小, \quad \frac{\mathrm{d}\theta}{\mathrm{d}\xi}\bigg|_{\xi=0} = 0.89N$$

$$当 N 很大, \quad \frac{\mathrm{d}\theta}{\mathrm{d}\xi}\bigg|_{\xi=0} = 0.62N^{\frac{1}{3}} \tag{3-83}$$

式中当 $N=P$, 则 $\frac{\mathrm{d}\theta}{\mathrm{d}\xi}=\frac{\mathrm{d}T^*}{\mathrm{d}\xi}$; 当 $N=S$, 则 $\frac{\mathrm{d}\theta}{\mathrm{d}\xi}=\frac{\mathrm{d}C^*}{\mathrm{d}\xi}$。

我们虽然已在第一章第六节之二以及第二章第四节之四中分别引入了温度边界层和浓度边界层的概念,但对 δ_T,δ_C 并没有给出确切的定义。现在我们重新系统地讨论这一问题。

由图3-20,虽然可以方便地求得具有不同的物性参量 ν,D,κ 的流体在不同的工艺参量 ω 下的温场和浓度场。但是应用这一结果来分析直拉法生长系统中旋转晶体的搅拌效应仍然很不方便,因而有必要进一步采用边界层近似。

我们将图 3-20 所示的温场和浓度场近似地简化为,在边界层之外,流体中的温度和浓度是完全均匀的,分别为流体的平均温度和平均浓度;而在边界层内,近似地认为温度与浓度是线性地分布的,该直线的斜率就等于固液界面处的温度梯度和浓度梯度,如图 1-16 和图 2-10。在图 1-16 和 2-10 中,实线是由较严格的理论得到的,虚线是作了边界层近似后的分布曲线。根据所作的边界层近似,要求在边界层内的温度分布曲线(直线)的斜率必须等于固液界面处的温度梯度和浓度梯度,即

$$\frac{dT}{dz}\bigg|_{z=0} = \frac{T_1 - T_0}{\delta_T}, \quad \frac{dC}{dz}\bigg|_{z=0} = \frac{C_1 - C_0}{\delta_C} \tag{3-84}$$

由于 $\frac{dT}{dz} = \frac{dT}{dT^*} \cdot \frac{dT^*}{d\xi} \cdot \frac{d\xi}{dz}$, $\frac{dC}{dz} = \frac{dC}{dC^*} \cdot \frac{dC^*}{d\xi} \cdot \frac{d\xi}{dz}$, 由式(3-77)、(3-83)、(3-84)以及

$\xi = \sqrt{\frac{\omega}{\nu}} \cdot z$,可得不同情况下 δ_T, δ_C 的表达式。

若普兰托数 P 和斯密特数 S 较小($N < 3 \times 10^{-2}$)有

$$\delta_T = 1.13 \left(\frac{\nu}{\omega}\right)^{\frac{1}{2}} \cdot P^{-1} = 1.13 \cdot \kappa \cdot \nu^{-\frac{1}{2}} \cdot \omega^{-\frac{1}{2}} \tag{3-85}$$

$$\delta_C = 1.13 \left(\frac{\nu}{\omega}\right)^{\frac{1}{2}} \cdot S^{-1} = 1.13 \cdot D \cdot \nu^{-\frac{1}{2}} \cdot \omega^{-\frac{1}{2}} \tag{3-86}$$

若普兰托数和斯密特数较大($N > 100$)有

$$\delta_T = 1.61 \left(\frac{\nu}{\omega}\right)^{\frac{1}{2}} \cdot P^{-\frac{1}{3}} = 1.61 \cdot \kappa^{\frac{1}{3}} \cdot \nu^{\frac{1}{6}} \cdot \omega^{-\frac{1}{2}} \tag{3-87}$$

$$\delta_C = 1.61 \left(\frac{\nu}{\omega}\right)^{\frac{1}{2}} \cdot S^{-\frac{1}{3}} = 1.61 \cdot D^{\frac{1}{3}} \cdot \nu^{\frac{1}{6}} \cdot \omega^{-\frac{1}{2}} \tag{3-88}$$

式中 κ, D 分别为热扩散系数和溶质扩散系数。式(3-88)和式(2-27)全同,而这里是从更普遍的情况下推导出来的。

式(3-85)~(3-88)是无量纲数 N 在较大和较小情况下的近似表达式。在一般情况下,δ 与 N 的关系根据文献[22]的结果表示于图 3-21。在图中 N 若为普兰托数 P,则 δ 为温度边界层厚度 δ_T;若 N 为斯密特数 S,则 δ 为浓度边界层厚度 δ_C。

由式(3-82)以及式(3-85)~(3-88)可以看出,晶体旋转对速度边界层、温度边界

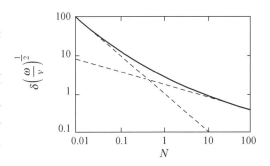

图 3-21　温度、浓度边界层厚度与无量纲数间的关系

(引自 Brice J C. The Growth of Crystals from Liquids. North-Holland, 1973. 132)

层、浓度边界层的影响都是相似的,边界层的厚度都与晶体角速度的平方根成反比。

最后我们讨论普兰托数和斯密特数对边界层厚度的影响。在图 3-20 中,不仅表示出旋

转圆盘下的温场和浓度场,而且也将无量纲轴向速度分量的相对值$\dfrac{H}{H(\infty)}$表示出来了(由图 3 – 18 知 $H(\infty) = 0.89$)。可以定性地看出,当普兰托数很小时,温度边界层的厚度 δ_T 大于速度边界层的厚度 δ_v,而当普兰托数很大时则相反。这可定性地表示于图 3 – 22 中。同样,斯密特数对 δ_C 和 δ_v 的影响也完全相似。

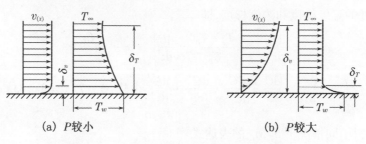

(a) P 较小   (b) P 较大

图 3 – 22 普兰托数对 δ_v,δ_T 相对大小的影响

从图 3 – 20 或式(3 – 85)~(3 – 88)还可以看出,P 和 S 对温度分布以及浓度分布的影响。P 和 S 越大,边界层厚度越小,界面附近的温度梯度与浓度梯度越大,因而界面形状的局域改变对温度分布或浓度分布的影响越小。例如对非金属流体,其 P 较大,因而其温度分布对于界面形状的局域变化较不敏感。

第十节 同轴旋转柱面间的混合传输

根据对直拉法生长系统采用区域近似,在 k 区、m 区中的液流和混合传输是十分重要的(见图 3 – 17)。因为这两个区域内的液流对晶体生长将产生直接的影响。在第九节中我们已经讨论了 k 区内的混合传输,下面我们简要地讨论 m 区中的传输问题。

一、同轴旋转柱面间的速度场

在直拉法生长系统中的熔体内,管状切变区(m 区)中的液流可以近似地看为同轴旋转柱面间(rotating coaxial annuli)的液流。

我们来讨论两同轴旋转柱面间的流体的运动,两柱面分别以角速度 ω_1 和 ω_2 同轴旋转。设柱面半径为 R_1,R_2,而 $R_2 > R_1$。引用柱坐标 r,φ,z,使 z 轴与柱面的对称轴一致。由对称性,可以看出

$$v_z = v_r = 0, \quad v_\varphi = v(r); \quad p = p(r)$$

在上述情况下,由附录二得到柱坐标中的纳维叶-斯托克斯方程为

$$\frac{\mathrm{d}p}{\mathrm{d}r} = \rho \frac{v^2}{r}$$

$$\frac{\mathrm{d}^2 v}{\mathrm{d}r^2} + \frac{1}{r}\frac{\mathrm{d}v}{\mathrm{d}r} - \frac{v}{r^2} = 0$$

其中第二方程有 r^n 型的解,将这种形式的解代入后,确定 $n = \pm 1$,故有

$$v(r) = ar + \frac{b}{r}$$

根据边值条件可定出常数 a,b,即在内、外柱面上的流体速度必须分别等于两柱面本身的速度,即 $v = R_1\omega_1$(当 $r = R_1$), $v = R_2\omega_2$(当 $r = R_2$)。结果得到的速度场为

$$v(r) = \frac{\omega_2 R_2^2 - \omega_1 R_1^2}{R_2^2 - R_1^2} \cdot r + \frac{(\omega_1 - \omega_2) R_1^2 R_2^2}{R_2^2 - R_1^2} \cdot \frac{1}{r} \qquad (3-89)$$

由上式可知,若 $\omega_1 = \omega_2 = \omega$,则 $v = \omega r$,这表明流体和两柱面合为一体而旋转。若外柱面不存在($\omega_2 = 0, R_2 = \infty$)则 $v = \frac{\omega_1 R_1^2}{r}$。

*二、同轴旋转柱面间的温度场

我们这里仅讨论一个特例,即同轴柱面中的内柱面是静止的,而外柱面的角速度 $\omega_2 = \omega_0$;内、外柱面上的温度分别为 T_1, T_2;并假定物性常数 μ, ρ, k 与温度无关。因而这个问题是一个强迫对流的问题,只需将已经求得的速度分布式(3-89)代入热传输方程,就能得出温度分布。

由于内柱面静止($\omega_1 = 0$),外柱面角速度 $\omega_2 = \omega_0$,故由式(3-89)得

$$v(r) = \frac{\omega_0 R_2^2}{R_2^2 - R_1^2} \cdot r - \frac{\omega_0 R_1^2 R_2^2}{R_2^2 - R_1^2} \cdot \frac{1}{r}$$

由(3-4)式和(3-5)式,可得上述情况下的热传输方程为

$$k \frac{1}{r} \frac{d}{dr}\left(r \frac{dT}{dr}\right) + \mu\left[r \frac{d}{dr}\left(\frac{v}{r}\right)\right]^2 = 0$$

将速度分布的表达式 $v(r)$ 代入后得

$$k \frac{1}{r} \frac{d}{dr}\left(r \frac{dT}{dr}\right) + \frac{4\mu \omega_0^2 R_1^4 R_2^4}{(R_2^2 - R_1^2)^2} \cdot \frac{1}{r^4} = 0 \qquad (3-90)$$

引入下列无量纲数

$$\xi = \frac{r}{R_2} = 无量纲坐标, \quad \theta = \frac{T - T_1}{T_2 - T_1} = 无量纲温度$$

$$N = \frac{\mu \omega_0^2 R_2^2 R_1^4}{k(T_2 - T_1)(R_2^2 - R_1^2)^2}$$

则式(3-90)将改写为 $\quad \frac{1}{\xi} \frac{d}{d\xi}\left(\xi \frac{d\theta}{d\xi}\right) = -4N \cdot \frac{1}{\xi^4}$

两次积分后可得 $\quad \theta = -N \frac{1}{\xi^2} + C_1 \ln \xi + C_2$

积分常数 C_1，C_2 可用下列边值条件确定

$$\theta = 0, \ \text{当} \ \xi = \frac{R_1}{R_2}; \quad \theta = 1, \ \text{当} \ \xi = 1$$

最后得到的温度分布为

$$\theta = \left[(N+1) - \frac{N}{\xi^2} \right] - \left[(N+1) - N \cdot \frac{R_2^2}{R_1^2} \right] \cdot \frac{\ln \xi}{\ln R_1/R_2} \tag{3-91}$$

如 $N = 0$，由(3-91)式可以得到同轴静止柱面间的液体内的温度分布。如 N 足够大，可以得到相应于温度极值的精确位置

$$\xi = \left[\frac{-2N\ln R_1/R_2}{NR_2^2/R_1^2 - (N+1)} \right]^{\frac{1}{2}}$$

该点的温度比 T_1，T_2 高，这是由于黏滞效应。

三、同轴旋转柱面间液体的非旋转对称流动

我们进一步考虑同轴旋转柱面间的液流，若外柱面的温度高于内柱面（即 $T_2 > T_1$），并考虑自然对流的影响。可知，外柱面邻近的热流体将向上再向内流动，内柱面邻近的冷流体将向下再向外流动。作用于运动流体上的科里奥利力所产生的角速度，在顶面邻近与旋转的方向相同，在底面邻近与旋转方向相反。如果旋转速度较大，使科里奥利力占优势，则同轴旋转柱面间的液流将转变为非旋转对称流动，如图 3-23 所示。

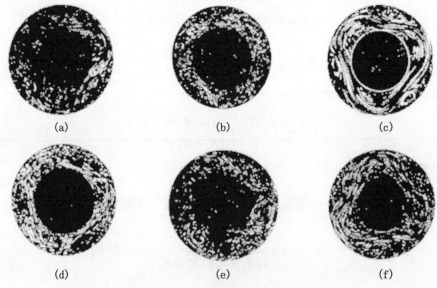

(a)   (b)   (c)

(d)   (e)   (f)

图 3-23　同轴旋转柱面间的非轴对称流动[23]

图 3-23 是摄取的同轴旋转柱面间非旋转对称流动的照片[23]。图中的照片(a)、(c)、(e)是在顶面为自由表面的条件下摄取的，其余是顶面为刚性表面时摄取的。(a)、(b)为顶

面邻近的液流图像,(e)、(f)为底面邻近的图像,(c)、(d)为中部图像。可以看出,在该条件下非旋转对称流动表现为三个规则的胞,这三个规则的胞实质上是三条绕内柱快速盘旋的涡管。通常涡管数决定于同轴柱面的几何参量、温差以及相对转速。

布赖斯用直拉法生长硅酸铋晶体($Bi_{12}SiO_{20}$)时[19],观测到当晶体的转速超过某临界值时,在晶体边缘的熔体表面上出现了暗区,此暗区缓慢地绕晶体而进动,如果转速进一步增加,将有较多的暗区出现。当暗区出现后,将出现剧烈的温度起伏,晶体直径迅速地变化,晶体就不能稳定地生长。布赖斯等在硅酸铋直拉法生长系统中所观察到的暗区,就是绕泰勒柱迅速盘旋的涡管在液面的露头点,因而暗区内的流体既自转又绕晶体公转(进动)。为了证实上述解释,布赖斯又进一步进行了实验模拟,其所观察到的液面图像如图3-24所示[24]。布赖斯在模拟实验中观察到的结果与实际生长过程是十分一致的。当晶体转速达到临界转速时,在晶体周围的液面上将观察到单个暗区,如图3-24(a),这是在径向温差较大的情况下首先出现的非旋转对称流动。该暗区与晶体同向旋转,但转得较慢,例如在一例中暗区的旋转周期为25 s,而模拟晶体的旋转周期为3 s(20 r/min)。略增加晶体转速,就出现第二暗区,两暗区间相隔180°,见图3-24(b)。较

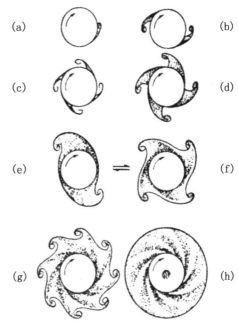

图3-24 直拉法生长硅酸铋的模拟实验[24]

大地增加转速,可以产生三个或四个暗区。在某一转速下,二次对称和四次对称的图像具有同样的稳定性,并交替地变化着,如图3-24(e)、(f)所示,每当四次对称图像出现,伴随着温度的剧烈起伏。进一步增加转速,图像变得比较复杂,并向外扩展,直至达到坩埚壁,如图3-24(h),于是又回到旋转对称的流动。

布朗代尔(C. D. Brandle)对直拉法生长钆镓石榴石($Gd_3Ga_5O_{12}$,GGG)进行了模拟实验,得到了类似的结果[25]。他的实验工作表明,当由旋转对称流动转变为非旋转对称流动时,伴随着发生界面翻转;但由非旋转对称流动回到旋转对称流动时,并不影响界面形态,但在晶体中产生螺旋轮辐线的溶质偏聚。

附录一　不同坐标系中的连续性方程

直角坐标(x,y,z)：

$$\frac{\partial \rho}{\partial t} + \frac{\partial}{\partial x}(\rho v_x) + \frac{\partial}{\partial y}(\rho v_y) + \frac{\partial}{\partial z}(\rho v_z) = 0$$

圆柱坐标(r,φ,z)：

$$\frac{\partial \rho}{\partial t} + \frac{1}{r}\frac{\partial}{\partial r}(\rho r v_r) + \frac{1}{r}\frac{\partial}{\partial \varphi}(\rho v_\varphi) + \frac{\partial}{\partial z}(\rho v_z) = 0$$

球坐标(r,θ,φ)：

$$\frac{\partial \rho}{\partial t} + \frac{1}{r^2}\frac{\partial}{\partial r}(\rho r^2 v_r) + \frac{1}{r\sin\theta}\frac{\partial}{\partial \theta}(\rho v_\theta \sin\theta) + \frac{1}{r\sin\theta}\frac{\partial}{\partial \varphi}(\rho v_\varphi) = 0$$

附录二　不同坐标系中动量传输方程[*]

这里给出的是 ρ 和 μ 为常数的牛顿流体的动量传输方程，所谓牛顿流体是遵从牛顿黏滞定律的流体。

直角坐标(x,y,z)：

x 分量：

$$\rho\left(\frac{\partial v_x}{\partial t} + v_x\frac{\partial v_x}{\partial x} + v_y\frac{\partial v_x}{\partial y} + v_z\frac{\partial v_x}{\partial z}\right)$$

$$= -\frac{\partial p}{\partial x} + \mu\left(\frac{\partial^2 v_x}{\partial x^2} + \frac{\partial^2 v_x}{\partial y^2} + \frac{\partial^2 v_x}{\partial z^2}\right) + \rho g_x$$

y 分量：

$$\rho\left(\frac{\partial v_y}{\partial t} + v_x\frac{\partial v_y}{\partial x} + v_y\frac{\partial v_y}{\partial y} + v_z\frac{\partial v_y}{\partial z}\right)$$

$$= -\frac{\partial p}{\partial y} + \mu\left(\frac{\partial^2 v_y}{\partial x^2} + \frac{\partial^2 v_y}{\partial y^2} + \frac{\partial^2 v_y}{\partial z^2}\right) + \rho g_y$$

z 分量：

$$\rho\left(\frac{\partial v_z}{\partial t} + v_x\frac{\partial v_z}{\partial x} + v_y\frac{\partial v_z}{\partial y} + v_z\frac{\partial v_z}{\partial z}\right)$$

$$= -\frac{\partial p}{\partial z} + \mu\left(\frac{\partial^2 v_z}{\partial x^2} + \frac{\partial^2 v_z}{\partial y^2} + \frac{\partial^2 v_z}{\partial z^2}\right) + \rho g_z$$

圆柱坐标(r,φ,z)：

r 分量：

$$\rho\left(\frac{\partial v_r}{\partial t} + v_r\frac{\partial v_r}{\partial r} + \frac{v_\varphi}{r}\frac{\partial v_r}{\partial \varphi} - \frac{v_\varphi^2}{r} + v_z\frac{\partial v_r}{\partial z}\right)$$

$$= -\frac{\partial p}{\partial r} + \mu\left[\frac{\partial}{\partial r}\left(\frac{1}{r}\frac{\partial}{\partial r}(rv_r)\right) + \frac{1}{r^2}\frac{\partial^2 v_r}{\partial \varphi^2} - \frac{2}{r^2}\frac{\partial v_\varphi}{\partial \varphi} + \frac{\partial^2 v_r}{\partial z^2}\right] + \rho g_r$$

---

[*]　这里给出的是 ρ 和 μ 为常数的牛顿流体的动量传输方程，所谓牛顿流体是遵从牛顿粘滞定律的流体。

$\left(\text{式中}\dfrac{\rho v_\varphi^2}{r}\text{为流体沿}\varphi\text{方向运动在}r\text{方向产生的离心力}\right)$

φ 分量：

$$\rho\left(\frac{\partial v_\varphi}{\partial t}+v_r\frac{\partial v_\varphi}{\partial r}+\frac{v_\varphi}{r}\frac{\partial v_\varphi}{\partial \varphi}+\frac{v_r v_\varphi}{r}+v_z\frac{\partial v_\varphi}{\partial z}\right)$$

$$=-\frac{1}{r}\frac{\partial p}{\partial \varphi}+\mu\left[\frac{\partial}{\partial r}\left(\frac{1}{r}\frac{\partial}{\partial r}(rv_\varphi)\right)+\frac{1}{r^2}\frac{\partial^2 v_\varphi}{\partial \varphi^2}+\frac{2}{r^2}\frac{\partial v_r}{\partial \varphi}+\frac{\partial^2 v_\varphi}{\partial z^2}\right]+\rho g_\varphi$$

$\left(\text{式中}\dfrac{\rho v_r v_\varphi}{r}\text{为科里奥利力}\right)$

z 分量：

$$\rho\left(\frac{\partial v_z}{\partial t}+v_r\frac{\partial v_z}{\partial r}+\frac{v_\varphi}{r}\frac{\partial v_z}{\partial \varphi}+v_z\frac{\partial v_z}{\partial z}\right)$$

$$=-\frac{\partial p}{\partial z}+\mu\left[\frac{1}{r}\frac{\partial}{\partial r}\left(r\frac{\partial v_z}{\partial r}\right)+\frac{1}{r^2}\frac{\partial^2 v_z}{\partial \varphi^2}+\frac{\partial^2 v_z}{\partial z^2}\right]+\rho g_z$$

球坐标(r,θ,φ)：

r 分量：

$$\rho\left(\frac{\partial v_r}{\partial t}+v_r\frac{\partial v_r}{\partial r}+\frac{v_\theta}{r}\frac{\partial v_r}{\partial \theta}+\frac{v_\varphi}{r\sin\theta}\frac{\partial v_r}{\partial \varphi}-\frac{v_\theta^2+v_\varphi^2}{r}\right)$$

$$=-\frac{\partial p}{\partial r}+\mu\left(\nabla^2 v_r-\frac{2}{r^2}v_r-\frac{2}{r^2}\frac{\partial v_\theta}{\partial \theta}-\frac{2}{r^2}v_\theta\cot\theta-\frac{2}{r^2\sin\theta}\frac{\partial v_\varphi}{\partial \varphi}\right)+\rho g_r$$

θ 分量：

$$\rho\left(\frac{\partial v_\theta}{\partial t}+v_r\frac{\partial v_\theta}{\partial r}+\frac{v_\theta}{r}\frac{\partial v_\theta}{\partial \theta}+\frac{v_\varphi}{r\sin\theta}\frac{\partial v_\theta}{\partial \varphi}+\frac{v_r v_\theta}{r}-\frac{v_\varphi^2\cot\theta}{r}\right)$$

$$=-\frac{1}{r}\frac{\partial p}{\partial \theta}+\mu\left(\nabla^2 v_\theta+\frac{2}{r^2}\frac{\partial v_r}{\partial \theta}-\frac{v_\theta}{r^2\sin^2\theta}-\frac{2\cos\theta}{r^2\sin^2\theta}\cdot\frac{\partial v_\varphi}{\partial \varphi}\right)+\rho g_\theta$$

φ 分量：

$$\rho\left(\frac{\partial v_\varphi}{\partial t}+v_r\frac{\partial v_\varphi}{\partial r}+\frac{v_\theta}{r}\frac{\partial v_\varphi}{\partial \theta}+\frac{v_\varphi}{r\sin\theta}\frac{\partial v_\varphi}{\partial \varphi}+\frac{v_\varphi v_r}{r}+\frac{v_\theta v_\varphi}{r}\cot\theta\right)$$

$$=-\frac{1}{r\sin\theta}\frac{\partial p}{\partial \varphi}+\mu\left(\nabla^2 v_\varphi-\frac{v_\varphi}{r^2\sin^2\theta}+\frac{2}{r^2\sin\theta}\frac{\partial v_r}{\partial \varphi}+\frac{2\cos\theta}{r^2\sin^2\theta}\frac{\partial v_\theta}{\partial \varphi}\right)+\rho g_\varphi$$

$$\left(\text{诸式中}\nabla^2=\frac{1}{r^2}\frac{\partial}{\partial r}\left(r^2\frac{\partial}{\partial r}\right)+\frac{1}{r^2\sin\theta}\frac{\partial}{\partial \theta}\left(\sin\theta\frac{\partial}{\partial \theta}\right)+\frac{1}{r^2\sin^2\theta}\left(\frac{\partial^2}{\partial \varphi^2}\right)\right)$$

附录三　不同坐标系中的热传输方程

　　这里给出的是ρ,μ,k（即κ）为常数的牛顿流体的传输方程。诸式中括号{}内为黏滞损耗,除系统中速度梯度较大者外,通常都可以忽略。

　　直角坐标系(x,y,z)：

$$\frac{\partial T}{\partial t}+v_x\frac{\partial T}{\partial x}+v_y\frac{\partial T}{\partial y}+v_z\frac{\partial T}{\partial z}=\kappa\left(\frac{\partial^2 T}{\partial x^2}+\frac{\partial^2 T}{\partial y^2}+\frac{\partial^2 T}{\partial z^2}\right)+2\frac{\mu}{\rho C_p}\left\{\left(\frac{\partial v_x}{\partial x}\right)^2+\left(\frac{\partial v_y}{\partial y}\right)^2+\left(\frac{\partial v_z}{\partial z}\right)^2\right\}+\frac{\mu}{\rho C_p}$$

$$\left\{\left(\frac{\partial v_x}{\partial y}+\frac{\partial v_y}{\partial x}\right)^2+\left(\frac{\partial v_x}{\partial z}+\frac{\partial v_z}{\partial x}\right)^2+\left(\frac{\partial v_y}{\partial z}+\frac{\partial v_z}{\partial y}\right)^2\right\}$$

柱坐标 (r,φ,z)：

$$\frac{\partial T}{\partial t} + v_r \frac{\partial T}{\partial r} + \frac{v_\varphi}{r}\frac{\partial T}{\partial \varphi} + v_z \frac{\partial T}{\partial z} = \kappa\left[\frac{1}{r}\frac{\partial}{\partial r}\left(r\frac{\partial T}{\partial r}\right) + \frac{1}{r^2}\frac{\partial^2 T}{\partial \varphi^2} + \frac{\partial^2 T}{\partial z^2}\right] + 2\frac{\mu}{\rho C_p}\left\{\left(\frac{\partial v_r}{\partial r}\right)^2 + \left[\frac{1}{r}\left(\frac{\partial v_\varphi}{\partial \varphi} + v_r\right)\right]^2\right.$$

$$\left. + \left(\frac{\partial v_z}{\partial z}\right)^2\right\} + \frac{\mu}{\rho C_p}\left\{\left(\frac{\partial v_\varphi}{\partial z} + \frac{1}{r}\frac{\partial v_z}{\partial \varphi}\right)^2 + \left(\frac{\partial v_z}{\partial r} + \frac{\partial v_r}{\partial z}\right)^2 + \left[\frac{1}{r}\frac{\partial v_r}{\partial \varphi} + r\frac{\partial}{\partial r}\left(\frac{v_\varphi}{r}\right)\right]^2\right\}$$

球坐标 (r,θ,φ)：

$$\frac{\partial T}{\partial t} + v_r \frac{\partial T}{\partial r} + \frac{v_\theta}{r}\frac{\partial T}{\partial \theta} + \frac{v_\varphi}{r\sin\theta}\frac{\partial T}{\partial \varphi} = \kappa\left[\frac{1}{r^2}\frac{\partial}{\partial r}\left(r^2\frac{\partial T}{\partial r}\right) + \frac{1}{r^2\sin\theta}\frac{\partial}{\partial \theta}\left(\sin\theta\frac{\partial T}{\partial \theta}\right) + \frac{1}{r^2\sin^2\theta}\frac{\partial^2 T}{\partial \varphi^2}\right] +$$

$$2\frac{\mu}{\rho C_p}\left\{\left(\frac{\partial v_r}{\partial r}\right)^2\left(\frac{1}{r}\frac{\partial v_\theta}{\partial \theta} + \frac{v_r}{r}\right)^2 + \left(\frac{1}{r\sin\theta}\frac{\partial v_\varphi}{\partial \varphi} + \frac{v_r}{r} + \frac{v_\theta\cot\theta}{r}\right)^2\right\} + \frac{\mu}{\rho C_p}\left\{\left[r\frac{\partial}{\partial r}\left(\frac{v_\theta}{r}\right) + \frac{1}{r}\frac{\partial v_r}{\partial \theta}\right]^2 +\right.$$

$$\left.\left[\frac{1}{r\sin\theta}\frac{\partial v_r}{\partial \varphi} + r\frac{\partial}{\partial r}\left(\frac{v_\varphi}{r}\right)\right]^2 + \left[\frac{\sin\theta}{r}\frac{\partial}{\partial \theta}\left(\frac{v_\varphi}{\sin\theta}\right) + \frac{1}{r\sin\theta}\frac{\partial v_\theta}{\partial \varphi}\right]^2\right\}$$

参考文献

[1] Carruthers J R. J Electronchem Soc, 1967, 114: 959.

[2] Kobayachi N, Arizumi T. Japan J Appl Phys, 1970, 9: 361.

[3] Bird R B, Stewart W E, Lightfoot E N. Transport Phenomena[M]. Wiley, 1960.

[4] Longlois W E. J Cryst rowth, 1977, 2: 86.

[5] Schlichting H. Boundary-Layer Theory[M]. McGraw-Hill, 1968.

[6] Chandrasekhar S. Hydrodynamic and Hydromagnetic Stability[M]. Clarendon, 1961.

[7] Platten J K, Chavepeyer G. Advance in Chemical Physics, 1975, XXXII: 281.

[8] Carruthers J R. J Cryst Growth, 1976, 36: 212.

[9] Takagi K, Fukazawa T, Ishii M. J Cryst Growth, 1976, 32: 89.

[10] 徐天华, 等. 激光晶体, 1978, 1:71.

[11] Zydzik G. Mater Res Bull, 1975, 10: 701.

[12] Cockayne B, Lent B, Roslington J M. J Mater Sci, 1976, 11: 259.

[13] 陈庆汉, 谢三文. 激光晶体, 1978, 1:87.

[14] 中国科学院上海光机所. 激光, 1978, 3:37.

[15] Greenspan H P. The Theory of Rotating Fluids[M]. Cambridge University, 1969.

[16] Tritton D J. Physical Fluid Dynamics[M]. Van Nostrand Reinhold Company, 1977: Chapter 15.

[17] Carruthers J R, Nassau K. J Appl Phys, 1968, 39: 5205.

[18] Kobayashi N, Arizumi T. J Cryst Growth, 1975, 30: 177.

[19] Brice J C, Bruton T M, Hill O F, et al. J Cryst Growth, 1974, 24/25: 429.

[20] Von karman T. Z Angew Math U Mech, 1921, 1: 244.

[21] Cochran W G. Proc Cambridge Phil Soc, 1934, 30: 365.

[22] Sparrow E M, Gregg Y L. J Heat Transfer, 1959, 81: 249.

[23] Hide R, Mason P J. Advances in Physics, 1975, 4: 47.

[24] Whiffin P A C, Bruton T M, Brice J C. J Cryst Growth, 1976, 32: 205.

[25] Brandle C. J Cryst Growth, 1977, 42: 400.

第四章

生长速率起伏和生长层

我们已经讨论了热量传输、质量传输以及流体中的混合传输,特别是讨论了溶质分凝的基本理论,并且建立了在某一时刻生长的晶体中,其溶质浓度与生长速率、熔体对流及熔体中溶质浓度的关系。在此基础上我们有可能进一步考虑,在生长过程中由于各种不同原因造成的生长速率起伏、对流状态的变化等因素对溶质分凝的影响,也就是考虑晶体中经常出现的生长层(条纹)的问题。

生长层是晶体生长过程中经常出现的宏观缺陷之一,它的存在破坏了晶体各种物理性能与化学成分的均匀性。一般说来,为了得到优质晶体,在晶体生长过程中有时有必要采用适当的工艺手段抑制生长层的产生。生长层又是研究晶体生长机制的有力工具,通过生长层的研究可以得知晶体生长过程中的界面形态及其演变过程。为此我们在本章中将详细讨论生长层的成因。

第一节　生长层(条纹)概述

一、晶体性能与溶质浓度的起伏

沿着晶体的生长方向对晶体性能进行检测,发现在很多情况下晶体的物理、化学性能出现起伏。也就是说,晶体性能沿生长方向出现周期性的或间歇性的(非周期性的)变化。例如在力学性能方面,某些情况下可能发现其显微硬度的起伏;在光学性能方面,可发现其光吸收率、折射率或双折射率的起伏,严重时可出现所谓"光栅效应",或是其二次谐波发生的相匹配温度的起伏;在电学性能方面,可能发现其电阻率、载流子寿命、铁电晶体电畴的周期性或间歇性的变化;在磁学性能方面,也会产生磁各向异性的起伏;在化学性能方面,晶体经化学或电化学浸蚀后,发现其浸蚀速率的起伏;在晶体结构方面,可以发现沿生长方向出现点阵参数的起伏。进一步的实验研究和理论分析表明,晶体的性能起伏可归因于固溶体中溶质浓度的起伏。由于溶质浓度的起伏,同时相应地引起晶格周期性或间歇性的畸变,由于这些结构上的原因,因而引起晶体性能的起伏。

图 4-1 是沿生长方向测得的锗单晶体的电学性能(电阻率和载流子寿命)起伏和溶质(锑)浓度的起伏[1]。在锗固溶体中所掺的溶质是放射性同位素锑,对长成的晶体,平行于生长方向切片,然后用底片直接贴在晶片上曝光,这样得到的底片上,感光量大处相应于溶质

浓度较高,此种研究固溶体中溶质浓度分布的方法称自射照相法。因此在自射照相底片上的光的透过率$\frac{I}{I_0}$的起伏,就反映了晶体中溶质浓度的起伏。

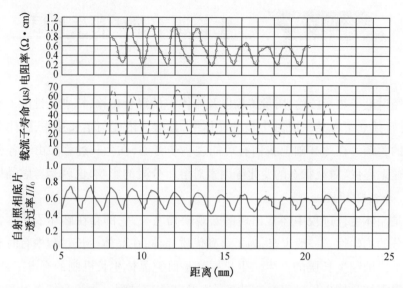

图 4-1　锗晶体中测得的电学性能起伏与溶质浓度起伏[1]

　　值得注意的是,在图4-1中晶体电学性能的起伏与溶质浓度的起伏是一一对应的。同一实验的结果还表明,如果改善工艺条件,使晶体中锑同位素分布均匀,晶体的电学性能也就均匀了。

　　于是我们得出结论,晶体性能起伏的内在原因是晶体中溶质浓度的起伏。

二、溶质浓度起伏的原因

　　在第二章中我们已经讨论过,当从熔体中生长固溶体单晶时,任一时刻所生长的固溶体中的溶质浓度等于当时熔体中溶质的平均浓度 C_L 和有效分凝系数 $k_{有效}$ 的乘积 $C_S = k_{有效} \cdot C_L$。因而 C_L 和 $k_{有效}$ 的大小直接决定了固溶体中的溶质浓度。

　　我们又知道 $k_{有效}$ 的大小决定于生长速率 v 和溶质边界层厚度 δ,而 δ 的大小又决定于熔体的流动状态。因而晶体生长过程中熔体中溶质浓度 C_L、溶质边界层的厚度 δ 以及生长速率 v 的变化是晶体中溶质浓度变化的原因。

　　在半导体单晶生长过程中,曾经采用突然将溶质掺入熔体中的方法来制造 p-n 结。但一般情况下,都不在生长过程中掺杂,因而我们只概略地讨论 C_L 的突变在晶体中所引起的浓度变化。至于 δ 的变化对溶质分凝的影响,由有效分凝系数的表达式(式2-24)可以看出,δ 的起伏对溶质分凝的影响与生长速率的影响相同,因而我们在本章中只着重讨论生长速率起伏所引起的晶体中溶质浓度的起伏。

三、生长层的形态

在讨论生长速率起伏与生长层之前,有必要弄清什么是生长层以及生长层的空间形态。

为简明起见,我们假设生长速率起伏具有图 4-2(a) 的形式,其周期为 τ,振幅为 Δv。在前半周期 $0 \sim \dfrac{\tau}{2}$ 内,生长速率为 $v_0 + \Delta v$,后半周期内生长速率为 $v_0 - \Delta v$。其中 v_0 为平均生长速率,即为提拉速率和液面下降速率之和。如果我们考虑的是 $k_0 < 1$ 的溶质,由式(2-24)或图 2-11 可知,在前半周期 $0 \sim \dfrac{\tau}{2}$ 内,生长速率 v_1 较大($v_1 = v_0 + \Delta v$),故所长出的晶体薄层中溶质浓度较高,在后半周期 $\dfrac{\tau}{2} \sim \tau$ 内,生长速率较小($v_2 = v_0 - \Delta v$),所长出的晶体薄层中溶质浓度较低,见图 4-2(b)。

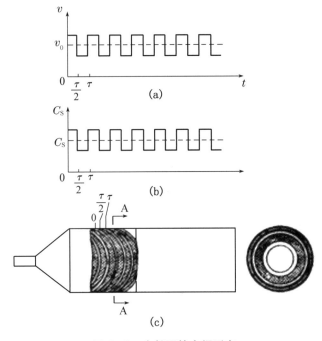

图 4-2 生长层的空间形态

在前半周期 $0 \sim \dfrac{\tau}{2}$ 内,所长的晶体薄层的厚度就是在该时间间隔内固液界面的位移。于是将这一晶体薄层表示在图 4-2(c)中的 0 到 $\dfrac{\tau}{2}$ 之间,由于该层的浓度较高,故以密集点来表示。在后半周期 $\dfrac{\tau}{2} \sim \tau$ 内,所长的晶体薄层的浓度和厚度都较小(由于 $v_1 > v_2$),我们在图中以白带来表示。这种晶体内溶质浓度交替变化的晶体薄层就称为生长层(growth layers)。因而生长层的形状和固液界面的形状相同,生长层的厚度就等于一个周期内固液界面的位移。

如果固液界面是凸形的,如图4-2(c),则生长层在平行于提拉方向的截面(纵截面)内表现为弯曲条纹,故有时将生长层称为生长条纹(growth striations)。而在垂直于提拉方向的截面(横截面)内则表现为年轮状(同心圆),如图4-2(c)中的A-A截面。如果固液界面为凹形,则在纵截面内仍为弯曲条纹,但其弯曲方向相反,在横截面内仍为年轮状。由此可知,当固液界面为凸形或凹形时,生长速率起伏在晶体的轴向(提拉方向)和径向(垂直于提拉方向)都引起溶质浓度起伏。若固液界面是平面,则纵截面内的生长条纹是直的,而横截面内却没有生长条纹。可以看出,平的固液界面对晶体生长来说,可以避免溶质浓度的径向起伏。

图4-3是一个实例,是沿[100]提拉的锗晶体的纵截面与横截面上的生长条纹[2]。通常由纵、横两截面上生长条纹的形状,可以推断生长过程中生长层的空间形态,因而就能推断生长过程中固液界面的形态及其演变过程。例如图4-3所示的晶体,可以看出生长过程中固液界面是凸形,且在生长全过程中界面曲率大体上保持不变。在图4-3的横截面上,其生长条纹不是同心圆而是一平面螺蜷线,关于这个问题我们在第三节中再进行讨论。

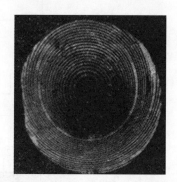

图4-3　沿正[100]提拉的锗晶体的纵截面与横截面上的生长条纹[2]

第二节　生长界面的标记技术

晶体生长过程中界面的形态及其演变过程,是决定于生长工艺的,例如人们往往通过改变温场或浓度场的方法来控制界面的形状。另一方面界面形态及其演变又决定了晶体的宏观性能,例如决定了晶体中的溶质偏聚或内应力的分布等。因而通过界面形态及其演变过程的研究,可以分析生长工艺与晶体性能间的关系。界面的形态及其演变又与界面的微观结构和生长机制密切相关。故无论是研究晶体生长的工艺理论或是探讨其微观生长机制,都有必要厘清晶体生长实际过程中的界面形态及其演变过程。

常温常压下的晶体生长,例如水溶液生长,是能对其界面形态及其演变进行直接观测的。而对高温熔体生长、水热法生长、助熔剂生长等是难以直接观测的。由于生长层的形态就反映了生长界面的形态,因而通过对生长层的研究就能追溯生长过程中的界面形态及其演变过程。目前利用生长层来研究晶体生长过程,已经成为研究晶体生长的重要方法,在人工晶体生长,例如直拉法生长、助熔剂生长,或天然晶体生长的领域内都有应用,且已获得不少有意义的结果。

　　人为地在晶体中引入周期性的生长层,不仅可以借以追溯生长过程中的界面形态和演变过程,而且还能定量地确定生长过程中不同时刻的显微生长速率(microscopic growth rate),这种在晶体生长过程中有意识地引入生长层的方法,被称为生长界面的标记技术(growth interface demarcation technique)。下面我们简单地介绍生长界面的标记技术。

一、机械振动方法引入的生长层[3]

　　在直拉法生长系统中,设想其中的温场是稳态温场,如果我们忽略动力学效应(我们将在第九章中专门讨论),同时也不考虑生长速率改变所引起释放出的潜热的变化,于是我们可近似地认为,在生长过程中任何时刻的界面温度恒为材料的凝固点。在上述假设下,固液界面在炉膛内的空间位置和形状将不随时间而变化,因此晶体生长速率只决定于籽晶杆的提拉速率。

　　若籽晶杆以恒速 v_0 提拉,以一机械振动器与之耦合,则籽晶杆的实际提拉速率是在 v_0 附近起伏,起伏的频率就是机械振动器的频率,起伏的振幅近似地等于机械振动器的振幅沿提拉方向的分量。在上述假设下,由于晶体生长速率只决定于提拉速率,故生长速率亦在 v_0 附近作同样方式的起伏。振动器的振动模式可为方波、锯齿波,也可为简谐振动,故生长速率亦以相应的模式在 v_0 附近起伏,如图4-4所示。由有效分凝系数的表达式(式2-24)可以看出,此时晶体中亦出现相应的浓度起伏,于是我们就在晶体中人为地引入了生长层。将机械振动器与坩埚托杆耦合,同样的理由,在晶体中也将出现类似的生长层。

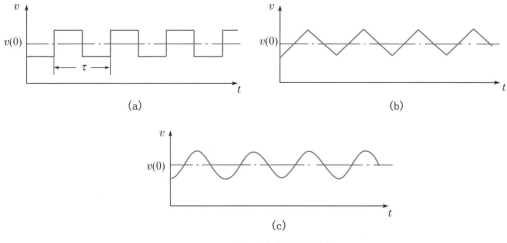

图4-4　生长速率起伏的模式

不管浓度起伏的模式如何,这样引入的生长层是具有严格的周期的,在相邻生长层中相应的位置具有相同的浓度,且生长层的周期与振动器的周期相同。

威特(A. F. Witt)和盖托斯(H. C. Gatos)在研究掺Te 的 InSb 单晶生长时,使用了频率为每秒数次的机械振动器,成功地在晶体中引入了生长层,细致地研究了晶体的生长过程[3]。图4-5 是他们在该晶体中引入的生长层。该晶体的拉速为 22 mm/h,转速为 8 r/min,机械振动器的频率为 3.5 次/秒。图中生长层的疏密反映了生长过程中显微速率的变化。

图4-5　直拉法生长掺 Te 的 InSb 晶体时用机械振动引入的生长层

生长界面的机械振动标记技术的优点是,能适用于任何生长系统。但其引入的生长条纹较宽,分辨率受到限制,不能用来研究生长速率较小的局域变化,特别是不能用来研究与引入的机械振动有交互作用的系统,因为这样将产生复杂的干涉条纹。

上面近似地解释了为什么机械振动可能在晶体中引入生长层。但其确切的原因直到今天尚未搞清,它也可能是由于振动压力引起的凝固点的变化,也可能是由于振动引起的溶质边界层的变化。

既然有意识地引入的机械振动在晶体中产生生长层,那么生长过程中存在的别的振动也应在晶体中产生生长层。例如,有人对晶体中的生长层进行了"频谱分析",发现其中有一种频率与生长系统中机械真空泵的振动频率一致,于是采取了消除机械振动的措施,在晶体中相应频率的生长层也就消除了[4]。这个实例充分地说明了上述分析是正确的,同时也表明在工艺上为什么要求单晶炉坚实、稳定、无振动。

同样,直拉法生长过程中籽晶杆的机械蠕动也将在晶体中引入生长层。这种情况往往发生在提拉速率较低时。不过籽晶杆蠕动所引起的生长层是无规则的,不具有周期性,因而称为间歇式生长层。

二、加热功率起伏引起的生长层[5]

人为地改变加热功率所产生的温度起伏,将引起生长速率起伏,在晶体中必然引起生长层。但是由于熔体生长系统中平均生长速率较大,欲得到可以作为研究工具的生长条纹就应采用较高频率的功率起伏,如每秒若干次的功率起伏。但是由于生长系统的热惯性较大,高频温度波的衰减较大,以及流体的非稳流动的干扰,因而不能得到具有足够分辨率的条纹,功率起伏不能作为熔体生长系统中的界面标记技术。但在助熔剂生长中却取得了成功[5]。这是由于助熔剂生长的平均生长速率很低,可采用频率极低的温度波,例如每 24 小时产生一次温度起伏。图4-6 就是一个实例[6],是助熔剂法生长钇铁石榴石(YIG)时,用功率起伏引入的生长条纹。生长时的降温曲线表示在图4-6 之下部。由于实例中的 YIG 晶体是用缓慢降温方法生长的,其降温速率为 1.3 ℃/h。在降温过程中通过改变加热功率引入了周期为 24 h、幅度为 3 ℃ ~6 ℃的温度干扰。从图中可以看出,条纹与温度干扰是一一对应的。功率起伏也可以用作助熔剂生长中生长界面的标记技术,并且已获得了不少有意义的结果[7]。

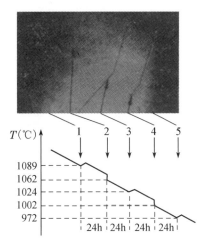

图 4-6　加热功率起伏在助熔剂法生长的 YIG 中引入的生长条纹[6]

三、利用珀耳帖效应引入生长层[8]

我们在第一章第二节中论及晶体直径的控制时,曾讨论了珀耳帖效应的应用。同样利用珀耳帖致热或致冷亦能在晶体生长过程中引入生长层[8]。

图 4-7 是利用珀耳帖致冷在掺 Te 的 InSb 晶体中引入的条纹。图之左上角是在固液界面上通过的电流脉冲图,其致冷脉宽为 1 s,间歇时间为 3 s,其上并叠加有脉宽为 15 ms、频率为 6 次/秒的短脉冲。从图中条纹的显微照片可以看出,在脉宽 1 s 内,有六条间距较大的条纹,在间歇 3 s 内有 18 条间距较小的条纹,由此可见生长速率和溶质分凝关于致冷脉冲电流的响应是及时的,且与通过固液界面的电流密度成正比。及时性和可控性是利用珀耳帖效应作为界面标记技术的最重要的优点。在生长装置上,要求籽晶杆与基座绝缘,并且在籽晶杆旋转的情况下能通过电流。这个方法已应用于半导体单晶体的生长系统,原则上也适用于在固液界面处具有珀耳帖效应的任何生长系统。

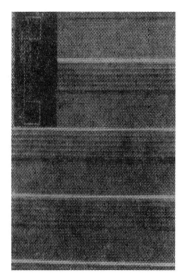

图 4-7　利用珀耳帖制冷在掺 Te 的 InSb 单晶中引入的生长层[8]

四、生长界面标记技术的应用

通过生长界面标记技术,可追溯生长过程中界面的形态及其演变。实际上通过无意识引入的生长层也能达到同样的目的。图 4-8 是通过生长层去追溯生长过程中形态演变的一个典型的例子[9]。通常助熔剂法生长的石榴石单晶体所显露的面是 $\{112\}$、$\{110\}$ 小面,为了追溯这类晶体的形态演变,对 $Gd_{2.32}Tb_{0.59}Eu_{0.09}Fe_5O_{12}$ 石榴石,

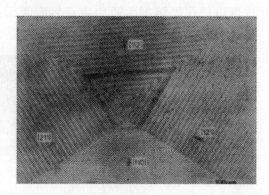

图 4-8 助熔剂法生长 $Gd_{2.32}Tb_{0.59}Eu_{0.09}Fe_5O_{12}$ 的过程中生长形态的演变[9]

截取 (111) 薄片(约厚 50 μm),研磨、抛光后用透射显微镜观察,所得的图像如图 4-8 所示。可以看出,该晶体开始生长时,其生长界面为 $\{112\}$ 面,当尺寸达到 80 μm 时,$\{110\}$ 面才开始显露出来。从图中生长层的间距以及生长面与 <111> 间的夹角,可以得到两组晶面的法向生长速率的比例。对直拉法生长,通过生长层的研究也能得到类似的信息。

图 4-9 揭示了直拉法生长 YAG 单晶体的生长过程中固液界面的演变。可以看到,在生长的放肩阶段,固液界面是凸形的。随着生长过程的延续,界面逐渐由凸变平,而在生长后期,出现了凹形界面。在直拉法生长中,人们曾通过生长层的研究,揭示了界面翻转现象(第三章第六节),获得了关于界面上形态干扰发展的详细知识(第五章第五节),以及固液界面上小面的形状(第九章第六节)。通过生长界面的标记技术,还可以研究小面生长和非小面生长关于温度起伏的动力学响应[10]。

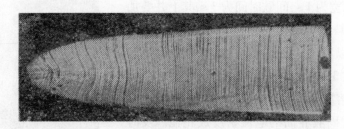

图 4-9 直拉法生长 YAG 晶体的过程中固-液界面形态的演变
(图片由上海光学机械研究所马笑山教授提供)

界面的标记技术所引入的生长条纹是周期性的。其周期 τ 是已知的,条纹间距 l 可通过显微镜测定,故可确定其显微生长速率 v 为

$$v = \frac{l}{\tau}$$

(4-1)

于是通过界面标记技术可测定生长过程中任何时刻界面上不同位置的微观生长速率。事实上,通过界面标记技术所引入的生长层具有严格的"等时性",就是说同一生长层上的细节,代表同一时刻发生的事件。而通过(4-1)式又能定量地确定这些事件的进程。

我们曾用周期旋转生长纹作为界面标记技术,研究了界面失稳及其形态演化的过程,揭示了平坦界面失稳后,如何发展到胞状界面的详情,见第五章第五节(八 理论和实验对比)。

第三节 旋转性生长层

旋转性生长层是指在直拉法生长系统中晶体转轴和温场对称轴不一致所产生的生长层。本节除讨论旋转性生长层和晶体表面的旋转性条纹外,还论及一些类似的现象,如螺蜷形晶体的形成以及螺蜷形分凝,并简介如何利用旋转性生长层制备铁电畴超晶格。

一、旋转性生长层的形成及其特征

在直拉法生长系统中,我们仍然假设温场是稳态温场、固液界面恒为温度等于材料凝固点 T_m 的等温面。于是晶体的生长速率就等于单位时间内晶体相对于该等温面($T = T_m$)的位移。

如图 4-10 所示,假设炉膛内温场的对称轴为 O-O,晶体旋转轴为 O'-O',其间距离为 d;若晶体提拉速率为 v_0,旋转的角速度为 ω,下面我们考虑由于 O-O 轴和 O'-O' 轴不重合,晶体旋转产生的生长层。

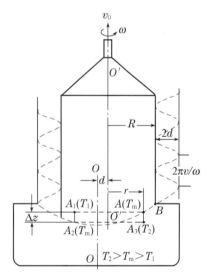

图 4-10 旋转性生长条纹的产生

我们先求出在晶体的提拉速率 $v_0 = 0$ 时,固液界面上距转轴 O'-O' 的距离为 r 的任一点 A,因晶体旋转所产生的生长速率的起伏。由图 4-10 可知,A 点处于固液界面上,其温度为凝固点 T_m。当晶体旋转半周达到 A_1 时,温度为 T_1,由于 T_1 低于凝固点 T_m,故在此半周内 A 点必连续地向下位移(生长)Δz 达到 A_2 点,A_2 点的温度仍为 T_m。同样理由,在后半周内,A_2 点必连续地向上位移(回熔)Δz 回到 A 点。由此可知,晶体旋转一周,其中前半周内晶体生长,后半周内晶体回熔。换句话说,当晶体以转速 ω 旋转,固液界面上的 A 点沿铅直方向振动,其振幅为 Δz,频率为 ω,故 A 点的位移 $z(t)$ 可表示为

$$z(t) = -\Delta z \sin 2\pi\omega t \tag{4-2}$$

式中负号表示所选取的坐标轴 z 和提拉方向一致。于是当提拉速率为零时,由于晶体转轴与温场对称轴不一致而引起的生长速率为

$$v = \dot{z} = \frac{\mathrm{d}z}{\mathrm{d}t} = -2\pi\omega\Delta z \cos 2\pi\omega t \qquad (4-3)$$

若提拉速率为 v_0，则晶体生长速率为

$$v = v_0 - 2\pi\omega\Delta z \cos 2\pi\omega t \qquad (4-4)$$

设固液界面邻近的轴向温度梯度为 $G = \dfrac{\Delta T}{\Delta z}$，其中 ΔT 是界面上点 A 在晶体旋转一周内的温度起伏。由图 4-10 可以看出，$\Delta T = T_m - T_1 = T_2 - T_m$。显然，对曲率恒定的固液界面，$\Delta T$ 决定于转轴与温场对称轴间的距离 d 以及 A 点与轴转间的距离 r，并且与温场有关。于是有

$$v = v_0 - \frac{2\pi\omega\Delta T}{G} \cos 2\pi\omega t \qquad (4-5)$$

或

$$v = v_0(1 - \alpha \cos 2\pi\omega t) \qquad (4-6)$$

其中 $\alpha = \dfrac{2\pi\omega\Delta T}{Gv_0}$。当 $\alpha > 1$ 时，生长速率的最小值为负值，即 $v_{min} = v_0(1 - \alpha) < 0$。这意味着晶体每转一周，在一段时间内晶体将重新熔化，这就称为回熔。

（4-5）式中的第二项代表生长速率起伏。可以看出，温度起伏 ΔT 愈大，生长速率起伏愈大。我们又知道，ΔT 与 d 和 r 有关，故一般说来，转轴与温场对称轴间的距离 d 越大，生长速率的起伏越大。对同一晶体，越近晶体边缘（r 越大），生长速率起伏越大。

利用生长界面的标记技术可定量地测定旋转性生长层形成时显微生长速率的变化，从而定量地检验式（4-6）的可靠性。威特和盖托斯[3]用直拉法生长掺 Te 的 InSb 单晶体时，利用机械振动（3.5 周/秒）引入了条纹。其结果如图 4-5 所示，图中振动条纹的间距周期性地变化，这反映了旋转性生长层形成时其生长速率的变化。通过对振动条纹间距 l 的测量，并根据该晶体生长的工艺参量：拉速为 22 mm/h，转速为 8 r/min，由式（4-1）可求得晶体的显微生长速率。其结果表示于图 4-11，可以看出，旋转性生长层形成时，其显微生长速率的起伏大体上与式（4-6）相符。

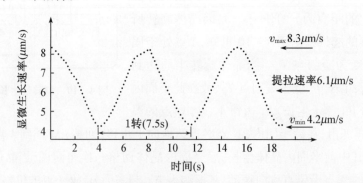

图 4-11　旋转条纹形成时显微生长速率的起伏[3]

值得注意的是，在上例中虽然名义生长速率（提拉速率与液面下降速率之和）为 6.1 μm/s，而晶体的实际生长速率是在 4.2～8.3 μm/s 间起伏。由此可见，与其说晶体质量与名义生长速率有关，倒不如说晶体质量决定于显微生长速率及其变化。

将(4-6)式代入(2-24)式,可得任一时刻长入晶体的溶质浓度为

$$C_S(t) = C_L \cdot k_{有效} = \frac{k_0 C_L}{\left\{ k_0 + (1-k_0)\exp\left[-\frac{v_0\delta}{D}(1-\alpha\cos 2\pi\omega t) \right] \right\}} \quad (4-7)$$

可以看出,在晶体生长过程中,不同时刻长入晶体中的溶质浓度不同,这就在晶体中形成了生长层。由于这种生长层是在晶体转轴与温场对称轴不一致的条件下由晶体旋转所造成的,因而称为旋转性生长层(rotational growth layer)。从(4-7)式还可看出,旋转性生长层具有严格的周期性,形成两相邻条纹的时间间隔恒等于晶体的旋转周期。在正常工艺条件下,旋转性生长条纹的间距 l 可表示为

$$l = \frac{2\pi v_0}{\omega} \quad (4-8)$$

式中 v_0 为名义生长速率,ω 为晶体旋转的角速度。由于旋转性生长层具有严格的周期性,因而相邻的生长层中溶质的浓度分布是相同的。严格地说,旋转性生长层是以晶体转轴为轴线的一连续螺蜷面,其螺距如式(4-8)所示。因而若固液界面为凸形,在晶体的纵断面上旋转性生长层不具有年轮状的特征,而是表现为平面螺旋线,如图4-3所示。

旋转性生长层破坏了晶体性能的均匀性,在某些情况下要求消除这种生长层,这就要使晶体转轴与温场对称轴重合。在通常情况下,温场的对称轴就是坩埚的对称轴,因而在工艺上就要求我们首先将籽晶轴调整到和籽晶杆的转轴一致,即籽晶杆旋转时籽晶不画圆;再将坩埚对称轴和籽晶轴调整到同轴,这样就能消除旋转性生长层。但是实际上可能出现坩埚对称轴并非温场对称轴或是温场根本没有对称轴的情况,在这种情况下,旋转性生长层必将产生。这就要求我们在设计炉膛时,尽量使发热体、保温罩或保温层具有轴对称性,并使这些对称轴与坩埚对称轴一致。实践表明,观察孔会严重地破坏温场的对称性。但如果在观察孔上加盖(透明盖)或是使观察孔与垂线间的夹角较小,都能减小观察孔的不利影响。近年来,直拉法晶体生长自控技术的进展,例如电子称重直径自控技术的进展,可以实现生长全过程的自动化,并能通过仪表确切地了解炉内的生长情况而不需观察孔,如果能废除观察孔,则获得具有轴对称的温场就比较容易了。

二、旋转性表面条纹

上面我们已经考虑了在晶体转轴与温场对称轴不一致的条件下,晶体旋转所产生的轴向(沿提拉方向)的生长速率起伏以及由此而产生的生长层。现在我们再考虑在同样条件下,径向(垂直于提拉方向)生长速率起伏所产生的后果。

由图4-10可以看到,晶体旋转时晶体柱面与熔体液面的交点 B,该点距转轴 $O'-O'$ 的距离是变化着的。晶体旋转一周,半径的变化为 $2d$,故半径随时间的变化可表示为

$$\Delta R = 2d\sin 2\pi\omega t \quad (4-9)$$

于是径向生长速率起伏为

$$\Delta v_r = \Delta \dot{R} = 4\pi d\omega \cos 2\pi\omega t \qquad (4-10)$$

如果径向温度梯度为 G_r，晶体旋转一周的温度变化为 ΔT，则 $G_r = \dfrac{\Delta T}{2d}$，代入(4-10)式于是有

$$\Delta v_r = \frac{2\pi\omega\Delta T}{G_r}\cos 2\pi\omega t \qquad (4-11)$$

在晶体生长的等径阶段，在正常情况下径向生长速率为零。由于晶体转轴与温场对称轴不一致，因而产生了径向生长速率的起伏。径向生长速率起伏存在一个有趣的效应，就是在该条件下生长的晶体，其表面出现了细牙螺纹。螺纹的螺距为旋转一周晶体相对于液面的位移，如式(4-8)所示。螺纹的深度为 $2d$，即 $O-O$ 轴与 $O'-O'$ 轴间垂直距离的两倍，见图 4-10。晶体表面的这种细牙螺纹就是旋转性表面条纹(rotational surface growth striations)。

晶体转轴与温场对称轴不一致，晶体旋转时引起了生长速率起伏，因而在晶体内引起了溶质浓度的起伏，这就是旋转性生长层。同样原因引起的生长速率起伏，在晶体表面所引起的直径变化就是旋转性表面条纹。故旋转性生长层和旋转性表面条纹都是由同一原因引起的，两者间不仅具有一一对应关系，而且具有相似的几何特征，因而有时将两者都称为旋转性生长层。

三、螺蜷形晶体和螺蜷式分凝

一非轴对称温场或浓度场，相对于提拉着的晶体旋转，若相对旋转速率充分地低，则可能得到外形为螺蜷形的晶体，或是在内部出现螺蜷式分凝。

布鲁尼(F. J. Bruni)用直拉法生长 GGG 晶体时，在引晶阶段出现了螺蜷形晶体[11]，如图 4-12(a)所示。白凤周等也获得了螺蜷形的 YAG 晶体如图 4-12(b)。

(a) 螺蜷形 GGG 晶体[11]

(b) 螺蜷形 YAG 晶体(图片由上海光学机械研究所白凤周教授提供)

图 4-12　直拉法生长的螺蜷形石榴石晶体

王鑫初、吕刚等得到了外形正常、内部出现螺蜷式分凝的锗酸铋晶体，如图 4-13。

这些现象出现的原因,在本质上和形成旋转性生长层或旋转性表面条纹相同。不过要求非轴对称温场或浓度场相对于晶体的转速较低。其具体原因是多种多样的,布鲁尼在用直拉法生长 GGG 的引晶阶段,观察到漂浮在熔体液面上的铱片在籽晶近旁以相对低的转速旋转,由于铱片的热辐射本领较强,相对温度较低,这就造成了对于籽晶的相对转速较低的不对称温场,因而形成了螺蜷形的晶体,如图 4-12(a)。若在籽晶近旁有两片铱片,就形成了具有双道螺纹的螺蜷形晶体[11]。

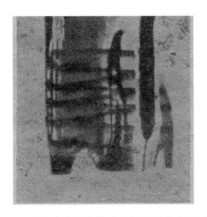

图 4-13 直拉法生长的锗酸铋晶体中的螺蜷式分凝
(晶体为四机部 1426 研究所王鑫初、吕刚教授等提供)

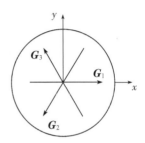

图 4-14 坩埚中的水平温度梯度

下面我们讨论一种形成螺蜷式分凝的机制。这个机制由卡拉瑟斯所提出[12],而为安苏尼(M. A. Azouni)的实验所证实[13]。

若坩埚内熔体中的温场不具有轴对称性,并存在水平温度梯度 G_1, G_2, G_3,如图 4-14 所示。这些温度梯度矢量是沿相应的直径方向,其大小随时间按如下的规律变化

$$G_1 = G_0 \sin \omega t$$

$$G_2 = G_0 \sin \left(\omega t + \frac{2}{3} \pi \right)$$

$$G_3 = G_0 \sin \left(\omega t + \frac{4}{3} \pi \right)$$

取 xy 坐标系如图 4-14 所示,并求出 G_1, G_2, G_3 沿 x, y 的分量:

$$G_x = G_0 \sin \omega t + G_0 \sin \left(\omega t + \frac{2}{3} \pi \right) \cos \frac{4}{3} \pi + G_0 \sin \left(\omega t + \frac{4}{3} \pi \right) \cos \frac{2\pi}{3}$$

$$G_y = G_0 \sin \left(\omega t + \frac{2}{3} \pi \right) \sin \frac{4}{3} \pi + G_0 \sin \left(\omega t + \frac{4}{3} \pi \right) \sin \frac{2}{3} \pi$$

经适当的运算后得

$$G_x = \frac{3}{2} G_0 \sin \omega t$$

$$G_y = -\frac{3}{2} G_0 \cos \omega t$$

易知,这两个分量决定了一个以恒定角速度 ω 沿逆时针方向旋转的水平温度梯度矢量 G。

由第三章第四节可以知道,水平的温度梯度将引起自然对流,而以恒定转速旋转的水平温度梯度所引起的自然对流的模式如图 4-15 所示。这就产生了一以恒速旋转着的不对称温场。如果晶体与之同向旋转,且其间的相对转速很小,这就可能在长成的晶体内部产生螺蜷式的分凝,如图 4-13 所示。

安苏尼[13]以一直立的玻璃管,管中装有纯水,并将不同种类、不同粒度、不同浓度的悬浮物放入水中。该玻璃管置于一温度为 -72 ℃ 的基座上,于是固液界面由下向上推移。在基座为 5 厘米的水平截面内,安置了四个按四次对称分布的热电偶,以记录冰晶生长过程中温度的变化。结果表明,在长成的冰晶中观察到类似于图 4-13 的螺蜷式分凝。而测得的温度变化曲线表示于图 4-16。可以看到,当固液界面向上推移到近于测温截面时,四根热电偶都同时测到温度起伏,相邻电偶测得的温度起伏有 90 ℃ 的位相差。这就证明了上述机制是形成螺蜷式分凝的原因。

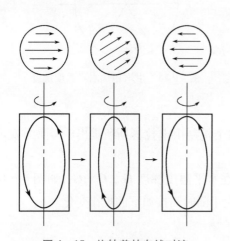

图 4-15　旋转着的自然对流

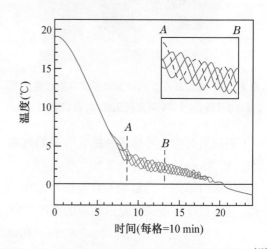

图 4-16　同一水平面上四根电偶测得的温度变化[13]

形成螺蜷形晶体或螺蜷式分凝的原因较多,上面讨论的只是两种已为实验观测所证实了的机制。

四、利用旋转性生长层制备铁电畴超晶格

半导体超晶格是在半导体晶格上叠加了其周期近于其中载流子平均自由程的人工周期格子。介电体超晶格(dielectric superlattices)是在介电体晶格上叠加了其周期近于其中传播和激发的光波或超声波波长的人工周期格子。铁电畴超晶格(ferroelectric superlattices)是介电体超晶格的一种,是用人工方法将铁电晶体中的具有不同极化矢量的铁电畴周期性地、交替地排列起来的新型人工材料,如图 4-17 所示。图 4-17(a)是 $LiNbO_3$ 一维周期铁电畴超晶格,用浸蚀法显示的 y 晶面的显微照片[14],白色条纹显示其极化矢量与晶轴 z 一致的正畴,黑色条纹是极化矢量与晶轴 z 相反的负畴,其周期为 2.7 μm。图 4-17(b)是 $LiTaO_3$ 一

维准周期铁电畴超晶格的显微照片[15]，图中显示的一维准周期超晶格是由两种铁电畴单元按斐波那契序列（Fibonacci sequence）排列而成，这两种铁电畴单元分别由一对正、负畴构成。图 4-17（c）是 $LiTaO_3$ 二维周期铁电畴超晶格的显微照片[16]，圆圈内为负畴，即柱状负畴以二维密排点阵的方式分布在正畴的背景中，其周期为 $9.05\,\mu m$。当前，铁电畴超晶格已经成为一种新型光电功能材料，应用于非线性光学的铁电畴超晶格被称为准位相匹配材料（Quasi-Phase-Matching mterials），或 QPM 材料[17-18]。

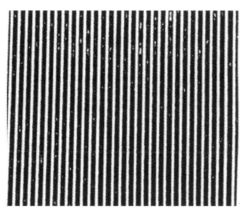

(a) $LiNbO_3$ 一维周期铁电体超晶格[14]

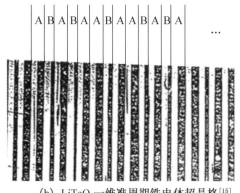

(b) $LiTaO_3$ 一维准周期铁电体超晶格[15]

(c) $LiTaO_3$ 二维周期铁电体超晶格[16]

图 4-17　铁电畴超晶格的显微照片

　　制备铁电畴超晶格的技术主要有二十世纪八十年代初发展起来的生长层技术[19-21]和九十年代中期发展成功的电场极化技术[22]。电场极化技术可与半导体平面工艺结合从而制备准周期超晶格、二维超晶格以及铁电畴的任意二维图案。生长层技术可制备一维周期铁电畴超晶格，特别是相邻畴界上存在异号束缚电荷的铁电畴超晶格（离子型声子晶体）[23]。下面我们讨论利用旋转性生长层制备一维周期铁电畴超晶格。

　　我们已经了解到，生长层是在晶体生长过程中沿生长方向产生的溶质浓度起伏。其产生的原因是固液界面温度起伏引起了生长速率起伏，而生长速率起伏引起了有效分凝系数的起伏，从而使长入晶体中的溶质浓度起伏。通过对旋转性生长层的分析，我们知道，其生长速率起伏是周期性的,参阅式(4-6),因而所产生的生长层也是周期性的。这就有可能利用旋转性生长层制备一维周期铁电畴超晶格。下面我们介绍在直拉法生长系统中如何利用旋转性生长层技术制备 $LiNbO_3$ 一维周期铁电畴超晶格[19-22]。

为了产生旋转性生长层,我们有意识地使炉膛中的温场对称轴偏离晶体旋转轴,并将浓度为 0.1% ~0.5% 的钇掺入 $LiNbO_3$ 的熔体中。为了在晶体生长过程中能实时地测量固液界面邻近由于晶体旋转而引起的温度起伏,将 Pt-10% Rh 热电偶的结点埋入晶体与熔体自由表面交接处的弯月面内。热电偶和生长着的晶体一起旋转,温度信号通过两只旋转着的滑环输送到温度记录仪[21]。图 4-18 是晶体生长过程中保持提拉速度恒定(200 μm/min)的条件下,晶体的转速突然由 4 r/min 改变到 13 r/min,所测得的弯月面内的温度起伏与所产生的表面生长条纹。可以看出,由于温场对称轴与晶体旋转轴的偏离,所产生温度起伏的振幅为 0.38 ℃。而每分钟产生的温度起伏数准确地等于每分钟晶体的转数,定性地或半定量地证实了本节所给出的旋转性生长层模型(图 4-10)的正确性。从图 4-18 中还可看到,当晶体转速由 4 r/min 突变到 13 r/min,在弯月面内测得的每分钟所产生的温度起伏数立即由 4 次增加到 13 次,同时每分钟产生的表面生长条纹数也立即由 4 条增加到 13 条。这表明固液界面邻近的温度对晶体转速变化的响应是及时的,以及表面生长条纹关于晶体转速变化的响应也是及时的。根据提拉速度(200 μm/min)和晶体转速(分别为 4 r/min 和 13 r/min),通过式(4-8)可得到旋转性生长条纹的周期分别为 50 μm 和 15.4 μm,和直接显微测量的结果相符。这不仅验证了式(4-8),而且表明可通过改变晶体拉提速率或旋转速率而获得具有任意周期的旋转性生长层。

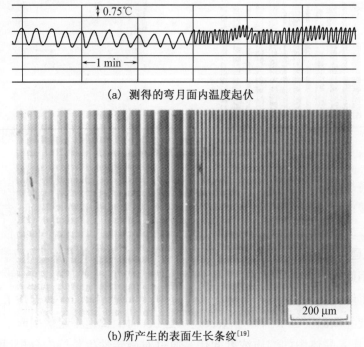

(a) 测得的弯月面内温度起伏

(b)所产生的表面生长条纹[19]

图 4-18　当晶体转速由 4 r/min 突然提高到 13 r/min 时

为了研究生长层与铁电畴间的关系,在晶体生长过程中执行了如下程序:停止晶体旋转—晶体旋转 10 圈—再停止旋转。实验结果表明,停止晶体旋转期间则不出现表面条纹,在晶体内部的铁电畴为单畴组态。晶体旋转 10 圈,则产生了 10 条表面条纹,见图 4-19(a),同时在晶体内部出现了层状铁电畴的多畴组态,这在平行于生长轴的截面上表现为 10 对正、负交替的铁电畴,见图 4-19(b)。可以看出,晶体转数、表面条纹、内部铁电畴组态是一一对应的。也就是说,晶体旋转一圈,产生一次温度起伏,产生一对正、负层状铁电畴。仔细研究表面条纹和内部铁电畴组态,发现表面条纹就类似于一条绕晶体柱面 10 匝的螺旋线。而内部电畴组态不是由一层层相互平行的具有相同极化矢量的单畴层堆垛而成,而是由一单畴层构成的螺蜷面,该螺蜷面与平行并远离螺蜷轴的平面相截,就得到图 4-19(b)所显示的铁电畴组态。由于螺蜷面的螺距甚小于晶体直径,因而远离并平行于晶体生长轴(即螺蜷轴)的切片,就可以近似地看为由相互平行的等间距的平面单畴层构成,也就是说该切片可以看为一维周期铁电畴超晶格。

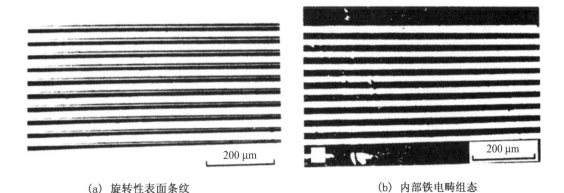

(a) 旋转性表面条纹　　　　　　　　(b) 内部铁电畴组态

图 4-19　旋转性表面条纹与内部铁电畴组态[19-21]

为了进一步澄清生长层与铁电畴间的对应关系,利用扫描电镜的 X 射线能量色散谱测量了 $LiNbO_3$,$LiTaO_3$ 晶体旋转性生长层中的溶质(钇)分布,沿着畴界(固液界面)的法线方向逐点测量,其结果如图 4-20 所示。图中曲线代表钇浓度分布,相应的阴影线区域为正畴,白色区域为负畴。可以看到畴界近于钇浓度分布曲线的极值处。在正畴区内,浓度递减,浓度梯度为负。在负畴区内,浓度递增,浓度梯度为正。这表明铁电畴的自发极化矢量决定于生长层内的溶质浓度

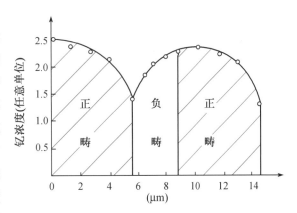

图 4-20　旋转性生长层中钇浓度分布与铁电畴组态
(沿畴界法线逐点测量钇浓度)[17]

梯度。这一实验事实可以解释如下:通常在 $LiNbO_3$,$LiTaO_3$ 晶格中的溶质(钇)处于离子状态,周期性溶质分布就等价于周期性空间电荷分布,于是产生了周期性内电场。虽然周期性的内电场强度较小,但在温度近于居里点时,将引起这类晶格中金属离子(铌、钽、锂离子)的择优位移,这就决定了这类晶体中铁电畴的自发极化取向。因而铁电畴自发极化矢量方向改变处(畴界)就是内电场方向反向处,就是钇离子浓度梯度方向突变处[19]。更仔细的解释可考阅文献[24]。

第四节　生长层形成的理论分析

我们已经讨论了生长层的形态,解释了生长层形成的原因,分析了旋转性生长层的形成机制。然而在上述分析中,我们假定了温场是稳态温场,忽略了晶体生长的动力学效应,因而上述分析是近似的,而且具有局限性。晶体生长的工艺实践要求我们回答的问题是,环境的温度起伏(包括加热功率的起伏、环境气氛的温度起伏、熔体的动力学不稳定性引起的温度起伏、冷却水流量变化引起的温度起伏等)是如何产生生长层的。问题的彻底解决应该包括:环境温度起伏是如何通过熔体或晶体传至固液界面以及界面温度如何随之变化?晶体生长速率是如何响应界面温度变化的?溶质浓度又是如何响应晶体生长速率变化的?现有的生长理论尚不能全面地、确切地回答上述问题,因而我们在本节中只能采用不同的近似方法给予一粗略的描述。

一、生长速率关于界面温度起伏的响应

我们在第一章第七节中已经讨论了温度起伏(温度波)是如何在晶体或熔体中传播的。我们在本节中首先讨论生长速率关于界面温度的动力学响应。

一般说来,熔体生长的动力学规律是线性规律(这里我们不考虑小面生长),也就是说,生长速率 v 与界面过冷 ΔT 间满足下列关系

$$v = A\Delta T \tag{4-12}$$

其中 A 为动力学系数,决定于生长系统的物理性质(详见第九章)。

令 R 为界面的名义生长速率(在直拉法生长中是提拉速率与液面下降速率之和),若晶体以恒定的名义生长速率 R 生长,根据(4-12)式可得相应的界面过冷 $\Delta T_R = \dfrac{R}{A}$。

在晶体以恒定名义生长速率 R 生长的过程中,若固液界面上出现了温度起伏 ΔT_p,并假设界面上不同区域的 ΔT_p 都可表示为

$$\Delta T_p = \Delta T_0 \sin \omega t$$

式中 ΔT_0 为界面温度起伏的振幅,ω 为温度起伏的角频率,t 为时间。

今取运动坐标系 z,该坐标系平移速率为 R,当界面上无温度起伏 ΔT_p 时,坐标原点恒与界面重合。若界面上出现了温度起伏 ΔT_p,则界面在坐标原点附近振动。如果温度起伏的振

幅 ΔT_0 很小,并不改变界面邻近的温度分布,并假设界面邻近固相与液相中的温度梯度相等,都可表示为 G。因而当界面相对于坐标原点位移 $z(t)$ 时,所产生的附加过冷度 ΔT_d 为

$$\Delta T_d = -Gz$$

因而得到以恒定名义生长速率 R 生长的并遭到温度干扰的界面过冷度为

$$\Delta T = \Delta T_R + \Delta T_p + \Delta T_d = \Delta T_R - Gz + \Delta T_0 \sin \omega t \qquad (4-13)$$

将(4-13)式代入(4-12)式,并利用关系 $\dot{z} = v - R$,则得关于 $z(t)$ 的一阶微分方程

$$\dot{z} + AGz - A\Delta T_0 \sin \omega t = 0 \qquad (4-14)$$

其初始条件为

$$z = 0, \quad 当 t = 0$$

求解满足上述初始条件的微分方程(4-14),可得

$$z(t) = \frac{A\Delta T_0}{(AG)^2 + \omega^2} [(AG \sin \omega t - \omega \cos \omega t) + \omega \exp(-AGt)]$$

于是有

$$\dot{z}(t) = \frac{A\Delta T_0 \omega}{(AG)^2 + \omega^2} [(AG \cos \omega t + \omega \sin \omega t) - AG \exp(-AGt)]$$

式中括号内第二项为暂态项,在充分长的时间后即消失,故

$$\dot{z} = \frac{A\Delta T_0 \omega}{(AG)^2 + \omega^2} (AG \cos \omega t + \omega \sin \omega t) = \frac{A\Delta T_0 \omega}{(AG)^2 + \omega^2} \cos\left(\omega t - \arctan \frac{\omega}{AG}\right)$$

或

$$\dot{z}(t) = \Delta v_0 \cos(\omega t - \varphi_0) \qquad (4-15)$$

其中

$$\Delta v_0 = \frac{A\Delta T_0 \omega}{(AG)^2 + \omega^2}, \quad \phi_0 = \arctan \frac{\omega}{AG} \qquad (4-16)$$

这表明以恒定名义生长速率 R 生长的固液界面上,遭到 $\Delta T_p = \Delta T_0 \sin \omega t$ 的温度干扰时,其生长速率的响应如式(4-15)所示。值得注意的是,正弦式的温度起伏所引起的生长速率起伏,其振幅不仅决定于温度起伏的振幅 ΔT_0、频率 ω,而且与界面附近的温度梯度 G 以及动力学系数 A 有关;两者间的位相差亦与 ω, G, A 有关,但两者的频率是相同的。

从式(4-16),可以明显地看出界面邻近的温度梯度的影响。对同样的温度起伏,温度梯度 G 愈大,引起的生长速率起伏的振幅愈小。

二、生长速率关于熔体中温度起伏的响应

我们已经讨论了生长速率关于界面温度起伏的响应,现在我们进一步考虑,生长速率对于熔体温度是如何响应的。这个问题比较复杂,因为问题的彻底解决必须考虑熔体中自然对流和强迫对流对温度波传播的影响。这里我们首先介绍伯顿等人的一维近似处理[1],处理虽很粗糙,却得到了较有意义的结果。

一等径生长的晶体,若籽晶端的端面为平面,取坐标原点固定于此端面中心,z 轴平行于提拉轴且指向熔体。若晶体与熔体中的等温面为平面,且垂直于 z 轴,于是可将问题简化为

一维问题。进一步假设晶体、熔体的导热系数 k 是相等的,且为常数,也不考虑熔体中的对流效应。于是熔体中的温度起伏对固液界面位置的影响可表示为图 4-21。若籽晶端($z = 0$ 处)的温度恒为 T_S,在 $z = L$ 处的温度起伏为 $\Delta T_0 \sin \omega t$,因而引起了固液界面的位置在 $z_0 + \Delta z$ 到 $z_0 - \Delta z$ 间变化。在上述假设下,这等价于有限长的杆中的一维热传导问题,或等价于有限厚的平板中的一维导热问题。根据式 (1-30),一维热传导方程为

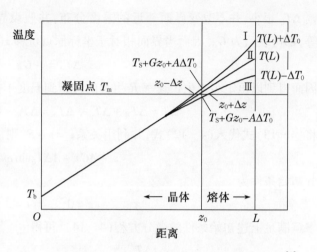

图 4-21 熔体中温度起伏所引起的界面位置的变化[1]

$$\frac{\partial T}{\partial t} = \kappa \frac{\partial^2 T}{\partial z^2}$$

其边值条件为

$$T(0, t) \equiv T_S, \qquad\qquad z = 0$$
$$T(L, t) = T(L) + \Delta T_0 \sin \omega t, \qquad z = L$$

满足上述边值条件的一维热传导方程的解

$$T(z, t) = T_s + Gz + A\Delta T_0 \sin(\omega t + \phi) \tag{4-17}$$

其中 G 为温度梯度,而

$$A = \left[\frac{\cosh az + \cos az}{\cosh aL + \cos aL}\right]^{\frac{1}{2}} \tag{4-18}$$

$$a = \left[\frac{2\omega}{\kappa}\right]^{\frac{1}{2}} \tag{4-19}$$

式 (4-17) 中的 ΔT_0 为熔体中温度起伏的振幅,$A\Delta T_0$ 为界面处($z = z_0$)温度起伏的振幅,因而 A 是温度起伏振幅(温度波)的衰减项。图 4-21 中的曲线 II 是 $z = L$ 处无温度起伏时晶体与熔体中的温度分布曲线,而曲线 I、III 是不同位置处的温度起伏的包迹,就是说各点温度是在曲线 I 和 III 之间变化的。

如果假定固液界面是温度恒为凝固点 T_m 的等温面。于是作温度为 T_m 的水平线,该水平线分别与曲线 I、III 交于 $z_0 + \Delta z$ 和 $z_0 - \Delta z$,这两个交点代表界面位置起伏的极限位置,即 Δz 为界面位置起伏的振幅。

由式 (4-17) 可得到 $z = z_0$ 处在任一时刻的温度为

$$T(t) = T_S + Gz_0 + A\Delta T_0 \sin(\omega t + \phi)$$

而由图 (4-21) 可以看出,$T_S + Gz_0 = T_m$,故任一时刻在 $z = z_0$ 处其温度关于凝固点的偏离为

$$\Delta T(t) = T(t) - T_m = A\Delta T_0 \sin(\omega t + \phi)$$

与 $\Delta T(t)$ 相应的界面关于 $z = z_0$ 的偏离为

$$\Delta z(t) = \frac{\Delta T(t)}{G} = \frac{\Delta T_0}{G} A \sin(\omega t + \phi) \qquad (4-20)$$

于是可得界面位置起伏的振幅为

$$\Delta z = \frac{\Delta T_0}{G} A = \frac{\Delta T_0}{G} \left[\frac{\cosh az + \cos az}{\cosh aL + \cos aL} \right]^{\frac{1}{2}} \qquad (4-21)$$

对(4-20)式关于时间求微商,可得生长速率起伏

$$\Delta v(t) = \frac{\Delta T_0}{G} A \omega \cos(\omega t + \phi) \qquad (4-22)$$

于是速率起伏的振幅为

$$\Delta v = \frac{\Delta T_0 \omega}{G} A = \frac{\Delta T_0}{G} \omega \left[\frac{\cosh az + \cos az}{\cosh aL + \cos aL} \right]^{\frac{1}{2}} \qquad (4-23)$$

式(4-21)和(4-23)给出了因 $z = L$ 处熔体中的温度起伏 $\Delta T_0 \sin \omega t$ 而引起的界面位置和生长速率起伏的振幅表达式。结合式(4-19)可以看出,界面位置起伏的振幅 Δz 和生长速率起伏的振幅 Δv 都是熔体中温度干扰的频率 ω 的复杂函数。为了研究熔体中温度干扰频率 ω 对 Δz 和 Δv 的影响,以直拉法锗单晶的生长为例进行了估计。所取的参量为:温度梯度 $G = 150\ ℃/cm$,熔体中温度起伏的振幅 $\Delta T_0 = 1\ ℃$,$L - z_0$ 分别取 $1\ cm$ 和 $0.5\ cm$(即温度干扰分别发生在距界面 $1\ cm$ 和 $0.5\ cm$ 处)。其计算结果表示于图 4-22 中。图中横坐标为温度起伏的周期 $\left(\tau = \frac{2\pi}{\omega} \right)$,图中实线为生长速率起伏的振幅 Δv 关于 τ 的关系曲线,虚线为界面位置起伏振幅 Δz 关于 τ 的关系曲线。

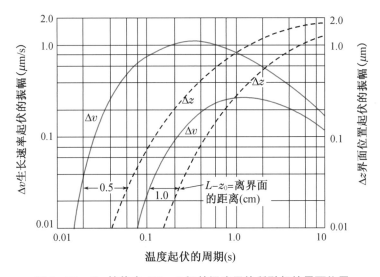

图 4-22 **Ge** 熔体中 $\Delta T_0 = 1\ ℃$ 的温度干扰所引起的界面位置
与生长速率起伏的振幅与干扰周期的关系[1]

图 4 – 22 中的虚线表明,温度干扰的周期愈小(频率愈高)界面位置起伏的振幅 Δz 愈小,这是高频温度波传播时衰减得较快的缘故(见第一章第七节)。同样的理由可以说明为什么温度起伏发生于界面前 0.5 cm 处引起的 Δz 要比 1 cm 处引起的大。

图 4 – 22 中的两条实线分别表示 $L - z_0 = 0.5$ cm 和 $L - z_0 = 1$ cm 的生长速率起伏的振幅和温度干扰周期间的关系。从这两条曲线的形状可以看到,周期太小(高频)和周期太大(低频)引起的生长速率起伏的振幅都不大,而生长速率对某一频率最敏感,这个频率类似于"共振频率",这可能对晶体生长工艺是十分重要的。可惜上述估计是定性的,还不能给出不同情况下的"共振频率"。

上述伯顿等人的处理是十分粗糙的,他们忽略了晶体和熔体间物理性质的差异,也没有考虑生长速率关于温度起伏的动力学响应,而是简单地通过(4 – 22)式将温度起伏和生长速率起伏联系起来,当然也没有考虑熔体中的液流和释放的潜热效应。赫尔(D. T. J. Hurle)等[25]改进了伯顿等的处理,虽然仍然作了一维近似,但是他们考虑了晶体与熔体在物性上的差异、生长时释放的凝固潜热的效应以及溶质浓度对凝固点的影响,利用干扰技术求解了时间相关的传热、传质的微分方程。并对半导体的典型材料 Ge 和金属的典型材料 Sn 进行了具体的估计。所得的生长速率起伏的振幅 Δv 与温度干扰频率 ω 的关系曲线和图 4 – 22 相似,曲线都具有峰值。但对掺有高浓度溶质的 Sn,曲线有出现双峰的趋势,作者认为这暗示了温度场与浓度场间存在某种"共振耦合"。

*三、溶质浓度关于生长速率阶跃的响应[26]

根据伯顿等人建立的有效分凝系数的理论,可得到相应于不同生长速率的有效分凝系数(式 2 – 24),从而得到不同生长速率下的晶体中的溶质浓度。然而伯顿等的分凝理论是求解稳态扩散方程获得的(第二章第四节之四),因而不适用于瞬态过程。如果晶体生长过程中,生长速率由 v 变化到 v_1,即生长速率产生了阶跃变化,虽然根据有效分凝理论可以预言相应于速率 v 和 v_1 的晶体中的稳态溶质浓度,却不能预言生长速率阶跃后,直到新的稳态浓度确立前的浓度变化过程。如果生长速率是瞬变的,例如是正弦式变化的,则严格地说伯顿等的有效分凝理论就完全不适用。

由此可见,长入晶体中的溶质浓度如何跟随生长速率变化而变化的问题,即溶质浓度对于生长速率起伏的响应问题,必须求解瞬态扩散方程才能获得解决。在这里我们首先考虑溶质浓度关于生长速率阶跃的响应。

对溶质浓度关于生长速率阶跃的响应的分析,是具有一定意义的。这是由于在半导体单晶体的生长过程中,曾经采用生长速率阶跃的方式以获得 p – n 结。

我们近似地认为,在固相中的溶质扩散可以忽略,在液相中扩散是溶质传输的唯一机制,即不考虑对流效应。于是,生长速率为 v 时,稳态溶质边界层中的溶质分布为式(2 – 18)所描述。今晶体的生长速率由 v 阶跃到 v_1,若 $v_1 > v$,对 $k_0 < l$ 的溶质来说,生长着的固液界面处排泄到溶液中的溶质流量将增加。于是溶质边界层中的溶质分布 $C_L(z, t)$ 将变化。

$C_L(z,t)$满足时间相关的扩散方程是

$$D\frac{\partial^2 C_L(z,t)}{\partial z^2} + v_1\frac{\partial C_L(z,t)}{\partial z} = \frac{\partial C_L(z,t)}{\partial t} \tag{4-24}$$

式中 z 为固定于固液界面上的运动坐标系。$C_L(z,t)$满足的边值条件为

$$C_L(z,t) = C_L \qquad\qquad\qquad 当 z=\infty,\ t\geqslant 0$$

$$C_L(z,t) = C_L\Big[1 + \frac{1-k_0}{k_0}\exp\Big(-\frac{v}{D}z\Big)\Big] \qquad\qquad 当 z\geqslant 0,\ t=0$$

$$\frac{\partial C_L(z,t)}{\partial z} + \frac{v_1}{D}(1-k_0)C_L(z,t) = 0 \qquad\qquad 当 z=0,\ t\geqslant 0$$

第二边值条件是在第二章第四节中得到的以恒速 v 生长时边界层中的溶质分布,即式 $(2-18)$。第三边值条件表示在任何时刻,固液界面处的溶质浓度必须为有限值。

应用拉普拉斯变换,微分方程$(4-24)$可由关于 z,t 的偏微分方程变换为关于 z 的常微分方程。今将 z 看为参量,将 $C_L(z,t)$ 关于变量 t 作拉普拉斯变换

$$\overline{C}(z,s) = \int_0^\infty C_L(z,t)\exp(-st)\mathrm{d}t$$

于是式$(4-24)$变换为

$$\frac{\mathrm{d}^2\overline{C}}{\mathrm{d}z^2} + \frac{v_1}{D}\frac{\mathrm{d}\overline{C}}{\mathrm{d}z} - \frac{s}{D}\overline{C} = -vC_L(z,0) = -vC_L\Big[1 + \frac{1-k_0}{k_0}\exp\Big(-\frac{v}{D}z\Big)\Big] \tag{4-25}$$

式$(4-25)$是带有参量 s 的常微分方程,结合相应的边值条件,可求得该方程的解,再通过拉普拉斯逆变换,可得时间相关解 $C_L(z,t)$,见附录一。这个时间相关解 $C_L(z,t)$ 就给出了任何时刻 t 的溶质边界层中的浓度分布。

由第二章可以知道,任何时刻长入晶体中的溶质浓度等于 k_0 和边界层中 $z=0$ 处的溶质浓度 $C_L(0,t)$ 的乘积。当生长速率由 v 阶跃到 v_1,由附录一可得晶体中的溶质浓度分布为

$$\frac{C_S(z_1)}{C_L} = 1 - \frac{1}{2}\mathrm{erfc}\Big(\frac{\sqrt{(v_1/D)z_1}}{2}\Big) + (1-k_0)\Bigg(\frac{\frac{1}{2}-v/v_1}{k_0-v/v_1}\Bigg)\exp\Big[-\frac{v}{v_1}\Big(1-\frac{v}{v_1}\Big)\frac{v_1}{D}z_1\Big]\cdot$$

$$\mathrm{erfc}\Big[\Big(\frac{v}{v_1}-\frac{1}{2}\Big)\sqrt{(v_1/D)z_1}\Big] + \Big(\frac{2k_0-1}{2}\Big)\Big(\frac{1-v/v_1}{k_0-v/v_1}\Big)\cdot$$

$$\exp\Big[-k_0(1-k_0)\frac{v_1}{D}z_1\Big]\mathrm{erfc}\Big[\Big(k_0-\frac{1}{2}\Big)\sqrt{(v_1/D)z_1}\Big] \tag{4-26}$$

式中 z_1 为距速率阶跃处的距离,erfc 表示余误差函数。

$$\mathrm{erfc}(y) = 1 - \mathrm{erf}(y) = \frac{2}{\sqrt{\pi}}\int_y^\infty \exp(-y^2)\mathrm{d}y$$

在式$(4-26)$中,如果将平衡分凝系数 k_0 与生长速率的阶跃比 $\dfrac{v}{v_1}$ 看作参量,则该式就表示了

无量纲函数 $C_S(z_1)/C_L$ 和无量纲变量 $\frac{v_1 z_1}{D}$ 之关系,这个关系就表征了在不同 k_0 和 $\frac{v}{v_1}$ 条件下,晶体中的溶质浓度关于生长速率阶跃的响应。今对不同参量的典型值,根据式(4-26)将无量纲函数 $\frac{C_S(z_1)}{C_L}$ 与无量纲变量 $\frac{v_1 z_1}{D}$ 的关系示于图 4-23 中。从图中的曲线可以看出,对同样的平衡分凝系数 k_0,生长速率的阶跃比 $\frac{v}{v_1}$ 越近于 1,所引起的浓度变化的峰值越小,阶跃发生后过渡到新的稳态所需的时间 t 越小,或受阶跃影响的晶体中的浓度过渡层 z_1 越小($z_1 = v_1 t$)。这是由于阶跃比愈近于 1,界面处排泄出溶质流量的变化愈小,愈易过渡到新的稳态的缘故。同样的理由可以说明,为什么在同样的阶跃下,k_0 愈近于 1,所引起的浓度变化的峰值愈低,达到新的稳态所需的时间愈少。

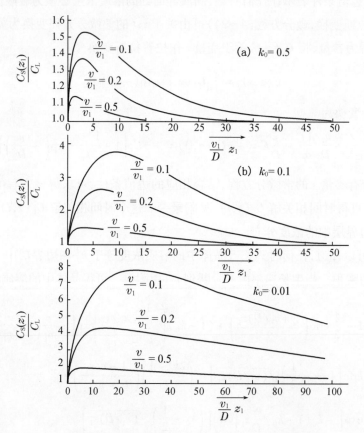

图 4-23　晶体中溶质浓度关于生长速率阶跃的影响[26]

在(4-26)式中,若 $v=0$,该式退化为

$$\frac{C_S(z_1)}{C_L} = \frac{1}{2}\left\{ 1 + \mathrm{erf}\left(\frac{\sqrt{\left(\frac{v_1}{D}\right)z_1}}{2} \right) + (2k_0-1)\exp\left[-k_0(1-k_0)\frac{v_1}{D}z_1 \right]\cdot \mathrm{erfc}\left[\frac{2k_0-1}{2}\sqrt{\left(\frac{v_1}{D}\right)z_1} \right] \right\}$$

$$(4-27)$$

由于 $v = 0$，意味着生长界面由静止状态阶跃到以速率 v_1 运动。因此式(4-27)描述了晶体以速率 v_1 开始生长时，直到生长界面建立起稳态溶质边界层之前，在这段生长初期的瞬间过程中晶体内的溶质分布。这正是我们在第二章中以(2-20)式描述的同一过程。在第二章中我们推导(2-20)式时是采用了近似方法，而这里的结果是较为严格的。现将式(4-27)和式(2-20)的函数关系图示出来，如图4-24。图中实线是根据(4-27)式描绘的，虚线是根据(2-20)式描绘的。可以看出，近似方程(2-20)和精确方程(4-27)的差异不大，其最大误差不超过20%，因而式(2-20)可以用来描述生长的瞬态过程。

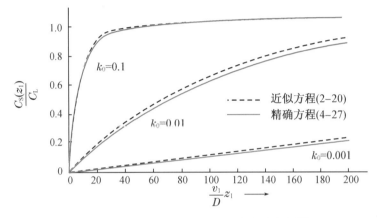

图4-24　晶体生长初期晶体中的溶质分布[26]

由本节中的讨论可以知道，晶体生长初期的瞬态过程可以理解为生长速率由零阶跃到 v_1 所引起的瞬态过程；因而晶体生长初期的溶质分布，就可理解为晶体中的溶质浓度关于上述阶跃的响应。故平衡分凝系数 k_0 对于上述响应的影响，也具有图4-23中所显示出来的性质；即 k_0 愈近于1，过渡到新的稳态所需的时间愈短。

四、溶质浓度关于生长速率周期性起伏的响应

对溶质浓度关于生长速率周期性起伏的响应的分析中，通常都是将生长速率起伏看为小振幅的正弦式的干扰。刘易斯(J. A. Lewis)[1]假设生长速率为

$$v(t) = v_0(1 + \alpha \sin \omega t)$$

其中 $\alpha \ll 1$，即生长速率起伏的振幅甚小于平均生长速率 v_0，通过求解一维时间相关的微分方程，估计出熔体中界面处溶质浓度的起伏和生长速率起伏的频率间的关系。若 δ 为溶质边界层厚度，D 为扩散系数，则 $\dfrac{\omega \delta^2}{D}$ 为生长速率起伏的无量纲角频率，今将浓度起伏与无量纲角频率的关系表示于图4-25。可以看出，随着生长速率干扰的频率增加，浓度的起伏单调地减少。这和生长速率关于温度起伏的响应(图4-22)有着明显的区别。

赫尔[25]等应用干扰技术，求解了热量和溶质的传输方程，得到了晶体中的溶质浓度关于

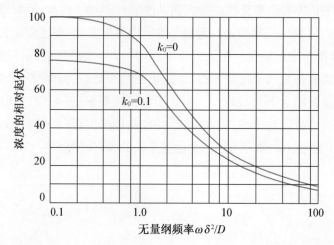

图 4-25　晶体中浓度的相对起伏与生长速率起伏的无量纲频率的关系[1]

熔体中温度周期性起伏的响应的关系式。若熔体中距固液界面为 δ_T (δ_T 为温度边界层厚度) 处的温度起伏为

$$\Delta T = \Delta T_0 \exp(\mathrm{i}\omega t)$$

则晶体中溶质浓度的响应为

$$C_S(t) = k_0 \{ C^{(0)} + |C_\omega^{(1)}| \cos(\omega t + \phi) \}$$

其中 $C^{(0)}$ 为无温度干扰时界面处的熔体中溶质浓度;$C_\omega^{(1)}$ 是熔体中出现了频率为 ω 的干扰时,界面处熔体中浓度起伏的振幅;ϕ 为响应项(浓度起伏)与干扰项(温度起伏)间的位相差。而 $C_\omega^{(1)}$ 和 ϕ 是生长系统的工艺参量与物性参量的复杂函数,其解析表达式已由赫尔求得[25]。

赫尔等虽然也考虑了液流效应,但是他们采用了边界层近似[25]。稍后威尔逊(L. O. Wilson)企图更彻底地研究液流对溶质浓度关于生长速率起伏响应的影响[27]。他通过纳维叶-斯托克斯方程、连续性方程、溶质扩散方程并结合描述溶质分凝和晶体生长、旋转、提拉的边值条件和初始条件,进行了数值计算[27]。

五、生长速率起伏对有效分凝系数的影响

我们只定性地说明晶体生长速率起伏对有效分凝系数的影响。为简明起见,我们假设生长速率起伏的模式如图 4-4(a)所示。其平均生长速率为 v_0,在上半周期 $\frac{\tau}{2}$ 内,生长速率为 $v_0 + \Delta v$,在下半周期内,生长速率为 $v_0 - \Delta v$。故上半周期内所生长的晶体层的厚度 $\frac{\tau}{2}(v_0 + \Delta v)$ 是大于下半周期内所生长的厚度 $\frac{\tau}{2}(v_0 - \Delta v)$ 的。若平衡分凝系数 $k_0 < 1$,由图 2-11 或式(2-24)可知,上半周期内晶体生长的有效分凝系数较大。虽然在一个周期内晶体生长的总厚度与以平均生长速率 v_0 生长的厚度相等,但由于上半周期内所生长的晶体层

较厚且有效分凝系数又较大,故在一周期内长入晶体的溶质总量较以 v_0 生长时在同样的 τ 内长入的溶质总量多。故有效分凝系数对一周期的时间平均值要比没有生长速率起伏时的大。

如果在上半周期内长入晶体的溶质总量为 Q_1,相应于生长速率 $v_0 + \Delta v$ 的有效分凝系数为 $k_{有效}^{(上)}$,在下半周期内长入晶体的溶质总量为 Q_2,相应于 $v_0 - \Delta v$ 的有效分凝系数为 $k_{有效}^{(下)}$,而相应于平均生长速率 v_0 的有效分凝系数为 $k_{有效}$。若溶体中平均溶质浓度为 C_L,固液界面的面积为单位面积。则在上半周期内长入晶体层的溶质总量为 $Q_1 = \left[\dfrac{\tau}{2}(v_0 + \Delta v)\right] C_L k_{有效}^{(上)}$,在下半周期为

$Q_2 = \left[\dfrac{\tau}{2}(v_0 - \Delta v)\right] C_L k_{有效}^{(下)}$。故在周期 τ 内长入晶体的溶质总量 Q 为

$$Q = Q_1 + Q_2 = \left[\frac{\tau}{2}(v_0 + \Delta v)\right] C_L k_{有效}^{(上)} + \left[\frac{\tau}{2}(v_0 - \Delta v)\right] C_L k_{有效}^{(下)} \qquad (4-28)$$

令 $\Delta k = k_{有效}^{(上)} - k_{有效} \approx k_{有效} - k_{有效}^{(下)}$。由图 2-11 和图 2-12 可知,若 $k_0 < 1$,$\Delta k > 0$;$k_0 > 1$,$\Delta k < 0$。现仍然假设 $k_0 < 1$,故

$$\begin{aligned} k_{有效}^{(上)} &= k_{有效} + \Delta k \\ k_{有效}^{(下)} &= k_{有效} - \Delta k \end{aligned} \qquad (4-29)$$

将 $(4-29)$ 式代入 $(4-28)$ 式,整理后得到在一周期内长入晶体层中的溶质总量

$$Q = \tau v_0 C_L \left(k_{有效} + \frac{\Delta v}{v_0} \Delta k \right)$$

在周期 τ 内所生长的晶体总体积为 τv_0,故在一周期内长入晶体内的平均溶质浓度 $\overline{C}_S$ 为

$$\overline{C}_S = \frac{Q}{\tau v_0} = C_L \left(k_{有效} + \frac{\Delta v}{v_0} \Delta k \right) \qquad (4-30)$$

我们定义有效分凝系数在一周期内的平均值为 $k_{有效}^*$,则

$$\overline{C}_S = C_L k_{有效}^* \qquad (4-31)$$

比较 $(4-30)$ 式和 $(4-31)$ 式,得 $\qquad k_{有效}^* = k_{有效} + \dfrac{\Delta v}{v_0} \Delta k \qquad (4-32)$

其中 $k_{有效}$ 是相应于平均生长速率 v_0 的有效分凝系数,$k_{有效}^*$ 是生长速率起伏时的平均有效分凝系数(在一周期内对时间的平均值)。由此可知,生长速率起伏会改变平均有效分凝系数,且起伏的振幅 Δv 愈大,平均生长速率 v_0 愈小,$k_{有效}^*$ 关于 $k_{有效}$ 的偏离愈大。同时,对 $k_0 < 1$,有 $\Delta k > 0$,故 $k_{有效}^*$ 将增大;对 $k_0 > 1$,有 $\Delta k < 0$,$k_{有效}^*$ 将减少。故 $k_{有效}^*$ 总是介于 $k_{有效}$ 与 1 之间。因而可以说,生长速率起伏将减少分凝作用。

我们在上述处理中作了过多的近似,如生长速率的起伏假定为图 4-4(a) 的形式;又如

我们假设当生长速率起伏时,$k_{有效}$是及时响应的,具体地说,当生长速率由 $v_0 + \Delta v$ 变为 $v_0 - \Delta v$ 时,有效分凝系数立即由 $k_{有效}^{(上)}$ 变为 $k_{有效}^{(下)}$,这些与实际情况有较大的距离。赫尔等[25]比较严格地处理了这个问题,他们所得到的主要结论与我们上述近似处理基本相符。

六、浓度响应的"截止频率"

从图 4-25 可以看到,浓度起伏的振幅随着生长速率起伏的频率的增加而减小。当频率高达一定程度,浓度起伏的振幅就趋于零,我们将这个频率称为溶质浓度响应的"截止频率"("cut-off frequency" of response of solute concentration)。下面我们来解释出现截止频率的物理原因。

我们知道,当生长速率改变时,由于固液界面处溶液中的溶质浓度 $C_L(0)$ 发生变化,参阅式(2-23),因而使长入晶体中的溶质浓度变化。然而当生长速率改变后,$C_L(0)$ 通过怎样的物理机制变化呢? 具体地说,如果 $k_0 < 1$,当生长速率减小时,则 $C_L(0)$ 也将减小,$C_L(0)$ 减小的途径是溶质边界层中过量的溶质通过扩散传输到边界层之外的溶液中。我们知道,溶质扩散到边界层之外是需要一定时间的。若溶质由固液界面通过扩散穿过边界层所需的时间为 τ^*,因而如果生长速率起伏的周期 τ 小于 τ^*,则边界层中浓度分布的变化就跟不上生长速率的变化,因而长入晶体的溶质浓度也就来不及响应。

现在我们来估计溶质通过扩散穿过边界层所需之时间 τ^*。如溶质的扩散系数为 D,溶质边界层厚度为 δ_C,于是由统计物理学中的爱因斯坦方程可得溶质原子通过无规则漂移穿过边界层所需的时间为

$$\tau^* = \frac{\delta_C^2}{D} \tag{4-33}$$

τ^* 的倒数就是截止频率。生长速率起伏的频率超过截止频率,浓度就来不及响应,晶体中的生长条纹就不明显了。现在我们通过式(4-33)来估计直拉法生长 $LiNbO_3$ 单晶时,溶质穿过边界层所需的 τ^*。如果 $LiNbO_3$ 晶体的转速为 30 r/min,根据式(2-27),可估计出 $\delta_C \approx 5 \times 10^{-3}$ cm。通常溶质的扩散系数 $D \approx 5 \times 10^{-5}$ cm²/s。故由式(4-33)可得 $\tau^* \approx 0.5$ s。这就是说,如果生长速率起伏的周期小于 0.5 s,则晶体中的浓度来不及响应,产生的生长层就不明显了。通常 $LiNbO_3$ 的提拉速率 $v_0 = 6$ mm/h,故可能观察到的生长条纹的最小间距为 $l_{min} = v_0 \cdot \tau^* = 0.85 \times 10^{-4}$ cm;而实验上观察到的生长条纹的最小间距为 $(1 \sim 4) \times 10^{-4}$ cm,和上述估计在量级上大体相符。

第五节 坩埚中液流引起的温度起伏

大量的实验研究和理论分析[12,29-30]表明,坩埚中液流引起的温度起伏是形成生长层的重要原因。因而本节将讨论液流是如产生温度起伏的。

一、液流状态与温度起伏

在晶体生长实践中,通常流体中存有自然对流与强迫对流,因而固液界面与流体间总是有宏观的相对运动的。为了便于说明问题,我们假设流体作等速运动而晶体是静止的。由于黏滞性,与固液界面直接近邻的流体层必然是静止的,随着离开界面的距离增加,流体速率逐渐增加。当距离增加到某一数值 δ_v 时,流体的速率就达到或接近于流体的原速率,这个 δ_v 就是我们在第三章中所讨论的速度边界层。在该边界层内流体速率随着接近界面而连续减小,距界面相同距离的薄层内流体的流速是相同的,流体薄层间则有相对滑动,这样的流动我们称为层流(laminar flow),如图 4 - 26(a)所示。而其流速关于距界面距离的变化如图 4 - 26(c)中下部之曲线。

在一定条件下还存在另一种形式的流动,流体的流线或迹线是无规则的、瞬变的,而且出现了许多旋涡,这种流动我们称为湍流(turbulent flow),如图 4 - 26(b)。湍流的特征是流动场中的压力、速度作无规则起伏,在图 4 - 26(c)中只画出了速率起伏的示意图。若在非等温系统中,例如远离固液界面的熔体温度高于晶体,湍流发生时,温度必然也产生无规则起伏。

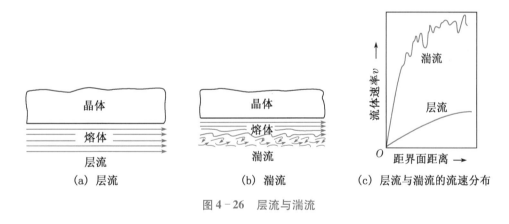

(a) 层流　　　　　　　(b) 湍流　　　　　　(c) 层流与湍流的流速分布

图 4 - 26　层流与湍流

在非等温系统中,湍流的温度、速度无规则起伏,决定于湍流中热量与动量的传输机制,这种传输机制在形式上与层流中的扩散传输机制有一定的相似性。层流中的扩散传输机制是通过分子的无规则运动进行的,分子间的无规则碰撞造成了其间的能量与动量的交换。因而层流中的热传导系数和黏滞系数是正比于分子热运动的平均自由程的。又因为热量和动量的传输是通过分子间的无规则碰撞进行的,所以这种扩散传输必然存在微观起伏,只是由于分子数很多以及碰撞频率很高,因而这种微观起伏在宏观上才不表现出来。在湍流的情况下,湍流中存在很多旋涡,这些旋涡就类似于分子动力论中的分子,旋涡作无规则运动,也具有一定的平均自由程,湍流中的热量和动量传输也是通过旋涡的无规则碰撞进行的。由于旋涡的平均自由程比分子热运动的大好几个数量级,例如氧气的湍流中旋涡的平均自由程就比氧分子热运动的大 10^5 倍或更多,于是湍流中的导热系数就比层流中的大同样倍数。显然,若坩埚中的熔体突然由层流转变为湍流,传输到固液界面的热量将急剧地增加。又由于湍流中的旋涡数比流体中的分子数少得多,其微观起伏在宏观上表现明显,因而热量和动量的传输就表现出剧烈的无规则起伏。由此可见,熔体中的液流若为湍流,固液界面邻近的温度和流速将产生无规则起伏,长成的晶体中就出现非周期性生长层。

湍流中的温度起伏决定于湍流本身的热传输机制。然而在非等温系统中,还存在引起温度起伏的其他原因。这种原因与流体运动的动力学稳定性相联系。如果流体的某种运动状态是稳定的,基于稳定性的要求,在运动中一度出现的微小干扰必须能随时间而消失。反之,如果不可避免地产生于流体中的微小干扰都会随时间而逐渐加强,则流体的该运动状态就是不稳定的。因而,非等温系统中,如果流体的运动状态不稳定,则通过干扰流动与基本流动的交互作用将产生温度起伏。

流体动力学的不稳定性是对特定的运动状态而言的。例如,一处于静止状态(即速度场恒为零的运动状态)的流体,如果其中浮力大于或等于黏滞力,则该流体的原运动状态(静止状态)就失去了流体动力学的稳定性(dynamical stability of fluid),将转变为对流状态。当然,在一定条件下层流转变为湍流,也说明了在该条件下层流是不稳定的。

如上所述,非等温系统中液流引起温度起伏的可能原因有二,其一是湍流本身的热传机制所引起的,其二是流体运动状态的不稳定性所引起的。近年来生长大尺寸的半导体或氧化物单晶,使用的坩埚的尺寸较大、熔体较深,因而在这些单晶体中发现了湍流产生的生长层。然而,流体动力学不稳定性引起的生长层却是经常碰到的,因而本节将着重讨论。

流体动力学稳定性问题的数学处理方法是,将适当类型的干扰函数迭加到流体动力学方程组的解上,然后再代入原动力学方程组,就得到一组"干扰方程",这组方程就决定了干扰的行为。目前对一些较为简单的问题,在数学处理上已经得到了十分精美的结果,例如贝纳德问题或同轴旋转柱面间的液流问题[30]。对晶体生长系统中的流体动力学的稳定性问题,由于过于复杂,无法进行严格处理,但是,可以近似地应用贝纳德问题或同轴旋转柱面间液流问题的结果,给以定性的解释。

已经阐明,流体中产生温度起伏的重要原因之一是流体动力学稳定性遭到了破坏。而造成稳定性破坏的原因是来自流体中的浮力与离心力以及表面张力梯度的干扰。现分别讨论这三个问题。

二、浮力对流体动力学稳定性的影响

流体中如果存在铅直温差,更确切地说,如果存在与重力加速度一致的温度梯度,由于热膨胀的缘故,上部流体的密度较大而下部的密度较小,于是下部流体在浮力作用下有向上位移的倾向。这就构成了对流体原运动状态的干扰,从而有破坏原运动状态稳定性的倾向,一旦原运动状态失稳将引起温度起伏。在熔体中测得的温度起伏的振幅对低熔点材料如InSb 是几摄氏度,而对高熔点材料是几十摄氏度。

显然,对给定的温度梯度,是否产生或产生多大的浮力干扰还决定于生长界面的取向。

在低熔点金属中,实验测得的固液界面取向与温度起伏的关系表示于图4-27[31]中。图中之(a)是顶部加热、底部冷却的装置,温度梯度与重力加速度方向相反,无浮力干扰,故实验测得的温度起伏最小。图中之(f)则完全相反,其温度梯度与重力加速度的方向完全一致,浮力干扰最大,故测得的温度起伏也最大。而图中之(e),温度梯度是水平的,右端温度较高的流体,上升并沿自由表面流至左端,而后沿左端下降,再沿底部流至右端,这样形成了自然对流。但是在自然对流的过程中自由表面的冷却效应也会造成与重力加速度一致的温度梯度,见图4-28,于是出现了对流体原运动状态的浮力干扰,这就产生了温度起伏,见图4-27(e)。如果固液界面倾侧,随着坩埚的倾角增加,自由表面冷却效应所形成的温度梯度在沿重力加速度方向的分量越来越小,浮力干扰也越来越小,因而温度起伏也随倾角的增加而越来越小,如图4-27中(e)~(b)。如果坩埚的倾角增加到90°,则与图中的(a)相同。

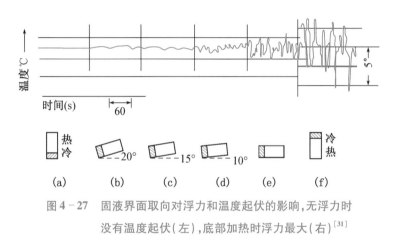

图4-27　固液界面取向对浮力和温度起伏的影响,无浮力时
没有温度起伏(左),底部加热时浮力最大(右)[31]

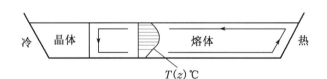

图4-28　自由表面冷却形成的浮力

由此可知,流体于重力场中,浮力是引起温度起伏的原因之一。

在晶体生长实践中,如图4-27中(a)、(e)、(f)所示的界面取向应用较多。坩埚下降法、焰熔法中固液界面的取向是和图4-27(a)一致,故无浮力干扰引起温度起伏。水平区熔法和直拉法生长晶体,其固液界面取向分别和图4-27中(e)、(f)相同,故有因浮力干扰引起的温度起伏。

由第三章第四节可以知道,非均匀浓度场中的浓度梯度同样可能产生浮力。若溶质的密度大于溶剂以及平衡分凝系数小于1,则浓度梯度对浮力的作用完全与温度梯度相同,即在坩埚下降法、焰熔法中无因浓度梯度产生的浮力干扰,而在直拉法中有浮力干扰。若溶质密度较小,或平衡分凝系数大于1则情况完全相反。但若溶质密度较小同时平衡分凝系数又大于 1,则浓度梯度的作用又与温度梯度相同。

为了进一步阐明浮力干扰引起流体不稳定的物理过程,我们介绍流体动力学的稳定性理论关于贝纳德问题处理所获的某些结论。

在处于某种运动状态的流体中,客观上总是不可避免地存在各式各样的干扰,如果该运动状态是稳定的,就要求所有的干扰都随时间而衰减。如果某一形式干扰随时间而增强,则处于该运动状态的流体是不稳定的。通常假定干扰正比于

$$\exp(\mathrm{i}\boldsymbol{k} \cdot \boldsymbol{r} + \sigma t)$$

其中 $\boldsymbol{k}$ 为干扰波的波矢量,或称波数,不同的 $\boldsymbol{k}$ 代表干扰波的不同的傅里叶分量。$\boldsymbol{r}$ 为坐标矢量。σ 是表征干扰波的振幅随时间增强或衰减的系数,通常 σ 为复数,

$$\sigma = \sigma_{\mathrm{r}} + \mathrm{i}\sigma_{\mathrm{i}}$$

干扰是增强还是衰减,实际上决定于 σ 的实数部分 σ_{r}。若 σ_{r} 为正,干扰波的振幅将随时间而增强,则流体的原运动状态是不稳定的。如果 σ_{r} 为负,干扰波的该傅里叶分量将衰减而消失,原运动状态是稳定的。

因此,如果对所有可能的 $\boldsymbol{k}$,σ_{r} 都是负的,则原运动状态对所有无限小的干扰都是稳定的,这是稳定性的必要条件。如果对某一 $\boldsymbol{k}$,σ_{r} 为正,则相应的干扰将随时间而增强,这是不稳定性的充分条件。

对底部加热或表面冷却的,水平线度甚大于铅直线度的贝纳德问题(第三章第四节之三),通过稳定性的线性干扰理论的分析,所得的结果如下。首先是,随时间的延续,干扰的发展只决定于总波数

$$k = (k_x^2 + k_y^2)^{\frac{1}{2}}$$

因而只要 k 的数值不变,k_x,k_y 可以有不同的组合。这是由于所有的水平方向都是等效的,x,y 轴的选取是任意的。其次是,σ 通常为实数,即

$$\sigma_{\mathrm{i}} = 0$$

这表明,干扰都是按指数形式连续地增长或衰减的。

如果引入无量纲波数为

$$\xi = k \cdot d$$

其中 d 为贝纳德系统的铅直线度。则线性干扰理论所得的结果表明,流体的运动状态是否稳定,不仅决定于瑞利数 $\mathscr{R}$,而且还与无量纲波数有关。对上下界面皆为刚性界面的具体结果表示如图 4-29。从图中可以看到,$\sigma = 0$ 的曲线将图面划分为稳定区($\sigma < 0$)和

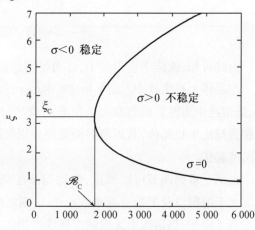

图 4-29 贝纳德对流的稳定性与 $\mathscr{R}$,ξ 的关系

不稳定区($\sigma > 0$),能够证明,这与表征流体物性的普兰托数无关。可以看出,若 $\Re$ 较小,对所有的无量纲波数 ξ,σ 都为负值,故流体的静止状态是稳定的。若 $\Re$ 较大,对某些 ξ,σ 为正值,这表明,这些干扰将逐渐增强,流体将是不稳定的。由图中可以得知,临界瑞利数 $\Re_c = 1710$。而实验观测的结果与之相符,这是线性干扰理论的成功之处。

当流体的运动状态不稳定时,线性干扰理论预言,干扰的振幅将随时间按指数律增长,如图 4-30 中虚线。但线性干扰理论中假设干扰为无限小,因而当干扰振幅增长到一定程度,非线性效应的重要性就显示出来,因此线性干扰理论只能预言干扰的初期行为。在干扰发展的后期,非线性效应愈来愈重要,这就改变了干扰随时间增长的指数规律,可能使干扰振幅的增长速率减小,如图 4-30 中曲线 A,也可能使增长速率增加,如图中曲线 B。前者可以使得流体的运动达到新的稳定状态,这种新的稳定状态的流动图像可能类似于线性理论中不稳定的流动图像,如图 3-8。

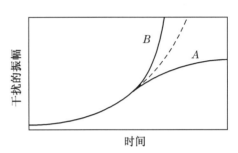

图 4-30 干扰振幅的增长关于指数率的偏离(示意图)

如图 4-29 所示,当 $\Re$ 很大时,引起流体不稳定的干扰的波数 k 可在很大范围内变化,而当 $\Re$ 略大于 $\Re_c$ 时,k 的变化范围就很小。这似乎有可能通过 k 来决定流体的对流图案。然而,即使对给定的 k,k_x,k_y 还可以取许多不同的值,只须满足 $(k_x^2 + k_y^2)^{\frac{1}{2}} = k$;不同的 k_x,k_y 的组合对应于不同的对流图案,而所有这些不同的对流图案在线性理论中出现的概率都是相等的。因此,即使当 $\Re = \Re_c$ 时,从理论上可以唯一地确定引起不稳定流动的干扰的波数 k,但不能唯一地确定对流图案。

上面指出,在贝纳德对流中,$\sigma_i = 0$ 的结果并不适用于所有的系统。若 $\sigma_i \neq 0$,干扰的振幅发展有可能出现随时间而增长的正弦形式,如图 4-31,这种情况被称为过稳态(overstability)。此时,流体中的温度将出现周期性的起伏。过稳态往往易于发生在能够产生波动的系统,例如旋转着的贝纳德系统。

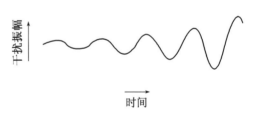

图 4-31 过稳态干扰振幅的增加

关于直拉法生长系统中坩埚内熔体的稳定性问题,仍然未能进行理论分析。因而人们往往应用贝纳德问题所获的一些结果来定性地指导工艺实践。例如为了使熔体中不产生温度起伏,希望瑞利数不超过临界值 $\Re_c$,虽然直拉法系统中 $\Re_c$ 的具体数值不知道,但根据式(3-31)可知,减小熔体深度 h 或减小熔体中铅直温差 ΔT 都能减小瑞利数。因而在通常的工艺实践中往往不采用过深的坩埚,或采用水平的液流挡板[32],其目的是减少 h;也有人在坩埚底部使用气流冷却,其目的是减少 ΔT。这些措施都取得了一定的效果。

我们下面来讨论在水平舟中生长晶体时浮力干扰所引起的温度起伏。

水平舟中生长晶体时,流体的对流如图 4-28 所示。随着水平温差的增加,温度起伏随之加剧,其实验测量结果如图 4-32 所示。可见水平温差较小时,无温度起伏,当水平温差达一临界值时开始出现温度起伏,并随着水平温差和坩埚深度的增加而加剧。对 $\frac{H}{L} \ll 1$ 的系统,测得的出现温度起伏的临界瑞利数 $\mathscr{R}_c = 5200$,这和贝纳德系统的 $\mathscr{R}_c$ 相差较大,可知前面讨论的贝纳德系统的线性干扰理论得出的结论在这里不能适用。

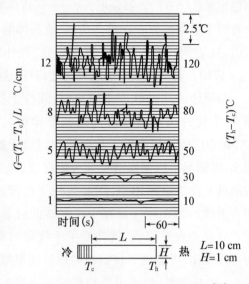

图 4-32　水平温差引起的温度起伏[31]

由式(3-31)和式(3-38)可得瑞利数与表征流体物性的普兰托数 P 间的关系

$$\mathscr{R} = \frac{g\beta h^3 \Delta T}{\nu^2} \cdot P \qquad (4-34)$$

由此可知,临界瑞利数 $\mathscr{R}_c$ 也与普兰托数有关。对一系列的高普兰托数的流体测定了其出现不稳定性的临界瑞利数,其结果表示于图 4-33 中。对低普兰托数的类金属流体,其临界瑞利数可由图中的曲线外推得到。可以看出,对给定普兰托数的流体,其临界瑞利数是在一个区间内变化,故图中存在一个转变区。

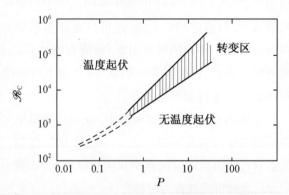

图 4-33　临界瑞利数与普兰托数间的关系[31]

由于仍然未能对水平舟中自然对流的稳定性问题作出理论处理,因此对上述实验事实还不能作出比较深入的解释,为了对上述问题有进一步理解,我们再介绍一个模拟实验。在一透明水平舟中盛有 NaCl 熔体,在长度方向有一水平温度梯度,用悬浮的铝粉来显示流动图像。当水平温度梯度较小时,流体的自然对流如图 4-28 所示。增加水平温度梯度,流速加快,到流速达到 2.5 cm/s 时,可以看到水平舟的长度方向分裂成许多胞状环流[33],如图 4-34。这种胞状环流十分类似于底部加热的水平线度甚大于铅直线度的系统中的贝纳德胞。如果再进一步增加温度梯度,可以预料胞状环流将"破

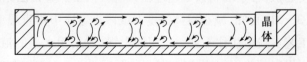

图 4-34　水平舟中的胞状环流[33]

碎"而转变为湍流。

三、离心力对流体动力学稳定性的影响

图 4-35 是直拉法拉制钨酸钙($CaWO_4$)晶体时,在晶体不同转速下测得的熔体中的温度起伏[34]。热电偶的测温点是固定在液面下 2 mm 处。当晶体不旋转时,温度起伏在2 ℃范围内,该温度起伏是由于浮力干扰而产生的。当晶体旋转时,可以看到温度起伏加剧了。当转速达 140 r/min 时,温度起伏近于 4 ℃。这种温度起伏的加剧是离心力干扰的结果。下面我们首先讨论流体转动的稳定性判据。

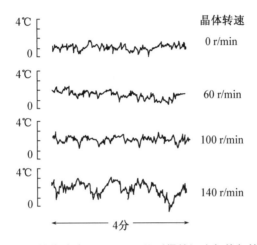

图 4-35　$CaWO_4$ 熔体的液面下 2 mm 处测得的温度起伏与转速的关系[34]

如果流体中的压力为 F、密度为 ρ,在旋转着的流体中的 r 处取一单位体元。此体元作圆周运动,其离心力为 $\rho\dfrac{v^2}{r}$,v 是体元的切向速度。如果流体运动是稳定的,必然存在一压力梯度 $-\dfrac{\mathrm{d}F}{\mathrm{d}r}$ 提供一向心力与之平衡。现考虑 r_1 处的切向速度为 v_1 的单位体元,若此体元由 r_1 位移到 $r_2(r_2 > r_1)$,由于角动量守恒,该体元达到 r_2 时,其切向速度为 $r_1 v_1/r_2$。如果该体元在新位置(r_2 处)是平衡的,它要求的向心力大小为 $\dfrac{\rho r_1^2 v_1^2}{r_2^3}$。然而 r_2 处提供的向心力为 $\rho\dfrac{v_2^2}{r_2}$(这里的 v_2 是 r_2 处之切向速度),通常不一定等于所要求提供的向心力。如果 $\rho v_2^2/r_2 > \rho r_1^2 v_1^2/r_2^3$,即 $(r_2 v_2)^2 > (r_1 v_1)^2$,则流体体元受到一使之回复到原来位置的力,使流体体元能保持原来的圆周运动,故流动对离心力干扰来说是稳定的。如果 $(r_2 v_2)^2 < (r_1 v_1)^2$,则此体元将进一步远离原位,故流动是不稳定的。我们将 rv 称为速度环流,于是我们说,如果速度环流的平方沿径向是增加的,则流动是稳定的;而如果速度环流的平方沿径向是减小的,则流动不稳定,这被称为瑞利判据。

我们推导瑞利判据时没有考虑流体的黏滞性。而流体的黏滞是有利于维持稳定流动

的。因为流体体元在离心力的作用下欲沿半径向外位移时将遭到黏滞力的阻碍。但是瑞利判据仍然适用于某些黏滞流动,例如同轴旋转柱面间的黏滞流动。因而我们可以近似地利用瑞利判据来讨论直拉法生长系统中熔体的稳定性。如果晶体的转速为 Ω_1,坩埚的转速为 Ω_2,晶体、坩埚的半径分别为 r_1,r_2,故当 $(\Omega_1 r_1^2)^2 > (\Omega_2 r_2^2)^2$ 时,流体是不稳定的,特别是晶体旋转而坩埚静止时。如果坩埚旋转而晶体静止,则流体是稳定的。如果晶体与坩埚反向旋转,至少有部分流动场中的流体是不稳定的。实际上由于黏滞力对流体的稳定性是有贡献的,转速低于某临界值时,流体还是稳定的。

由于导致流体不稳定的临界转速是与流体的物性参量和系统的几何参量有关。于是我们利用转速、物性参量、几何参量的无量纲组合来描述流体的稳定性,这个无量纲组合通常称为泰勒数(Taylor number)。于是只要两系统中的流动具有动力学的相似性,其临界泰勒数就相同。

对不同类型的系统,其泰勒数的表达式是不同的,对同轴旋转柱面间的黏滞流体,其泰勒数为

$$T = \frac{r_0 d^3}{v^2}(\Omega_1^2 - \Omega_2^2) \tag{4-35}$$

其中 r_0 为内、外柱面的平均半径,d 为内、外柱面的半径差,Ω_1,Ω_2 分别为内、外柱面的转速,v 为运动黏滞系数。对旋转的贝纳德系统,泰勒数为

$$T = \frac{4\Omega^2}{v^2}h^4 \tag{4-36}$$

其中 Ω 为贝纳德胞的转速,h 为贝纳德系统的流体深度。和瑞利数一样,泰勒数也是描述流体稳定性的线性干扰方程中的一个系数。由于直拉法生长系统中熔体的稳定性问题,未能进行理论分析,故不能确切地给出直拉法生长系统中的泰勒数。由于直拉法生长系统与上述两系统比较接近,因而人们利用式(4-35)或(4-36)来估计直拉法生长系统中的泰勒数。

有人称泰勒数为无量纲转速。实际上,泰勒数是具有非稳倾向的离心力与稳定倾向的黏滞力的比值。泰勒数具有一临界值,系统的泰勒数低于此临界值时,流动是稳定的。泰勒数达到此临界值时,系统处于临界状态,此时离心力与黏滞力相互抵消,系统的原运动状态将失去其稳定性。由此可见,从理论上和实验上去精确估计泰勒数的临界值是十分重要的。

由于流体动力学的稳定性理论,即使是线性干扰理论,其数学也是十分复杂的。但对同轴旋转柱面间狭窄间隙中的黏滞流体已经进行过彻底的计算。所获得的理论与实验结果表示于图4-36[35]。图中曲线是流体由稳定流动到不稳定流动的转变曲线。在曲线之上为不稳定流动的区域,曲线之下为稳定流动的区域。曲线的右支(Ω_2 为正值),相当于两同轴柱面同向旋转,它以 $\Omega_2 r_2^2 = \Omega_1 r_1^2$ 为渐近线,此渐近线即瑞利的速度环流判据。可知瑞利判据可近似地用于这种类型的黏滞流动。实际上瑞利判据只给出了同轴柱面间同向旋转的稳定性的充分条件,而非必要条件。对于所给类型的运动,增大雷诺数,即意味着 $\frac{\Omega_1 r_1^2}{v}$ 和 $\frac{\Omega_2 r_2^2}{v}$ 作同样

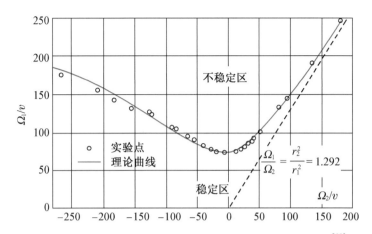

图 4-36　同轴旋转柱面间黏滞流动稳定性理论与实验对比[35]

倍数的增大,在图 4-36 中,即相当于沿着通过原点并具有一定斜率的直线向上移动。在图的右边,所有适合于$(\Omega_2 r_2^2/\Omega_1 r_1^2)>1$的直线都不与不稳定区域相交。相反地,所有适合于$(\Omega_2 r_2^2/\Omega_1 r_1^2)<1$的直线,在充分地增大雷诺数后,必然落在不稳定区域中。在图的左边(即Ω_1与Ω_2异号),所有过原点并具有一定斜率的直线都将与不稳定区域相交,即对任意比数$(\Omega_2 r_2^2/\Omega_1 r_1^2)$,运动都可以变为不稳定。这些都与前面定性的结果相符。

当给定了几何参量,例如图 4-36 中$\dfrac{r_2^2}{r_1^2}=1.292$,对任意运动黏滞系数$\nu$的流体,对不同的$\Omega_2$,可由实验求得出现不稳定流动的临界$\Omega_1$,于是在图 4-36 中得到一实验点。对不同的$\Omega_2$求出不同的临界$\Omega_1$,将这些实验点都描绘到图 4-36 中。由图可以看出,干扰理论所得到的结果与实验符合得很好。

理论计算与实验测得的第一临界泰勒数:$T_c=1706$。于是当实际系统中的泰勒数小于 1706 时,同轴旋转柱面间的黏滞流动是稳定的。流体质点都绕轴作圆周运动,同一层柱面上的流体质点的运动状态相同,于是同轴流体在柱面间作相对滑动,这种流动称科艾迪层流(Couette laminar flow)。

当泰勒数超过 1706,流动进入不稳定区域,流动的图像如图 4-37 所示。此时流体中出现旋涡,旋涡的轴是以$r_0=\dfrac{1}{2}(r_1+r_2)$为半

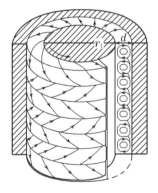

图 4-37　同轴旋转柱面间黏滞流动的泰勒旋涡,外柱面静止,内柱旋转,$T>1706$

径的圆周,旋涡中的流体一面绕旋涡轴旋转,一面绕柱面的转轴旋转。相邻两旋涡中的流体绕旋涡轴转动的方向相反。这就称为泰勒旋涡。

当泰勒数进一步增加并大于第二临界泰勒数 $T_C = 160000$ 时,流动转变为湍流。

若上述系统是非等温系统,当泰勒数超过第一临界泰勒数 $T_C = 1706$ 时,就产生温度起伏。

四、表面张力对流体动力学稳定性的影响

人们早就认识到,表面张力梯度不仅能引起液体的对流,而且它对液流状态的干扰,还会引起流体动力学的不稳定性。但是直到人们可以在微重力条件下做实验,表面张力的这种效应才在晶体生长领域中引起人们的注意。这是由于在空间实验室(skylab)进行的晶体生长实验中,基本上抑制了浮力干扰,因而表面张力的干扰被明显地暴露出来。

如果熔体自由表面的表面张力是均匀的,则表面张力既不会引起熔体流动,也不会干扰熔体的运动状态。但是如果熔体的自由表面存在表面张力梯度,这就等价于表面受到切应力的作用,于是表面的熔体将沿着表面张力梯度方向流动。

熔体表面张力的大小与温度有关,一般说来温度越高表面张力越小(见第七章第一节)。由此可见,沿自由表面的温度梯度将引起表面张力梯度。熔体的表面张力还和溶质浓度有关,对铁熔体的实验测量表明,0.02% 的溶质(如氧、硫或硒)能使其表面张力降低 25%。因而沿自由表面的浓度梯度也能引起表面张力梯度。

在微重力场的条件下,我们考虑具有水平温差的熔体,如图 4-28,可以看出,在水平舟的冷端表面张力较大而热端表面张力小,于是表面的流体自热端流向冷端。这和重力场中水平温差引起的自然对流完全一致。实际上在重力场中我们在上述装置中所观察到熔体对流是浮力和表面张力联合驱动的。

在微重力场的条件下,我们再来考虑底部加热的贝纳德系统(水平线度甚大于铅直线度),如果受到某种干扰使得自由表面上某处的温度较高,则该处的表面张力较小,于是该处的表面流体辐向流出。而下部的温度更高的流体垂直向上填补其空隙,这就使得该处的表面张力更小,辐向流动加剧。可以看出,上述过程中原来的温度干扰被放大了。在实验上已经观察到上述过程可以产生如图 3-8 所示的六方胞的排列,而且这种六方胞比浮力引起的六方胞更规则。

由此可见,在重力场中浮力干扰与表面张力干扰是强烈耦合的。对贝纳德系统,两种机制引起的不稳定性的理论分析表明[36],当马兰哥尼数(Marangoni number)

$$M_a = -\frac{\Delta Th}{\nu\kappa} \cdot \frac{\partial\gamma}{\partial T} \tag{4-37}$$

超过临界值时,流体将产生动力学的不稳定性。上式中 ΔT 为铅直温差,h 为流体深度。在重力场中临界马兰哥尼数约为 80。马兰哥尼流动的临界波长(胞的尺寸)与浮力引起的贝纳德胞的尺寸非常接近。

对比马兰哥尼数(式 4-37)与瑞利数(式 3-31),可以看出,前者与 h 成比例,后者与 h^3 成比例。故在铅直温差 ΔT 相同的条件下,若铅直深度 $h < 1$ cm,改变熔体运动状态主要是表

面张力作用,若 $h > 1$ cm,则为浮力作用。

前面已经提及,理论预言在重力场中的临界马兰哥尼数约为80。在微重力场(如在空间实验室中,其重力加速度约为地面的万分之一)中,临界马兰哥尼数应该较小。"阿波罗"14号宇宙飞船上的实验表明,其临界马兰哥尼数确实较理论预言的有所降低。但是无论在空间或是在地面上,精确地完成马兰哥尼流动的实验是比较困难的,这是由于熔体的表面张力对于其中的溶质浓度是十分敏感的。

第六节　液流引起温度起伏的抑制

已经介绍了一些抑制或减小液流中温度起伏的方法。例如,使温度梯度沿重力加速度方向的分量减小,即适当地选择固液界面的取向。又如尽量避免使用过深的坩埚、使用水平的液流挡板,或是使用气流冷却埚底的方法来减小与重力一致的温度梯度。这些方法都取得了一定的效果。本节中讨论一些别的方法,即利用磁场或旋转场的方法来抑制温度起伏。

一、洛伦兹力场的应用

若流体体元具有电荷为 e,体元的速度为 $\boldsymbol{v}$,该体元在强度为 $\boldsymbol{H}$ 的磁场中运动,则此流体体元所受的洛伦兹力(Lorentz force),$\boldsymbol{f}$ 为

$$\boldsymbol{f} = \frac{e}{c}\,\boldsymbol{v} \times \boldsymbol{H} \tag{4-38}$$

由上式可以看出,洛伦兹力 $\boldsymbol{f}$ 恒与 $\boldsymbol{v}$,$\boldsymbol{H}$ 正交。由 $\boldsymbol{v}$ 和 $\boldsymbol{f}$ 正交的性质可以推知,对恒定 $\boldsymbol{v}$ 的流体体元,在恒磁场中,其运动轨迹是在一平面上的圆周。一般说来,洛伦兹力将流体限制在与 $\boldsymbol{H}$ 垂直的平面上运动。

由于湍流中存在旋涡,这些旋涡作无规则运动,而洛伦兹力场,既妨碍了旋涡的产生,又限制了旋涡的无规则运动。故使熔体处于足够强的磁场中,就能抑制湍流的产生,因而能消除相应的温度起伏。

如果所加的磁场方向与温度梯度平行,则洛伦兹力或是将流体限制在水平面内流动以阻碍铅直温差引起的自然对流,或是将流体限制在某铅直平面内以阻碍水平温差引起的自然对流。因而可将洛伦兹力阻滞自然对流的效果归结为"磁场增加了流体的磁黏滞性(magnetic viscosity)"。在磁流体动力学中常用哈特曼数(Hartmann number)来表征这个效应。哈特曼数 M 的定义为

$$M^2 = \left(\frac{\sigma}{\rho\nu}\right)(\mu H L)^2 = \frac{\text{单位体积中的磁黏滞力}}{\text{单位体积中的黏滞力}} \tag{4-39}$$

式中 μ 为磁导率,H 为磁场强度,σ 为电导系数,ρ 为密度,ν 为运动黏滞系数,L 为特征线度。故 M 大于1就意味着磁黏滞力占优势。

增加了流体的磁黏滞力,就提高了表征自然对流开始发生的临界瑞利数。临界瑞利数

可表示为[31]

$$\mathscr{R}_c \approx \pi^2(aM)^2 \qquad (4-40)$$

其中 a 为表征坩埚几何参量的纵横比。

现以实例来说明洛伦兹力场抑制温度起伏的效应。

一水平舟中盛有熔融的铝(Al),熔体深度为 1 cm,水平温度梯度为 28.6 ℃/cm,在铅直方向加一磁场,实验测得的温度起伏的振幅与磁场强度的关系曲线示于图 4–38[37]。可以看出,未加磁场时,温度起伏的振幅近于 4 ℃,随着磁场强度增加,温度起伏减小,由实验曲线可以看出,如果磁场强度达到 250 Gs,可完全消除温度起伏。

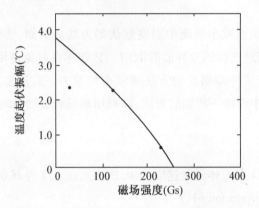

图 4–38 水平舟中的温度起伏与磁场强度[37]

一类似于坩埚下降法的装置[31],如图 4–39(a)所示。其中 A–A 为磁铁,B 为坩埚中的熔体(上部)和晶体(下部),C 为加热器,D 为保护磁铁的绝热装置。由图 4–39(b)可以看出,当磁场强度达 800 Gs 时,无自然对流也没有温度起伏。当磁场减小到 400 Gs 时,出现了过稳态,温度起伏表现为规则的正弦振荡。磁场进一步减小,温度起伏的不规则性增加。及至磁场强度为零,则表现为自然对流引起的无规则温度起伏。

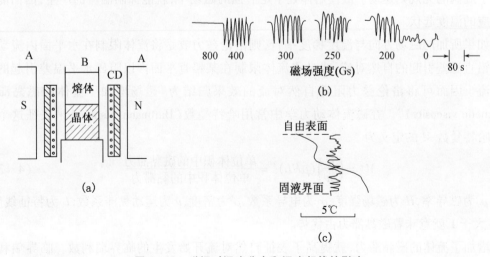

图 4–39 磁场对温度分布和温度起伏的影响

　　磁场抑制了自然对流,因而也抑制了热量的对流传输,在熔体中将建立起较大的温度梯度,这一点也为实验测量所证实。如图4-39(c)所示,在未加磁场时,由于热量的对流传输,使得熔体自固液界面到自由表面,其平均温度几乎相等;同样由于对流,温度出现无规则起伏。如果加800 Gs的磁场,对流被抑制了,温度分布为一光滑曲线,而且建立起较大的与重力场一致的温度梯度。所以能建立起这种产生浮力的温度梯度而不产生自然对流,完全是由于磁场增加了流体的黏滞性。

　　用磁场消除温度起伏从而消除相应的生长层的方法,已经应用于金属和半导体的晶体生长。

二、科里奥利力场的应用

　　旋转着的运动流体上所受的科里奥利力(Coriolis' force)可表示为

$$f = 2m\boldsymbol{v} \times \boldsymbol{\Omega} \tag{4-41}$$

式中$\boldsymbol{v}$为流体体元的速度矢量,$\boldsymbol{\Omega}$为角速度矢量,m为流体体元的质量。对比式(4-41)与(4-38),可以看出,科里奥利力与洛伦兹力具有完全相似的性质。因而科里奥利力必然也和洛伦兹力一样,能够抑制自然对流的产生以及提高表征流体不稳定的临界瑞利数。同轴旋转柱面间的实验证实了这个关系,其实验结果如图4-40所示[31],可以看出临界瑞利数$\mathcal{R}_c$与旋转速度$\boldsymbol{\Omega}$的平方成正比。图3-40还将实验测得的临界瑞利数与磁场强度的结果表示出来。其结果和预期的相同,$\mathcal{R}_c$也是和磁场强度的平方成正比。这就表明旋转场中的$\boldsymbol{\Omega}$与磁场中的$\boldsymbol{H}$相对应,关于这个对应关系,我们对比式(4-41)与(4-38)也可以得到。从图4-40中还可以得到一个有趣的结论,即1 000 Gs的磁场,其抑制自然对流的效果与7 r/min旋转场的效果相当。值得注意的是,使用旋转场来抑制自然对流时,必须防止离心力干扰引起流体的不稳定性。对同轴旋转柱面间流体来说,必须适当地选取Ω_1,Ω_2以避免落到图4-36中的不稳定区内。

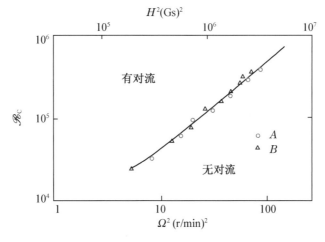

图4-40　临界瑞利数与旋转速度和磁场强度的关系

最后将生长层形成的原因小结于下图中：

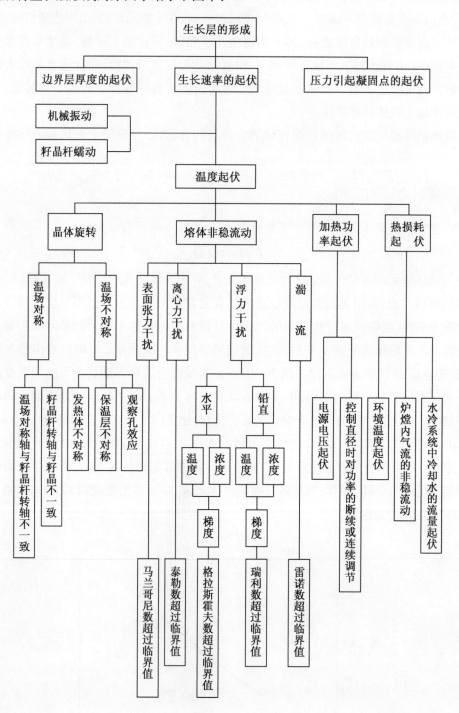

附录一 生长速率阶跃的条件下扩散方程的解

生长速率由 v 到 v_1 的阶跃发生后$(v_1 > v)$，溶质边界层中的溶质分布所满足的时间相关的扩散方程为

$$\frac{\partial^2 C_L(z,t)}{\partial z^2} + \frac{v_1}{D}\frac{\partial C_L(z,t)}{\partial z} = \frac{1}{D}\frac{\partial C_L(z,t)}{\partial t} \qquad (4-24)$$

边值条件为

$$C_L(z,t) = C_L \qquad\qquad 当\ z=\infty, \quad t \geq 0 \qquad (4-42)$$

$$C_L(z,t) = C_L\left[1 + \frac{1-k_0}{k_0}\exp\left(-\frac{v}{D}z\right)\right] \qquad 当\ z \geq 0, \quad t=0 \qquad (4-43)$$

$$\frac{\partial C_L(z,t)}{\partial z} + \frac{v_1}{D}(1-k_0)C_L(z,t) = 0 \qquad 当\ z=0, \quad t \geq 0 \qquad (4-44)$$

将 $C_L(z,t)$ 关于变量 t 作拉普拉斯变换

$$\overline{C}(z,s) = \int_0^\infty C_L(z,t)\exp(-st)\mathrm{d}t$$

于是式(4-24)变换为

$$\frac{\mathrm{d}^2\overline{C}}{\mathrm{d}z^2} + \frac{v_1}{D}\frac{\mathrm{d}\overline{C}}{\mathrm{d}z} - \frac{s}{D}\overline{C} = -vC_L\left[1 + \frac{1-k_0}{k_0}\exp\left(-\frac{v}{D}z\right)\right] \qquad (4-25)$$

方程(4-25)的特解为

$$\overline{C} = \frac{C_L}{s} - C_L\frac{(1-k_0)}{k_0}\frac{\exp\left(-\frac{v}{D}z\right)}{(v/D)(v-v_1)-s}$$

因而取试探解为

$$\overline{C} = A\exp(-az) + \frac{C_L}{s} + C_L\frac{1-k_0}{k_0}\frac{\exp\left(-\frac{v}{D}z\right)}{s-(v/D)(v-v_1)} \qquad (4-45)$$

上式中 A,a 为待定常数。利用边值条件(4-44)的拉普拉斯变换式

$$\left[\frac{\mathrm{d}\overline{C}}{\mathrm{d}z} + \frac{v_1}{D}(1-k_0)\overline{C}\right]_{z=0} = 0$$

可得

$$A\left[\frac{v_1}{D}(1-k_0)-a\right] + \frac{v_1}{D}(1-k_0)\frac{C_L}{s} + \frac{C_L(1-k_0)}{Dk_0}\cdot\left[v_1(1-k_0)-v\right]\frac{1}{s+(v/D)(v-v_1)} = 0$$

由上式可得 A 的表达式

$$A = \frac{C_L(1-k_0)}{(aD/v_1)-(1-k_0)}\left[\frac{1}{s} - \frac{1}{k_0}\left(\frac{v}{v_1}-1+k_0\right)\frac{1}{s+(v/D)(v_1-v)}\right]$$

将试探解代入(4-25)式,可得

$$a = \frac{1}{2}\frac{v_1}{D} + \sqrt{\frac{1}{D}\left(s + \frac{v^2}{4D}\right)^{\frac{1}{2}}}$$

将 A, a 的表达式代入试探解(4-45)中得

$$\overline{C} = \frac{C_{\mathrm{L}}(1-k_0)v_1\sqrt{1/D}\exp[-(1/2D)v_1 z]\exp\left[-\sqrt{1/D}\left(s+\frac{v_1^2}{4D}\right)^{\frac{1}{2}}z\right]}{s\left\{\left[\frac{1}{2}-(1-k_0)\right]v_1\sqrt{1/D}+\left(s+\frac{v_1^2}{4D}\right)^{\frac{1}{2}}\right\}} - \frac{1}{k_0}\left[\frac{v}{v_1}-(1-k_0)\right]\cdot$$

$$\frac{C_{\mathrm{L}}(1-k_0)v_1\sqrt{1/D}\exp[-(1/2D)v_1 z]\exp\left[-\sqrt{1/D}\left(s+\frac{v_1^2}{4D}\right)^{\frac{1}{2}}z\right]}{\left[s+\frac{v}{D}(v_1-v)\right]\left\{\left[\frac{1}{2}-(1-k_0)v_1\right]\sqrt{1/D}+\left(s+\frac{v_1^2}{4D}\right)^{\frac{1}{2}}\right\}} + \frac{C_{\mathrm{L}}}{s} +$$

$$\frac{C_{\mathrm{L}}(1-k_0)}{k_0}\frac{\exp[-(v/D)z]}{s+(v/D)(v_1-v)} \tag{4-46}$$

运用拉普拉斯逆变换将 $\overline{C}$ 变换为 $C_{\mathrm{L}}(z,t)$,就得任意时刻溶质边界层中的溶质分布

$$\frac{C_{\mathrm{L}}(z,t)}{C_{\mathrm{L}}} = 1 + \frac{1-k_0}{k_0}\exp\left\{-\frac{v}{D}\left[z+(v_1-v)t\right]\right\} +$$

$$\frac{1-k_0}{2k_0}\exp\left[-\left(\frac{v_1}{D}\right)z\right]\mathrm{erfc}\left[\frac{1}{2}\sqrt{\frac{1}{Dt}}(z-v_1 t)\right] - \frac{1}{2}\mathrm{erfc}\left[\frac{1}{2}\sqrt{\frac{1}{Dt}}(z+v_1 t)\right] -$$

$$\frac{1-k_0}{2k_0}\left[\frac{v}{v_1}-(1-k_0)\right]\frac{\exp\left[-\frac{1}{D}(v_1-v)(z+vt)\right]}{k_0-\frac{v}{v_1}}\cdot\mathrm{erfc}\left\{\frac{1}{2}\sqrt{\frac{1}{Dt}}\left[z+(2v-v_1)t\right]\right\} -$$

$$\frac{1-k_0}{2k_0}\exp\left\{-\left(\frac{v}{D}\right)\left[z+(v_1-v)t\right]\right\}\cdot\mathrm{erfc}\left\{\frac{1}{2}\sqrt{\frac{1}{Dt}}\left[z-(2v-v_1)t\right]\right\} +$$

$$\frac{2k_0-1}{2k_0}\cdot\frac{1-v/v_1}{k_0-v/v_1}\cdot\exp\left[-(1-k_0)\left(\frac{v_1}{D}\right)(z+k_0 v_1 t)\right]\cdot$$

$$\mathrm{erfc}\left\{\frac{1}{2}\sqrt{\frac{1}{Dt}}\left[z+(2k_0-1)v_1 t\right]\right\} \tag{4-47}$$

为了检验上式的正确性,我们可以看到:

在上式中令 $t=\infty$,则 $\qquad \frac{C_{\mathrm{L}}(z,t)}{C_{\mathrm{L}}} = 1 - \frac{1-k_0}{k}\exp\left(-\frac{v_1}{D}z\right)$

这和(2-18)式相同。如令 $v_1=v$,上述解亦退化为稳态分布。而当 $z=\infty$, $C_{\mathrm{L}}(\infty,t)=C_{\mathrm{L}}$。

在式(4-47)中令 $z=0$,并以 $\frac{z_1}{v_1}$ 代替 t,再乘以 k_0 就得阶跃后晶体中的浓度和距离的关系

式(4－26)即

$$\frac{C_{S}(z_{1})}{C_{L}} = 1 - \frac{1}{2}\text{erfc}\left(\frac{\sqrt{(v_{1}/D)z_{1}}}{2}\right) + (1 - k_{0})\frac{\frac{1}{2} - v/v_{1}}{k_{0} - v/v_{1}}\exp\left[-\frac{v}{v_{1}}\left(1 - \frac{v}{v_{1}}\right)\frac{v_{1}}{D}z_{1}\right] \cdot$$

$$\text{erfc}\left[\left(\frac{v}{v_{1}} - \frac{1}{2}\right)\sqrt{\left(\frac{v_{1}}{D}\right)}z_{1}\right] + \frac{2k_{0} - 1}{2} \cdot \frac{1 - v/v_{1}}{k_{0} - v/v_{1}}\exp\left[-k_{0}(1 - k_{0})\left(\frac{v_{1}}{D}\right)z_{1}\right] \cdot$$

$$\text{erfc}\left[\left(k_{0} - \frac{1}{2}\right)\sqrt{\left(\frac{v_{1}}{D}\right)}z_{1}\right] \qquad (4-26)$$

参考文献

[1] Bridgers H E, Scarf J H, Shive J N. Transistor Technology[M]. Van Nostrand, 1958：107.

[2] Dikhoff J A M. Solid State Electron[M]. 1960, 1：202.

[3] Witt A F, Gatos H C. J Electronchem Soc, 1968, 115：70.

[4] Gatos H C. J Electronchem Soc, 1975, 122：287.

[5] Damen J P, Robertson J M. J Cryst Growth, 1972, 16：50.

[6] Görnert P, Hergt R. Phys Stat Sol, 1973, 20(a)：577.

[7] Görnert P, Bornmann S, Hergt R. Phys Stat Sol, 1976, (a)35：347、538；37：505.

[8] Singh R, Witt A F, Gatos H C. J Electronchem Soc, 1968, 115：112.

[9] Rooijmans C J M. Crystals[M]. Spring-Verlag, 1978.

[10] 闵乃本,洪静芬,冯端. 科学通报(外文版),1980,25:208.

[11] Rooijmans C J M. Crystals[M]. Spring-Verlag, 1978, 51.

[12] Carruthers J R. J Cryst Growth, 1976, 36：13.

[13] Azouni M A. J Cryst Growth, 1977, 42：405.

[14] Ming N B. Advanced Materials, 1999, 11：1079.

[15] Zhu S N, Zhu Y Y, Ming N B. Science, 1997, 278：843.

[16] Xu P, Ji S H, Zhu S N, et al. Phys Rev Lett, 2004, 93：133904.

[17] Ming N B, Facets, 2003, 2(1)：8.

[18] Zhu Y Y, Ming N B. Optical and Quantum Electronics, 1999, 31：1093.

[19] Ming N B, et al. J Materals Science, 1982, 17：1663.

[20] 闵乃本,洪静芬,冯端. 物理学报,1982,31:104.

[21] 闵乃本,洪静芬,孙政民,等. 物理学报,1981,30:1672.

[22] Zhu S N, et al. J Appl Phys, 1995, 77：5481.

[23] Lu Y Q, et al. Science, 1999, 284：822.

[24] Chen J, et al., J Appl Phys, 1989, 66：336.

[25] Hurle D T J, Jakeman E, Pike E R. J Cryst Growth, 1968, 3/4：633.

[26] Smith V G, Tiller W A, Rutter J W. Can J Phys, 1955, 33：723.

[27] Wilson L O. J Cryst Growth, 1978, 44：371；1980, 48：435, 451.

[28] Hurle D T J, Jakeman E. J Cryst Growth, 1969, 5: 227.

[29] Ueda R, Mullin J B. Crystal Growth and Characterization[M]. North Holland, 1975: 107.

[30] Chandrasekhar S. Hydrodynamic and Hydromegnatic Stability[M]. Clarandon, 1961.

[31] Cole G S. Solidification[M]. A S M, 1971: 201.

[32] Whiffin P A C, Brice J C. J Cryst Growth, 1971, 10: 91.

[33] Peiser H S. Crystal Growth[M]. Pergaman, 1967: 201.

[34] Brice J C. J Cryst Growth, 1968, 2: 395.

[35] Rosenhead L. Laminar Boundary Layers[M]. Clarendon, 1963: 492.

[36] Smith K A. J Fluid Mech. 1966, 24: 401.

[37] Peiser H S. Crystal Growth. Pergaman, 1967: 651.

第五章　　界面稳定性和组分过冷

晶体生长过程中界面是否稳定,涉及晶体生长过程是否能人为控制,也涉及长成后的晶体中的溶质分布。可以说,只有平坦而且稳定的界面才能长出质量合格的晶体。

生长过程中界面是否稳定,还涉及晶体的形态。晶体的形态问题是一个十分复杂而未能彻底解决的问题,自然界中存在各式各样的美丽的雪晶,就体现了形态的复杂性。过去人们只从几何结晶学、热力学和生长动力学去解释晶体形态,而自从默林斯(Mullins)和塞克加(Sekerka)[1-2] 提出界面稳定性(interface stability)理论后,人们能系统地从稳定性理论去研究晶体形态。二十世纪六十、七十年代,界面稳定性理论是晶体生长领域中的一个十分活跃的分支。

在晶体生长过程中,如果晶体-流体界面是一平坦界面(本章所说的平坦界面是广义的,包括非折皱的弯曲界面),假设在某些偶然因素(如局部温度或浓度的起伏)的干扰下,在界面上长出些凸缘,如果随着生长过程的延续,这些凸缘自动消失,则这种平坦界面在生长过程中是稳定的。如果随着生长过程的延续,这些偶然产生的凸缘愈来愈大,或是这些凸缘保持一稳定的尺寸,则我们说原平坦界面在生长过程中是不稳定的,即界面失稳(interfacial instability),或者说其稳定性被破坏了。

界面稳定性理论实质上是将研究流体动力学稳定性的一套数学方法引用来研究晶体生长过程中界面的稳定性。我们知道,如果晶体生长过程是被热量传输或质量传输所控制的,在原则上可以求出满足热量或质量传输方程及其边值条件的界面的几何形状。过去都认为,晶体生长过程中界面的实际形状都与此保持几何上的相似,例如,如果界面为一球面,则生长过程中只是球的半径的增加,又如界面为一椭球面,则生长过程中只是椭球的长短轴按比例地增加而轴比不变。然而,如果在求得的界面上叠加一形状干扰函数,就是说假定界面上出现一些凸缘,将受干扰后的界面方程代入传输方程及其边值条件中,就能得到一组干扰方程及其边值条件,这组干扰方程的解就能告诉我们这些凸缘在生长过程中是随时间的推延而长大还是消失,如果是前者,则界面是不稳定的,如果是后者,则界面就是稳定的。

如果我们只着重讨论溶质浓度对界面稳定性的影响,这就是组分过冷理论。如果我们基于干扰方程较为严格地讨论界面的稳定性,这就是界面稳定性的动力学理论。在本章中我们首先定性地介绍有关界面稳定性的基本概念,然后系统地讨论组分过冷理论,最后再讨论界面稳定性的动力学理论。

第一节 界面稳定性的定性描述

一、温度梯度对界面稳定性的影响

我们在本节中首先定性地讨论温度梯度、溶质浓度梯度以及界面能对界面稳定性的影响。

假设固液界面原为一平面,我们来考虑温度分布对平界面稳定性的影响。在固液界面前沿的熔体中,其温度分布通常可以设想有三种形式,如图 5-1(a)、(b)、(c)所示。一种是越离开界面温度越高,这就是说温度梯度是正的,由于我们假设固液界面的温度为凝固点 T_m,故熔体的温度高于凝固点,因而我们称熔体为过热熔体,如图 5-1(a)。第二种温度分布如图 5-1(b)所示,温度梯度是负的,熔体为过冷熔体。第三种温度分布的特征是,熔体中的温度不是单调地改变,虽然远离固液界面的熔体仍为过热熔体,但是在固液界面邻近却出现了一个狭小的过冷区,如图 5-1(c)。

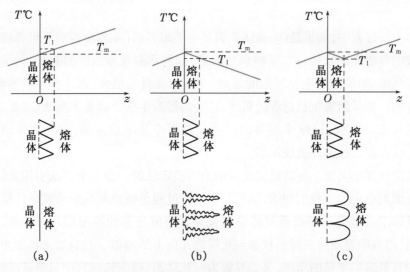

图 5-1 温度梯度对界面稳定性的影响

对过热熔体来说,如果在偶然的因素干扰下在平坦固液界面上出现某些凸缘,由于温度梯度是正的,因而这些凸入熔体内部的凸缘尖端处于更高的温度 T_1,即 $T_1 > T_m$,见图 5-1(a)之上图。于是凸缘尖端的生长速率明显地下降,或是被后面的固液界面所追及,或是被熔化掉,因而凸缘消失,界面恢复平坦。这就是说,当熔体中温度梯度为正值时,平界面是稳定的。只有当界面在稳定的条件下,晶体生长速率才是可以控制的(调整工艺参量控制界面向熔体中推进的速率),这是人工生长晶体的情况。如果熔体中温度梯度是负的,则因干扰而产生的凸缘其尖端处于较低的温度 T_1,即 $T_1 < T_m$,见图 5-1(b)之上图,因而凸缘尖端的生长速率更高,凸缘愈来愈大,于是原先平坦界面上就出现了很多尺度不断增长的凸

缘,我们说这种情况下平坦界面是不稳定的。在上述情况下凸缘尖端的生长速率越来越大,生长变得不可控制了;同时凸缘本身也会因干扰而出现分支,这是枝晶生长(dentritic growth)的情况,如图5-1(b)之下图。在第三种温度分布的情况下,由于固液界面前沿存在一狭窄的过冷区,因而在平坦界面上因干扰而出现的凸缘能够保存,但是由于远离固液界面处的熔体仍为过热熔体,这些凸缘又不能无限制地发展,故可保持一稳定的尺寸。此时界面的几何形状就像在平坦界面上长出了很多胞,故称胞状界面(cellular interface),如图5-1(c)之下图所示。在这种情况下,平坦界面是不稳定的,而胞状界面却是稳定的。在直拉法生长晶体时,如果固液界面邻近的温度分布不合理,例如出现了如图5-1(c)之上图的温度分布,就可能出现胞状界面。

二、浓度梯度对界面稳定性的影响

从前面的讨论中,我们知道如果熔体中温度梯度是负的,平坦的固液界面是不稳定的;而如果熔体中温度梯度是正的,平坦的固液界面就是稳定的界面。

但是如果我们考虑了溶质浓度梯度的影响,即使熔体中温度梯度是正的,平坦界面也不一定是稳定的固液界面。在熔体中不同温度梯度的情况下,不同的溶质浓度梯度对平坦界面稳定性的影响如何,具体情况需要具体分析。我们先来定性地讨论溶质浓度梯度对平坦界面稳定性的破坏作用。

如果熔体中的温度分布如图5-2(a),可知其温度梯度是正的,如果没有溶质影响,平坦界面当然是稳定界面。但是如果熔体中存在平衡分凝系数 $k_0 < 1$ 的溶质,在晶体生长的同时,这些溶质不断地被排泄出来形成溶质边界层,溶质边界层中溶质分布如图5-2(b)所示。分凝系数 $k_0 < 1$ 的溶质的第二个效应是,溶液(熔体)的凝固点随溶质浓度增加而降低,如图5-2(c)所示。由于溶质边界层中溶质浓度随距界面的距离 z 的增加而减小,故边界层中的凝固点也将随 z 的增加而上升。边界层中凝固点关于距离 z 的变化表示于图5-2(d)中。在 $z=0$ 处,边界层中浓度最高,其值为 $C_L(0)$,见图5-2(b);相应的凝固点 $T(0)$ 也是最低,见图5-2(c)、(d);此后随着 z 的增加由于溶质浓度降低,故凝固点随之升高,至 $z=\delta$ 处,浓度达到平均浓度 C_L,故其凝固点也升高到相应的 T_m。在边界层外,浓度是均匀的,故其凝固点也恒为 T_m。

在晶体生长过程中,我们首先假定固液界面温度为凝固点 T_m,这样晶体才能继续生长。当溶质边界层建立后,界面处溶液的凝固点由原来的 T_m 降低到 $T(0)$,于是界面不能继续生长。我们可调整加热功率,将界面温度降至 $T(0)$,则晶体继续生长。通常将界面温度降至 $T(0)$ 时,并不改变坩埚中熔体内的温度梯度,因而温度梯度仍为正值,且大小不变。如果熔体中没有溶质边界层,熔体中任何处的凝固点都是恒定的,如果实际温度分布具有正温度梯度,则只有界面温度为凝固点,而熔体中都高于凝固点,因而熔体处于过热状态,且过热的程度随离界面的距离 z 而增加,故界面是稳定的。如果熔体中存有溶质,当溶质边界层建立后,在边界层内各点的凝固点不等,如图5-2(d)所示,虽然界面实际温度仍为凝固点,而且当离

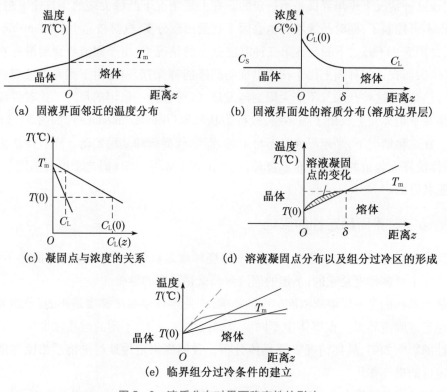

图5-2　溶质分布对界面稳定性的影响

开界面进入熔体时,熔体的实际温度上升,但在图5-2(d)之阴影线的区域内,熔体的实际温度却低于凝固点,这意味着熔体处于过冷状态,这样平坦界面上因干扰产生的凸缘,其尖端处于过冷度较大的熔体中,因而其生长速率比界面快,凸缘不能自动消失,于是平坦界面的稳定性被破坏了。原来固液界面前沿的过热熔体,因溶质(第二组分)的出现而产生一过冷区,这种因组分变化而产生的过冷现象被拉特(J. W. Rutter)和查默斯(B. Chalmers)称为组分过冷(constitutional supercooling)[3]。

组分过冷在晶体生长中是十分重要的现象,1937年斯米尔诺夫斯基(Smialowski)发现这一现象[4];在二十世纪五十年代查默斯等人进行了系统的研究[5],并提出了组分过冷的概念。组分过冷现象和枝晶生长都是推动界面稳定性理论发展的主要实验依据。

发生组分过冷与如图5-1(c)所示的温度非正常分布十分类似,在固液界面前沿都存一狭窄的过冷区,而远离界面处的熔体都是过热的。因而在这两种情况下平坦界面都是不稳定的,都将转变为胞状界面。然而特别值得注意的是,上述两种情况下产生胞状界面的原因在本质上是完全不同的,前者由于溶质改变了溶液的凝固点以及溶质边界层的形成,后者由于实际温度的反常分布。

负温度梯度(图5-1(b))与组分过冷同样能破坏平坦界面的稳定性,但两者也有明显的不同。负温度梯度(图5-1(b))的情况下,整个熔体处于过冷态,界面上的凸缘能自由地高速地向熔体中伸展,生长难以人为地控制。而组分过冷的情况下,由于组分过冷区有一定的厚度(约等于溶质边界层的厚度),因而凸缘只能被限制在组分过冷区内。

三、界面能对界面稳定性的影响

固液界面在偶然因素干扰下产生凸缘,因而增加了固液界面的面积,这就使固液界面的总界面能增加了。我们知道,界面能的增加提高了系统的自由能,而系统的自由能有减小的趋势,于是固液界面面积就趋于缩小,这将促使平坦界面上的凸缘趋于消失,因而界面能对稳定性是有贡献的。理论分析表明,如果干扰较小(在干扰初期),凸缘的尺寸小于微米数量级,则界面能对界面稳定性的贡献较大。如果凸缘已经长大了,其尺寸超过微米数量级,则表面能的作用就不大了。

第二节　组分过冷形态学

本节中我们讨论组分过冷的形态学(morphology of constitutional surpercooling),即讨论胞状界面的几何特征及其对晶体中溶质分布的影响。

一、胞状界面

在上节中已经讨论过,在出现组分过冷后,平坦界面的稳定性遭到破坏,它将转变为胞状界面。我们现在进一步讨论胞状界面的形成过程,即平坦界面上的干扰是如何发展为胞状界面的。

我们考虑一生长速率为各向同性的生长系统,如果在固液界面前沿,已经形成了组分过冷层,于是平坦界面在干扰下产生了一系列的凸缘,如图5-3(a)。对 $k_0 < 1$ 的溶质,随着晶体生长,在界面前沿不断地排泄溶质。由于凸缘不仅沿原生长方向(纵向)生长着,而且在垂直于原生长方向(横向)也生长着,于是不仅在纵向而且在横向都排泄溶质,这就

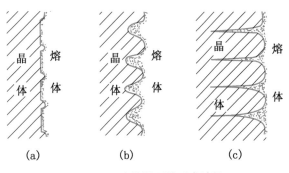

图5-3　胞状界面的形成过程

称为"三维分凝"。三维分凝的结果使相邻凸缘间沟槽内的溶质增加得比凸缘尖端更为迅速,而沟槽中的溶质扩散到"大块"熔体中的速度又较凸缘尖端小,于是沟槽中溶质浓集,图5-3(b)。我们知道对 $k_0 < 1$ 的溶质,其溶液的凝固点随浓度增加而降低,因而使沟槽不断加深,在一定的工艺条件下,界面可达一稳定的形状,如图5-3(c)。此后的晶体生长就是该稳定的胞状界面以恒速向熔体中推进。

亨特(J. D. Hunt)、杰克逊(K. A. Jackson)和布朗(H. Brown)[6] 在具有温度梯度的显

微镜热台上,直接观察了四溴化碳(CBr_4)晶体生长时胞状界面的形成过程。掺有微量溶质的四溴化碳熔体是在间距约 25 μm 的两盖玻片之间结晶的。他们所观察到的平坦界面转变为胞状界面的实际过程,就和我们上面所描述的过程十分相似。如图 5-4 所示的胞状界面的照片,可以看出它和图 5-3(c)中的示意图十分一致。

如果熔体中未掺溶质,由于温度的反常分布而在界面前沿形成了狭窄的过冷区,在这种情况下也会产生胞状界面。这是由于在该狭窄的过冷区内,必然存在一最大过冷度,这相应于最低温度的位置,见图 5-1(c)。在从界面到最大过冷度的区间内,凸缘尖端的纵向生长速率必然大于凸缘本身的横向生长速率,这就可能形成胞状界面。但是由于在凸缘间没有溶质浓集的效应,因此不能形成较深的沟槽。

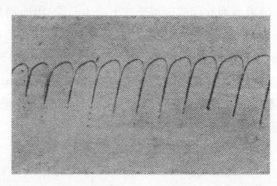

图 5-4 微量掺杂的四溴化碳晶体生长时的胞状界面[6]

如果我们沿着生长方向(例如提拉方向)观察胞状界面的形成过程,就能发现干扰所产生的凸缘的初始分布决定了胞状界面的几何形态。我们仍然讨论生长速率各向同性的晶体的胞状界面的形成。如果干扰所产生的凸缘是按二维密排点阵分布的,如图 5-5(a),由于生长速率是各向同性的,每个凸缘都是一正圆锥体;如沿生长方向观察,凸缘的生长是按同心圆的形式向外扩展的,如图 5-5(b)、(c);在圆锥体间浓集溶质,形成较深的沟槽,当相邻的圆锥相交后继续生长——就形成了胞状界面上六方网状的沟槽,图 5-5(d)。赫拉韦尔

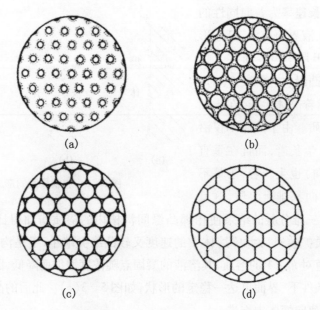

(a)   (b)

(c)   (d)

图 5-5 干扰按二维密排点阵分布则形成具有六方沟槽的胞状界面

（A. Hellawel）在研究掺有 0.1% Sn 的 Pb 的组分过冷时,观察到具有六方网状沟槽的胞状界面,他摄取的照片如图 5-6 所示,可以看出,与图 5-5(d)十分相似。

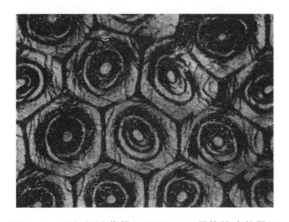

图 5-6　用倾倒法获得 **0.1% Sn-Pb** 晶体的胞状界面

（Chritian J W. The Theroy of Transformation in Metals and Alloy. Pergamon ,1965：574）

如果干扰所生的凸缘是按二维正方点阵分布的,则将产生具有正方网状沟槽的胞状界面;同样,如果凸缘是无规则分布的,则胞状界面上的沟槽也是无规则的,如图 5-7 所示。由此可见,胞状界面的形态决定于干扰产生的凸缘的初始分布。

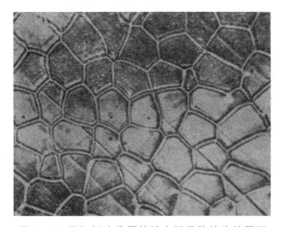

图 5-7　用倾倒法获得的掺杂铝晶体的胞状界面

（Woodruff D P. The solid-Liquid interface. Cambrige university press, 1973：84）

二、胞状组织

我们已经说过,在一定的工艺条件下胞状界面可达一稳定的形状,此后的晶体生长将是此稳定的胞状界面以恒速向熔体中推进。我们又知道,若晶体的生长速率是各向同性的,如果干扰所生的凸缘是按二维密排点阵分布的,胞状界面将是由六方网状的沟槽分割开来的胞,而沟槽中的溶质浓集。在这样的界面向熔体中推进时所长成的晶体中,溶质的分布是很不均匀的。相应于网状沟槽所长成的晶体,其中溶质浓集;而相应于胞之中心所长成的晶体,其中溶质贫乏。在这样的晶体中,六角柱面状的溶质浓集的边界将晶体划分成许多六角柱体。这种在晶体中由浓集的溶质所勾画出来的亚组织称为胞状组织(cellular structure);这种显微组织是斯米尔诺夫斯基首先发现的,因而有时被称为斯米尔诺夫斯基组织;又因为其显微形态很像蜂窝,故又称为蜂窝状组织。值得注意的是,胞状组织是溶质偏聚形成的,而其晶格仍是连续的,亦即仍然可以是单晶体。

胞状界面和胞状组织是组分过冷现象的主要特征,而胞状界面是产生胞状组织的原因,胞状组织是生长时胞状界面在晶体中留下的后果。由于胞状界面的几何形态决定于干扰所生凸缘的初始分布,因而胞状组织的形态也与凸缘的初始分布有关。例如,如果干扰所生凸缘是按二维正方点阵分布的,则胞状组织就是正方柱体;如果干扰所生凸缘是无规则分布的,则胞状组织就是形状不规则的正棱柱体。

上面讨论的是 $k_0 < 1$ 的溶液系统的组分过冷。对 $k_0 > 1$ 的系统,同样会产生胞状界面和胞状组织。不过在这种情况下,在胞状界面上的沟槽内不是溶质浓集而是溶质贫乏,因而在晶体中的胞状组织是由溶质贫乏的边界勾画成的许多正棱柱体构成的,在棱柱体中溶质浓集。

*三、各向异性对形态的影响

某些晶体,特别是氧化物晶体,在熔体生长过程中出现了明显的生长速率的各向异性,这主要决定于晶体生长系统的热力学性质和界面的微观结构(见第七、九章)。如果考虑到晶体生长速率的各向异性,一般说来,干扰所生的凸缘将不是圆锥体而是角锥体,例如沿

<0001>生长的铌酸锂晶体,其凸缘是三角锥体[7],见图 5-8。如果干扰所生的凸缘是按二维密排点阵分布的,这些凸缘是正三角锥体,则沿生长方向观察,凸缘的生长是按同心等边三角形的形式向外扩展。凸缘相交后就形成了具有三次对称的正十二边形的沟槽,沟槽中同样浓集了溶质,见图 5-9(a)。于是相应的胞状组织中的胞是具有三次对称轴的十二边形的正棱柱体。由此可见,生长速率的各向异性对胞状界面与胞状组织的形态的影响是很大的。因而同样按

图 5-8 沿〈0001〉生长的铌酸锂晶体的胞状界面[7]

二维密排点阵分布的凸缘,对各向同性的晶体,其胞状界面上的沟槽呈六方网络状;而对三次对称的生长速率,其沟槽将是三次对称的正十二边形构成的网络,其胞状组织也产生了相应的差异。同样,若凸缘按二维正方点阵分布,各向同性生长将产生正方网格的沟槽和正方棱柱体的胞;而对三次对称的生长速率,将不产生闭合的胞,溶质浓集的边界构成三叉形,图

5-9(b)。上面讨论的是各向异性生长的一个特例,若晶体生长具有别的对称性,则根据上述原则可以推知其胞状界面和胞状组织的粗略的形态。

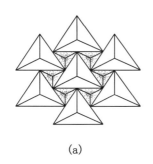

(a)

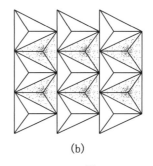

(b)

图 5-9　各向异性对胞状界面和胞状组织的影响[7]

四、间歇式胞状组织

以上讨论的是在稳态生长条件下形成的胞状界面和胞状组织。然而在晶体生长的实践中经常遇到生长条件周期性或间歇式的变化。如果在生长过程中间歇式地产生组分过冷,就可能在晶体中出现间歇性的胞状组织。

图 5-10 就是我们在生长铌酸锂单晶体时观测到的间歇性的胞状组织[7]。由于 $LiNbO_3$ 是透明晶体,在溶质浓集的边界处的溶质,脱溶沉淀为第二相粒子,这就勾画出胞状组织的空间形态。在具有间歇式胞状组织的透明晶体中,不透明的胞状组织与透明的晶体交替地出现,因而称为云层。我们曾对 $LiNbO_3$ 晶体中的云层进行了显微观测,发现云层具有组分过冷所产生的胞状组织的一切特征,例如在垂直于提拉方向的断

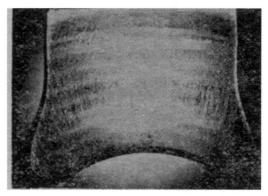

图 5-10　铌酸锂晶体中的间歇式胞状组织[7]

面上表现为网络状,在平行于提拉方向的断面上表现为平行条纹,而在云层间的晶体却是完好的,从而断定云层是间歇式的胞状组织。

五、溶质尾迹

在胞状界面上的沟槽内,充满了溶质浓集的熔体,如果组分过冷严重,则沟槽就较深。在沟槽深处虽然温度较低,但由于其中溶液的浓度较高、溶液的凝固点较低因而仍能保持液态。在生长工艺参量起伏的影响下,有可能将这些浓度较高、凝固点较低的溶液封闭在晶体中。根据温度梯度区熔原理(第二章第五节之五),这些浓度高的熔体,在晶体中的温度梯度场中,将沿着温度梯度方向爬行。爬行的结果造成了晶体中溶质的再分布,在爬行过的路径

上留下了溶质浓集的痕迹,这被称为
溶质尾迹(solute trails),其典型的图
像如图 5‑11 所示[7]。这些爬行着
的熔体,或是由于爬行的速率小于晶
体的提拉速率,或是在爬行过程中遇
到了温度起伏,最后终于凝固。如果
晶体的密度小于熔体,这些封闭在晶
体中的熔体凝固时将出现真空的空
洞,这些现象在我们研究 LiNbO₃ 和
YAG 的组分过冷时都曾观测到。

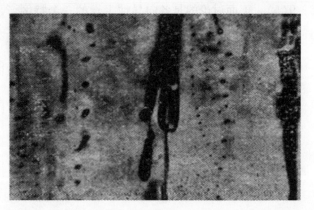

图 5‑11　铌酸锂晶体中的溶质尾迹[7]

六、研究组分过冷形态学的实验方法

上述关于组分过冷形态学的理论已被用多种实验方法所证实。"倾倒法"可直接将生长
过程中的固液界面保存下来,这种方法是在生长过程中快速地将晶体和熔体分离。在水平
舟中生长晶体时,可快速地倾倒坩埚将熔体倒去,在直拉法生长中可快速地将晶体从熔体中
拉脱。这样获得的固液界面上,虽然黏附了一层液膜,却真实地反映了具有近于宏观尺寸的
胞状界面的形态。倾倒法是研究不透明晶体或高熔点晶体的胞状界面形态的最直接的方
法,图 5‑6、5‑7、5‑8 都是用倾倒法获得的固液界面拍摄的。对低熔点透明晶体可在显微
镜热台上生长,借助于显微镜或全息显微镜可直接观察到界面在生长过程中的形态。图
5‑4 就是用这种方法所观察到的胞状界面的图像。

如果用放射性同位素作为溶质,对在组分过冷条件下长成的晶体进行自射照相的研究,
可以显示胞状组织的形态。晶体中浓集溶质的脱溶沉淀也可用来显示透明晶体中的胞状组
织。此外,所有可用来对晶体中溶质分布进行微区分析的实验工具,例如电子探针、离子探
针、扫描电镜中的能谱分析,都可用来研究胞状组织中溶质分布的三维形态(对不同取向的
切片进行分析)。

第三节　产生组分过冷的临界条件

晶体生长过程中出现了组分过冷,晶体中就形成了胞状组织。在具有胞状组织的晶体
中,溶质偏聚十分严重,因而这样的晶体往往是废品。故从事人工晶体生长的工作者都十分
关心如何改变工艺条件以控制组分过冷的出现。为此我们进一步讨论产生组分过冷的临界
条件。

一、工艺参量与物性参量的影响

在第一节中我们已经了解到,由于在固液界面前沿形成了溶质边界层,改变了溶质边界

层内熔体的凝固点,使得在固液界面前沿形成了狭窄的过冷区(图5-2(d)中的阴影区),过冷区内熔体的实际温度低于凝固点,因而产生了组分过冷。如果我们提高固液界面处熔体中的温度梯度,即增加温度分布曲线的斜率,使之与凝固点曲线相切,如图5-2(e)中虚线所示,这样就能保证在溶质界层内熔体的实际温度高于其凝固点,于是就不会出现组分过冷。这样,温度分布曲线在固液界面处与凝固点曲线相切的条件就给出了产生组分过冷的临界条件(critical conditions for constitutional supercooling)。下面我们就来导出这一临界条件的数学表达式,从而建立工艺参量、物性参量与组分过冷的定量关系。

我们先来导出在溶质边界层中凝固点分布曲线的表达式。在这里我们假设熔体中溶质的传输机制只是扩散。我们在第二章中已经给出了溶液凝固点关于溶质浓度的表达式(2-1)以及边界层中溶质浓度关于坐标位置的表达式(2-18),只需将(2-18)式代入(2-1)式就能得到边界层中凝固点分布曲线的表达式

$$T(z) = T_0 + mC_{\mathrm{L}}\left\{ 1 + \frac{(1-k_0)}{k_0}\exp\left(-\frac{v}{D}z \right) \right\} \tag{5-1}$$

$T(z)$关于z求微商,并令$z=0$,可得凝固点曲线在固液界面处的斜率

$$\left. \frac{\mathrm{d}T(z)}{\mathrm{d}z} \right|_{z=0} = \frac{mC_{\mathrm{L}}(k_0-1)v}{Dk_0} \tag{5-2}$$

通过在第一章中关于一维稳态温场的分析,得知在固液界面前沿的狭窄区域内,温度分布曲线可以近似地看为直线,如(1-33-b)式所示。令温度分布曲线的斜率为G,于是在固液界面处,温度分布曲线的斜率G与凝固点分布曲线的斜率$\left. \dfrac{\mathrm{d}T(z)}{\mathrm{d}z} \right|_{z=0}$相等,就给出了产生组分过冷的临界条件,即

$$G = \frac{mG_{\mathrm{L}}(k_0-1)v}{Dk_0}$$

通常将产生组分过冷的条件表示为

$$\frac{G}{v} < \frac{mC_{\mathrm{L}}(k_0-1)}{Dk_0} \tag{5-3}$$

这个关系式是蒂勒(W. A. Tiller)等人首先(1953)导出的[8]。式之左边是可以调节的工艺参量,即生长速率v以及熔体内界面处的温度梯度G。式之右边是溶液中溶质的平均浓度C_{L}(在工艺实践中C_{L}决定于对晶体性能的要求,是不能任意调节的参量)以及生长系统的物性参量(液相线斜率m、溶质的平衡分凝系数k_0、溶质在溶液中的扩散系数D)。

对确定的溶液系统,式(5-3)的右边为一常数。当固液界面前沿的温度梯度G和生长速率v的比值小于此常数时,就将产生组分过冷。或者说G越小、v越大,越易产生组分过冷。

对不同的溶液系统,溶质浓度C_{L}越小、溶液相线斜率$|m|$越小、扩散系数D越大、平衡分凝系数k_0越近于1,则式(5-3)右边的常数越小,越不易产生组分过冷。在极限情况下,若$C_{\mathrm{L}}=0$,即熔体中无溶质,或$k_0=1$,即无分凝现象,则式(5-3)右边为零,故不管$\dfrac{G}{v}$的大小如

何,(5-3)式都不能成立,都不产生组分过冷。

研究平坦界面向胞状界面的转变,从实验上可定量地检验产生组分过冷的临界条件——式(5-3)。例如,拉特[9]在1955年研究了铅为溶剂、锡为溶质的溶液系统,对不同的 C_L 从实验上求出了转变为胞状界面 G/v 的临界比值,其结果表示于图5-12中,可以看出,其实验点基本上在一直线上。另一方面,从理论关系式(5-3)可以看出,G/v 和 C_L 的关系是一直线,此直线的斜率为 $\dfrac{m(k_0-1)}{Dk_0}$;从 Sn-Pb 相平衡图上可以得到 m 和 k_0 的数值,锡在铅熔体中的扩散系数(温度为232℃)$D=2\times10^{-5}\,\text{cm}^2/\text{s}$,由此可估计出斜率 $\dfrac{m(k_0-1)}{Dk_0}$。结果表明与实验求得的 $(G/v)-C_L$ 的斜率定量地相符。许多作者完成了类似的实验,在含银、金、锡的铅中($k_0<1$)以及在含铅、铋、锑的锡中($k_0>1$)都得到了和理论相一致的结果。

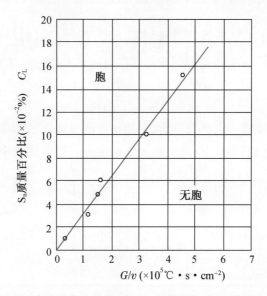

图 5-12　组分过冷临界条件的实验验证,圆圈为实验点,直线为理论曲线[9]

下面我们进一步估计组分过冷层的厚度。从图5-2(d)中可以看出,组分过冷层的厚度是凝固点曲线和温度分布曲线(直线)交点的坐标。于是我们由(5-1)式和(1-33-b)式可得

$$1-\exp\left(-\frac{v}{D}z\right)=\frac{k_0 Gz}{mC_L(k_0-1)} \tag{5-4}$$

式(5-4)的异于零的实数解就给出了组分过冷层的厚度。

举一例证,我们将锡为溶质、铅为溶剂的计算结果[8]表示于图5-13。从图中可以看出,当温度梯度 $G=30$ ℃/cm,生长速率 $v=0.002$ cm/s,组分过冷层厚度为零,即不出现组分过冷;而 $v=0.005$ cm/s,厚度为 3.6×10^{-2} cm;$v=0.017$ cm/s,厚度为 5×10^{-2} cm。可知当 G 不变时,v 越大则组分过冷层越厚。同样可以看出,当 v 不变时,G 越大则组分过冷层越薄,例如,$v=0.017$ cm/s 时,$G=225$ ℃/cm,厚度为零;$G=30$ ℃/cm,厚度为 5×10^{-2} cm;$G=$

15 ℃/cm,厚度为 10.2×10^{-2} cm。

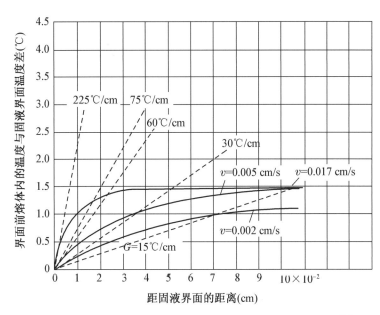

图 5-13 不同 G, v 的含 Sn 的 Pb 熔体的组分过冷层的厚度[8]

二、对流传输的影响

上面所讨论的组分过冷理论——式(5-3),只适用于溶质扩散是唯一传输机制的情况。现在来考虑对流(包括强迫对流和自然对流)对产生组分过冷的临界条件的影响。

如果考虑到熔体中的对流传输,则我们引用第三章第九节中的边界层近似。即认为在边界层内溶质的传输仍为扩散,边界层之外由对流的强烈影响使溶质完全均匀分布。而对流效应完全表现在对溶质边界层厚度 δ 的影响上。

我们仍然先导出在熔体中存在对流的条件下边界层中凝固点分布曲线。十分类似,我们只需将(2-22)式代入到(2-1)式中就能得到

$$T(z) = T_0 + m\left[C_S + (C_L - C_S)\exp\left(\frac{v}{D}\delta - \frac{v}{D}z\right) \right]$$

代入 $C_S = k_{有效} \cdot C_L$ 可将上式中的 C_S 消去,于是得凝固点分布曲线为

$$T(z) = T_0 + mC_L\left[k_{有效} + (1 - k_{有效})\exp\left(\frac{v}{D}\delta - \frac{v}{D}z\right) \right] \tag{5-5}$$

上式和(5-1)式同样表示了界面前沿熔体的凝固点分布曲线,但(5-1)式表示溶质扩散是唯一传输机制时凝固点的分布,而(5-5)式是考虑了对流和扩散时的凝固点分布。

对(5-5)式求微商,并令 $z=0$,可得界面处熔体中凝固点分布曲线的斜率

$$\frac{dT(z)}{dz}\bigg|_{z=0} = -\frac{mvC_L}{D}(1 - k_{有效})\exp\left(\frac{v}{D}\delta\right)$$

代入 $k_{有效}$ 的表达式(2-24),化简后得

$$\left.\frac{\mathrm{d}T(z)}{\mathrm{d}z}\right|_{z=0} = \frac{mvC_{\mathrm{L}}(k_0-1)}{D\left[k_0+(1-k_0)\exp\left(-\frac{v}{D}\delta\right)\right]} \tag{5-6}$$

同样,根据第一章中关于一维稳态温场的分析,得知在固液界面前沿的狭窄区域内,温度分布曲线可近似地看作直线,其斜率(温度梯度)为 G。于是固液界面处温度分布曲线的斜率 G 与凝固点分布曲线的斜率 $\left.\frac{\mathrm{d}T(z)}{\mathrm{d}z}\right|_{z=0}$ 相等,就给出了产生组分过冷的临界条件

$$G = \frac{mC_{\mathrm{L}}(k_0-1)}{D\left[k_0+(1-k_0)\exp\left(-\frac{v}{D}\delta\right)\right]} \cdot v$$

或将产生组分过冷的条件表示为

$$\frac{G}{v} < \frac{mC_{\mathrm{L}}(k_0-1)}{D\left[k_0+(1-k_0)\exp\left(-\frac{v}{D}\delta\right)\right]} \tag{5-7}$$

对给定的溶液系统,对确定的对流状态,式(5-7)右边为一常数。当熔体中温度梯度 G 与生长速率 v 之比值小于此常数时,将出现组分过冷,这相当于图5-2(d)中温度分布曲线(直线)与凝固点分布曲线相交的情况。式(5-7)是赫尔(D. T. J. Hurle)于1961年导出的[10]。

(5-7)式是(5-3)式的推广,由于溶体中溶质只通过扩散传输时,其溶质边界层的厚度趋于无穷。故只需令 $\delta \rightarrow \infty$,式(5-7)就还原为式(5-3)。

在(5-7)式中液流状态对组分过冷的影响主要通过边界层厚度 δ 反映出来;因而(5-7)式适用于任何液流状态,包括自然对流、强迫对流以及同时存在自然对流和强迫对流的状态。但关键在于必须求出不同工艺情况下(即不同的液流状态)溶质边界层的表达式,才能应用(5-7)式分析具体问题。在第三章第九节中我们已经得到了直拉法旋转晶体下溶质边界层厚度的近似表达式。例如对斯密特数较大的流体,如氧化物熔体,根据式(3-88)有

$$\delta = 1.61D^{\frac{1}{3}}v^{\frac{1}{6}}\omega^{-\frac{1}{2}}$$

由上式和(5-7)式可以看出晶体旋转引起的强迫对流是如何影响产生组分过冷的临界条件的。显然,转速越大,溶质边界层厚度 δ 越小,(5-7)式右边的常数越小,越难产生组分过冷。在生长 Nd:YAG 时,由于 Nd 的 $k_0=0.16$,故易出现组分过冷,因而生长这种体晶时,晶体的转速较高,其目的之一是使 δ 较小,以抑制组分过冷的出现。

从(5-7)式同样可以看到不同变量对组分过冷的影响。例如,生长速率 v 越小、溶质浓度 C_{L} 越小,越能避免组分过冷。对不同的溶液系统,平衡分凝系数 k_0 越近于1,液相线斜率 $|m|$ 越小,溶质扩散系数 D 越大,越可避免组分过冷。

第四节 组分过热(熔化界面的稳定性)

理论和实验的研究表明,熔化界面也存在稳定性问题。在纯物质的生长系统中,液相中

的负温度梯度使平坦界面变得不稳定。十分类似,在纯物质的熔化系统中,固相中正温度梯度使平坦界面不稳定。

在稀溶液的生长系统中,为了说明生长界面的不稳定性,引入了组分过冷的概念。十分类似,在稀固溶体的熔化系统中,熔化界面的不稳定性也可用组分过热(constitutional superheating)来解释。

我们在处理生长问题时,忽略了固相中溶质的扩散,这是由于溶质在固相中的扩散系数甚小以及浓度梯度为零(稳态分凝)的缘故。在熔化过程中,固液界面邻近固相中存在很大的浓度梯度,故虽然扩散系数很小,扩散仍然必须考虑(扩散流量密度为浓度梯度与扩散系数的乘积)。

熔化过程中,若熔区为半无限长,熔化过程进行得无限缓慢,于是液区中的溶质浓度可以认为恒为 C_L。在 $k_0 < 1$ 的溶液系统中,在固液界面处必有 $\dfrac{C_S}{C_L} = k_0 < 1$,故在界面处固相中必存在一溶质贫化的边界层,见图 5 − 14。

同样,固溶体的熔化点决定于固相中的溶质浓度,因而在固液界面邻近的溶质边界层内,固溶体的熔化点是随位置而显著变化的。其熔化点的分布如图 5 − 15 中的虚线。图 5 − 15 中的实线(直线)是熔化界面邻近的温度分布。可以看出,在熔化界面前沿的固相中,存在实际温度高于熔化点的狭窄区域,如图中阴影线所示区域。该区域中固溶体处于过热状态,此过热区是由于组分改变了固溶体的熔化点而产生的,因而称为组分过热。

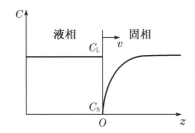 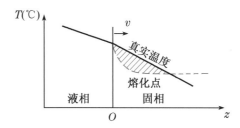

图 5 − 14　固溶体熔化时的溶质分布　　　图 5 − 15　固溶体熔化时的组分过热

界面前沿虽然存在过热区,但界面上的实际温度仍为熔化点。当界面上出现干扰时,干扰所生的凸缘(是"液相凸缘")将在过热区内迅速长大,故将使原平坦的熔化界面转变为胞状熔化界面。此时光滑界面的稳定性被破坏了。

为了得到产生组分过热的临界条件,可进行完全类似的推导。即首先分析一维稳态浓度场求得边界层中固溶体内的浓度分布,类似于式(2 − 18),再通过相图中固相的熔化点与浓度的关系,类似于(2 − 1)式,求得熔化点分布曲线。于是界面处温度分布曲线的斜率与熔化点曲线的斜率相等就给出了产生组分过热的临界条件,所得的结果可表示为

$$\frac{G}{v} > \frac{mC_S(k_0 - 1)}{k_0 D} \tag{5-8}$$

上式在形式上和(5 − 3)式相似,但是其中的物理量的含意是不同的。其中 G 为固相中界面

处的温度梯度, v 是熔化速率, C_S 是固相中溶质的初始浓度(原来是均匀分布的), m 是固相线斜率, D 为溶质在固相中的扩散系数。

许多作者基于界面稳定性的动力学理论(第五节),分析了熔化界面的稳定性,获得了较(5-8)式更为普遍的临界条件,并也在实验上研究了熔化界面的稳定性。例如杰克逊等[11],他们在具有温度梯度(可移动)的显微镜热台上,研究了溶质为 C_2Cl_6、溶剂为 CBr_4 的固溶体的熔化过程,所观察到的熔化界面出现不稳定性时的形态,基本上与上述理论相符。而且他们进一步观测了在不同的 G/v 和 C_S 的情况下熔化界面是否稳定,所获的结果表示于图5-16中。图中的点代表界面稳定,圈代表不稳定。于是实验结果将 C_S 和 G/v 的坐标平面划分为稳定区和不稳定区。结果表明两区的分界线为一直线,这正是(5-8)式所

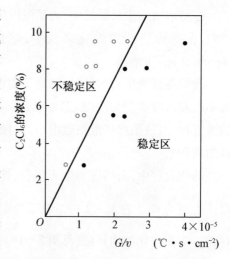

图5-16 组分过热临界条件的验证[11]

预言的。式(5-8)还进一步预言,此直线的斜率为 $\dfrac{Dk_0}{m(k_0-1)}$。对上述固溶体系统,其 $D = 2 \times 10^{-5} cm^2/s$, $m = -0.5$, $k_0 = 0.5$,故(5-8)式预言该直线的斜率为 $4 \times 10^{-5}\% \cdot cm^2 \cdot ℃^{-1} \cdot s^{-1}$,由实验测得的斜率为 $3.8 \times 10^{-5}\% \cdot cm^2 \cdot ℃^{-1} \cdot s^{-1}$,大体相符。

熔化界面的稳定性不仅是客观存在的自然现象,其在晶体生长的工艺实践中也具有一定意义。例如用温度梯度区熔法生长单晶体时(第二章第五节之五),其熔区的"前"界面是熔化界面,"后"界面是生长界面。如熔化界面不稳定,就影响熔区形状,使长成的晶体中溶质分布不均匀。许多作者曾深入地分析了这个问题,德尔夫斯(R. T. Delves)在一篇关于界面稳定性理论的总结性文章中,曾专门评述过这个问题[12]。

* 第五节 界面稳定性的动力学理论

下面我们来较为严格地处理二元稀固溶体生长系统,在单向凝固过程中平坦界面的稳定性问题。本节中的处理基本上根据原始文献[2]。

前面的讨论中已经阐明,有利于生长界面稳定性的因素是熔体中的正温度梯度和界面能,不利于界面稳定性的因素是熔体中的负温度梯度和溶质边界层中的浓度梯度。实质上,组分过冷的临界判据就是考虑了正温度梯度和浓度梯度这两个具有相反效应的因素而获得的。

这里我们再考虑一个影响界面稳定性的效应,这就是在固液界面上干扰邻近的热量和溶质的扩散效应。热量和溶质沿界面扩散使温度和浓度分布趋于均匀,是不利于界面稳定的。

我们的讨论从一维稳态温场和浓度场出发。我们已在第一章和第二章中分别对一维稳态温场和浓度场进行了分析。这里为了讨论方便起见,将有关表达式(2-18)、(1-32-a)、(1-32-b)列举如下

$$C_{\mathrm{L}}(z) = C_{\mathrm{S}}\Big[1 + \frac{1-k_0}{k_0}\exp\Big(-\frac{v}{D_{\mathrm{L}}}z\Big)\Big] = C_{\mathrm{L}0} + \frac{D_{\mathrm{L}}G_{LC}}{v}\Big[1 - \exp\Big(-\frac{v}{D_{\mathrm{L}}}z\Big)\Big] \tag{5-9-a}$$

$$T_{\mathrm{S}}(z) = T_0 + \frac{\kappa_{\mathrm{S}}G_{ST}}{v}\Big[1 - \exp\Big(-\frac{v}{\kappa_{\mathrm{S}}}z\Big)\Big] \tag{5-9-b}$$

$$T_{\mathrm{L}}(z) = T_0 + \frac{\kappa_{\mathrm{L}}G_{LT}}{v}\Big[1 - \exp\Big(-\frac{v}{\kappa_{\mathrm{L}}}z\Big)\Big] \tag{5-9-c}$$

其中 D_{L} 为液相中溶质扩散系数;κ_{S},κ_{L} 分别为固相中和液相中的热扩散系数;G_{LC} 为液相中的浓度梯度;G_{ST},G_{LT} 分别为在固相中和液相中的温度梯度;C_{S} 是界面处固相中溶质浓度,在稳态条件下和无穷远处液相中溶质浓度 C_{∞} 相等,即 $C_{\mathrm{S}} = C_{\infty}$;$C_{\mathrm{L}0}$ 为界面处液相中溶质浓度,基于局部平衡的考虑,有 $k_0 = \dfrac{C_{\mathrm{S}}}{C_{\mathrm{L}0}} = \dfrac{C_{\infty}}{C_{\mathrm{L}0}}$;$T_0$ 为界面处浓度为 $C_{\mathrm{L}0}$ 的熔体的凝固点,由(2-1)式有

$$T_0 = T_{\mathrm{m}} + mC_{\mathrm{L}0} \tag{5-10}$$

在未受干扰的界面处的浓度梯度可由式(5-9-a)对 z 求微商,并令 $z=0$ 而得到

$$G_{LC} = \frac{C_{\mathrm{S}}v(k_0 - 1)}{D_{\mathrm{L}}k_0} = (C_{\mathrm{S}} - C_{\mathrm{L}0})\frac{v}{D_{\mathrm{L}}} \tag{5-11}$$

一、干扰

生长过程中运动界面上不可避免地将出现干扰(perturbations),界面稳定性的动力学理论实质上是研究温场和浓度场中干扰的行为,即研究干扰振幅的时间依赖关系。

界面上出现的任何周期性干扰,都可展开为傅里叶级数,因此我们应考虑所有可能波长的正弦干扰的行为。

我们首先考虑几何干扰,即形态干扰(morphological perturbations)。在未受干扰的情况下,界面恒为等速运动的平面,在运动坐标系中其界面方程为 $z \equiv 0$;在遭到正弦式几何干扰后,界面方程(即干扰的几何形状)为

$$z(x,t) = \phi(x,t) = \delta(t)\sin\omega t \tag{5-12}$$

式中 $\delta(t)$ 是干扰振幅,为一微量;ω 是干扰的空间频率;$\lambda = \dfrac{2\pi}{\omega}$ 为干扰的波长。

通常经历较长的时间后,干扰振幅与时间的关系可表示为指数关系,即

$$\delta(t) \approx 常数 \cdot \exp(Pt) \tag{5-13-a}$$

于是有

$$P = \frac{\mathrm{d}\delta(t)}{\mathrm{d}t}/\delta(t) = \dot{\delta}/\delta \tag{5-13-b}$$

由(5-13-a)式可以看到,温场和浓度场中干扰的行为决定于 P 值。P 为正值,干扰的振幅随时间而增长,界面不稳定。P 为负值,干扰振幅衰减,界面稳定。而 P 之数值大小决定了振幅增长和衰减的速率,这一点可从式(5-13-b)中看出,P 可理解为单位振幅的变率。前面已经阐明,确定一生长系统中界面是否稳定,必须考虑所有可能波长的干扰在生长过程中的行为,即考虑单位振幅变率 $\dfrac{\dot{\delta}}{\delta}$ 在温场和浓度场中关于 λ(或 ω)的函数关系。

今将上述的正弦式几何干扰的详情表示于图 5-17 中。界面上一旦出现了几何干扰,必然在界面邻近引起局部温场和浓度场的变化,这些可相应地理解为温度干扰和浓度干扰。如果几何干扰的振幅 δ 相当的小,则温度干扰和浓度干扰可具有下列形式

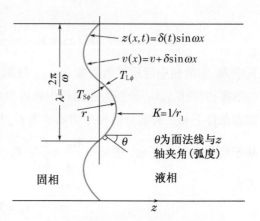

图 5-17 平界面上正弦式的几何干扰[12]

$$\tilde{C}_{L}(x,z,t) = C_{L1}(z,t)\sin\omega x$$
$$\tilde{T}_{S}(x,z,t) = T_{S1}(z,t)\sin\omega x \quad (5-14)$$
$$\tilde{T}_{L}(x,z,t) = T_{L1}(z,t)\sin\omega x$$

其中 C_{L1},T_{S1},T_{L1} 可理解为相应的振幅。于是根据(5-9)式和(5-14)式可将受干扰后的液相中的浓度场、固相和液相中的温场表示为

$$C_{L}(x,z,t) = C_{L0} + \frac{D_{L}G_{LC}}{v}\left[1 - \exp\left(-\frac{v}{D_{L}}z\right)\right] + C_{L1}(z,t)\sin\omega x$$

$$T_{S}(x,z,t) = T_{0} + \frac{\kappa_{S}G_{ST}}{v}\left[1 - \exp\left(-\frac{v}{\kappa_{S}}z\right)\right] + T_{S1}(z,t)\sin\omega x$$

$$T_{L}(x,z,t) = T_{0} + \frac{\kappa_{L}G_{LT}}{v}\left[1 - \exp\left(-\frac{v}{\kappa_{L}}z\right)\right] + T_{L1}(z,t)\sin\omega x \qquad (5-15)$$

事实上,通过几何干扰、温度干扰或浓度干扰都可检验界面的稳定性。不过我们在这里仍然从几何干扰出发。

二、干扰方程(perturbation equations)及其解

研究界面的稳定性,关键在于研究温场和浓度场中所有波长的干扰的振幅与时间的依赖关系。干扰本身的行为受到热和溶质扩散场的支配,因而,干扰后的温场和浓度场(5-15)式,必然满足时间相关的扩散方程

$$D_{L}\left(\frac{\partial^{2} C_{L}}{\partial x^{2}} + \frac{\partial^{2} C_{L}}{\partial z^{2}}\right) + v\frac{\partial C_{L}}{\partial z} = \frac{\partial C_{L}}{\partial t}$$

$$\kappa_{S}\left(\frac{\partial^{2} T_{S}}{\partial x^{2}} + \frac{\partial^{2} T_{S}}{\partial z^{2}}\right) + v\frac{\partial T_{S}}{\partial z} = \frac{\partial T_{S}}{\partial t} \qquad (5-16)$$

$$\kappa_{\mathrm{L}}\left(\frac{\partial^2 T_{\mathrm{L}}}{\partial x^2}+\frac{\partial^2 T_{\mathrm{L}}}{\partial z^2}\right)+v\frac{\partial T_{\mathrm{L}}}{\partial z}=\frac{\partial T_{\mathrm{L}}}{\partial t}$$

将式(5-15)代入式(5-16)就得到温度干扰、浓度干扰的振幅所满足的微分方程

$$D_{\mathrm{L}}\frac{\partial^2 C_{\mathrm{L1}}}{\partial z^2}+v\frac{\partial C_{\mathrm{L1}}}{\partial z}-D_{\mathrm{L}}\omega^2 C_{\mathrm{L1}}=\frac{\partial C_{\mathrm{L1}}}{\partial t}$$

$$\kappa_{\mathrm{S}}\frac{\partial^2 T_{\mathrm{S1}}}{\partial z^2}+v\frac{\partial T_{\mathrm{S1}}}{\partial z}-\kappa_{\mathrm{S}}\omega^2 T_{\mathrm{S1}}=\frac{\partial T_{\mathrm{S1}}}{\partial t} \qquad (5-17)$$

$$\kappa_{\mathrm{L}}\frac{\partial^2 T_{\mathrm{L1}}}{\partial z^2}+v\frac{\partial T_{\mathrm{L1}}}{\partial z}-\kappa_{\mathrm{L}}\omega^2 T_{\mathrm{L1}}=\frac{\partial T_{\mathrm{L1}}}{\partial t}$$

在充分长的时间后,温度干扰和浓度干扰的振幅,与几何干扰的振幅 δ 一样,其与时间的关系亦具有指数函数的形式

$$C_{\mathrm{L1}}(z,t)=C_{\mathrm{L2}}(z)\exp(Pt)$$
$$T_{\mathrm{S1}}(z,t)=T_{\mathrm{S2}}(z)\exp(Pt) \qquad (5-18)$$
$$T_{\mathrm{L1}}(z,t)=T_{\mathrm{L2}}(z)\exp(Pt)$$

进一步分离变量可得

$$D_{\mathrm{L}}\frac{\mathrm{d}^2 C_{\mathrm{L2}}}{\mathrm{d}z^2}+v\frac{\mathrm{d}C_{\mathrm{L2}}}{\mathrm{d}z}-(D_{\mathrm{L}}\omega^2+P)C_{\mathrm{L2}}=0$$

$$\kappa_{\mathrm{S}}\frac{\mathrm{d}^2 T_{\mathrm{S2}}}{\mathrm{d}z^2}+v\frac{\mathrm{d}T_{\mathrm{S2}}}{\mathrm{d}z}-(\kappa_{\mathrm{S}}\omega^2+P)T_{\mathrm{S2}}=0$$

$$\kappa_{\mathrm{L}}\frac{\mathrm{d}^2 T_{\mathrm{L2}}}{\mathrm{d}z^2}+v\frac{\mathrm{d}T_{\mathrm{L2}}}{\mathrm{d}z}-(\kappa_{\mathrm{L}}\omega^2+P)T_{\mathrm{L2}}=0 \qquad (5-19)$$

上式为二阶常系数齐次微分方程,无穷远处的边界条件是温度干扰和浓度干扰的振幅为零。即 $z\to\infty$, $C_{\mathrm{L2}},T_{\mathrm{S2}},T_{\mathrm{L2}}\to 0$ 。将(5-19)式的解代入(5-18)式,得

$$C_{\mathrm{L1}}(z,t)=(b-G_{LC})\delta(t)\exp(-\omega_{LC}z)$$
$$T_{\mathrm{S1}}(z,t)=(a-G_{ST})\delta(t)\exp(-\omega_{ST}z) \qquad (5-20)$$
$$T_{\mathrm{L1}}(z,t)=(a-G_{LT})\delta(t)\exp(-\omega_{LT}z)$$

式中

$$\omega_{LC}=\frac{v}{2D_{\mathrm{L}}}+\left[\left(\frac{v}{2D_{\mathrm{L}}}\right)^2+\omega^2+\frac{P}{D_{\mathrm{L}}}\right]^{\frac{1}{2}}$$

$$\omega_{ST}=\frac{v}{2\kappa_{\mathrm{S}}}+\left[\left(\frac{v}{2\kappa_{\mathrm{S}}}\right)^2+\omega^2+\frac{P}{\kappa_{\mathrm{S}}}\right]^{\frac{1}{2}} \qquad (5-21)$$

$$\omega_{LT}=\frac{v}{2\kappa_{\mathrm{L}}}+\left[\left(\frac{v}{2\kappa_{\mathrm{L}}}\right)^2+\omega^2+\frac{P}{\kappa_{\mathrm{L}}}\right]^{\frac{1}{2}}$$

而 a,b 为待定常数,可通过干扰场的其他边值条件确定。于是干扰后的场方程为

$$C_{\mathrm{L}}(x,z,t) = C_{\mathrm{L0}} + \frac{G_{LC}D_{\mathrm{L}}}{v}\Big[1 - \exp\Big(-\frac{v}{D_{\mathrm{L}}}z\Big)\Big] +$$

$$(b - G_{LC}) \cdot \delta \cdot \sin\omega x \cdot \exp(-\omega_{LC}z)$$

$$T_{\mathrm{S}}(x,z,t) = T_0 + \frac{G_{ST}\kappa_{\mathrm{S}}}{v}\Big[1 - \exp\Big(-\frac{v}{\kappa_{\mathrm{S}}}z\Big)\Big] +$$

$$(a - G_{ST})\delta \cdot \sin\omega x \cdot \exp(-\omega_{ST}z) \qquad (5-22)$$

$$T_{\mathrm{L}}(x,z,t) = T_0 + \frac{G_{LT}\kappa_{\mathrm{L}}}{v}\Big[1 - \exp\Big(-\frac{v}{\kappa_{\mathrm{L}}}z\Big)\Big] +$$

$$(a - G_{LT})\delta \cdot \sin\omega x \cdot \exp(-\omega_{LT}z)$$

三、边值条件和 $\dfrac{\dot{\delta}}{\delta}$ 的表达式

我们先给出遭到正弦式干扰的运动界面的边值条件,然后由这些边值条件确定式(5-22)中的待定常数 a,b,最后得出单位振幅变率 $\dfrac{\dot{\delta}}{\delta}$ 的表达式。

下标 ϕ 表示某物理量在界面 $z = \phi(x,t) = \delta \cdot \sin\omega t$ 上的平均值。

根据界面处的能量守恒和质量守恒可得

$$v(x) = \frac{1}{L}\Big[k_{\mathrm{S}}\Big(\frac{\partial T_{\mathrm{S}}}{\partial z}\Big)_\phi - k_{\mathrm{L}}\Big(\frac{\partial T_{\mathrm{L}}}{\partial z}\Big)_\phi\Big] \qquad (5\text{-}23\text{-a})$$

$$v(x) = \frac{D_{\mathrm{L}}}{C_{\mathrm{L}\phi}(k_0 - 1)}\Big(\frac{\partial C_{\mathrm{L}}}{\partial z}\Big)_\phi \qquad (5\text{-}23\text{-b})$$

式中 $v(x)$ 是干扰界面的速率,故有 $v(x) \approx v + \dfrac{\mathrm{d}z}{\mathrm{d}t}$,即

$$v(x) = v + \dot{\delta} \cdot \sin\omega x \qquad (5-24)$$

将(5-22)式中的指数函数按泰勒级数展开,略去高阶微量,最后将 z 以干扰后的界面方程(5-12)代入,可得界面温度和界面浓度

$$C_\phi = C_{\mathrm{S}\phi} = C_{\mathrm{L}\phi} = C_{\mathrm{L0}} + b \cdot \delta \cdot \sin\omega x \qquad (5\text{-}25\text{-a})$$

$$T_\phi = T_{\mathrm{S}\phi} = T_{\mathrm{L}\phi} = T_0 + a \cdot \delta \cdot \sin\omega x \qquad (5\text{-}25\text{-b})$$

下面我们再从另一重要的物理规律出发,给出生长界面的边值条件。这就需要引用在第七章第五节中才详细论述的吉布斯-汤姆孙关系(Gibbs-Thomson relation)。这个关系给出了界面的凝固点(更确切地说,是相平衡温度)与界面几何性质间的联系。吉布斯-汤姆孙关系表明,界面曲率对相平衡时的界面温度(凝固点)是有影响的,当界面曲率半径较小,小于显微尺度(微米)时,其影响尤为明显。

基于局域平衡的考虑,并根据(2-1)式和吉布斯-汤姆孙关系式(7-30),我们可以得到曲率为 K、浓度为 $C_{\mathrm{L}\phi}$ 的界面的两相平衡温度,亦即界面温度 T_ϕ 为

$$T_\phi = T_{\mathrm{m}} + mC_{\mathrm{L}\phi} - \Gamma T_{\mathrm{m}}K \qquad (5-26)$$

式中 T_m 是纯溶剂的界面曲率为零时的界面温度,式中第二项是溶质引起的凝固点的改变,第三项为界面曲率引起的凝固点的改变。由微分几何可知,$K = \dfrac{1}{r_1} + \dfrac{1}{r_2}$,$r_1$,$r_2$ 为界面上给定点的主曲率半径,Γ 为界面自由能与单位体积凝固潜热之比值。通常人们将 ΓT_m 称吉布斯-汤姆孙系数。

由(5-26)式可以看到,当界面为平面,即 $K=0$ 时,该式退化为(2-1)式。现在界面遭到干扰,界面曲率 K、界面浓度 $C_{L\phi}$ 都是界面上位置(x)的函数,由式(5-26)可知,界面温度 T_ϕ 也是界面上位置的函数,界面就不再是等温面了。

由遭到正弦式干扰的界面几何形状,图 5-17,可以看出,遭干扰后的界面只是在纸面内是弯曲的,而主曲率半径 r_2 为 ∞,由微分几何可以得知

$$\frac{1}{r_1} = -\frac{\dfrac{\partial^2 z}{\partial x^2}}{\left[1 + \left(\dfrac{\partial z}{\partial x}\right)^2\right]^{\frac{3}{2}}} \approx \omega^2 \cdot \delta \cdot \sin \omega x$$

于是由(5-26)式可以得到

$$T_\phi = T_m + m C_{L\phi} - T_m \Gamma \omega^2 \cdot \delta \cdot \sin \omega x \tag{5-27}$$

对(5-22)式求微商,然后将表达式中的指数函数按泰勒级数展开,略去高阶微量,最后代入干扰后的界面方程(5-12),可得界面温度梯度和浓度梯度为

$$\left(\frac{\partial C_L}{\partial z}\right)_\phi = G_{LC} - \omega_{LC} \sin \omega x \cdot \delta \cdot \left[b - G_{LC}\left(1 - \frac{v}{D_L \omega_{LC}}\right)\right] \tag{5-28-a}$$

$$\left(\frac{\partial T_S}{\partial z}\right)_\phi = G_{ST} + \omega(a - G_{ST}) \cdot \delta \cdot \sin \omega x - \frac{G_{ST} v}{\kappa_S} \cdot \delta \cdot \sin \omega x \tag{5-28-b}$$

$$\left(\frac{\partial T_L}{\partial z}\right)_\phi = G_{LT} - \omega(a - G_{LT}) \cdot \delta \cdot \sin \omega x - \frac{G_{LT} v}{\kappa_L} \cdot \delta \cdot \sin \omega x \tag{5-28-c}$$

对任何实际生长系统有 $\kappa_L \omega \gg v$,$\kappa_S \omega \gg v$,以及 $\left|\dfrac{P}{\kappa_L}\right| \ll \omega^2$,$\left|\dfrac{P}{\kappa_S}\right| \ll \omega^2$,故有 $\omega_{ST} \approx \omega_{LT} \approx \omega$,推导式(5-28-b)、(5-28-c)时使用了上述近似。

由(5-25)式、(5-27)式和(5-10)式可得

$$a = mb - T_m \Gamma \omega^2 \tag{5-29}$$

将(5-28)代入(5-23)式得

$$b = \frac{2 G_{LC} T_m \Gamma \omega^3 + \omega G_{LC}(g_S + g_L) + G_{LC}\left[\omega_{LC} - \dfrac{v}{D_L}\right](g_S - g_L)}{2 \omega m G_{LC} + (g_S - g_L)\left[\omega_{LC} - \dfrac{v}{D_L}(1 - k_0)\right]} \tag{5-30}$$

其中 $g_L = \dfrac{k_L}{\bar{k}} G_{LT}$,$g_S = \dfrac{k_S}{\bar{k}} G_{ST}$,$\bar{k} = \dfrac{1}{2}(k_S + k_L)$,$k_S$,$k_L$ 分别为固相和液相的热传导系数。

最后求单位振幅的变率$\dfrac{\dot{\delta}}{\delta}$,将(5-28)式代入(5-23-a)得

$$v(x) = v + \dot{\delta}\sin\omega x$$

$$= \frac{\bar{k}}{L}\left\{ (g_S - g_L) + \omega\left[2a - (g_S + g_L) \right]\delta\cdot\sin\omega x \right\} \tag{5-31}$$

在(5-31)右边两表达式中对应项相等,故

$$v = \frac{\bar{k}}{L}(g_S - g_L) \tag{5-32-a}$$

$$\dot{\delta} = 2\frac{\bar{k}}{L}\omega\left[a - \frac{1}{2}(g_S + g_L) \right]\delta \tag{5-32-b}$$

将(5-30)式代入(5-29)式,即得常数a,再将a的表达式代入式(5-32-b)中,则

$$\frac{\dot{\delta}}{\delta} = \omega v\left\{ -2T_m\Gamma\omega^2\left[\omega_{LC} - \frac{v}{D_L}(1-k_0) \right] - (g_S + g_L)\times\left[\omega_{LC} - \frac{v}{D_L}(1-k_0) \right] + \right.$$

$$\left. 2mG_{LC}\left[\omega_{LC} - \frac{v}{D_L} \right] \right\}/\left\{ (g_S - g_L)\left[\omega_{LC} - \frac{v}{D_L}(1-k_0) \right] + 2\omega mG_{LC} \right\} \tag{5-33}$$

上式就是干扰的单位振幅变率的表达式,是平界面稳定性理论的主要结果,此系默林斯和塞克加于1964年首先导出[2]。

四、干扰的波长对界面稳定性的影响

我们首先通过(5-33)式来分析干扰的波长$(\lambda = \dfrac{2\pi}{\omega})$对界面稳定性的影响。令(5-33)式右端为$f(\omega)$,将(5-33)式对时间积分,即得

$$\delta = \delta_0\exp\left[f(\omega)\cdot t \right] \tag{5-34}$$

式中δ_0为$t = 0$时干扰的振幅。式(5-34)表明,对给定波长或频率ω的干扰,若$f(\omega)$为正,则干扰振幅随时间按指数律增加,故界面是不稳定的;若$f(\omega)$为负,振幅按指数律衰减,界面是稳定的。在不同的生长条件下,$f(\omega)$可能具有三种类型,如图5-18所示。第一种类型,如图中曲线3所示,对所有可能的波长的干扰,$f(\omega)$都是负的,故其振幅都是衰减的,因此其相应的界面形态是稳定的。曲线1表明,当干扰的频率ω在$\omega_0 < \omega < \omega_{00}$区间内,$f(\omega)$为正值,相应干扰的振幅随时间而按指数律增加,故界面对ω在上述区间内的干扰是不稳定的。值得注意的是,对$\omega < \omega_0$的长波段的干

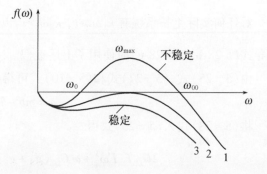

图5-18 不同生长条件下$\dfrac{\dot{\delta}}{\delta} = f(\omega)$函数的可能的类型

扰,界面是稳定的,这主要是溶质沿界面的长程扩散不足所引起的;而对 $\omega > \omega_{00}$ 的短波段干扰,界面也是稳定的,这主要是界面能起了作用;而在 $\omega_0 < \omega < \omega_{00}$ 区间内,当 $\omega = \omega_{\max}$ 时(见图 5-18),此时单位干扰振幅的增长率 $f(\omega)$ 最大,这种频率($\omega_{\max}$)的干扰对该界面稳定性的威胁最大,故我们将 $\omega_{\max}$ 称为干扰的危险频率。而曲线 2 代表中间情况。

五、不同因素对界面稳定性的影响

我们进一步研究(5-33)式中有关参量对单位振幅变率 $\dfrac{\dot{\delta}}{\delta}$ 的影响。我们主要关心 $\dfrac{\dot{\delta}}{\delta}$ 的符号,我们首先说明(5-33)式右边的分母始终是正值。这就必须考察分母的每一部分。由(5-32-a)可以看出,$(g_S - g_L)$ 比例于 v,故为正值;由(5-21)式得知 $\omega_{LC} > \dfrac{v}{D_L}$,以及 $(1-k_0) < 1$,故 $\omega_{LC} - \dfrac{v}{D_L}(1-k_0)$ 为正值;最后考察 $2m\omega G_{LC}$,当 $k_0 < 1$ 时,m 和 G_{LC} 皆为负值,当 $k_0 > 1$ 时,m 和 G_{LC} 皆为正值,故 $2m\omega G_{LC}$ 亦为正值。于是(5-33)式右边的分母恒为正值。这样 $\dfrac{\dot{\delta}}{\delta}$ 的正负就完全决定于分子的符号了。我们以正量 $2\left[\omega_{LC} - \dfrac{v}{D_L}(1-k_0)\right]\omega v$ 除分子,可以得到函数 $S(\omega)$,而 $S(\omega)$ 的正负就完全决定了干扰的振幅是衰减还是增长,即完全决定了界面是否稳定。我们将 $S(\omega)$ 称为界面稳定性动力学理论的判别式,其具体形式为

$$S(\omega) = -T_m \Gamma \omega^2 - \frac{1}{2}(g_S + g_L) + mG_{LC}\frac{\omega_{LC} - \dfrac{v}{D_L}}{\omega_{LC} - \dfrac{v}{D_L}(1-k_0)} \qquad (5-35)$$

式中第一项中的 Γ 是界面能与单位体积固相的熔化潜热之比值,故第一项恒为负值。这就表明,无论对何种频率的干扰,界面能总是趋于使界面稳定的。这一点物理意义是十分明显的,由于任何频率的干扰总是趋于使界面面积增加,而界面能总是使界面面积缩小,故界面能对界面稳定性总是有贡献的。特别值得注意的是,对高频(短波段)干扰,第一项对界面稳定性贡献特别大(与 ω^2 成比例),这就是在图 5-18 中曲线 1 中当 $\omega > \omega_{00}$ 时界面稳定的原因。

第二项表明了温度梯度对界面稳定性的影响。可以看出,若温度梯度为正,使界面趋于稳定,温度梯度为负,使界面趋于不稳定,这一由界面稳定性动力学理论所获得的结论与第一节中定性分析的结果完全一致。组分过冷的判据——式(5-3)表明,熔体中正温度梯度对界面稳定性是有贡献的,这里更精确地表明,固相中正温度梯度同样对界面稳定性有贡献。

式中第三项恒为正值,总是使界面趋于不稳定。而第三项是 mG_{LC} 和一分式的乘积。前者表明界面前沿出现了溶质边界层,溶质边界层的存在使界面趋于不稳定是组分过冷理论的主要内容,在前面已经讨论过了。后者(第三项中的分式)表明了溶质沿界面扩散对界面

稳定性的影响,这是需要仔细说明的。设想界面上出现了一微小凸缘,如果扩散能使凸缘前沿额外的溶质和潜热及时地分散于整个界面,则凸缘就有可能进一步向前伸展。因此有效的及时的沿界面扩散能使界面趋于不稳定。反之,沿界面"扩散不足"能使界面趋于稳定。由于 $\kappa_L \gg D_L$,故不能期待"热扩散不足"会对界面稳定性作出明显的贡献,我们关注的是溶质"扩散不足"对界面稳定性的贡献。

欲使凸缘前沿额外的溶质分散于整个界面,要求溶质沿界面扩散的距离大体上等于干扰的波长,因而对长波段(低频)干扰就有可能由于"扩散不足"而对稳定性作出贡献。如果干扰的波长增加(ω 减小),要求溶质沿界面扩散的距离增加,这就等价于减小了溶质的扩散系数 D_L,于是第三项中分式的数值减小,使单位干扰振幅的增长率减小,波长长达某临界值时就有可能使分式变号,使界面趋于稳定,这就是图 5 - 18 中曲线 1 的低频段($\omega < \omega_0$)出现稳定区的原因。

六、界面稳定性的动力学理论和组分过冷

在界面稳定性动力学理论的判别式(5 - 35)中,如果忽略界面能效应,即令 $\Gamma = 0$,并且不考虑溶质沿界面"扩散不足"的效应,即令 $D_L \to \infty$,则由式(5 - 35)得到产生界面不稳定性的条件是

$$\frac{1}{2}(g_S + g_L) < mG_{LC} \qquad \text{不稳定}$$

将(5 - 11)式以及 g_S,g_L 的表达式代入,并注意 m 的正负号与 k_0 的关系,于是得

$$\frac{k_S G_{ST} + k_L G_{LT}}{k_S + k_L} < \frac{mC_S(k_0 - 1)}{D_L k_0} \cdot v \qquad \text{不稳定} \qquad (5 - 36)$$

我们首先将(5 - 36)式和产生组分过冷的临界条件(5 - 3)式进行对比,粗略地讨论两者间的关系。可以看出两者十分相似。如果我们进一步忽略固相和液相中温度梯度的差异,即令 $G_{ST} = G_{LT} = G_L$,则(5 - 36)式完全退化为(5 - 3)式。因而在界面稳定性的动力学理论中,如果忽略了界面能及沿界面溶质的扩散效应,同时又忽略了固相与液相中温度梯度的差异,则界面稳定性的动力学理论就退化为组分过冷理论。因而我们可以说,界面稳定性动力学理论是组分过冷理论的推广,而组分过冷理论是界面稳定性动力学理论的特殊形式。

为了进一步讨论两者间的关系,我们将(5 - 36)式改写为

$$\frac{G_{LT}}{v}\Big[1 + \frac{k_L - k_S}{k_L + k_S}\Big] + \frac{L}{k_L + k_S} < \frac{mC_S(k_0 - 1)}{D_L k_0} \qquad \text{不稳定} \qquad (5 - 37)$$

为了对比严格的界面稳定性的动力学理论(5 - 35)式,忽略了界面能和溶质扩散的界面稳定性的动力学理论(5 - 37)式以及组分过冷理论(5 - 3)式,我们选用掺铟的锡溶液系统,在 C_L 和 $\dfrac{G_{LT}}{v}$ 的坐标平面内画出了上述三种理论关系式的曲线,如图 5 - 19 所示。从图中可以看出,组分过冷理论的临界曲线为一过坐标原点的直线,这是我们所熟知的。而严格的动力

学理论的临界曲线,即根据(5-35)式所描绘的曲线,使得坐标平面中界面稳定的区域扩大了,这是由于考虑了界面能及溶质沿面扩散对稳定性的贡献的缘故。根据近似公式(5-37)所描绘的临界曲线仍为一直线,但其截距异于零,由(5-37)可以看出,截距的大小等于 $\dfrac{L}{k_L+k_S}$,显然这是由于考虑了熔化潜热的结果。当然,仍然需要有足够精确的实验方法来检验上述的理论曲线。

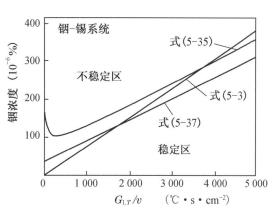

图5-19　不同的界面稳定性的对比

七、生长的各向异性和界面过冷对稳定性的影响

上面讨论的界面稳定性的动力学理论适用于生长速率各向同性的生长系统,例如适用于金属或类金属的熔体生长系统,也适用于氧化物晶体或半导体晶体的熔体生长系统中非小面的固液界面。但是如果要考虑气相生长、溶液生长以及熔体生长中的小面生长的稳定性,就必须考虑生长速率各向异性的影响了。

为了描述生长速率的各向异性,我们定义生长速率的各向异性系数(coefficient of anisotropy of growth rate)θ 为

$$\theta = \frac{1}{v}\frac{\partial v}{\partial P}$$

其中 v 为生长速率,P 为对某特定的面偏离的斜率。因而生长速率的各向异性系数 θ 就是关于某特定面的单位偏离所引起的单位生长速率的变化。

生长速率的各向异性系数可以从理论上去估计,也可以通过实验求得。例如根据对不同取向的晶面的生长速率的测定,确定了水热法生长的石英晶体的各向异性系数为:小棱面 $\theta=7$、大棱面 $\theta=60$、柱面 $\theta=22$。对熔体生长,尚未见到实验测量数据,但可期待其各向异性系数较溶液生长的小,而对非小面生长其 $\theta=0$。

切尔诺夫(Чернов)在界面稳定性的动力学理论中引入了生长速率的各向异性系数,分析了小面生长的界面的稳定性[13]。他对熔体生长所获结果作了近似处理后可表示为

$$\frac{G}{v} < \frac{mC_L(k_0-1)}{Dk_0} - \frac{\frac{1}{2}}{\kappa_S+\kappa_L}\cdot\frac{\theta}{\mu} \qquad 不稳定 \qquad (5-38)$$

其中 Ξ 为凝固潜热和比热容的比值,μ 为干扰的无量纲波长,其余的符号与前面的相同。可以看出,对各向同性的熔体生长,其 $\theta=0$,于是(5-38)式就退化为(5-3)式,即和组分过冷的结果完全相同。当 $\theta\neq0$,则(5-38)式右边的常数较小,因而产生界面不稳定比较困难。

这表明晶体生长的各向异性显著地增加了界面的稳定性。

在前面的分析中我们虽然考虑了界面曲率对凝固点的影响,但是仍然假设界面温度为两相平衡温度。实际上运动界面的温度必低于平衡温度,就是说存在一定的过冷度。界面过冷度决定于生长速率,其间具体的函数关系与界面的微观性质和生长机制有关(详见第九章)。然而任何函数在充分小的区间内,都可以认为是线性的。而我们在这里关心的正是生长速率在微小区间内变化时(从 $v+\dot{\delta}$ 到 $v-\dot{\delta}$ 的变化,且 $\delta \ll v$)对界面稳定性的影响。塞登斯蒂克(Seidensticker)据此将界面过冷度表示为[14]

$$T_{平衡} - T_{实际} = \Delta T_0 + \frac{\dot{\delta}}{A} \qquad (5-39)$$

式中 ΔT_0 为未受干扰的界面过冷度,A 为动力学系数。将关系式(5-39)代入边值条件(5-27)式中,进行完全类似的运算。得到的 $\frac{\dot{\delta}}{\delta}$ 的表达式和(5-33)基本相同,只是在分母中多了一项

$$+\frac{\omega v}{A}\left[\omega_{LC} - \frac{v}{D_L}(1-k_0)\right] \qquad (5-40)$$

式(5-40)恒为正值,因此不影响根据式(5-33)的分子变号而得到的稳定性的判据,但使 $\left|\frac{\dot{\delta}}{\delta}\right|$ 减小,这就是说界面过冷效应不影响界面稳定性判据,但是使干扰的单位振幅的变率减小。

事实上,对金属或类金属熔体生长,其动力学系数 A 很大,由(5-39)式可知,界面过冷的影响很小。但对熔体生长系统中的小面生长,或气相、溶液生长,不仅 A 值较小而且生长速率的各向异性很大,这些对界面稳定性都将产生明显影响。

八、理论和实验对比

已经阐明,当忽略界面能效应、溶质和热量沿界面的扩散效应以及熔化潜热效应,界面稳定性的动力学理论就退化为组分过冷理论,因而组分过冷理论是界面稳定性动力学理论的近似形式。故所有支持组分过冷理论的实验事实,都充分地支持界面稳定性的动力学理论。关于早期检验组分过冷理论的实验工作,在查默斯的专著[5]中已有总结。

在第四章第二节中已经讨论过,利用周期性生长条纹可以作为界面标记技术,用来追溯生长过程中形态的演变。在我们的实验室中,曾在铌酸锂生长过程中引入了周期性的旋转条纹,借以研究了平界面失稳,以及其后胞状界面的形成,揭示了其间界面形态的演变过程[15-16]。其典型的结果如图5-20所示,图中上部的生长条纹由密变疏,由于相邻两条纹形成的时间间隔相等,这反映了显微生长速率逐渐增加。当显微生长速率达某临界值时,平界面上出现了周期性干扰,并随时间而变大,平界面的稳定性遭到破坏,逐渐转变为胞状界面。

实验观测表明,界面失稳初期存在两种类型的干扰,其一为正弦式干扰,和示意图5-17

相似。其二为正弦式行波干扰,如图5-20所示。两类导致平坦界面失稳的初始干扰的波长相同,都在 60 ~ 100 μm 范围内(对直拉法铌酸锂生长系统而言)。由图5-20可以看出,随着界面向前推进,行波干扰的极值相对于界面不是静止的,而是沿界面自左向右运动。由相邻生长条纹显示出来的干扰波的形状,可以测得在该时间间隔内干扰波沿界面的位移,从而得到行波的相速度,于是测得行波干扰的相速度为 3.8 ~ 4.7 μm/s。另一方面,对正弦式干扰,干扰的极值相对于运动界面是静止的,其极值的轨迹与生长条纹正交。而正弦式行波干扰,其极值的轨迹与生长条纹的法线有一倾角,可测得其间的倾角为 20°,参阅图 5-20。

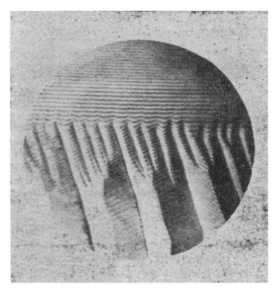

图 5-20　铌酸锂生长过程中界面不稳定时的形态演变[15-16]

该夹角取决于界面法向生长速度与沿界面的行波相速度的比值,由此得到的夹角也与之相符。值得注意的是,界面失稳初期,虽然正弦干扰与行波干扰的振幅都随时间而增长,但对界面上的给定点,其行为完全不同。对正弦干扰,界面给定点(如正弦的极值位置)关于界面平均位置的偏离随时间而单调增长。而对行波干扰,界面给定点关于界面平均位置的偏离作振幅增长的振动,类似于流体动力学稳定性理论中的过稳态,参阅图4-31。

实验结果表明,界面失稳后干扰的振幅持续增长,将出现干扰的小面化。所谓干扰的小面化是指弯曲的连续的干扰界面将被折皱的不连续的小晶面(facet)所代替,这是晶面生长速率各向异性的表现。观测表明,只当干扰的振幅 δ 与波长 λ 的比值达到临界值时,干扰的小面化才能发生。对沿 $[2\bar{1}\bar{1}0]$ 生长的 $LiNbO_3$ 晶体,实验测得的临界值 $(\delta/\lambda)_c = 0.15$。通过测量,对沿 $[2\bar{1}\bar{1}0]$ 生长的 $LiNbO_3$ 晶体,其小面的面指数为 $(1\bar{1}02)$ 和 $(10\bar{1}\bar{2})$。文献[15-16]还从理论上给出了干扰小面化的临界条件,理论所得的临界值与上述实验结果相符。

观察表明,小面化后的干扰将相继合并,进一步向胞状界面演化。图5-20表明,3~4个初始干扰合并为一个大干扰,其相速度不变。干扰的合并将继续发生,直到形成稳定的胞状界面。值得注意的是,稳定胞状界的波长甚大于初始干扰的波长,且为后者的整数倍。例如,波长为 90 μm 的初始干扰,在生长速度为 5.0 μm/s 的条件下,所形成的稳定胞状界面的波长为 720 μm。

在掺钇的铌酸锂生长系统中,实验结果表明,导致失稳的临界温度梯度与生长速度的比值是溶质(钇)浓度的线性函数,参阅文献[15-16]。

平界面不稳定时,孤立干扰的发展也能引起平界面的消失。根据对孤立干扰的理论分析[17],干扰附近的界面形状与时间的关系可近似地用格林函数来表示

$$G_+(x,t) = \exp\left(\frac{t}{\tau}\right)\cos\left(\frac{2\pi x}{\lambda_{\max}}\right)\frac{\exp(-x^2/4Dt)}{\sqrt{4\pi Dt}} \tag{5-41}$$

式中 τ 代表时间的特征参量;D 代表干扰沿界面传播的等效扩散系数;$\lambda_{\max}$ 是振幅增长得最快的干扰的波长,即危险波长(见图 5-18 中对应于 $\omega_{\max}$ 的波长,即 $\lambda_{\max} = 2\pi/\omega_{\max}$)。

谢弗(R. J. Schaefer)和布洛杰特(J. A. Blodgett)利用全息照相研究了莰烯(camphene)和琥珀醋(succinonitrile)透明晶体的熔体生长过程中平界面的稳定性[18]。观察到孤立干扰出现后的行为,图 5-21 是观察结果与理论预言(按(5-41)式)的对比。结果表明,在初始阶段是符合得很好的。然而振幅增大后,全息观测指出,不产生理论预言的长程波的传播,而是分裂为一系列间距不规则的小丘。在干扰振幅增大后,理论与实验不符,这正好说明了界面稳定性的线性动力学理论的局限性。因为上述线

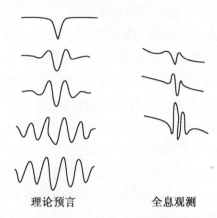

理论预言　　　　全息观测

图 5-21　孤立干扰的发展,理论与实验对比[18]

性动力学理论是描述了一具有任意波长的无限小干扰的振幅增长和衰减,在理论处理的线性化方案中,要求干扰的振幅要比波长小。

检验界面稳定性理论的很有意义的实验工作是科里尔(Coriell)和哈迪(Hardy)完成的[19-26]。他们研究了冰晶的生长,冰单晶为直径 0.2 cm、长 6 cm 的圆柱体,其 C 轴平行于圆柱轴,冰单晶在蒸馏水中或是在 HCl,NaCl,NH$_4$OH 的稀的水溶液中生长。他们直接观测了生长过程中形态的稳定性。

在对圆柱面稳定性的处理中[20],遭到干扰后的界面形状为

$$r = R + \delta_\phi \cos K\phi + \delta_z \cos K\phi \cos \omega z \tag{5-42}$$

式中 $\delta_\phi \cos K\phi$ 称 ϕ 干扰(见图 5-22(a));$\delta_z \cos \omega z$ 为 z 干扰(见图 5-22(b));而式(5-42)代表同时存在 ϕ 干扰和 z 干扰的情况(图 5-22(c))。

科里尔和哈迪摄取了柱状冰晶在过冷纯水中生长时干扰的出现和发展的一系列照片,其典型结果表示于图 5-23 中。图 5-23(a)表示柱状冰晶的初始形状,即 $r = R$。图 5-23(b)表明在圆柱面上出现了 ϕ 干扰,这与示意图 5-22(a)相对应;在式(5-42)中,令 $\delta_z = 0$ 就是此时的界面方程,不过相应于图 5-23(b)中的 $K = 12$,而在图 5-22(a)中 $K = 6$。一般说来,对 C 轴柱状冰晶,K 是 6 的倍数,这是由 C 轴柱状冰晶的各向异性所决定的。事实上,相应图 5-22(b)的图像(即只存在 z 干扰的情况),对 C 轴柱状冰晶来说,在实验上是观察不到的,因为冰晶基面内的各向异性导致 ϕ 干扰优先出现。图 5-23(c)、(d)是同时存在 ϕ 干扰和 z 干扰的情况,这和示意图 5-22(c)相对应,此时柱面方程即为式(5-42)。由此可见,上述实验结果和理论预期相符。

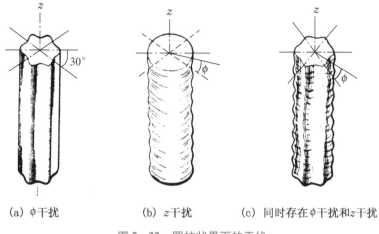

(a) ϕ 干扰   (b) z 干扰   (c) 同时存在 ϕ 干扰和 z 干扰

图 5 – 22 圆柱状界面的干扰

利用稳定性的动力学理论分析圆柱界面的稳定性,其程序与平界面的分析完全类似。所得的 $\left(\dfrac{\dot\delta_\phi}{\delta_\phi}\right)\Big/\left(\dfrac{\dot R}{R}\right)$ 和 $\left(\dfrac{\dot\delta_z}{\delta_z}\right)\Big/\left(\dfrac{\dot R}{R}\right)$ 的表达式在形式上也和式(5 – 33)类似。

哈迪和科里尔从两方面检验了理论,其一是根据生长系统的几何参量、物性参量、工艺参量,通过类似于式(5 – 33)的理论公式[27]求得 $\left(\dfrac{\dot\delta_\phi}{\delta_\phi}\right)\Big/\left(\dfrac{\dot R}{R}\right)$ 和 $\left(\dfrac{\dot\delta_z}{\delta_z}\right)\Big/\left(\dfrac{\dot R}{R}\right)$,再和通过实验直接测得的相应值比较。结果表明理论与实验基本相符,其误差分别在 10% 和 5% 以内。其二,假定表面能为未知,哈迪和科里尔根据干扰振幅的相对增长率的测量值以及其他系统参量求得冰-水的界面能 $\gamma = 25\ \mathrm{erg/cm^2}$($1\ \mathrm{erg} = 10^{-7}\ \mathrm{J}$),这与通过均匀成核的实验求得的界面能 $\gamma = 24\ \mathrm{erg/cm^2}$ 符合得很好[28]。

(a) 初始形状   (b) 生长时出现 ϕ 干扰   (c) 在 ϕ 干扰上叠加了 z 干扰   (d) ϕ 干扰和 z 干扰的进一步发展

图 5 – 23 在过冷水中柱状冰晶生长时 ϕ 干扰和 z 干扰的发展

(Hartmen P. Crystal Growth: An Introduction. North-Holland, 1973: 437)

圆柱界面的稳定性的理论分析还预言,增长得最快的 z 干扰的波长与过冷度的平方根成反比,哈迪和科里尔的实验结果表明,增长得最快的波长与过冷度的理论关系以及理论预言的比例常数都与实验结果十分相符。

第六节　枝晶生长

枝晶生长(dendritic growth),这种现象在一百多年前已经引起了人们的注意,但迄今仍有很多问题没有得到合理的解释。本节只从界面稳定性理论出发,讨论其中一些有关的现象。

一、概　述

在本章第一节中已经讨论过,如果熔体是过冷熔体,于是光滑的平坦界面的稳定性遭到破坏,界面上因干扰所产生的凸缘将自由地快速地向熔体中生长。虽然此凸缘在横向(垂直于尖端的生长方向)也将生长,但由于凝固潜热提高了凸缘周围的熔体温度,而在尖端处潜热的耗散要容易得多,因而凸缘的横向生长速率较凸缘尖端向前的生长速率要小得多,故凸缘很快长成一细长的晶体,我们称为主干。与此同时,主干与周围过冷熔体间的界面也是不稳定的,主干上同样会出现很多凸缘,这些凸缘生长的结果形成了第一分支。同样理由将形成第二、三……分支。这种晶体形态很像一树枝,故称枝晶或枝蔓状晶体,其示意图如图5-24所示。

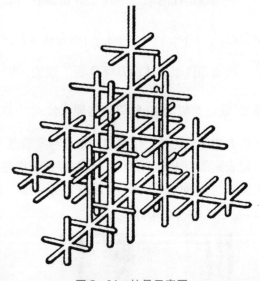

图 5-24　枝晶示意图

一维温场中,若平坦平界面的稳定性遭到破坏而转变为枝晶生长,则这些枝晶的主干是相互平行的,且沿着负温度梯度的方向。图5-25(a)就是一典型的例子。该图片是掺有微量水杨酸苯酯(salol)的四溴化碳(CBr_4)熔体在一维温场中结晶时出现的枝晶,故其主干相互平行。在三维温场中,或是在等温的过冷熔体中,一球形界面的稳定性遭到破坏而转变为枝晶生长时,通常在开始时其主干呈辐射状。

实践表明,在溶液生长[29]和气相生长[30]中,过饱和度过大,破坏了界面的稳定性,也出现枝晶生长。自然界中的雪花就是气相生长的枝晶,如图5-25(b)。图中可以清晰地看到,开始时冰晶一度为正六边形(这反映了冰晶生长的各向异性)。由于生长过程中过饱和度增加,相应于对角线方向出现了六枝枝蔓状晶体,其主干和第一分支都很清晰,且其分支间的间距相等。枝晶沿对角线生长,是由于在扩散场中角处水汽的过饱和度较大的缘故。

在过饱和固溶体中,若过饱和度太大,溶质脱溶沉淀过程也将出现枝晶。其实例如图

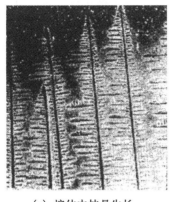
(a) 熔体中枝晶生长

(b) 气相中枝晶生长(雪晶)

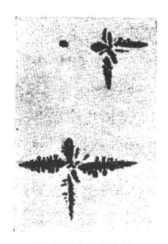
(c) 固相中枝晶生长

(d) 固相中枝蔓熔化

图 5 - 25　枝晶生长和枝蔓熔化

5 - 25(c) 所示。这是在铜-49.9% 锌的固溶体中出现的 γ 黄铜枝晶[31]。上述组分的铜-锌固溶体,从 β 单相区淬火到 505 ℃ 的 β + γ 相区,并保温 244 s,在脱溶为 γ 黄铜枝晶后再淬火到室温。

我们在本章第四节中曾讨论了固溶体的熔化界面的稳定性。我们知道若过热度较大,且在界面处建立了正温度梯度,则平坦的熔化界面是不稳定的。这也可能形成枝蔓状熔化。廷德尔(Tyndall)于 1858 年在阿尔卑斯山脉的冰川上,将阳光聚焦于冰晶内部首次观察到枝蔓熔化。此后很多研究者完成了类似的实验,中谷(Nakaya)将红外辐射聚焦于冰晶内所拍摄的枝蔓熔化的图像如图 5 - 25(d) 所示[5]。在这些实验中由于冰晶内部局部过热而产生了正温度梯度,从而破坏了熔化界面的稳定性,因而出现了枝蔓熔化。这一过程与雪花的形成过程是相似的。

在工业生产中也常观察到枝晶生长。最突出的事例是钢的铸锭冷却过程中产生的枝晶。有人在 100 t 的钢铸锭的缩孔中找到长达 39 cm 的枝晶。

在与晶体生长完全无关的现象中,亦可看到枝蔓状的不稳定性。例如在两玻璃片间的水滴,如果突然挤压玻璃片,其圆形截面将发展为枝蔓状(其主干呈辐射状)。树木生长过程中产生分枝大概也可看为是不稳定性的表现。树木长高和产生分枝是为了能吸收更多的阳光,在过冷熔体中晶体生长时产生分枝是为了能更快地耗散所释放的潜热。然而这些现象与枝晶生长的重要差别是其分枝的方向基本上是无规则的。在晶体生长中分枝的方向是晶轴的方向,并且是有重复性的。这表明,关于枝晶生长的一个完全的描述,必须考虑到晶体的各向异性。现将实验观测到的枝晶生长的特征方向总结于表 5 - 1。枝晶生长时,其主干和分支为什么沿着这些特征方向,粗看好像很易解决,但实际上是枝晶生长中的一个尚未解决的重要问题。

表 5 - 1　枝晶生长方向

结　构	枝晶生长方向
面心立方(fcc)	$\langle 100 \rangle$
体心立方(bcc)	$\langle 100 \rangle$
密积六方(hcp)	$\langle 10\bar{1}0 \rangle$
体心四方(Sn)	$\langle 110 \rangle$

*二、球面的不稳定性与枝晶生长

我们已经阐明了当平坦界面的稳定性遭到破坏时,在界面上干扰所生的凸缘,或是发展为胞状界面,或是发展为相互平行的枝晶。我们现在来讨论在等温的过冷熔体中一球状晶体的界面稳定性以及发展为枝晶的可能性。

一半径为 R 的球面,受到几何干扰后的界面方程可表示为

$$r = R + \delta(t) \cdot y_{lm}(\theta, \varphi) \tag{5 - 43}$$

其中 $\delta(t)$ 为干扰振幅,$y_{lm}(\theta, \varphi)$ 为球谐函数。

球面是否具有稳定性,有两个判据。一个是和前面的平面问题的判据相同,要求干扰的单位振幅变率 $\dfrac{\dot{\delta}}{\delta} \leqslant 0$,这可保证干扰的振幅不随时间而增长,被称为绝对稳定性。然而重要的是球面的"非球性"是否随时间增加,因而提出了另一个相对稳定性的判据,即

$$\frac{\dot{\delta}}{\delta} \leqslant \frac{\dot{R}}{R} \tag{5 - 44}$$

如果球面失去了绝对稳定性,即干扰的振幅随时间而增长,但若具有相对稳定性,则此晶体在生长过程中仍能大体上保持球形,不致球面失稳(spherical instability),不致出现枝晶。

完全类似于平坦界面稳定性的处理(本章第五节),对球形界面可得干扰的单位振幅变率为[1]

$$\frac{\dot{\delta}}{\delta} = \frac{(l-1)k_{\mathrm{L}}}{R^2 L}\Big[\Delta T - \frac{2T_{\mathrm{m}}\Gamma}{R}(1 + a_{\mathrm{L}}) \Big] \tag{5 - 45}$$

而 a_{L} 为

$$a_L = \frac{1}{2}(l+2)\left[1 + l\left(1 + \frac{k_S}{k_L}\right)\right] \tag{5-46}$$

其中 k_S, k_L 分别为固相和液相的热传导系数,L 为凝固潜热,$\Delta T = T_m - T_\infty$ 为熔体过冷度,Γ 为界面能与单位体积凝固潜热之比值,l 为球谐函数的阶数。如所预期的一样,式(5-45)为两项和。括号中第一项为过冷度 ΔT,其值为正,故使球面趋于不稳定;括号中第二项恒为负,使球面趋于稳定,这是界面能的贡献。值得注意的是,球面是否稳定还决定于球半径 R 的增长。开始生长时,R 很小,式(5-45)中第二项的绝对值很大,$\frac{\dot\delta}{\delta} < 0$,故球面总是稳定的。随着 R 的增加,$\frac{\dot\delta}{\delta}$ 趋于零,若 R 继续增加,$\frac{\dot\delta}{\delta}$ 将大于零,于是球面就失去了绝对稳定性。故令(5-45)式为零,可得能保持绝对稳定性的临界半径

$$R_a = \frac{2T_m\Gamma}{\Delta T}(1 + a_L) \tag{5-47}$$

式中 $\frac{2T_m\Gamma}{\Delta T}$ 对特定的生长系统为一常数,且具有长度的量纲,我们令 $R^* = \frac{2T_m\Gamma}{\Delta T}$,并把 R^* 称为生长系统的特征半径(在第八章中我们将会看到 R^* 实际上就是晶体的成核半径)。于是有

$$R_a = R^*(1 + a_L) \tag{5-48}$$

在这里我们可以看到平界面与球界面稳定性的一个重大差别,即球界面的稳定性与生长的时间过程有关,球形晶体其半径长大到 R_a 时,即失去其绝对稳定性。

下面我们给出球界面保持相对稳定性的临界半径。求解满足一定边值条件的热传输方程,可得未受干扰的球晶的生长速率[12]

$$\dot R = \frac{k_L}{LR}\left[\Delta T - \frac{2T_m\Gamma}{R}\right] \tag{5-49}$$

将(5-49)、(5-45)式代入(5-44)式,可得保持相对稳定性的临界半径

$$R_r = R^*\left(1 + \frac{l-1}{l-2}a_L\right) \tag{5-50}$$

我们现在先来讨论球谐函数的阶数 l 对稳定性的影响,然后再讨论 R_a 和 R_r 间的关系。

由(5-46)式可以看出,a_L 近似地与 l^2 成正比,故 l 越小,R_a,R_r 越小,这表明 l 越小的干扰对球面稳定性的破坏作用越大(l 越小,意味着干扰的波长越长,于是界面能的作用减小)。而球面具有稳定性,必须对所有可能的 l 的干扰都是稳定的,故我们只关心 l 为最小值的干扰。从式(5-43)可以看出,当 $l=1$ 时,干扰后的球面只是相对于原球面作一微小平移,并不改变球的形状,因而在考虑球面的稳定性时是没有意义的。对 $l=2$ 的干扰,由式(5-50)可以看出,R_r 趋于无穷大,这种干扰虽然能破坏其绝对稳定性,使球趋向于椭球,却不能破坏球面的相对稳定性,不能出现枝晶生长。因而我们最关心的是 $l=3$ 的干扰,作为一个例子,我们取 $\frac{k_S}{k_L} = 1$,由(5-46)、(5-48)、(5-50)式可得,$R_a = 18.5R^*$,$R_r = 36R^*$,可以看出,当

$1.85R^* < R < 36R^*$ 时,球晶虽然失去了绝对稳定性,但保持相对稳定性,只当 $R > 36R^*$ 时,球晶才丧失相对稳定性而转变为枝晶生长。

三、主干的轴向生长速率

已经阐明,当平界面或球形界面的稳定性被破坏后,界面干扰所生之凸缘将沿着温度梯度方向的反向生长,形成枝晶的主干。我们曾经假设这些发展为主干的凸缘是圆锥状的,但这与实际情况不符。伊凡索夫(Иванцов)假定主干为旋转抛物体,并认为此抛物体与过冷熔体间的界面为等温面,也不考虑出现分枝的情况。他通过求解稳态的热传输方程,得到了主干的轴向生长速率 v、主干尖端的曲率半径 ρ 和"大块"熔体的过冷度 ΔT 间的关系[32]。他发现对给定的过冷度 ΔT,主干的 v 和 ρ 的乘积是恒定的,但不能分别确定 ρ 和 v。在给定的过冷度下,不能单值地确定枝晶尖端(dentritic tip)的曲率半径和轴向生长速率,这表明只从凝固潜热的耗散去考虑主干的生长是不够的,还必须引入其他物理规律。

实际上,除了潜热的耗散外,界面能和界面动力学在主干的生长过程中也起着重要作用。我们已经说过,界面的凝固点与界面曲率有关,见式(5-26),这就导致生长速率与曲率半径有关。其次,若主干是一旋转抛物体,由于抛物面上的曲率是位置的函数,则生长速率和界面过冷度也是位置的函数,因而假设旋转抛物面是等温面也是不够真实的。

特姆金(Темкин)[33]仍然假设主干为旋转抛物体,但放弃了界面为等温面的假设。特姆金发现,对给定的过冷度,在 v 关于 ρ 的曲线上出现了极大值。于是在极大处可单值地确定 ρ 和 v。特姆金指出,相应于 v_{max} 的 ρ 是主干尖端的稳定形状,因为尖端的曲率半径相对于该 ρ(相应于 v_{max} 的)的任何偏离,其生长速率都较低,故出现的干扰都将自动消失。

尽管特姆金作了不少近似,但他的分析仍有成功之处。科勒(Kotler)和蒂勒[34]在一篇评述性的文章中,根据已发表的冰、锡枝晶生长的实验数据,借助于特姆金的分析得出了这些物质的界面自由能,其结果和其他实验(如均匀成核实验)测得的结果相当符合。

四、分枝的产生

如果将主干设想为一细长的柱体,则借助于柱面稳定性的理论可以说明主干上出现分枝的原因。这种理论认为 z 干扰的危险波长 λ_{max}(相应于干扰振幅增长得最快的波长)就等于分枝的间距。但是这样的解释存在两个问题。第一,将主干看为一柱体是不合适的;第二,实验迹象表明,主干的尖端是边生长边出现分枝的[35],或者说,是在形成柱体前就出现分枝了。

兰格(Langer)等基于非线性的界面稳定性理论,分析了主干上分枝的形成,即枝晶分叉(dentritic branching)[36]。理论分析表明,稳定性遭到破坏有可能引起主干的尖端变钝以及分枝的形成。

参考文献

[1] Mullins W W, Sekerka R F. J Appl Phys, 1963, 4: 2885.

[2] Mullins W W, Sekerka R F. J Appl Phys, 1964, 35：444.

[3] Rutter J W, Chalmers B. Can J Phys, 1953, 31：15.

[4] Smialowski M. Z Mettalk, 1937, 29：133.

[5] Chalmers B. Principles of Solidification[M]. Wiley, 1964.

[6] Hunt J D, Jackson K A, Brown H. Rev Sci Inst, 1966, 37：805.

[7] 闵乃本. 物理学报, 1979, 28：33.

[8] Tiller W A, Jackson K A, Rutter J. W, Acta Met, 1953, 1：428.

[9] Rutter J W. Liquid Metals and Solidification[M]. A S M, Cleveland, 1958：250.

[10] Hurle D T J. Solid Stat Electron, 1961, 3：37.

[11] Chen H S, Jackson K A. J Cryst Growth, 1971, 8：184.

[12] Pamplin B R. Crystal Growth[M]. Pergaman, 1975：40.

[13] Chernov A A. J Cryst Growth, 1974, 24/25：11.

[14] Peiser H S. Crystal Growth[M]. Pergaman, 1967：733.

[15] 闵乃本, 周方桥. 物理学报, 1985, 35：188.

[16] Ming N B, Zhou F G. Experimental Investigation of Stability of Planar Interface and Development of Cellular Interface During Czochralski Growth of Y：LiNbO₃ Single Crystals[M]//Sunagaea I. Morphology and Growth Unit of Crystals. Tokyo：TERRAPUB, 1989：349－364.

[17] Sekerka F R. J Cryst Growth, 1971, 10：239.

[18] Schaefer R J, Blodgett Y A. Report of NRL Progress, 1973, 2：11..

[19] Hardy S C, Coriell S. R. J Appl Phys, 1968, 39：3505.

[20] Coriell S R, Hardy S R. J Appl Phys, 1969, 40：1652.

[21] Hardy S C, Coriell S R. J Cryst Growth, 1968, 3/4：569.

[22] Hardy S C, Coriell S R. J Cryst Growth, 1969, 5：329.

[23] Hardy S C, Coriell S R. J Cryst Growth, 1970, 7：147.

[24] Coriell S R, Hardy S C. J Res Natl Bur Std, 1969, 73A：65.

[25] Coriell S R, Hurle D T J, Sekerka R F. J Cryst Growth, 1976, 32：1.

[26] Hardy S C, Coriell S R. J Cryst Growth, 1973, 20：292.

[27] Coriell S R, Parker R L. J Appl Phys, 1965, 36：632.

[28] Coriell S R, Hardy S C, Sekerka R F. J Cryst Growth, 1971, 11：53.

[29] Kahlweit M. J Cryst Growth, 1969, 5：391.

[30] Nakaya U. Snow Crystal[M]. Harvad Univ, 1954.

[31] Pamplin B R. Crystal Growth[M]. Pergaman, 1975：576.

[32] ИванцовГ П. Д А Н СССР, 1947, 58：567.

[33] Темкин Ц Ё. Д А Н СССР, 1960, 132：1307.

[34] Kotler G R, Tiller W A. J Cryst Growth, 1968, 2：287.

[35] Morris L R, Winegard W C. J Cryst Growth, 1967, 1：245.

[36] Langer J S, Muller-Krumbhaar H. J Cryst Growth, 1977,42：11.

第六章　　相平衡和相图

晶体生长过程虽然是非平衡态过程，然而晶体生长理论却是在平衡态理论的基础上发展起来的，因而对相平衡(本章)及界面的平衡性质(下章)进行一定的讨论是十分必要的。同时，在晶体生长的实践中，特别是准备生长一种新型晶体而选择实验方案时，以及考虑如何才能获得性能均匀的优质晶体时，往往需要相平衡和相图的知识。故在本章中我们将介绍一些有关这方面的内容。

我们将具有同样成分、结构和性能的均匀体称为相。如果成分、结构、性能不是绝对均匀的，而是随空间位置而变化的，但只要这种变化是连续的，我们仍然认为它是同一相。我们知道纯 YAG 晶体是单相的。对掺 Nd 的 YAG 晶体，如果晶体是完全均匀的置换固溶体，当然也是单相的。如果晶体中出现了溶质偏聚，如正常分凝或生长层所引起的溶质(Nd)的不均匀分布，但由于这种不均匀性所产生的成分、结构、性能的变化是连续的，因而这种产生了溶质偏聚的晶体仍然是单相的。如果溶质偏聚十分严重(如出现了严重的组分过冷)，使晶体中局部的 Nd 浓度超过了固溶度，于是产生了脱溶沉淀，例如沉淀出 Nd_2O_3 的颗粒，这种情况下晶体中就出现了第二相。因为 Nd_2O_3 颗粒的成分、结构、性能和 YAG 完全不同，同时在 Nd_2O_3 颗粒与 YAG 晶体的界面上其成分、结构、性能产生了突变，因此这种晶体中就存在两种相，而两相间的成分、结构、性能产生突变的界面称为相界面。上述讨论同样适用于溶液系统，只要溶液中没有产生脱溶沉淀，即使溶液中存在浓度梯度，这种溶液系统也是单相的。气体或混合气体，由于其中各部分的成分、结构、性能都是相同的，且没有相界面，故也是单相的。

任何系统总是由不同的元素或化合物(一种类型的分子)构成的，每一种元素或化合物称为一种组分，可以独立地变化而影响相成分的组分称为组元。我们举一个例子来说明组分和组元间的关系。今有一气体是三种气体的混合物。这三种气体是氧(O_2)、一氧化碳(CO)和二氧化碳(CO_2)，故其组分数为三。由于一氧化碳和氧结合成二氧化碳，在平衡态时这三种气体的数量间有一定关系，这个关系是由质量作用定律所规定的。因此这三个组分中，只有两个是能独立地改变的，第三种组分的量可由另两个量求出。因此这个系统的组元数为二。究竟选哪两个组分为组元是没有什么关系的。

如果我们考虑的系统中只有一种组元，我们称为单元系统。单元系统中到底出现什么相，通常决定于温度、压强。不同的温度、压强下可出现不同的相，在特定的温度、压强下可出现两相或三相共存状态，因此我们称为单元复相系。如果系统中包含两种以上的组元，我们称为多元系统,如二元系、三元系……多元系统在平衡态到底出现哪些相,不仅决定于温度、压强,而且与成分有关。所谓成分是指组分间的相对数量关系。在通常情况下,多元系在不同的温度、压强下,不同成分将出现不同的相或同时出现数种不同的相,故称多元复相系。

第一节　单元系的复相平衡

一、单元系统中的相平衡条件

单元系统的平衡状态,决定于任意两个热力学量。例如,对给定温度和压强的单元系统就有确定的平衡状态。但没有任何理由要求该系统的平衡状态都是单相状态。事实上,对给定的温度和压强,系统的平衡状态可能是单相状态,也可能是两相或三相共存的状态。

我们先给出两相(α 相和 β 相)彼此平衡的条件。首先像任何处于平衡状态的物体一样,这两个相的温度 T^{α} 和 T^{β} 必须相等,即

$$T^{\alpha} = T^{\beta}$$

其次两相中压强相等的条件也必须满足,即

$$p^{\alpha} = p^{\beta}$$

这是因为在相界面上,两相的交互作用力必须大小相等、方向相反。

两相中温度相等,是所谓热平衡条件。如果这个条件不满足,则系统的状态不是平衡态,必然产生热量传输,于是系统的熵将增加。两相中压强相等,是所谓力学平衡条件。如果压强不等,则系统也没有达到平衡态,而压强高的相将膨胀,压强低的相将缩小,以使系统的自由能减小。如果系统中的温度和压强都已相等,也就是说,系统已经达到了热平衡和力学平衡状态。在这样的系统中,共存的两相仍然可能相互转变而不处于平衡。例如,在恒压下的冰、水共存的系统中,冰可以通过等温过程转变为水。因而下面我们将导出已经达到热平衡和力学平衡的系统中相平衡的条件。

今讨论一单元系统,它是由 α 和 β 相组成的。设 α 相的吉布斯自由能(Gibbs free energy)为 G^{α},β 相的为 G^{β}。设 α 相的克分子数(物质的量)为 N^{α},β 相的为 N^{β},α 相的克分子吉布斯自由能为 μ^{α},β 相的为 μ^{β}。故

$$G^{\alpha} = N^{\alpha}\mu^{\alpha}, \quad G^{\beta} = N^{\beta}\mu^{\beta}$$

今讨论在温度和压强不变的情况下这两相的相互转变问题。在上述条件下,系统达到平衡的条件是吉布斯自由能为最小。而系统的吉布斯自由能 $G = G^{\alpha} + G^{\beta}$。由于 μ^{α} 和 μ^{β} 只是温度和压强的函数,所以在温度和压强不变的条件下 μ^{α} 和 μ^{β} 都保持不变,而 G^{α} 和 G^{β} 的改变完全是由于两个相互相转变时 N^{α} 和 N^{β} 的改变所引起的。故

$$\delta G^{\alpha} = \mu^{\alpha}\delta N^{\alpha}, \quad \delta G^{\beta} = \mu^{\beta}\delta N^{\beta}$$

但系统中总质量不变,故 $\delta N^{\alpha} + \delta N^{\beta} = 0$,因而总吉布斯自由能的改变为

$$\delta G = \delta G^{\alpha} + \delta G^{\beta} = \mu^{\alpha} \delta N^{\alpha} + \mu^{\beta} \delta N^{\beta} = (\mu^{\alpha} - \mu^{\beta}) \delta N^{\alpha} \qquad (6-1)$$

应用总吉布斯自由能极小的必要条件 $\delta G = 0$,则得

$$\mu^{\alpha} = \mu^{\beta} \qquad\qquad (6-2)$$

这就是相平衡(phase equilibria)条件:单元系中两相达到平衡时,两相的克分子吉布斯自由能必须相等。我们将单元系中的克分子吉布斯自由能称为化学势。假如两相化学势不等,则系统没有达到平衡态,而必然发生变动使总吉布斯自由能减少,即 $\delta G < 0$。若 $\mu^{\alpha} > \mu^{\beta}$,则由 $(6-1)$ 式得 $\delta N^{\alpha} < 0$,这就是说,化学势高的 α 相将转变为化学势低的 β 相。这就是为什么将 μ 称为化学势的原因(可和重力场中的势能或电学中的电势类比)。

二、理想气体的化学势

从上面讨论中可以看出,化学势是非常重要的物理量。例如,两相的化学势彼此相等,是两相平衡的条件。又如,化学势不等是两相互相转变的原因,即化学势高的相将转变为化学势低的相。为了进一步深化对化学势的理解,我们具体讨论理想气体的化学势。

我们来考虑一理想气体的系统,其初态的温度为 T,压强为 p_0,终态的温度仍为 T 而压强为 p,我们先求这两种状态下其化学势的差值。我们知道单元系统的化学势就是克分子吉布斯自由能,故其微分为

$$\mathrm{d}\mu = V_{\mathrm{m}}\mathrm{d}p - s\mathrm{d}T$$

其中 V_{m} 和 s 分别为克分子体积和克分子熵。由于热力学函数 G 为势函数,因而 $\mu = \dfrac{G}{N}$ 亦为势函数。由势函数的数学性质可知,$\Delta\mu$ 只决定于初态 (p_0, T) 和终态 (p, T),而与过程的积分路径无关。这就使我们可以假定上述系统是经过等温压缩由初态 (p_0, T) 过渡到终态 (p, T) 的,于是

$$\Delta\mu = \int_{p_0}^{p} V_{\mathrm{m}}\mathrm{d}p$$

根据理想气体的物态方程,有 $V_{\mathrm{m}} = \dfrac{RT}{p}$,代入后可得

$$\Delta\mu = RT \ln \frac{p}{p_0} \qquad\qquad (6-3)$$

化学势也像其他的势函数一样,我们可以求得始态和终态的差值,而无法确定其某态的绝对值。但是如果我们选取某态为标准态,那么就可确定不同状态相对于此标准态的化学势。如同我们计算物体在地面上不同高度的势能一样,通常选取北纬 45° 海平面的势能为标准态,并假定此海平面上的势能为零,于是可求得物体在不同高度的势能。同理,我们把温度为 T,压强为 1 个大气压的理想气体定为标准态。由式 $(6-3)$ 可得任意状态 (p, T) 的理想气体的化学势为

$$\mu(p, T) = \mu^{0}(T) + RT \ln p \qquad\qquad (6-4)$$

其中 $\mu^0(T)$ 为处于标准态的理想气体的化学势。由于标准态中没有规定温度,故 $\mu^0(T)$ 仍为温度的函数。

三、相平衡曲线

我们已经得出,对单元系统在温度和压强都已均匀后,两相平衡的条件是其化学势彼此相等。由于化学势是温度 T 和压强 p 的函数,故两相平衡条件可表示为

$$\mu^\alpha(p,T) = \mu^\beta(p,T) \qquad (6-5)$$

于是,描写两个相处于平衡态的两个热力学参量:p 和 T,不是相互独立的,可通过 (6-5) 式将一个量表示为另一量的函数。因此两个相不能在任意温度和压强下处于相互平衡的状态;与此相反,给定了这两个量中的一个量,就完全确定了另一个量。

若取温度和压强为直角坐标,则两相平衡条件 (6-5) 式代表该坐标平面内的曲线方程。该曲线上任意一点,都满足两相平衡条件,并代表该系统的平衡状态是两相共存状态,因而将这样的曲线称为相平衡曲线。在相平衡曲线两侧的点,都不满足两相平衡条件,都代表单相状态。

类似于两相平衡的条件,单元系中三相平衡的条件是

$$p^\alpha = p^\beta = p^\gamma, \quad T^\alpha = T^\beta = T^\gamma, \quad \mu^\alpha = \mu^\beta = \mu^\gamma$$

如用 p,T 来表示三个相中压强和温度的共同值,那么三相平衡的条件为

$$\mu^\alpha(p,T) = \mu^\beta(p,T) = \mu^\gamma(p,T) \qquad (6-6)$$

这是具有两个变数的两个独立方程式;它们的解是一对确定的 p_t 和 T_t。这表明,只有在上述确定的状态 (p_t, T_t) 下,才能出现三个相同时存在的平衡状态。今将任意两相的相平衡曲线表示于图 6-1。相平衡曲线的交点坐标 (p_t, T_t) 就代表三相同时存在的状态,我们把这种在 p,T 图上的孤立点称为三相点。在单元系中要出现比三相更多的相的平衡显然是不可能的(可用本章第二节中的相律来予以说明)。

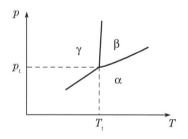

图 6-1 相平衡曲线和相图

在任意给定的温度和压强下,在单元系的平衡态中究竟出现什么相,或同时出现什么相,这可用类似于图 6-1 的图像来表示,我们就将这类图称为相图(phase diagram)。如图 6-1 所示,在单元系的相图中,表示单相存在的是图中的一些区域,表示两相共存的是一些曲线(即相平衡曲线),表示三相共存的是一些孤立点(即三相点)。

四、金刚石相图

如果我们能从理论上得出单元系统中各种相的化学势的表达式,则可得到相平衡曲线方程。由相平衡曲线就得到交点(即三相点)的坐标。于是通过理论就可获得相图。实际上,我们还没有关于化学势的全部知识,所以相图中的曲线都是直接由实验测定的。下面我

们以实验测得的金刚石相图为例,来说明单元系的复相平衡。

实验测得的金刚石的相图如图 6 - 2 所示[1]。图中横坐标为绝对温度,纵坐标为压强,其单位为千巴(1 千巴 = 987 大气压)。图中实线为相平衡曲线,曲线上的点代表两相共存状态。例如,曲线 BC 代表固相金刚石与液相共存。相平衡曲线将坐标平面划分成四个区域,每一区域为单相区。例如在 ABF 区域内,系统呈石墨相。石墨为层状结构,每层的碳原子按六方网格排列,其间的键合是共价键,并叠加了金属键,故导电性良好;层间的键合为分子键,层间距离较大,故层间易于滑移。在 ABCD 区域内,为金刚石相。金刚石与石墨虽同为碳原子构成,但其结构和性能与石墨完全不同。金刚石为立方晶系(面心立方点

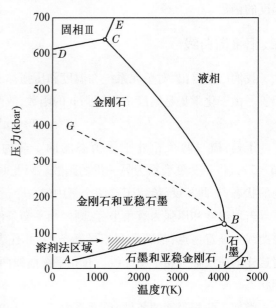

图 6 - 2　金刚石相图[1]

阵金刚石结构),原子间为共价键,一般为绝缘体,具有很高的硬度。在 DCE 区内为固相Ⅲ,它比金刚石更致密(密度约大 15% ~ 20%),并具有金属性。在 ECBF 之右为液相区。相图中 B 和 C 为两个三相点,它们的坐标给出了三相共存的平衡条件。

在一定的温度和压强下,相图中所标明的相是系统的吉布斯自由能为最小的相,称为稳定相。从图 6 - 2 可以看出,在常压下,对任何温度,石墨是稳定相,金刚石是不稳定的。然而,处于常压常温下地球表面的天然金刚石,经历了漫长的地质年代,并没有转变为石墨。故相图(平衡图)只表明在一定的条件下稳定相是什么,而不给出关于不稳定相转化为稳定相的任何信息。

金刚石转化为石墨的过程称为金刚石的石墨化。由于金刚石的密度比石墨约大 50%,故石墨化过程受到表面的约束,在完整的金刚石内部将产生很大的压力以阻止金刚石的石墨化,这就构成了石墨化过程中所必须克服的位垒。如果金刚石内部有微裂缝或某些其他缺陷,只要这些缺陷能容纳石墨化过程中的体积膨胀,则内部石墨化也是可能的。提高温度给予足够的能量使之能克服石墨化过程中的位垒,这能加速石墨化的进程。例如,可以估计出,在常温常压下须经 10^{100} 年,金刚石中的石墨化才能被检测出来(地球年龄近于 4.6×10^9 年);在 1000 ℃要 7500 年,在 1200 ℃只要 1 年就能观测到石墨化。因而温度愈高,金刚石愈不稳定。于是可用实验方法测定出不稳定相(金刚石)不能存在的临界温度和压力。这些数据将图 6 - 2 中的 ABF 区划分成两部分,在图中以虚线表示出来。在虚线之左,稳定相为石墨,金刚石虽不稳定但仍能存在,我们称为亚稳相(metastable phase)。在虚线之右,只有稳定相石墨才能存在。同样,在图 6 - 2 的 ABCD 区内也引入了虚线,虚线之左下方稳定相(金刚

石)和亚稳相(石墨)都能存在;虚线之右上方只有稳定相(金刚石)可以存在。由于实验测量比较困难,图 6-2 中虚线的位置不很精确。

由此可以推知,在 GBC 区域内,有可能将石墨直接转变为金刚石。这个设想已于 1961 年为实验所证实[2],高温和高压是由爆炸的冲击波提供的,估计温度为 1500 K,压强约为 3.0×10^5 Pa,得到的金刚石尺寸为 10 nm。1963 年首次完成了在静压下直接将石墨转变为金刚石[3],温度高于 3300 K,压强达 1.3×10^5 Pa,历时数毫秒,得到的金刚石的尺寸为 20 ~ 50 nm。但是,通常制备金刚石时,往往加入 Fe,Co,Ni 等Ⅷ族元素,这已不是单元系的问题,故在这里不进行讨论。

五、相变潜热

一克分子的物质从一个相转变为另一相,伴随着放出或吸收的热量称为相变潜热(latent heat of phase transformation)。按照平衡条件,这样的相变是在恒温和恒压下进行的。但在恒压下进行的过程中,物体放出或吸收的热量等于焓的改变。因此每个克分子的相变潜热是

$$L = h^\alpha - h^\beta \tag{6-7}$$

其中 h^α 和 h^β 分别为 α 相和 β 相的克分子焓。

因为在单元系中 μ 是克分子吉布斯自由能,故

$$\mu = u - Ts + pV_m$$

其中 u, s, V_m 是克分子内能、克分子熵和克分子容积。由相平衡条件(6-2)式得

$$(u^\alpha - u^\beta) - T(s^\alpha - s^\beta) + p(V_m^\alpha - V_m^\beta) = (h^\alpha - h^\beta) - T(s^\alpha - s^\beta) = 0$$

其中 T 和 p 是两个相共同的温度和压强。故得

$$L = T(s^\alpha - s^\beta) \tag{6-8}$$

由此可知,相变潜热等于两相熵之差乘以相变温度。如果由 β 相转变为 α 相时吸收热量,则相变潜热是正的,相变过程中熵将增加($s^\alpha > s^\beta$)。反之,如果相变时放热,则 L 为负,熵将减小。

现在我们讨论三相共存的情况。设三相为 α, β, γ,其平衡条件为(6-6)式所示。这个条件确定了三相点的压强和温度。可以看出三相点是三条相平衡曲线的交点,这三条曲线的方程是 $\mu^\alpha = \mu^\beta$, $\mu^\beta = \mu^\gamma$, $\mu^\gamma = \mu^\alpha$。在三相点有三种相变潜热,可表示为 $L_{\alpha\beta}, L_{\beta\gamma}, L_{\gamma\alpha}$,由(6-7)式可得

$$L_{\alpha\beta} = h^\alpha - h^\beta, \quad L_{\beta\gamma} = h^\beta - h^\gamma, \quad L_{\gamma\alpha} = h^\gamma - h^\alpha$$

由此可得

$$L_{\alpha\gamma} = L_{\alpha\beta} + L_{\beta\gamma} \tag{6-9}$$

这就是说,三种潜热中的一种可由其他两种求出。现以水为例,设 α 代表气,β 代表水,γ 代表冰,则 $L_{\alpha\beta}$ 为汽化潜热,$L_{\beta\gamma}$ 为熔化潜热,$L_{\alpha\gamma}$ 为升华潜热。实验测得

$$L_{\alpha\beta} = 2500.63 \text{ J/g}, \quad L_{\beta\gamma} = 333.70 \text{ J/g}$$

但实验不容易测得升华热。而应用(6-9)式可求得升华热为

$$L_{\alpha\gamma} = 2500.63 \, \text{J/g} + 333.70 \text{J/g} = 2834.33 \, \text{J/g}$$

六、克拉珀龙-克劳修斯方程

我们把(6-5)式所给出的相平衡条件

$$\mu^{\alpha}(p,T) = \mu^{\beta}(p,T)$$

的两边对温度求微商,同时必须注意到,压强 p 不是自变量,而是由这个方程所确定的温度的函数。因此有

$$\frac{\partial \mu^{\alpha}}{\partial T} + \frac{\partial \mu^{\alpha}}{\partial p}\frac{\mathrm{d}p}{\mathrm{d}T} = \frac{\partial \mu^{\beta}}{\partial T} + \frac{\partial \mu^{\beta}}{\partial p}\frac{\mathrm{d}p}{\mathrm{d}T}$$

利用恒等式 $\mathrm{d}\mu = -s\mathrm{d}T + V_{\mathrm{m}}\mathrm{d}p$,由此得

$$-s^{\alpha} + V_{\mathrm{m}}^{\alpha}\frac{\mathrm{d}p}{\mathrm{d}T} = -s^{\beta} + V_{\mathrm{m}}^{\beta}\frac{\mathrm{d}p}{\mathrm{d}T}$$

故有

$$\frac{\mathrm{d}p}{\mathrm{d}T} = \frac{s^{\alpha} - s^{\beta}}{V_{\mathrm{m}}^{\alpha} - V_{\mathrm{m}}^{\beta}}$$

代入(6-8)式,最后可得

$$\frac{\mathrm{d}p}{\mathrm{d}T} = \frac{L}{T(V_{\mathrm{m}}^{\alpha} - V_{\mathrm{m}}^{\beta})} \tag{6-10}$$

上式就是有名的克拉珀龙方程(Clapeyron's equation),是克拉珀龙在 1834 年首先得到的。这个方程又名克拉珀龙-克劳修斯方程,因为是克劳修斯(Clausius)最初应用热力学理论导出的。这个公式表明两相平衡时,平衡压强随温度的变化,亦即给出了相平衡曲线的斜率。于是可根据上式对相图中的相平衡曲线进行外推,这样可减少测定相图的工作量。上式还可用来确立液体或固体的蒸气压与温度的关系。同一公式也可写为

$$\frac{\mathrm{d}T}{\mathrm{d}p} = \frac{T(V_{\mathrm{m}}^{\alpha} - V_{\mathrm{m}}^{\beta})}{L} \tag{6-11}$$

这个公式给出了当压强变化时两相之间的相变温度(例如凝固点)的变化。

现在来考虑式(6-10)的特殊情况。例如,固体或液体和它的蒸气的平衡。这时可通过式(6-10)确定饱和蒸气压随温度的变化。

通常气体的克分子体积远大于固体或液体的克分子体积。若 α 相为蒸气,β 相为固体或液体,则式(6-10)中的 V_{m}^{β}可以忽略。这时,我们可取$\frac{\mathrm{d}p}{\mathrm{d}T} = \frac{L}{TV_{\mathrm{m}}^{\alpha}}$。我们进一步把蒸气看为理想气体,根据其物态方程有 $V_{\mathrm{m}}^{\alpha} = \frac{RT}{p}$,于是我们得到

$$\frac{\mathrm{d}p}{\mathrm{d}T} = \frac{Lp}{RT^2}$$

或

$$\frac{\mathrm{d}\ln p}{\mathrm{d}T} = \frac{L}{RT^2} \tag{6-12}$$

我们可以看到,在相变潜热可以认为是常数的温度范围,饱和蒸气压按指数率 $\approx \exp(-L/RT)$ 随温度而变化。

七、临界点

如果能通过改变温度和压强,使同时存在的两个相的差异逐渐趋于消失,则此时的温度和压强就称为临界温度和临界压强,在相图中相应的点就称为临界点(critical point)。实际上,只有沿着相平衡曲线来改变温度和压强,才能使系统保持两相共存状态。而两相的差异归于消失的临界点,必为相平衡曲线的终止点。因为当两相的差异消失了,就分不清什么样的状态是这一相,什么样的状态是那一相,再不能说是两相共存状态了,因而代表两相共存状态的相平衡曲线必然终止。

显然,只有当两相之间只有纯粹的数量差异时,对这样的两相才可能有临界点存在。例如,液相和气相就是这样,它们间的差异只在于分子的平均间距、分子的平均自由程以及分子间作用力的大小。这种差异是可以通过增加压强和温度使之逐渐趋于消失的。

至于像同一种物质的熔体和晶体,或不同晶态的相,它们彼此间有质的差异,因为它们内部的对称性不同。显然对任何对称元素,我们只能说它存在或不存在;它只能突然地出现或消失,而不可能逐渐地出现或消失。在这种情况下,物体或者具有这种对称元素,或者具有那种对称元素,总是可以指出物体在两相中间属于哪一相。因而对于这样的系统,临界点是不可能存在的,而相平衡曲线必然是,或者延伸到无限远处,或者和其他的相平衡曲线相交,而不可能终止于相图中。

第二节 多元系的复相平衡

一、不同成分相的化学势

我们首先考虑多元单相系统,其中有 k 个组元,而 $N_1, N_2, \cdots, N_k$ 代表不同组元的克分子数。现在我们要给出此系统中任一组元的化学势,以及该相所具有的平均化学势。

单相系统是均匀系统。通常我们将描写均匀系统的变数和函数分为两类。一类是与总质量成正比的,我们称为广延量。例如克分子数、体积、内能、焓、熵、热容量以及吉布斯自由能等。另一类是代表物质的内在性质的,与总质量无关,称为强度量,如压强、温度、密度和比热容等。一个广延量被总质量或总克分子数除之后就成为强度量。

为了用数学描写广延量的性质,假定单相系的质量增加了 λ 倍而不改变系统的内部性质。在这种情况下,各组元的克分子数也要同时增加 λ 倍。那就是说,每个 N_i 由 N_i 变到 $N_i' = \lambda N_i$,同时体积 V 和内能 U 也变到 $V' = \lambda V$ 和 $U' = \lambda U$,而温度 T 和压强 p 不变。但 V' 和 U' 作为 T, p, N_i' 的函数,V 和 U 作为 p, T, N_i 的函数,这两个函数是相同的。所以 V', U', V, U 的关系可写为

$$V'(T,\ p,\ \lambda N_1, \cdots,\ \lambda N_k) = \lambda V(T,\ p,\ N_1, \cdots,\ N_k)$$

$$U'(T,\ p,\ \lambda N_1, \cdots,\ \lambda N_k) = \lambda U(T,\ p,\ N_1, \cdots,\ N_k)$$

$$(6-13)$$

这两个方程显示出广延量的数学性质。

在数学上一个函数 $f(x_1,\ x_2, \cdots,\ x_k)$ 满足

$$f(\lambda x_1,\ \lambda x_2, \cdots,\ \lambda x_k) = \lambda^m f(x_1,\ x_2, \cdots,\ x_k) \tag{6-14}$$

关系的被称为 $x_1,\ x_2, \cdots, x_k$ 的 m 次齐次函数。比较 $(6-13)$ 式和 $(6-14)$ 式,可知广延函数 V, U 是广延变数 N_1, $N_2, \cdots, N_k$ 的一次齐次函数。假定 f 对 $x_1,\ x_2, \cdots, x_k$ 都有连续微商,则一个 m 次齐次函数必满足下列偏微分方程

$$\sum_i x_i \frac{\partial f}{\partial x_i} = mf \tag{6-15}$$

要证明这个方程,只须在 $(6-14)$ 式中对 λ 求微商,然后令 $\lambda = 1$ 就行了。方程 $(6-15)$ 称齐次函数的欧勒定理。

应用这个定理到 $(6-13)$ 式,得

$$V = \sum_i N_i V_{mi}, \quad U = \sum_i N_i u_i \tag{6-16}$$

其中

$$V_{mi} = \left(\frac{\partial V}{\partial N_i}\right)_{T,p}, \quad u_i = \left(\frac{\partial U}{\partial N_i}\right)_{T,p} \tag{6-17}$$

我们称 V_{mi} 为组元 i 的偏克分子体积,u_i 为组元 i 的偏克分子内能。

同样,偏克分子焓为

$$h_i = \left(\frac{\partial H}{\partial N_i}\right)_{T,p}$$

偏克分子比热容为

$$C_{pi} = \left(\frac{\partial C_p}{\partial N_i}\right)_{T,p}, \quad C_{Vi} = \left(\frac{\partial C_V}{\partial N_i}\right)_{T,p}$$

偏克分子吉布斯自由能为

$$g_i = \left(\frac{\partial G}{\partial N_i}\right)_{T,p} \tag{6-18}$$

与 $(6-16)$ 式类似,这些偏克分子变数有下列关系

$$H = \sum_i N_i h_i, \quad C_p = \sum_i N_i C_{pi}, \quad C_V = \sum_i N_i C_{Vi}, \quad G = \sum_i N_i g_i \tag{6-19}$$

在某些场合中,例如在讨论溶液和固溶体时,偏克分子变数的概念较为重要。同时偏克分子变数和广延量间的关系也是十分重要的。因为有些热力学量,如溶解热,只有广延量可以直接测量;另一些量,如自由能,只有偏克分子量是可以测量的。这些问题我们在这里不仔细讨论。

单相系中组元 i 的偏克分子吉布斯自由能,就是该组元的化学势 μ_i,即 $\mu_i = g_i$

$$\mu_i = \left(\frac{\partial G}{\partial N_i}\right)_{T,p} \tag{6-20}$$

可以看出,组元 i 的化学势是恒温恒压下,这个系统中 1 克分子 i 组元的吉布斯自由能。说得更清楚些,μ_i 代表在恒温恒压下于无限大的系统中加入 1 克分子的 i 组元后,系统吉布斯自由能增加的量。所以需指无限大的系统,是因为加 1 克分子的 i 组元于无限大的系统实际上等于加 dN_i 克分子于通常系统,系统的成分可当作没有改变。由(6-19)式有

$$G = \sum_i N_i \mu_i \tag{6-21}$$

这表示由 k 个组元构成的相的吉布斯自由能是各组元化学势与相应克分子数乘积的总和。而该相的平均化学势为单位克分子的该相物质所具有的吉布斯自由能

$$\mu = \frac{G}{N} = \frac{1}{N} \sum_i N_i \mu_i = \sum_i \frac{N_i}{N} \mu_i$$

令 $x_i = \frac{N_i}{N}$ 为组元 i 的克分子分数,习惯上是用来表示化学成分(组元浓度)的。于是该相的平均化学势为

$$\mu = \sum_i x_i \mu_i \tag{6-22}$$

对多元复相系,上面的结论适用于系统中的每一相。例如对 α 相,其中 i 组元的克分子分数为

$$x_i^\alpha = \frac{N_i^\alpha}{N^\alpha} \tag{6-23}$$

式中 N_i^α 是 α 相中组元 i 的克分子数,N^α 是 α 相的总克分子数。显然有 $N^\alpha = \sum_i N_i^\alpha$。$\alpha$ 相中 i 组元的化学势为

$$\mu_i^\alpha = \left(\frac{\partial G^\alpha}{\partial N_i^\alpha}\right)_{T,p} \tag{6-24}$$

α 相的平均化学势为

$$\mu^\alpha = \sum_i x_i^\alpha \mu_i^\alpha \tag{6-25}$$

α 相的吉布斯自由能为

$$G^\alpha = \sum_i N_i^\alpha \mu_i^\alpha \tag{6-26}$$

二、多元系的复相平衡

我们考虑一多元复相系。该系统中有 k 个组元,有 $\alpha,\beta,\gamma,\cdots$ 共 p 个相。我们的目的是求出在恒温恒压下相平衡的条件。今规定某物理量的上角标代表相,下角标代表组元,例如,N_3^γ 表示 γ 相中组元 3 的克分子数,μ_2^α 代表 α 相中组元 2 的化学势。

为简明起见,我们推导二元二相系在恒温恒压下的相平衡条件。然后再直接推广到多元复相系。

我们假设二元二相系中的温度和压强都已均匀,也就是说,系统已经达到热平衡和力学

平衡。在此情况下,系统达到相平衡的条件是吉布斯自由能为极小。即有

$$\delta G = 0 \qquad (6-27)$$

由(6-26)式可得 α 相的吉布斯自由能 G^{α} 为

$$G^{\alpha} = N_1^{\alpha}\mu_1^{\alpha} + N_2^{\alpha}\mu_2^{\alpha} \qquad (6-28)$$

同样可得 β 相的吉布斯自由能 G^{β} 为

$$G^{\beta} = N_1^{\beta}\mu_1^{\beta} + N_2^{\beta}\mu_2^{\beta} \qquad (6-29)$$

现考虑的是二元二相系,故系统的总吉布斯自由能为

$$G = G^{\alpha} + G^{\beta} = N_1^{\alpha}\mu_1^{\alpha} + N_2^{\alpha}\mu_2^{\alpha} + N_1^{\beta}\mu_1^{\beta} + N_2^{\beta}\mu_2^{\beta} \qquad (6-30)$$

由于不同相中不同组元的化学势只是压强和温度的函数,所以在恒温恒压下式(6-30)中所有的化学势都保持不变,而系统 G 的改变完全是由于不同相中不同组元的克分子数的改变所引起的。所以由(6-30)式有

$$\delta G = \mu_1^{\alpha}\delta N_1^{\alpha} + \mu_2^{\alpha}\delta N_2^{\alpha} + \mu_1^{\beta}\delta N_1^{\beta} + \mu_2^{\beta}\delta N_2^{\beta} \qquad (6-31)$$

由于系统中组元 1 和组元 2 的总克分子数是不变的,即

$$N_1 = N_1^{\alpha} + N_1^{\beta} = 常数$$

$$N_2 = N_2^{\alpha} + N_2^{\beta} = 常数$$

故有

$$\delta N_1 = \delta N_1^{\alpha} + \delta N_1^{\beta} = 0$$

$$\delta N_2 = \delta N_2^{\alpha} + \delta N_2^{\beta} = 0 \qquad (6-32)$$

(6-32)式表明,某组元在 α 相中增加的量必等于在 β 相中减少的量。将(6-32)式代入(6-31)式得

$$\delta G = (\mu_1^{\alpha} - \mu_1^{\beta})\delta N_1^{\alpha} + (\mu_2^{\alpha} - \mu_2^{\beta})\delta N_2^{\alpha} \qquad (6-33)$$

应用吉布斯自由能为极小的必要条件,即应用式(6-27),得

$$\mu_1^{\alpha} = \mu_1^{\beta}$$

$$\mu_2^{\alpha} = \mu_2^{\beta} \qquad (6-34)$$

这表明在相平衡时,某一组元在不同相中的化学势必须相等。我们将这个结论直接推广到多元(k 个组元)复相(p 个相)系统中去,类似的推导可得:

$$\mu_1^{\alpha} = \mu_1^{\beta} = \mu_1^{\gamma} = \cdots = \mu_1^{p}$$

$$\mu_2^{\alpha} = \mu_2^{\beta} = \mu_2^{\gamma} = \cdots = \mu_2^{p}$$

$$\cdots\cdots$$

$$\mu_k^{\alpha} = \mu_k^{\beta} = \mu_k^{\gamma} = \cdots = \mu_k^{p} \qquad (6-35)$$

这就是恒温恒压下多元复相系中的相平衡条件。这表明在相平衡时,任一组元在所有相中的化学势必须相等。如果某组元在某相中的化学势较高,则该组元将从该相中向着化学势较低的各相中传输(扩散),直到该组元在所有相中的化学势完全相等为止。

在重力场中,流体从势能高处向低处流动;在电场中导体内,电流由电势高处流向低处;

在温场中,热量从温度高处向低处传导;完全类似的,在复相系中的物质,从化学势高的相中向较低的相中迁移。

在第二章中,我们曾指出,浓度差是引起溶质扩散的原因。这里我们又指出,化学势差是溶质扩散的原因。其实在同一相的内部,上述两种说法是完全一致的。但是在相界处,就可看出后者的说法更为本质。在第二章中我们曾指出,只要溶质的平衡分凝系数 $k_0 \neq 1$,在溶液和固溶体两相平衡时,溶质在两相中的平衡浓度不等。也就是说,在上述的两相平衡时,在相界处存在较大的浓度差。实际上,相界处所以会出现浓度差,是相平衡条件所要求的,为了使溶质在固相和液相中的化学势相等。因而相界处出现的这种浓度差并不会使溶质从一相向另一相扩散。由此可见,化学势差是引起溶质迁移的更为本质的原因(参阅本节之五)。

三、相　律

考虑一多元复相系。若该系统中有 k 个组元,达到相平衡后存在 p 个相。对任一相,例如 α 相,可用相成分(浓度)x_i^α 来描述。x_i^α 为 α 相中第 i 个组元的克分子分数,参阅式(6-23)。因此描述 α 相的参量为 $x_1^\alpha, x_2^\alpha, \cdots, x_k^\alpha$,共有 k 个。但由于有 $\sum\limits_{i=1}^{k} x_i^\alpha = 1$,故在 k 个参量中仅有 $(k-1)$ 个是独立的。我们的系统中共有 p 个相,每一相都决定于 $(k-1)$ 个参量。故整个系统决定于 $p(k-1)$ 个参量。再加上温度和压强两个参量,于是描写整个系统的共有 $p(k-1)+2$ 个参量。

由于系统已经达到相平衡,故任一组元在所有相中的化学势必须相等。也就是说,式(6-35)必须被满足。在式(6-35)中共有 $k(p-1)$ 个独立方程。由此描写系统的 $p(k-1)+2$ 个参量中还必须减去 $k(p-1)$,于是描写 k 个组元 p 个相的系统的独立参量数为

$$f = k - p + 2 \qquad (6-36)$$

这就是吉布斯相律(Gibbs phase rule)。f 称为系统的自由度,即能任意改变而不破坏平衡的参量的个数。

在上述推导中,我们假定每一相都有 k 个组元。如果某一相的组元少了一个,那么相平衡条件(6-35)式中必然也少了一个方程,结果总的独立参量数不变,式(6-36)仍然成立。

现在我们来讨论应用相律的几个特例。首先应用相律来分析在第一节已经讨论过的单元系统。这时 $k=1$,故式(6-36)变为

$$f = 3 - p \qquad (6-37)$$

如果只有一相存在,则 $p=1$,$f=2$。这时候有两个自由度,温度和压强可以在某种范围内独立地改变,而单元系仍然保持单相状态,这时的平衡态在相图中为一区域,即单相区。如果有两相同时存在,则 $p=2$,$f=1$。这时只有一个自由度,温度和压强两个变数中只能有一个可以独立地改变。这时的平衡态在相图中为一曲线,即相平衡曲线。如果有三相同时存在,则 $p=3$,$f=0$。这时没有自由度,就是说温度、压强都有固定值,不能改变,这时的平衡态在

相图中为一孤立点,即三相点。

自由度不可能是负的,所以对单元系来说,同时共存的相数不能超过三个。但是这并不是说,单元系中能够出现的相数不能超过三个,而是说,在某一固定的温度和压强下,单元系各种不同的相中只能有三个同时存在,而其他各相则在别的条件下存在。

其次讨论二元系。这时 $k=2$,式(6-36)变为

$$f = 4 - p \tag{6-38}$$

由此可以看出,二元系同时共存的相数最多为 4。二元系的其他问题,我们将在第三节中讨论。

四、稀溶液中各组元的化学势

我们在第二章中已经提到,一个多种组元的均匀体称溶体。溶体为气相,通常称之为混合气体。溶体为固相,称为固溶体。溶体为液相,称为溶液。所谓稀溶液是指溶质的克分子分数远小于溶剂的溶液。

在这里我们要给出稀溶液和稀固溶体中各组元的化学势。由于我们在第一节中已经得出了理想气体化学势的表达式(6-4),如果我们假定溶液(或固溶体)中各组元的蒸气都是理想气体,则通过溶液(或固溶体)与气相平衡的条件就能得到溶液(或固溶体)中各组元的化学势。

实验观测和理论分析表明,在一定的温度和压强下,稀溶液中组元的蒸气分压与它在溶液中的克分子分数成正比,对组元 i 有

$$p_i = K_i x_i^l \tag{6-39}$$

对溶剂($i=1$),式(6-39)表明,溶剂的蒸气分压与溶剂的克分子分数成正比,这被称为拉乌尔定律(Raoult's law)。在上式中,令 $x_1^l = 1$,得 $K_1 = p_1$,这表明式中的比例常数 K_1 就是液相纯溶剂在 T,p 时的蒸气分压。

对溶质($i>1$),式(6-39)表示溶质的蒸气分压与溶质的克分子分数成正比。比例常数 K_i 是一个常数,其数值决定于温度、压力及溶质和溶剂的性质。

由于我们将组元 i 的蒸气看为理想气体,于是根据(6-4)式,可得在 p,T 时组元 i 的蒸气的化学势

$$\mu_i^g = \mu^0(T) + RT \ln p_i$$

将式(6-39)代入得

$$\mu_i^g = \mu^0(T) + RT \ln K_i + RT \ln x_i^l$$

令 $g_i = \mu^0(T) + RT \ln K_i$,由于 K_i 是 p,T 的函数,因此 g_i 亦为 p,T 函数。故有

$$\mu_i^g = g_i(p,T) + RT \ln x_i^l$$

这就是溶液中组元 i 的蒸气的化学势。

下面我们应用溶液与气相的相平衡条件 $\mu_i^g = \mu_i^l$,我们立即就能得到溶液中组元 i 的化

学势

$$\mu_i^l = g_i^l(p, T) + RT \ln x_i^l \tag{6-40}$$

下面我们具体考虑二元稀溶液中溶质和溶剂的化学势。令 $i=1$ 为溶剂；$i=2$ 为溶质。于是溶液中溶质的化学势为

$$\mu_2^l = g_2^l(p, T) + RT \ln x_2^l \tag{6-41}$$

由于考虑的是二元溶液系统，故有 $x_1^l + x_2^l = 1$，因而溶液中溶剂的化学势为

$$\mu_1^l = g_1^l(p, T) + RT \ln(1 - x_2^l)$$

由于考虑的是稀溶液系统，所以 $x_2^l \ll 1$。可将 $\ln(1 - x_2^l)$ 按级数展开，只保留一次项，则有

$$\mu_1^l = g_1^l(p, T) - RT x_2^l \tag{6-42}$$

对稀固溶体，完全类似的推导可得

$$\mu_2^s = g_2^s(p, T) + RT \ln x_2^s \tag{6-43}$$

$$\mu_1^s = g_1^s(p, T) - RT x_2^s \tag{6-44}$$

式中 μ_2^s，μ_1^s 分别为固溶体中溶质和溶剂的化学势。

五、平衡分凝系数的热力学意义

在第二章中我们已经给出了平衡分凝系数 k_0 的统计解释。在这里我们进一步阐明平衡分凝系数的热力学意义。

在第二章中我们所讨论的溶液凝固系统，实际上是二元二相系统。系统中的组元为溶剂（$i=1$）和溶质（$i=2$）；系统中共存的相为固溶体（s）和溶液（l）。我们曾假定同时存在的两相是满足相平衡条件的。故溶质在溶液中的化学势等于溶质在固溶体中的化学势。由式（6-41）和（6-43）得

$$g_2^s + RT \ln x_2^s = g_2^l + RT \ln x_2^l \tag{6-45}$$

整理后得到

$$\frac{x_2^s}{x_2^l} = \exp\left[\frac{(g_2^l - g_2^s)}{RT}\right]$$

上式中 x_2^s，x_2^l 分别为在固溶体中和溶液中溶质的克分子分数（浓度），在第二章中曾以 C_S 和 C_L 表示。故上式即为平衡分凝系数的表达式，现改写为

$$k_0 = \frac{C_S}{C_L} = \exp\left[\frac{(g_2^l - g_2^s)}{RT}\right] \tag{6-46}$$

这就称之为能斯脱分配定律（Nernst distributive law）。故平衡分凝系数 k_0 又称为分配系数。式中 g_2^l 和 g_2^s 分别为纯溶质的熔融态和固态的化学势，是温度和压强的函数，只有在纯溶质的凝固点时两者才相等。通常在上述二元二相系统中，二相共存的温度都不等于纯溶质的凝固点，所以通常 k_0 都不等于1。由式（6-46）可以看出，若 $g_2^l > g_2^s$，则 $k_0 > 1$；若 $g_2^l < g_2^s$，$k_0 < 1$。在同种溶质与不同的溶剂形成的溶液中，其两相共存的温度可以高于亦可低于纯溶质的

凝固点,不同溶质的 g_2^l 和 g_2^s 关于 p,T 的函数形式也不相同,故分凝系数 k_0 的大小不仅与溶质本身有关,而且和构成溶液的溶剂有关。

从式(6-46)可以看到,由于 $k_0 \neq 1$,在相界处出现了溶质浓度的突变。由此可见,相平衡时,在多元复相系统中,只要求温度、压强、化学势处处相等,而并不要求系统中组元的浓度均匀分布,任一组元的浓度场在相界处是不连续的。从式(6-45)可以看出,在相界处所以会出现溶质的浓度差,其原因在于为了使溶质在相邻两相中的化学势相等。由此可见,化学势差是溶质扩散的更为本质的原因。

六、溶液凝固点与溶质浓度的关系

在第二章中,我们曾根据实验事实指出,对 $k_0 < 1$ 的溶液系统,溶质降低了溶液的凝固点,液相线的斜率 m 是负的。对 $k_0 > 1$ 的溶液系统,溶质提高了溶液的凝固点,液相线斜率 m 是正的。现我们根据相平衡的热力学理论,对上述经验规律进行定量的讨论。

在二元二相系统中,固溶体和溶液平衡的条件是,溶剂和溶质分别在两相中的化学势必须相等。我们已用溶质在两相中化学势相等的条件讨论了平衡分凝系数。我们现在应用溶剂的化学势在两相中相等的条件来分析溶液凝固点与溶质浓度的关系。

根据式(6-42)和(6-44),溶液与固溶体相平衡时,两相中溶剂化学势相等所需满足的条件是

$$g_1^l(p,T) - RTx_2^l = g_1^s(p,T) - RTx_2^s \tag{6-47}$$

式中 x_2^l 和 x_2^s 是两相的浓度(即溶质在两相中的克分子分数),g_1^l 和 g_1^s 是纯溶剂的两相化学势。

值得注意的是,我们现在考虑的是二元二相系统,由式(6-38),可以看出,只具有两个热力学自由度。因此在 p,T,x_2^l,x_2^s 这四个量中只能任意选择两个。如果我们选择 p 或 T 和一个浓度,那么另一个浓度也就完全确定。

假如溶剂的两相中都不含有溶质(纯溶剂),那么它们的相平衡条件是

$$g_1^l(p_0,T_0) = g_1^s(p_0,T_0) \tag{6-48}$$

其中 p_0 和 T_0 代表纯溶剂两相共存的压强和温度。故当纯溶剂的两相平衡时,其温度和压强间的依赖关系是由式(6-48)确定的。则任何溶质加入到这两相后,相应的依赖关系则由式(6-47)确定。对稀溶液来说,在 p,T 图上这两条相平衡曲线是彼此接近的。

现在我们将式(6-47)中的 $g_1^l(p,T)$ 和 $g_1^s(p,T)$ 在 (p_0,T_0) 附近展开为幂级数,而 $p = p_0 + \Delta p$ 和 $T = T_0 + \Delta T$,其中 p_0 和 T_0 是在纯溶剂的相平衡曲线上一点的压强和温度,这一点接近于溶液的相平衡曲线上的给定点 (p,T)。在展开式中我们只保留 Δp 和 ΔT 的一次项,于是有

$$g_1^l(p,T) = g_1^l(p_0,T_0) + \frac{\partial g_1^l}{\partial p}\Delta p + \frac{\partial g_1^l}{\partial T}\Delta T + \cdots$$

$$g_1^s(p,T) = g_1^s(p_0,T_0) + \frac{\partial g_1^s}{\partial p}\Delta p + \frac{\partial g_1^s}{\partial T}\Delta T + \cdots$$

但是，$-\dfrac{\partial g_1^l}{\partial T}$ 和 $\dfrac{\partial g_1^l}{\partial p}$ 不是别的，就是纯溶剂为液相时的克分子熵 s_1^l 和克分子体积 V_{m1}^l。类似

的 $-\dfrac{\partial g_1^s}{\partial T}$ 和 $\dfrac{\partial g_1^s}{\partial T}$ 是纯溶剂为固相时的克分干熵 s_1^s 和克分子体积 V_{m1}^s。于是有

$$g_1^l(p,T) = g_1^l(p_0,T_0) + V_{m1}^l\Delta p - s_1^l\Delta T$$
$$g_1^s(p,T) = g_1^s(p_0,T_0) + V_{m1}^s\Delta p - s_1^s\Delta T \tag{6-49}$$

将式(6-49)代入式(6-47)，并考虑到式(6-48)，就得到

$$-(s_1^l - s_1^s)\Delta T + (V_{m1}^l - V_{m1}^s)\Delta p = (x_2^l - x_2^s)RT$$

再将(6-8)式代入，得

$$-\frac{L}{T}\Delta T + (V_{m1}^l - V_{m1}^s)\Delta p = (x_2^l - x_2^s)RT \tag{6-50}$$

现在我们来考虑上式的一个特殊情况。我们这样来选取 p_0 和 T_0 使 $p=p_0$。于是 ΔT 就是在 $p\text{-}T$ 图上同一纵坐标下两条相平衡曲线间的沿横坐标的距离。换句话说，ΔT 就是加入溶质后相平衡温度的改变，或者说，ΔT 就是当两相为固溶体和溶液时的相平衡温度 T（在压强 p 下）与纯溶剂的相平衡温度（在同样压强下）T_0 之差。由于 $\Delta p=0$，由(6-50)式得

$$\Delta T = -RT^2(x_2^l - x_2^s)/L$$

如果我们沿用第二章所用的符号，即 $C_L = x_2^l$，$C_S = x_2^s$，并引入平衡分凝系数 $k_0 = \dfrac{C_S}{C_L}$，则上式可

写为

$$\Delta T = -RT^2 C_L(1-k_0)/L \tag{6-51}$$

这就是在纯溶剂中掺入浓度为 C_L 的溶质后所引起的凝固点的改变。

在(6-51)式中，代入(2-1)式，可得液相线斜率的表达式，

$$m = -RT^2(1-k_0)/L \tag{6-52}$$

于是我们可根据式(6-51)和(6-52)，对第二章中所给出的经验规律予以热力学的解释。由上述两式可以看出，当 $k_0<1$ 时，$\Delta T = T - T_0 < 0$，$m<0$，这表明，对 k_0 小于 1 的溶质，将引起溶液的凝固点的降低，同时液相线斜率为负。同样对 $k_0>1$，则有 $\Delta T>0$，$m>0$。

如果溶质不溶于固相，即 $C_S = x_2^s = 0$，则(6-51)变为

$$\Delta T = -RT^2 C_L/L \tag{6-53}$$

这里的两相是液态溶液和固态溶剂，而 ΔT 是溶剂从溶液中凝固出来的温度与纯溶剂凝固点之差。在凝固时若热量被释放出来，则克分子潜热为正，故 $\Delta T<0$。也就是说，如果凝固出来的是纯溶剂，那么掺入溶质就会使凝固点降低。

第三节　二元相图

在本节中我们先从二元系相平衡的一般原理出发,去讨论不同类型的二元相图中具有共同性的问题。例如讨论临界点、同成分点、纯物质点、三相点的特性及其邻近的平衡曲线的形状。然后再具体讨论不同类型的二元相图。

一、平衡曲线和特征点

单元系的平衡状态决定于任意两个参量,如温度 T 和压强 p。为了确定二元系统的平衡状态,必须给出三个参量,例如 p,T 和成分(浓度)。我们将二元系的成分(浓度)定义为一种组元的含量与系统中的总量之比,并以 x 来表示。实用上,采用的是克分子浓度,即在前面所使用的克分子分数,或采用百分比浓度等。显然,浓度 x 的变化范围是在 $0 \sim 1$ 之间。既然二元系的状态可用三个参量来表示,因而三维坐标系中的一点就代表二元系的一种平衡状态。

根据相律,由式(6-38)可以看出,二元系统处于平衡状态时,系统中共存的相不超过四个。由相律还可看出,若系统处于单相状态,其自由度为三,故在三维坐标中为一个空间区域。而两相共存状态,其自由度为二,在三维坐标中为一曲面。三相共存状态,自由度为一,在三维坐标中为一空间曲线,我们称为三相线。四相共存自由度为零,在三维坐标中为一些孤立点。

我们知道,在二元复相系达到相平衡时,在所有相中,其压强、温度和化学势都是相等的。因而对系统的任一平衡态,必对应于一组 p,T,μ 的数值。如果采用 p,T,μ 为三维坐标,则代表两相共存的诸点必在一空间曲面上。但是采用 p,T,μ 为坐标在实用上是不方便的,通常都采用 p,T,x 为坐标。由于二元系达到相平衡时,共存的两相中的浓度并不相等,见式(6-46),因而在 p,T,x 坐标系中就出现了一些特征现象。例如代表两相共存的空间曲面必为一对共轭曲面,它们与恒压恒温线(直线)必有两个交点,这两个交点称为共轭点。共轭点的坐标就给出了在该压强和温度下共存两相的浓度。上面所说的恒压恒温线是三维坐标系 p,T,x 中的 $p=$ 常数和 $T=$ 常数的两平面的交线。同时,在恒压恒温线上两共轭点之间的诸点,都代表两相共存态,共存两相的浓度由共轭点的坐标确定,共存两相的相对数量由杠杆定则(lever rule)确定(以后再详细论证)。我们将一对共轭点间的联结线称为结线(tie-line)。在二元系中的结线就是恒压恒温线,在三元系中结线虽仍为直线,而确定结线还需别的条件。但只有确定了结线,才能用杠杆定则来确定共存两相的成分和数量。

三维立体相图在实用上很不方便,因而我们用 $p=$ 常数或 $T=$ 常数的平面与之相截,这样就得到 $T-x$ 或 $p-x$ 的二维相图。这两种二维相图分别表示了某压强下或某温度下系统的平衡状态。于是原来在三维相图中代表两相共存的空间曲面,在二维相图中就变成了平面曲线。由于这些平面曲线上的诸点代表某压强下或某温度下两相共存的平衡态,我们仍称为相平衡曲线讨论。

我们下面限于讨论某压强下的 $T-x$ 二维相图。至于某温度下的 $p-x$ 二维相图,由于具有完全相似的性质,我们就不再重复讨论。

由式(6-46)知道,一般在平衡曲线上的诸共轭点,其所代表的共存着的两相都具有不同的浓度。但是平衡曲线上也存在一些特征点,这些点代表的两相具有相同的浓度。这些特征点有两种类型。一种被称为临界点(critical point),这些点不仅两相的浓度相同,而且两相的所有其他性质也都相同,也就是说,两相变为恒等。另一种被称为同成分点(congruent point),在该点除了两相的浓度相同外,两相的其余性质却不相同,也就是说,该点仍然代表两相共存状态。

临界点附近平衡曲线的形状如图6-3所示。该图是某压强下的二维相图,图中的恒压恒温线(结线)就是平行于 x 轴的水平线,因而水平线与平衡曲线交点(共轭点)的横坐标就给出了共存的两相的浓度。平衡曲线内的阴影区,为两相共存区。由图可以看出,随着温度提高(在给定压强下),等温线(结线)向上平移,两交点(共轭点)相互靠拢,共存的两相的浓度趋于相同。当温度为 T_K 时,α 和 β 相的浓度完全相同。值得注意的是,当温度达到和超过 T_K 时,α 相和 β 相的

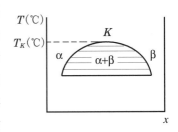

图6-3 二元相图中的特征点——临界点

一切差异消失了,两相变为恒等。因此在这种情况下,欲由 α 相转变为 β 相,就不必通过两相区,而可以连续相变的方式完成。当然,正如我们在第一节中所指出的,只有两相间只具有纯数量差异时,才可能出现临界点。显然,在三维相图中临界点在平衡曲面上构成了一条曲线。

在同成分点附近的平衡曲线的形状如图6-4(a)所示。其特征是,二平衡曲线在极大点(K点)相切,两平衡曲线之间为两相共存区(即图中阴影线所示的 α 相和 β 相的共存区)。从图中可以看到,由 α 相转变为 β 相一定要通过两相共存区,这就是同成分点与临界点的主要不同。正因为如此,所以随着温度提高,虽然共存的 α 相和 β 相的浓度彼此接近,而达到 K 点时,两相浓度就完全相等,但是在 K 点仍是两相共存状态。这是由于即使在 K 点,欲由 α 相转变为 β 相,仍然必须穿过平衡曲线,即必须通过两相共存区。实际上在临界点,两条相平衡曲线是相接的,而在同成分点两条平衡曲线是相切的,故对前者,α 相可连续地过渡到 β 相,而对后者,则必须穿过两条平衡曲线,即 α 相通过两相共存态才能过渡到 β 相。当然,和临界点一样,在三维相图中,同成分点也在相平衡曲面上构成了一条空间曲线。

在同成分点,共存的两相的成分完全相同,故凝固时无分凝现象,即平衡分凝系数 $k_0=1$。因此按同成分配比生长晶体,晶体中无正常凝固所形成的溶质偏聚,即使在生长过程中出现了生长速率起伏,也不致引起生长层等。因此按同成分配比生长晶体是提高晶体质量的有效途径。例如,利用同成分配比生长的铌酸锂晶体,其双折射率的均匀性可较由化学剂量配比中生长的晶体提高一个数量级[4]。

二维相图中的纯物质点,是指 x 等于零或等于 1 的特征点,其邻近的平衡曲线的形状如图 6-4(b)所示。这种平衡曲线的形状就反映了稀溶液的性质。我们已经证明了,溶液与纯物质的凝固点的差值正比于共存两相的浓度差,见式(6-51)。我们还证明了共存两相的浓度之比为一常数,见式(6-46)。由此我们就能证明在纯物质点附近的平衡曲线是两条直线,对 $k_0 < 1$ 的,就如图 6-4(b),而对 $k_0 > 1$,则两条直线向上张开。在两条直线的两侧为单相区,即图中的 α 相与 β 相的单相区。在两条直线之间为 α 相与 β 相共存的两相区。在凝固系统中,这两条直线分别称为液相线和固相线(见第二章中图 2-1)。

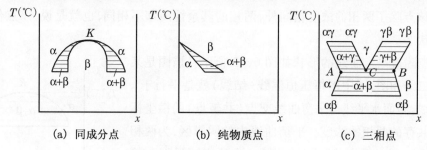

(a) 同成分点　　　(b) 纯物质点　　　(c) 三相点

图 6-4　二元相图中的特征点

从相律可以知道,在二元系中可以存在三相共存状态。我们已经说过,在三维相图中,代表三相共存状态的点构成了三相线,因此在二维相图中就变为三相点(此点即三相线与某等压截面的交点)。三相点 C 和它附近的平衡曲线的形状表示在图 6-4(c)中。在平衡条件下,共存的三相具有相同的温度和压强,但三相中的浓度各不相同。由于共存的三相的温度和压强相同,因而在恒压的二维相图中代表共存三相的 A, B, C 点必在一特定的等温线上,即位于平行于 x 轴的一特定的直线上,见图 6-4(c)。A 点的横坐标决定了在三相点的 α 相的浓度,B 点决定了 β 相的浓度,在三相点 γ 相的浓度则由 C 点决定。α 相和 β 相的相平衡曲线在图中记为 αβ,同样,α 相和 γ 相以及 γ 相和 β 相的相平衡曲线分别记为 αγ 和 γβ。从图中可以看出,A 点是 αβ 和 αγ 的交点,而 C 点和 B 点分别为 αγ 和 γβ 以及 αβ 和 γβ 的交点。一般说来,平衡曲线都是以一定的角度分别在 A, B, C 点相交,而不以连续的方式从一条曲线过渡到另一条。在图中标明 α, β, γ 的区域为相应的单相区。在 ACB 等温线之下 αβ 的两条平衡曲线之间是 α 相与 β 相的两相共存区。在 ACB 等温线之上,两条 αγ 平衡曲线之间为 α 相和 γ 相的共存区;两条 γβ 曲线之间为 γ 相和 β 相的共存区。显然 γ 单相区必须整个位于等温线 ACB 之上或整个位于 ACB 线之下。αγ 和 γβ 两条曲线必须位于 ACB 等温线之一侧,而 αβ 曲线位于另一侧。

如果共存的诸相中有一相具有确定的成分,也就是说,诸相中有一相或为纯物质,或为具有严格化学剂量比的化合物,则上述特征点附近平衡曲线的形状可以变得简单一些。

在图 6-4(b)中纯物质点附近的 α 相,实际上是一种固溶体。若 α 相是一种纯物质,即 α 相中的浓度恒为零,则在图中代表 α 相的单相区就收缩为与纵坐标相重合的一铅直线,此铅直线终止于纯物质点,如图 6-5(a)所示。

在图 6-4(a)中,若 β 相不是固溶体而是成分确定的化合物,则图中的 β 单相区就收缩为一铅直线,如图 6-5(b)所示。这条铅直线两侧的区域是 α 相与 β 相的两相共存区,其中 β 相的浓度由此铅直线的横坐标所确定,则 β 相是成分不变的化合物。

类似的,若图 6-4(c)中的 γ 相为成分确定的化合物,则 γ 单相区也缩成一铅直线,如图 6-5(c)中所示。

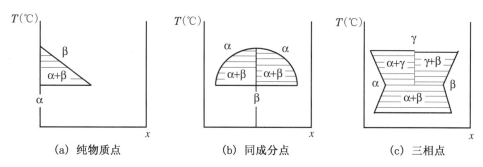

(a) 纯物质点　　　　　　(b) 同成分点　　　　　　(c) 三相点

图 6-5　具有确定成分相时的特征点

以上我们讨论了平衡曲线上四种类型的特征点,即临界点、同成分点、等浓度点以及三相点。这些特征点或是两平衡曲线的交接点或是公切点,都具有最大值或最小值的形式。如果我们理解了这些特征点及其附近平衡曲线的形状,我们在分析各种类型的二维相图时就有了基础。

二、同形系统

如果在二元系统中,可能出现的各种相,不管是气相、液相或是固相,都是两种组元的均匀体(即溶体),这种二元系统我们称为同形系统(isomorphous systems)。构成同形系统的两种组元,不论气相、液相或固相,都必须能完全地相互溶解。因此只有晶体结构相近的组元才能构成同形系统。例如铌酸锂-钽酸锂系统就是同形系统。

同形系统的三维相图表示于图 6-6。图中前部上方是固溶体 α 相,后部上方是溶液 L 相,图之下部为气相,这三个区域都是单相区。在相邻单相区之间为两相共存区。例如,在固溶体 α 和溶液 L 之间为 α 与 L 共存的两相区,图中以 L+α 表示。图中共有三个两相区,在这三个两相区的交界处,不同曲面的交迹是联结 O_A, O_B 的三条曲线,这就是三相线。而 O_A, O_B 分别为纯组元 A 和 B 在 $p-T$ 二维相图上的两个三相点。

在气、液两相区的温度、压强较高的一端,图中

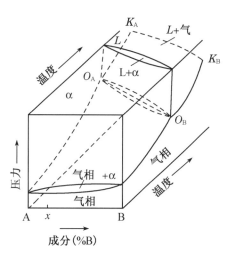

图 6-6　同形系统的三维相图

标以 $K_A K_B$ 的曲线就是临界点曲线。当系统的温度、压强和成分对应于此曲线上各点的坐标时,液、气两相的一切差异消失了,两相变为恒等。这在二维相图中,就相当于图 6-3 中的临界点 K。

我们在图 6-6 中,于 O_B 之下(略低于 O_B 之压强),垂直于压强轴作一等压截面,此截面与相平衡曲面之交迹如图 6-7(a)所示,此即等压二维相图。可以看出,任意配比的 A、B 组元能完全地相互溶解,温度较低时形成了均匀的连续固溶体,温度较高时形成了均匀的混合气体。在两单相区之间,存在一固、气共存的两相区。同样,在 O_A 之上作等压二维相图,如图 6-7(b)所示。在这种情况下,对给定组分的 A、B 系统,随着温度降低,系统由气相区过渡到气-液共存区,再过渡到液相区,再过渡到固-液共存区,最后过渡到固相区。

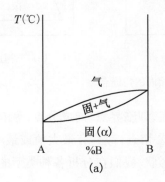
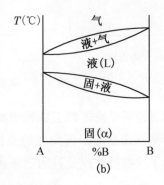

图 6-7　同形系统的等压二维相图

下面我们来讨论杠杆定则。然后应用它来分析在同形系统中相变过程引起的溶质偏聚。

对成分为 x 的二元系统,我们先来确定在温度为 T_0 时共存两相的成分。按前面所说的原理,只需作温度为 T_0 的等温线,该等温线与平衡曲线交于 M,N,此二交点(即共轭点)的横坐标 x^α 和 x^β 就是共存的 α 相与 β 相的成分,参阅图 6-8。而线段 MO 和 ON 的比值就等于共存的 β 相和 α 相的克分子数的比值。这可证明如下:由图可以看出,系统的成分 x 就是 O 点的横坐标,而 M 点的横坐标为 x^α,N 点的为 x^β,故线段 MO 和 ON 之比为

图 6-8　杠杆定则及其应用

$$\overline{MO}/\overline{ON} = (x - x^\alpha)/(x^\beta - x) \qquad (6-54)$$

设 N_A^α, N_A^β 为 A 组元在 α 相和 β 相中的克分子数,N_B^α, N_B^β 为 B 组元在 α 相和 β 相中的克分子数。N^α, N^β 为 α 相和 β 相的总克分子数。显然有 $N^\alpha = N_A^\alpha + N_B^\alpha$,$N^\beta = N_A^\beta + N_B^\beta$。设 N_A, N_B 分别为组元 A 和 B 的总克分子数,N 为整个系统的总克分子数。显然有

$$N_A = N_A^\alpha + N_A^\beta, \ N_B = N_B^\alpha + N_B^\beta, \ N = N_A + N_B = N^\alpha + N^\beta$$

根据 x 的定义得

$$x^{\alpha} = N_B^{\alpha}/N^{\alpha}, \ x^{\beta} = N_B^{\beta}/N^{\beta}, \ x = N_B/N$$

将上述关系代入(6-54)式,得

$$\overline{MO}/\overline{ON} = N^{\beta}/N^{\alpha} \tag{6-55}$$

如果我们将对应于系统成分 x 的 O 点看为支点,将 N^{α} 和 N^{β} 看为作用于 M 和 N 点的力,则按杠杆原理就能得到(6-55)式,故将上式称为杠杆定则。当然这只是一种比拟。

值得注意的是,我们在推导杠杆定则的过程中,并没有涉及同形系统的性质,而是基于相平衡的一般原理导出的。因而不管怎样的系统,只要满足相平衡条件,那么在两相共存区,其两相的成分和相对数量都能用杠杆定则确定。

现在我们用杠杆定则来分析一成分为 x 的二元系统在相变过程中溶质偏聚效应。我们假设这种相变过程是无限缓慢地进行的,因而杠杆定则是适用的。若成分为 x 的系统其初态可用图6-8中的 P 点表示,显然此时是 α 相的单相态。在压强和系统成分不变的条件下,无限缓慢地降温,因而在图(6-8)中代表系统状态的坐标点就沿铅直线下移。当达到 Q 点时,系统转变为 α 相和 β 相的两相共存状态,此时出现的 β 相的成分为 x'(Q'点的横坐标),其数量近于零。当系统的状态点移至 O 点,此时 β 相的成分为 x^{β},与它共存的 α 相的成分为 x^{α},相应克分子数的比值等于 MO 和 ON 线段的比值。及至达到 R 点后,系统就进入 β 相的单相区。由此可见,原来成分均匀的系统,经上述相变过程后,成分变得不均匀了。不同时刻出现的 β 相的浓度是不同的,浓度由开始时的 x' 逐渐降到 x。这种溶质偏聚效应在实验室中或在工业生产中是经常碰到的,有时人们利用这个效应,有时设法防止这个效应。

例如,如果 α 相为熔体,β 相为固溶体。在晶体生长过程中,这种溶质偏聚就使晶体的成分和性能变得不均匀,这是我们在第二章中曾经讨论过的。在铸锭的凝固过程中,这种偏聚效应也危害了钢锭的质量。但是正如第二章中所阐述的,在这种偏聚效应的基础上,人们利用这个效应,发明了区熔提纯的方法,因而得到了超纯材料,对半导体技术与工业的发展起奠基作用。

如果 α 相为气相,β 相为溶液。我们使成分为 x 的溶液蒸发,由图(6-8)可以看出,在蒸发过程中剩余溶液的浓度由 x 逐渐提高到 x'',因而在蒸发过程中溶液被浓缩了,这就是分馏的原理。人们通过分馏可使溶液浓缩或进行提纯或分离成不同的物质。例如天然原料如石油,工业半成品如煤焦油,发酵法制乙醇所得的溶液,都是各种化合物的溶液,必须经过浓缩或提纯才能得到成品,而分馏就是经常采用的方法。空气为多组元的气相溶体,对液化空气进行分馏就能使各组元分离。这是工业上得到氧、氮或其他惰性气体的方法。

从图6-7可以看出,所有的气-液、液-固、固-气的相平衡曲线都有相似的形状。因而对同形系统中所有的相变过程,如凝华和升华(气-固系统)、凝结和蒸发(气-液系统)以及凝固和熔化(液-固系统),只要假设这些过程是无限缓慢的,那么都能用杠杆定则来分析,都能得到相似的结论。在上面我们已对凝固和蒸发过程作了分析,并指明了溶质偏聚效应的某些应用。同样,在用高温热处理方法消除晶体中挥发性溶质时,或是进行气相掺杂时,都可应用相平衡理论对凝华或升华过程进行类似的分析。

三、共晶系统

A 和 B 两种组元在气相、液相和固相都能完全地相互溶解,这种系统就是我们在前面讨论的同形系统。一般说来,A 和 B 两种组元在气相和液相是能够相互溶解的,但在固相情况就有所不同,可能出现 A,B 组元完全不相互溶解或有限地相互溶解的两种情况。在这些情况下就必然出现三相点。如果三相点的温度低于 A 和 B 的纯组元的凝固点,则这种类型的三相点称为共晶点(eutectic point)。如果三相点的温度介于 A 和 B 两纯组元的凝固点之间,则这种三相点称包晶点(periteotic point)。

实际上还有一种情况,就是 A,B 两种组元在固相的高温相中能完全地相互溶解,而在固相的低温相中完全不相互溶解或有限地相互溶解,这种情况下也将出现三相点。完全类似,也存在两种三相点,就是共析点(eutectoid point)和包析点(peritectoid point)。

具有共晶点和包晶点的二元系统,分别称为共晶系统和包晶系统。我们将着重讨论这两种类型的系统。

在液相完全互溶,在固相完全不互溶,因而凝固后将分解为 A,B 两种纯组元,故有如下反应

$$液相(L) \underset{加热}{\overset{冷却}{\rightleftharpoons}} 纯组元(A) + 纯组元(B)$$

另一方面,在液相完全互溶,在固相有限互溶,因而凝固后将形成 B 在 A 中的固溶体(α)和 A 在 B 中的固溶体(β),故有如下反应

$$液相(L) \underset{加热}{\overset{冷却}{\rightleftharpoons}} 固溶体(\alpha) + 固溶体(\beta)$$

上述两种反应称为共晶反应。我们先讨论前一种反应。其典型的相图如图 6-9 所示。可以看出相图中有一个三相点(共晶点),两个纯物质点;一个单相区(L),三个两相区,即 L + A,L + B,A + B。由相律可知,在恒压二维相图中,三相点的自由度为零,故共晶点的温度和成分都是确定的,通常被称为共晶温度和共晶成分。如果坩埚中配料的成分是图中的成分 1(即共晶成分),由高于共晶温度的单相状态(L)以单向凝固的方式无限缓慢地由坩埚底部冷却下来,当温度降至共晶点时,通过上述的共晶反应:L→A + B,析出 A,B 纯组元的晶体。因而固相组织是 A,B 两种晶体的混合物,我们将这类混合物叫作共晶组织。通常共晶组织中的 A,B 晶体是交替地但无规则地排列。但采用单向凝固方法得到的共晶组织可以是具有一维或二维周期性的组织,就是说或是层状的 A,B 晶体周期性的交替的排列着,或是一种杆状晶体以二维点阵的方式分布于另一晶体之中,如图 6-10 所示。一定的工艺条件下,在具有一维或二维周期性的共晶组织中的 A 和 B 晶体,可以分别为单晶体,我们将具有这种共晶组织的晶体称为双相晶体(duplex crysta1)。

上面讨论的是具有共晶成分的溶液的凝固。我们再讨论具有成分 2($x = 70\%$)的溶液的

凝固,见图 6-9。成分 2 的溶液当温度降至液相线温度时,开始有纯组元晶体 B 析出。当温度进一步降低,析出晶体 B 的量进一步增加,而剩余溶液的成分也不断地变化。在两相区内不同温度下剩余溶液的成分和数量可用杠杆定则来确定。例如,在温度 T_1 时,溶液的成分由 70% 降到 67%,而析出 B 晶体的量与剩余溶液的量之比为 $\overline{ab}:\overline{bc}$,图 6-9 表明了在 T_1 等温线上 $\overline{ab}$ 与 $\overline{bc}$ 线段的长度。又如温度继续降至 T_2 时,剩余溶液的成分继续降到 46%,而析出晶体 B 的量与剩余溶液的量的比值增加为 $\overline{de}:\overline{ef}$,见图 6-9。当温度降至共晶温度时,从图 6-9 中的共晶水平线上可以看出,析出晶体 B 的量已达原溶液量的 50%,剩余溶液成分已降到共晶成分(40%),于是产生共晶反应($L\rightarrow A+B$),凝固为共晶组织。可以看出,在两相区内,当温度下降时,剩余溶液的成分是沿着液相线逐渐趋近于共晶成分。

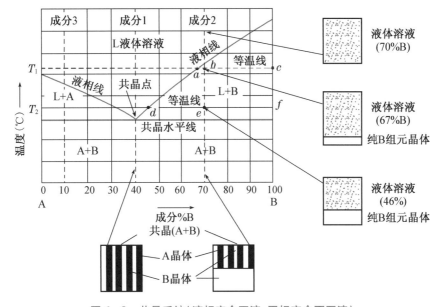

图 6-9 共晶系统(液相完全互溶,固相完全不互溶)

图 6-10 双相晶体

我们再来讨论在液相完全互溶、在固相有限互溶的情况,这类相图如图 6-11 所示。所谓有限互溶,是指 A 在 B 中(或 B 在 A 中)只在一定的固溶度内才形成单相固溶体。在如图 6-11 所示的系统中,B 在 A 中的固溶度为 25%,而 A 在 B 中的固溶度为 20%。通常固溶度的大小与 A,B 组元的原子尺寸有关。一般说来,A 和 B 的原子半径相差愈大,固溶度愈小。固溶度的大小还与 A 和 B 组元的电性、相对原子价有关。特别值得注意的是,通常固溶度是温度的函数,温度愈高固溶度愈大。为简明起见,图 6-11 中所画的固溶度是与温度无关的。

图 6-11 所示系统,其凝固行为与图 6-9 相似。例如成分 1(共晶成分)的溶液凝固时形成的是 α 固溶体(B 在 A 中的)和 β 固溶体(A 在 B 中的)的共晶组织。又如成分 2 的溶液的凝固,当温度降至液相线温度时,析出的晶体不是纯组元 B 而是 A 在 B 中的固溶体(β 固溶体)。在两相区内,不同温度下共存两相的成分和数量都能以杠杆定则求得。同时在两相共存区内,随着温度下降,β 固溶体内 B 的成分沿固相线减少,剩余溶液的成分沿液相线趋于共晶成分。当温度降至共晶温度,剩余溶液的成分达共晶成分(例如在图中为 40%),于是产生共晶反应 L→α + β。如果是单向凝固,则产生 α 和 β 固溶单晶体构成的双相晶体。

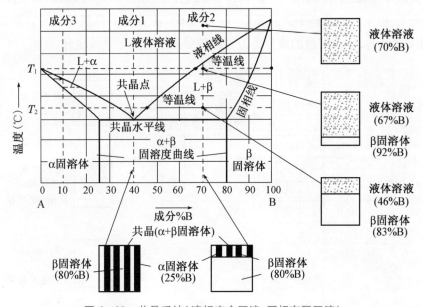

图 6-11 共晶系统(液相完全互溶,固相有限互溶)

至于图 6-9 和 6-11 中成分 3 的溶液的凝固行为,读者可利用杠杆定则自行分析。

如果在温度较高时是完全互溶的固溶体,在低温为有限互溶的固溶体,则有如下反应

$$\gamma \to \alpha + \beta$$

上式中 γ 是 A 和 B 两组元完全互溶的固溶体,α,β 是 A 和 B 两组元有限互溶的固溶体。这种类型的反应就称为共析反应。如果在低温为完全不互溶的纯组元 A,B,则有 γ→A + B,这可视为 γ→α + β 的特例。

两种类型的共析系统的相图和图 6-9、6-11 完全相似,只需将 L 溶液相改为 γ 固溶体相。在共析系统中类似于共晶点的三相点称为共析点。共析反应的产物称为共析组织。片状或杆状的共析组织也是双相晶体的一种。

共析反应是描述固相转变的。在两相共存区内同样可用杠杆定则进行分析,这里就不再重复。

在共晶系统中,利用单向凝固技术生长双相晶体,是较为活跃的领域。因为双相晶体是一种复合材料,它可以作为用于高温的高强度结构材料[5]。而纤维强化是提高结构材料强

度的有效途径之一。所谓纤维强化是在软而韧的材料中分布有硬而脆的纤维或是硬而脆的材料中分布有软而韧的纤维,有如钢筋混凝土的构想。制备这样的复合材料在工艺上有很大困难,然而在共晶系统中利用单向凝固技术可得片状或杆状的双相晶体,只要适当地选择共晶系统,就有可能获得具有纤维强化效果的结构材料。在二十世纪六七十年代,为此目的而研究过的共晶系超过了 150 种。Nb 基和 Co 基的双相晶体或多相晶体,其高温机械强度已超过了高级合金,并可以作为燃气轮的叶片。掺 Cr,Al 的 Ni - Ni₃Nb 共晶系统是较有希望的高温结构材料,掺 Cr,Al 的目的是提高抗氧化能力。此外掺有一些合金元素的 Co - TaC 和 Ni - TaC 共晶系,其性能也超过了当时生产的超级合金。然而,是否能成为有用的材料,决定于多种因素,特别是性能-价格比。

InSb-NiSb 共晶系统的双相晶体,是杆状导体 NiSb 分布在半导性的 InSb 基底中。这种材料有可能制作红外偏振器、红外检测器。

为光学应用而研究的共晶系统主要是碱卤化合物系统[6],如 CaF₂ - LiF,NaF - NaCl 等共晶系统。研究较多的双相晶体是具有杆状分布的共晶组织,只要杆之间距小于入射光的波长,则此双相晶体就是透明的。因而生长小间距杆状分布的双相晶体是人们努力的目标。CaF₂ - LiF 和 LiF - NaF 共晶系可得很好的片状共晶组织,但不能得到杆状共晶组织。对 NaCl - NaF,NaCl - LiF 以及 NaBr - NaF 共晶系统进行了研究,在 NaF - NaCl 系统中获得了较好的结果。此外,在超导材料、磁性材料领域内,也开展了对双相晶体的研究。

上述的双相晶体都是利用共晶反应制备的。在共析反应时,两种相同时从高温固溶体中沉淀出来。如果两种沉淀相在生长性质上是相容的(例如相界是共格界面),单向沉淀也能得到平行排列的复合材料。当高温固溶体为单晶体时可以得到较好的共析组织。因而通常平行排列的共析组织往往是先单向凝固继而单向沉淀得到的。

四、包晶系统

在高温相完全互溶、在低温相有限互溶的第二类系统是包晶系统。在三相点(包晶点)存在下列反应

$$溶液(L) + 固溶体(\alpha) \underset{加热}{\overset{冷却}{\rightleftharpoons}} 固溶体(\beta)$$

这个反应就称为包晶反应,溶液(L)与纯组元(A)的反应可视为上述反应的特例。

图 6 - 12(a)是具有包晶反应的等压二维相图。其中 bd 是包晶水平线,成分 P、温度 T_P 称为包晶成分和包晶温度。如果具有包晶成分的溶液由液相 L 冷却下来,当温度降至液相线温度时,就有 α 固溶体析出,温度继续降低,析出的 α 固溶体进一步增加。任一温度下,固溶体 α 与剩余溶液的成分和数量都可用杠杆定则来确定。当温度降低到包晶温度 T_P 时,固溶体 α 中的成分达到 P₁,剩余溶液的成分达到 P₂,于是两者通过包晶反应,产生成分为 P 的新固溶体 β(P),即

$$L(P_2) + \alpha(P_1) \rightarrow \beta(P)$$

包晶反应是固溶体 $\alpha(P_1)$ 和溶液 $L(P_2)$ 相互作用转变为固溶体 $\beta(P)$ 的过程。在这个过程中,在 $\alpha(P_1)$ 和 $L(P_2)$ 的固液界面处,$L(P_2)$ 给出 B 组元使自己的成分(浓度)由 P_2 降至 P 而转变为 $\beta(P)$。同时 $\alpha(P_1)$ 得到了 $L(P_2)$ 给出的 B 组元使自己的成分由 P_1 增加到 P,从而也转变为 $\beta(P)$。显然包晶反应是通过 B 组元的扩散来实现的。在包晶反应初期,固液界面处由 $\alpha(P_1)$ 和 $L(P_2)$ 直接反应产生 $\beta(P)$,于是 $\alpha(P_1)$ 很快被反应产物 $\beta(P)$ 所包裹(见图 6 - 12(b)),故称包晶反应。

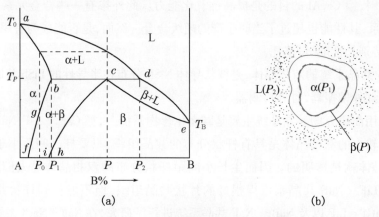

图 6 - 12　包晶系统和包晶反应示意图

$\alpha(P_1)$ 固溶体一旦被新形成的 $\beta(P)$ 固溶体所包裹,包晶反应要继续进行就比较困难。因为此后的包晶反应将是由外面的 $L(P_2)$ 给出 B 组元,该组元通过扩散穿过新形成的 $\beta(P)$ 固溶体达到内部的 $\alpha(P_1)$ 时,才能实现包晶反应,见图 6 - 12(b)。同时随着包晶反应的进行,包裹层 $\beta(P)$ 愈来愈厚,包晶反应也越来越困难。不过如果在包晶温度下保温的时间足够长,原先析出的 $\alpha(P_1)$ 还是能完全地和 $L(P_2)$ 反应产生均匀的 $\beta(P)$ 固溶体的。不过由于溶质在固溶体中的扩散速度很低,因而在实际的晶体生长工艺过程中通过包晶反应来获得均匀的 $\beta(P)$ 固溶单晶体是有困难的。

但是在具有包晶反应的系统中,生长出均匀的固溶单晶体还是有可能的,而且在实践中已获多种单晶体[7]。我们先来讨论应用单向凝固技术由包晶成分的溶液中生长出的晶体中的溶质分布。

单向凝固技术是指熔体凝固过程中固液界面始终保持为平面的生长技术,因此它可以是坩埚下降法、直拉法、区熔法等。

我们考虑的系统是具有包晶反应的二元系统,其等压二维相图表示于图 6 - 12(a)。若坩埚中盛有成分为 P(包晶成分)的溶液,以恒定速率从坩埚底部开始凝固(即采用单向凝固技术),我们知道开始析出的 α 固溶体,其成分为 P_0,参阅图 6 - 12(a)。晶体继续生长,α 固溶体的成分将沿固相线 ab 趋于 b 点,亦即 α 的成分由 P_0 趋于 P_1;而剩余溶液的成分同时由 P 趋于 P_2。当 α 的成分达到 P_1,剩余溶液 L 的成分达到 P_2,于是产生包晶反应。但由于是恒速生长的,不可能在包晶温度停留,加之包晶反应的速率又较缓慢,故包晶反应几乎不能进行。随着晶体继续生长,所得的晶体薄层既不是 α 固溶体,也不是包晶反应的产物 β(P),而是由溶液 L(P_2)直接析出的固溶体 β(P),见图 6-12(a)。此后所长成的固溶体 β 的成分将沿固相线 ce 变化。值得注意的是,在包晶温度之上所得的是固溶体 α,其成分沿固相线 ab 变化;而在包晶温度之下所得的固溶体 β,其成分沿固相线 ce 变化。而在包晶温度处,固溶体中 B 组元的浓度将由 P_1 突然增加到 P,这种 B 组元浓度的突变,我们称为包晶跳跃(perilectic jump)。现将上述过程中所得晶体中浓度的变化表示于图 6-13。可知,从包晶成分中所长成的晶体,其中不全是 β 相固溶单晶体,而在晶体的头部是 α 相固溶单晶体。

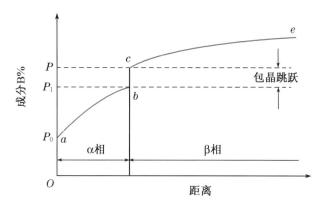

图 6-13　包晶成分的溶液单向凝固时所得的晶体中相和成分的分布
(符号与图 6-12(a)中相同)

从图 6-12(a)可以看出,晶体头部的 α 相晶体在室温并非稳定相。它可能产生固相分解(脱溶沉淀)。

我们知道 B 在 A 中是有限互溶的,亦即 B 组元在 α 固溶体中是有一定的固溶度的,在图 6-12(a)中的 bf 曲线就是 B 在 α 相中的固溶度随温度变化的曲线,我们称为 B 在 α 中的固溶度曲线。同样,ci 是 A 在 β 固溶体中的固溶度曲线。对给定成分的 α 固溶体,如在某温度下是落在图 6-12(a)的 α 单晶区内,这种 α 中的 B 浓度尚未达到该温度下的固溶度,则这种 α 固溶体是稳定的。如果在某温度下 α 固溶体中 B 组元的浓度超过了固溶度,这种固溶体为过饱和固溶体。过饱和固溶体是不稳定的,其中过量的 B 组元将析出。当 α 相中的 B 浓度超过了固溶度,实际上就是相图中代表系统状态的点(T, x)越过了 bf 线进入了两相区(α + β)。在此条件下过饱和固溶体 α 将分解出 β 相以降低自身的 B 浓度,使之在该温度下成为饱和固溶体。于是系统的平衡态将是 α 相和 β 相的两相混合物。

因此我们可以看到,由包晶成分的溶液用单向凝固技术所得到的晶体中,其头部是 B 组元浓度由 P_0 逐渐增加到 P_1 的 α 固溶体。由图 6-12(a)可以看到,随着温度降至室温,这段头部的 α 固溶体将成为过饱和固溶体,并分解出新相 β。例如,成分为 P_0 的 α 固溶体,当温度降至 g 点后,α 就成为过饱和固溶体,并脱溶沉淀出 β 相,而当温度降至室温时,由杠杆定则可知,沉淀出的 β 相的成分为 i 点的横坐标所示,剩余的 α 相的成分为 f 点的横坐标所示,

而 α 与 β 相的数量的比值为 $P_0i : fP_0$。

在从包晶成分的溶液用单向凝固法所得的晶体中,其头部不仅不是我们需要的 β 固溶体,而且在头部 α 相中发生脱溶沉淀后,如为光学晶体,将出现散射颗粒;如果原来 α 相的空间不能容纳新相,则产生内应力。

由此可见,欲得 β 相固溶单晶体,其途径有二,或是通过包晶反应,或是通过浓度大于 P_2 的溶液直接析出。但包晶反应是通过溶质 B 在固溶体中扩散实现的,其反应速率很慢,加之通常晶体生长工艺是恒速生长的,故实际上不能通过包晶反应来获得 β 固溶单晶体。而获得 β 固溶单晶体的较为现实的途径是由浓度略高于 P_2 的溶液中直接析出。

而由溶液(浓度高于 P_2)析出法,获得 β 固溶单晶体的工艺途径又有两种,一种是变温方法,这是由于在晶体生长过程中剩余溶液的浓度是沿液相线 de 而增加的,因而其凝固点随之而降低。如欲晶体恒速生长,必须在生长过程中连续降温。这种方法所长出的固溶体 β 中 B 组元的浓度是沿固相线 ce 递增的。溶液析出法的第二种工艺途径是恒温稀释法。欲恒温生长必须使溶液的凝固点保持不变,因而伴随着晶体生长,必须同时连续地稀释溶液。这种方法不仅能获得 β 固溶单晶体,而且能获得成分完全均匀的固溶单晶体。

五、偏晶系统

溶液凝固时,除共晶反应和包晶反应外,第三种三相反应是偏晶反应,即

$$溶液(L_1) \underset{加热}{\overset{冷却}{\rightleftharpoons}} 溶液(L_2) + 固溶体(\alpha)$$

溶液 L_1 和溶液 L_2 的成分不同,像水和油一样是不相混的。图 6-14 是在高温区具有偏晶反应而在低温区具有共晶反应的二维相图。该相图的特征是,具有两个纯物质点、一个临界点 C、两个三相点。其中一个三相点为偏晶点(monotectic point)M,另一为共晶点 E。在这类相图中,在低温区的三相点可以为共晶点,也可以为包晶点。在偏晶点的温度 T_M 称偏晶温度,成分 x_M 称偏晶成分。在两相区 $L_1 + L_2$ 内是两种不相混的溶液。这两种共存的溶液,其成分和数量可用杠杆定则确定。当等温线 WW' 向上移动时(即提高温度),L_1 和

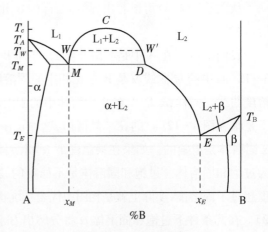

图 6-14 偏晶系统

L_2 的成分分别沿 MWC 和 $DW'C$ 趋近于临界点 C。当达到临界点 C 时,L_1 和 L_2 的一切差异消失了,两相变为恒等。而在两相区内,不相混的两种溶液由于密度差在容器中通常分为两层。

现在我们来考虑具有偏晶成分 x_M 的溶液的凝固行为。该成分的溶液在高温是 L_1,当温度降至 T_M 时,开始产生偏晶反应,L_1 分解为固溶体 α 和溶液 L_2。当温度低于 T_M 时,进入了

$\alpha + L_2$ 的两相区。由于偏晶点 M 在相图中比较靠近 α 相的单相区,而离 L_2 的单相区较远。由杠杆定则可知,在此两相区内 α 相的数量较多,数量较少的 L_2 是分散在 α 相之内(固相中的液滴)。当温度进一步降至共晶温度 T_E 时,分散在 α 相中的 L_2 的成分达到了共晶成分 x_E,于是通过共晶反应,L_2 分解成固溶体 α 和 β。因而成分 x_M 的溶液凝固后的显微组织是分散于 α 相中的 $\alpha + \beta$ 的共晶组织。这种共晶组织与通常的共晶组织不同,因为这类的 $\alpha + \beta$ 共晶组织分散地存在于 α 基体中,当该共晶组织形成时,共晶中的 α 相必然是在四周的 α 基体上发展起来的,而共晶中的 β 相则无规则地产生于剩余溶液中。这种共晶组织称为离散共晶(divorced eutectic)。

六、复杂的二元相图

已经讨论过的四种类型的二元相图,是最常见的和最重要的类型,并不意味着二元系统只有这四种类型。根据相律,在恒压下最多的共存相数为 3。可能存在两种类型的三相反应

$$P_1 \rightarrow P_2 + P_3 \qquad \text{共晶型}$$
$$P_1 + P_2 \rightarrow P_3 \qquad \text{包晶型}$$

其中 P_1,P_2 和 P_3 代表不同的相,可以是液相、固相,也可以是气相。当我们只考虑凝固系统时,可能发生的三相反应列举如下

共晶型:

$$L_i \rightarrow \alpha + \beta \qquad \text{共晶反应}$$
$$L_i \rightarrow L_{ii} + \alpha \qquad \text{偏晶反应}$$
$$\alpha \rightarrow \beta + \gamma \qquad \text{共析反应}$$
$$L_i \rightarrow L_{ii} + L_{iii}$$
$$\alpha \rightarrow L_i + L_{ii}$$
$$\alpha \rightarrow L_i + \beta$$

包晶型:

$$L_i + \beta \rightarrow \alpha \qquad \text{包晶反应}$$
$$\beta + \gamma \rightarrow \alpha \qquad \text{包析反应}$$
$$L_i + L_{ii} \rightarrow \alpha \qquad \text{综晶反应}$$
$$L_{ii} + L_{iii} \rightarrow L_i$$
$$L_{ii} + \alpha \rightarrow L_i$$
$$\alpha + \beta \rightarrow L_i$$

其中 α,β,γ 代表固相,L_i,L_{ii},L_{iii} 代表液相。一张二元相图中可以有一个三相反应,也可以有多个三相反应。

如果我们对固相线、液相线以及固溶度线等平衡曲线比较熟悉,对诸特征点例如纯物质点、同成分点、临界点、三相点(包括共晶点、包晶点、共析点、包析点、偏晶点)有比较清晰的理解,那么我们就能看懂复杂的二元相图。如果比较复杂的二元相图中出现了同成分点,我

们就能将它分解为较简单的相图。对一个比较复杂的不能分解的二元相图,首先找出其中的三相点,识别三相点的类别,理解三相反应的特点和反应产物;其次是在两相区内正确地运用杠杆定则分析不同温度下共存相的成分和相对数量。

下面以 Y_2O_3 - Al_2O_3 的二元系的相图为例进行简要的说明。在图 6-15 中可以看到有两个同成分点,其相应的相是具有确定成分的化合物。当 Y_2O_3 和 Al_2O_3 以 2∶1 化合时,产生的稳定的化合物是 $Y_4Al_2O_9$,其熔点是 2020 ℃,属单斜晶系,我们记为 2∶1 化合物。第二种同成分化合物是 3∶5 的 $Y_3Al_5O_{12}$,即熟知的钇铝石榴石,通常缩写为 YAG,其熔点为1930 ℃(目前尚没有精确的相图,不同的作者测得的相图略有不同,而 YAG 的熔点为 1970 ℃是被较多的人所接受,我们这里引用的相图是 1964 年作出的[8],虽然该相图中同样存在含糊之处,但不影响我们对图的讨论),YAG 属立方晶系,我们在相图中记为 3∶5。

于是我们就可以以同成分化合物为界,将上述相图分解为三部分。从 Y_2O_3 到 2∶1 同成分化合物为第一部分,从 2∶1 到 3∶5 化合物为第二部分,第三部分是从 3∶5 化合物到 Al_2O_3。每一部分都可看为一张二元相图。这样第一、第三部分就是我们已讨论过的典型的共晶系统。

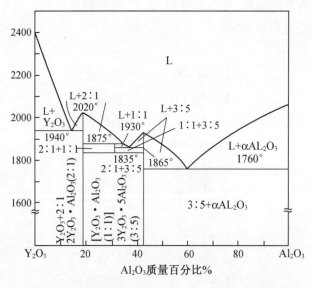

图 6-15　Y_2O_3 - Al_2O_3 系统

对凝固过程中的行为可进行完全类似的分析。相图的第二部分存在两个三相点。第一个是包晶点,包晶温度为 1875 ℃,包晶成分是 35w. t%(Al_2O_3),包晶反应是 2∶1 化合物与溶液反应产生 1∶1 亚稳化合物,这种 1∶1 化合物的分子式是 $YAlO_3$,缩写为 YAP,在相图中熔点为 1875 ℃,属正交晶系。第二个三相点是共晶点,共晶温度为 1865 ℃,共晶成分是37.5w. t%(Al_2O_3),其共晶反应是具有共晶成分的溶液分解为 1∶1 化合物和 3∶5 化合物。在两相区内,两相的成分和数量都可用杠杆定律确定。

* 第四节　三元相图

我们已经指出,欲确定单元系的平衡状态只需两个参量,p,T;而二元系则需三个量 $p,T,$ x。故三元系的平衡状态决定于四个参量,这就是 p,T,x_A,x_B。虽然表示三元系统中成分的有三个参量,即 x_A,x_B,x_C,但由于 $x_A+x_B+x_C=1$,故其中只有两个是独立的。

既然三元系中的状态决定于四个参量,因而在四维坐标系中的一点才对应于系统的一个状态。显然使用四维坐标系是很不方便的。因而通常三元系统的相图是表示特定压强下系统的状态与 T,x_A,x_B 的关系。

三元系统的成分习惯上用一个等边三角形来表示,如图 6-16。三角形的三顶点代表 100% 的纯组元,每一条边代表二元系统的成分,三角形中任一点代表三元系统中的某一成分。例如在图 6-16 中,A 点代表 100% A, 点 E 代表 60% B-40% C, 点 Q 代表 20% A-20% B-60% C。为了读出 Q 的成分,只需过 Q 作三条直线分别平行于三角形的三边,则 BL (20%)、CK(20%) 和 AZ(60%) 分别代表组元 A, B,C 的成分。上述三角形就称为成分三角形。这种成分的图示法有两个重要的特性。第一,在平行于三角形某一边的直线上的所有点,这些点所含的对顶点所代表的组元的成分都是相等的。例如图 6-16 中 YZ 直线上所有点,其 C 含量都是60%。第二,通过三角形顶点直线上的所有点,这些点所含的另两顶点的组元成分之比值必为常数。如图 6-16 中 AE 线上各点的 B% 与 C% 之比值恒为 3/2。

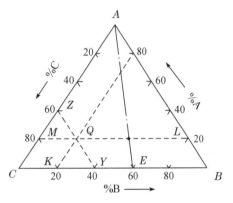

图 6-16　三元系统的成分表示法

取垂直于成分三角形的轴为温度坐标,于是可用立体图来表示恒压下三元系统中的状态和温度、成分间的关系,这就是三元相图。

我们在上节中曾列举了二元系统中可能出现的反应,所有这些类似的反应都有可能在三元系统中出现。不过在二元系统中在恒压条件下共存的相数最多是三相,而在三元系统中恒压条件下却是四相,因而可能出现的反应更为繁多。如果我们只考虑凝固系统,那么可能出现的反应是:

由一相转变为三相:

$$L_i \rightarrow \alpha+\beta+\gamma \qquad\qquad \alpha \rightarrow L_i+L_{ii}+L_{iii}$$
$$L_i \rightarrow L_{ii}+L_{iii}+L_{iv} \qquad\qquad \alpha \rightarrow L_i+L_{ii}+\alpha$$
$$L_i \rightarrow L_{ii}+L_{iii}+\alpha \qquad\qquad \alpha \rightarrow L_i+\alpha+\beta$$
$$L_i \rightarrow L_{ii}+\alpha+\beta \qquad\qquad \alpha \rightarrow \beta+\gamma+\delta$$

由两相转变为两相:

$$L_i+L_{ii} \rightarrow L_{iii}+L_{iv} \qquad\qquad L_i+\alpha \rightarrow L_{ii}+L_{iii}$$

$$L_i + L_{ii} \rightarrow L_{iii} + \alpha \qquad L_i + \alpha \rightarrow L_{ii} + \beta$$
$$L_i + L_{ii} \rightarrow \alpha + \beta \qquad L_i + \alpha \rightarrow \beta + \gamma$$
$$\alpha + \beta \rightarrow L_i + L_{ii}$$
$$\alpha + \beta \rightarrow L_i + \gamma$$
$$\alpha + \beta \rightarrow \gamma + \delta$$

由三相转变为一相：

$$L_i + L_{ii} + L_{iii} \rightarrow L_{iv} \qquad L_i + \alpha + \beta \rightarrow L_{ii}$$
$$L_i + L_{ii} + L_{iii} \rightarrow \alpha \qquad \alpha + \beta + \gamma \rightarrow L_i$$
$$L_i + L_{ii} + \alpha \rightarrow \beta \qquad \alpha + \beta + \gamma \rightarrow \delta$$
$$L_i + \alpha + \beta \rightarrow \gamma \qquad L_i + L_{ii} + \alpha \rightarrow L_{iii}$$

其中 L_i，L_{ii}，L_{iii}，L_{iv} 代表液相，α，β，γ，δ 代表固相。

在一个实际的三元相图中，虽然不一定具有上述全部反应,但仍然是十分复杂的。加之,三元相图是一幅立体图,要完全表示在纸面上也是十分困难的。我们下面仅仅系统地讨论一种最简单的三元相图,即同形系统的三元相图,其目的是借以说明构成三元相图的一些基本规则及其表示方法。读者在掌握这些内容后,如欲分析较复杂的三元相图,还需阅读一些文献[9]。

三元同形系统的立体相图如图 6－17 所示。构成同形系统的三种组元,在高温为完全互溶的溶液(L),在低温为完全互溶的固溶体(α)。在这两个单相区之间是一个立体的两相区(L＋α)。(L＋α)与(L)间的界面为液相面,而(L＋α)与 α 间的界面为固相面。此立体相图是一个三角棱柱体。三个棱柱面上的图像分别是 A－B，B－C，C－A 三个二元相图。在此二元相图上的平衡曲线和面积(单相区)在三元立体相图内分别扩张为面积和体积。

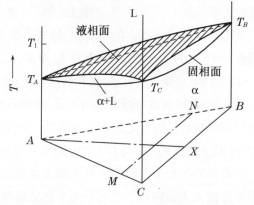

图 6－17　三元同形系统

在两相共存区(α＋L)内,两相的成分和数量也可用杠杆定则确定。不过在三元相图内,在给定温度下有一系列的结线,这些在等温截面(即水平截面)内才是真实的结线,才能用来确定共存两相的成分和数量。

通过温度轴上的给定温度点,作一平面垂直于温轴,此平面与立体相图的交迹就是水平截面或等温截面。应用一系列不同温度的等温截面来表示三元系统是比较通行的方法,因为在等温截面上可以不失真地表示出相平衡曲线和结线。图 6－18 是立体相图 6－17 的温度为 T_1 的等温截面。可以看出结线由 ap 逐渐旋转到 dq 方向。在两相区内共存两相的成分和数量可以由通过共轭点的结线(运用杠杆定则)求得。例如在温度为 T_1 时,成分点 z(图 6－18)的三元系统中,共存两相 α 和 L 的相对数量为

$$\% \alpha = (zL_1/\alpha_1 L_1) \times 100$$

$$\% L = (\alpha_1 z/\alpha_1 L_1) \times 100$$

而共存两相的成分可由结线的端点(共轭点)L_1, α_1 在成分三角形中的坐标确定。

由此可见,确定结线的取向是能够运用杠杆定则的关键。在三元相图中的结线都是由实验测定的,可惜由于实验上的困难以及实验测量的工作量较大,迄今作出结线的三元相图甚少。然而基于理论上的考虑,可以得到一些规律来帮助我们作出结线。第一、结线的取向是由一个边界结线(如图 6-18 中的 ap)连续地变化到另一边界结线(图中之 dq),且结线不能交叉。第二、结线必然起自一相平衡曲线终于另一相平衡曲线。第三、除边界结线外,结线并不一定指向三角形的顶点。

在三元系中,如果我们知道了所属的三个二元相图,即知道了立体相图的三个棱柱面上的图像,并且知道了三元系统中的反应类型,据此我们就能作出粗略的等温截面。图6-19说明如何根据属于三元系统的三张二元相图作出如图 6-18 所示的等温截面。首先将三张二元相图画在成分三角形相对应的三条边上,并在三张二元相图上作出温度为 T_1 的等温结线。这样就能根据等温结线上的共轭点得出精确的两相区的宽度。例如,在 $A-C$ 二元相图中温度为 T_1 的两相区的宽度为 ap,在 $C-B$ 相图中宽度为 qd,在 $A-B$ 相图中等温结线 T_1 与 $(\alpha + L)$ 区不相交。于是我们将 $(\alpha + L)$ 相区的宽度 ap 和 qd 投影到成分三角形相应的边上,然后将两相区的同一边界联结起来,就能大体上得到等温截面图 6-18。

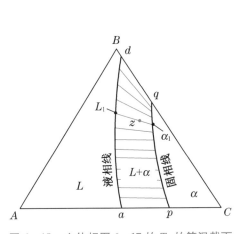

图 6-18 立体相图 6-17 的 T_1 的等温截面

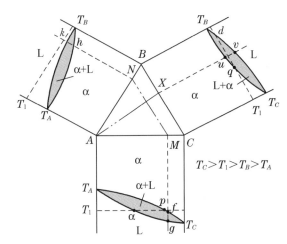

图 6-19 作出等温截面的方法

某温度的等温截面图只能告诉我们三元系统在该温度下的状态和成分的关系。如果我们能作出一系列温度的等温截面图,又能作出一些垂直截面图,那么我们就能比较充分地了解该三元系统了。

在成分三角形中,沿着所希望的路径(不一定是直线)作一垂直平面,此平面与立体相图的交迹就称垂直截面图。垂直截面图是显示立体相图中内部构造的另一方法。常用的两种垂直截面图是,(1)垂直平面通过成分三角形的一顶点,此截面代表另两组元的浓度比为常数的情况。例如图6-20(a)就是通过图6-19中AX的垂直截面图。(2)垂直截面平行于成分三角形的一边,此截面代表对顶点的组元的浓度为常数的情况,如图6-20(b)就是通过图6-19中MN的垂直截面图。值得注意的是,在垂直截面图中的两相区或是一端开放的,如图6-20(a)中之vu,或是两端开放的,如图6-20(b)中之gf和hk。

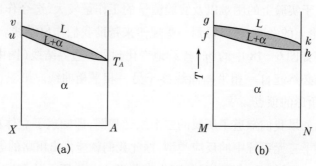

图6-20 立体相图6-17的垂直截面图

在三元相图中两相区内的结线通常和垂直截面有一定的交角(除非平行于某结线作垂直截面),因而垂直截面图通常只表示相和温度的关系,而不能表示共存相的成分和数量随温度的变化。

参考文献

[1] Evans T. Contemporary Physics,1976,17:45.

[2] DeCarli P S,Jamieson J C. Science,1961,133:182.

[3] Bundy F P. J Chem phys,1963,38:63.

[4] Byer R L,Young J F,Feigelson R S. J Appl Phys,1970,41:2320.

[5] Livingston J D. J Cryst Growth,1974,24/25:94.

[6] Glasso F S,Donglas F C,Batt J A. J of Metal,1976,6:40.

[7] Mason D R,Cook J S. J Appl Phys,1961,32:475.

    Shah J S,Pamplin B R. J Electronchem Soc,1969,116:1565.

[8] 陆学善. 钇铝石榴石的发展[M].北京:科学出版社,1972.

[9] West D B F. Ternary Equilibrium Diagrams[M]. Macmillan,1965.

第七章

界面的宏观性质与微观结构

　　界面是指在热力学系统中共存诸相间的分界面,它应该包括固-液界面、固-气界面、固-固界面,液-气界面和液-液界面。不过我们在这里只讨论几种与晶体生长有关的界面。

　　晶体生长过程就是界面向流体相(液相或气相)中的位移过程,界面的性质就决定了晶体生长的微观机制和所遵从的动力学规律。因而,为了了解晶体的生长过程,有必要介绍一些有关界面的宏观性质与微观结构的知识。

　　在上一章中,讨论多元复相系统中的相平衡问题时,认为相界面处温度、压强和化学势是连续的,而浓度却不连续。我们在推导上述相平衡条件时,并没有考虑界面效应。如果计及界面效应,我们将会发现,在复相平衡时,弯曲界面处的压强也是不连续的。

　　在本章的前半部分,我们将讨论界面热力学,着重介绍晶体生长中的一些十分重要的概念,如界面能、界面压强和吉布斯-汤姆孙关系。在后半部分则讨论界面的微观结构。

第一节　界面能和界面张力

一、界面能和界面张力

　　到现在为止,我们一直忽略了界面效应。我们知道,体积效应随系统尺度的三次方增加,而面效应是随系统尺度的平方增加,所以在足够大的系统中只研究系统的与体积有关的性质时,忽略界面效应是完全可以成立的。但是在晶体生长中有很多现象却与界面的宏观性质密切相关,例如,直拉法生长中的弯月面效应、枝晶生长中的尖端的极限速率、亚稳相中新相的成核、光滑界面上台阶的成核、弯曲台阶的运动以及晶体的平衡形状等。

　　我们先考虑一单元两相系统,系统中 α 相和 β 相的克分子数分别为 N^α 和 N^β,相应的克分子吉布斯自由能为 μ^α 和 μ^β。相界的界面面积为 A,单位界面面积所具有的吉布斯自由能为 γ。于是系统的总吉布斯自由能为

$$G = N^\alpha \mu^\alpha + N^\beta \mu^\beta + \gamma A$$

显然,由于界面邻近的原子所具有的环境与两相内部的原子不相同,以及单位面积的界面所包含的原子数与阿伏伽德罗常数不同,因而 γ 的大小与 μ^α, μ^β 亦不相同。

　　按照通常的方式,我们可以将单位面积界面的吉布斯自由能表示为

$$\gamma = u^s - Ts^s + pv^s$$

其中 u^s 为单位界面面积的内能、s^s 为单位面积的界面熵以及 v^s 为单位面积界面的体积。由于界面厚度很小，通常界面只包括若干原子层，所以 v^s 是一个十分微小的量，可以忽略不计，故

$$\gamma = u^s - Ts^s \tag{7-1}$$

由此可见在界面上单位面积的吉布斯自由能就近似地等于单位面积的自由能（亥姆霍兹自由能）。因而我们就将 γ 简称为界面能(interface energy)或界面自由能。

在详细讨论之前，首先我们必须指出，界面能 γ 是一个热力学函数，在单元系统中只有两相处于相平衡且其间具有稳定界面时，γ 才有确定的意义。因而界面能只有在相平衡曲线上才有意义。由于在相平衡曲线上，p 和 T 是由式(6-5)的函数关系联系起来的，因而 γ 在单元系统中只是一个自变量的函数。如果系统中共存的两相有临界点，我们已经知道在临界点两相间的一切差异消失了，当然相界面也不再存在，故 γ 必变为零。关于 γ 趋于零所遵从的规律迄今尚不清楚。

现在我们在相平衡条件下，求界面作用于它本身的周界上的力。由于界面的总界面能为 γA，根据力学中熟知的公式，作用于面积 A 的周界上某线元 dl 上的力为

$$F = -\frac{\partial(\gamma A)}{\partial r} = -\gamma\frac{\partial A}{\partial r}$$

设想界面的周界上线元 dl 向外(使界面面积增加)位移 dr，界面积的增加为 $dr \cdot dl$，故 $\frac{\partial A}{\partial r} = dl$。于是作用于单位长度的周界上的力为

$$f = \frac{F}{dl} = -\gamma \tag{7-2}$$

由此可知，作用于界面的单位长度周界上的力，其数值大小等于界面能，其方向是沿周界的内法线并与界面相切。我们将此力称为界面张力(interface tension)。

由于界面能恒为正值，故界面张力总是沿界面周界的内法线方向。由此可见界面张力有使界面面积缩小的倾向。

我们决不能将界面张力和界面上原子间的引力混淆起来。如果我们使界面面积扩展，这就必然产生新的界面，必然会使更多的内部原子跑到界面上。界面张力反抗这个过程的原因是不使更多的原子跑到界面上以致系统的自由能的增加。我们也不能将界面张力和通常的弹性力混淆起来，界面张力不因界面面积的扩展而增加，而弹性力却随形变而增加。

如果使界面面积增加 $1\ cm^2$，反抗界面张力(γ 达因/厘米，1 达因 $= 10^{-5}$ 牛顿)所作之功就等于产生 $1\ cm^2$ 的界面所需之能量，这就表明 γ 不是单位界面面积的内能 u^s 而是自由能(见式(7-1))。

为了进一步阐明式(7-1)中每一物理量的意义，我们将界面看为一热机，使之完成一可逆的热力学循环。(1)在恒温下增加界面面积 δA，则界面内能的增加为 $u^s\delta A$，对界面所作之功为 $\gamma\delta A$，故吸收的热量为 $(u^s - \gamma)\delta A$。(2)界面面积保持不变(不作功)，界面温度冷却到 $T-\delta T$。(3)保持温度 $T-\delta T$ 不变，使界面面积缩小 δA，则界面所作之功为 $\left(\gamma - \frac{d\gamma}{dT}\delta T\right)\delta A$。

（4）保持界面面积不变（不作功），使界面温度上升到 T。根据可逆循环的热力学理论有

$$\frac{\delta T}{T} = \frac{循环中系统所作的净功}{系统吸收的热源的热量} = \frac{\left(\gamma - \frac{\mathrm{d}\gamma}{\mathrm{d}T}\delta T\right)\delta A - \gamma\delta A}{(u^s - \gamma)\delta A} = \frac{\delta T}{\gamma - u^s} \cdot \frac{\mathrm{d}\gamma}{\mathrm{d}T}$$

故有

$$\gamma = u^s + T\frac{\mathrm{d}\gamma}{\mathrm{d}T} \tag{7-3}$$

可以看出，仅仅在 0 K 时 γ 和 u^s 相等，通常在较高温度下，$\frac{\mathrm{d}\gamma}{\mathrm{d}T}$ 为负值，故 $\gamma < u^s$。

对比式(7-1)和(7-3)，可得单位面积的界面熵为

$$s^s = -\frac{\mathrm{d}\gamma}{\mathrm{d}T} \tag{7-4}$$

我们定义临界温度 T_C 为

$$T_C = \frac{u^s}{s^s} \tag{7-5}$$

可以看出，当温度为临界温度时，$\gamma = 0$。由于临界温度 T_C 甚高于物质的熔点，因而 γ 和 u^s 相差不大。

二、固体的界面张力

上面关于界面能和界面张力的讨论只适用于液-气界面和液-液界面。而固-气界面和固-液界面的性质尚需进一步讨论。

我们已经指明，界面能是产生单位面积的界面所需的自由能，见式(7-1)。对液-气界面和液-液界面来说，由于液体原子间交互作用力较弱，原子可以相互滑动，因此产生新的界面的过程就是内部原子跑到界面上成为界面原子的过程。所以界面自由能主要决定于两方面，首先由于界面原子的近邻数的减少从而引起了键合能的改变，这是单位界面面积的内能 u^s 的主要部分。其次是由于界面的弛豫效应而引起的界面原子的振动熵的改变，这是 s^s 的主要部分。但对固-液界面或固-气界面，界面内能 u^s 中还必须包括弹性能。例如我们使界面面积增加 $\mathrm{d}A$，对液体来说，这只能由液体的内部原子跑到界面才能使界面面积增加。但对固体，在界面原子总数保持不变的条件下，通过弹性形变也能使界面面积增加。正是由于这个原因，界面能和界面张力的关系式(7-2)对固相界面就不能成立。

舒特伍斯(Shuttleworth)[1]首先分析了固相的界面能和界面张力，马林斯(Mullins)[2]进一步导出了界面张力和界面能的更为普遍的关系式。下面我们考虑界面自由能中包含了弹性能，借助于弹性理论导出固相界面的界面张力与界面能间的关系式。

界面原子所处的环境是很不对称的。其一侧是真空、气相或液相，其间的交互作用是十分微弱的。其另一侧，却受到晶格的强烈的弹性交互作用，因而出现了界面原子的重新排列(rearrangement)。由于通常界面原子层的厚度较薄，我们将界面原子的重新排列问题近似地

看为弹性理论中的平面形变问题。若将 x 轴和 y 轴取于界面面元内,则其应力张量元素

$$\sigma_{xz} = \sigma_{yz} = 0$$

且单位面元在形变后的面积为

$$A = 1 + e_{xx} + e_{yy}$$

于是该面元的界面自由能为

$$\gamma A = \gamma (1 + e_{xx} + e_{yy})$$

根据弹性理论[3],界面应力为

$$\sigma_{xx} = -\frac{\partial (\gamma A)}{\partial e_{xx}}, \quad \sigma_{yy} = -\frac{\partial (\gamma A)}{\partial e_{yy}}, \quad \sigma_{xy} = -\frac{\partial (\gamma A)}{\partial e_{xy}}$$

故有

$$\sigma_{xx} = \frac{-\partial (\gamma A)}{\partial e_{xx}} = -\gamma - (1 + e_{xx} + e_{yy}) \cdot \frac{\partial \gamma}{\partial e_{xx}}$$

忽略二阶微量,则

$$\sigma_{xx} = -\gamma - \frac{\partial \gamma}{\partial e_{xx}}$$

同样有

$$\sigma_{yy} = -\gamma - \frac{\partial \gamma}{\partial e_{yy}}$$

$$\sigma_{xy} = -\frac{\partial \gamma}{\partial e_{xy}}$$

将上述诸应力张量元素统一表示为

$$\sigma_{ij} = -\delta_{ij} \gamma - \frac{\partial \gamma}{\partial e_{ij}} \quad i, j = x, y$$

式中当 $i \neq j$ 时 $\delta_{ij} = 0$,当 $i = j$ 时 $\delta_{ij} = 1$。若取界面为单位厚度,则界面应力就等于作用于单位长度周界上的界面张力,故有

$$f_{ij} = -\gamma \delta_{ij} - \frac{\partial \gamma}{\partial e_{ij}} \quad i, j = x, y \tag{7-6}$$

由此可见,对固相界面,界面张力在数值上并不等于界面自由能。这是由于界面自由能中包括了弹性能,因而 γ 是形变 e_{ij} 的函数。但对液相的界面,由于 $\frac{\partial \gamma}{\partial e_{ij}} = 0$,故式(7-6)退化为式(7-2),即界面自由能 γ 在数值上和界面张力相等。

第二节　界面交接

现在,我们应用界面张力的概念,讨论诸相交接处所需满足的力学平衡的条件。在本节中,我们忽略界面自由能中的弹性能,这就是说,认为界面张力在数值上等于界面自由能。

一、接触角

我们首先考虑固(S)、液(L)、气(V)三相交接处的接触角。经验表明,一滴水银落在玻

璃板上,水银将缩成扁球状,如图 7 - 1(a)。而水银落在清洁的锌板上则成球冠形,如图7 - 1(b)。前者称为水银不浸润玻璃板,后者称水银浸润锌板。同样的水银能浸润锌板却不能浸润玻璃板,可见浸润与否决定于固相(S)的性质。我们又知道同样的玻璃板可为水所浸润而不能为水银所浸润,可见浸润与否也决定于液相(L)的性质。实际上,浸润与否和相互交接的各相的性质有关。

我们知道在界面的周界上存在界面张力,在三相交接线上任一点的界面张力,其方向是沿交接线的内法线并与界面相切,如图 7 - 1 所示。

为了定量描述相交接的诸相是否浸润,我们引入接触角 θ。定义接触角(contact angle)为交接处液-气界面和固-液界面之间的夹角,即为界面张力 γ_{LV} 和 γ_{SL} 间的夹角,见图7 - 1。若固相不被液相所浸润,则 $\theta > 90°$,即接触角为钝角。若 $\theta = 180°$,则称为完全不浸润,此时液相与固相相切于一点。若固相被液相浸润,则 $\theta < 90°$,即接触角为锐角。若接触角 $\theta = 0°$,则称完全浸润。此时在固相界面上形成一层具有宏观厚度的液体层,气相将不与固相接触。

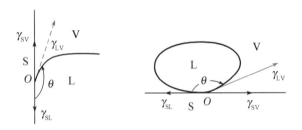

(a) 不浸润:接触角为钝角,即 $\theta \geqslant 90°$；$\theta = 180°$ 为完全不浸润

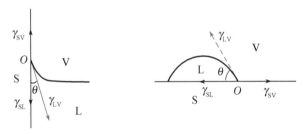

(b) 浸润:接触角为锐角,即 $\theta \leqslant 90°$；$\theta = 0°$ 为完全浸润

图 7 - 1　接触角

已经得出,是否浸润决定于相交诸相的性质。因而接触角的大小也与相交诸相的性质有关。实际上接触角的大小决定于相交诸相的界面能的大小,亦即决定于界面张力的大小。如图 7 - 1 所示,三相交接点 O 处,诸界面张力必须满足力学平衡的条件。于是有

$$\gamma_{SV} = \gamma_{LV} \cos \theta + \gamma_{SL}$$

故有

$$\cos \theta = (\gamma_{SV} - \gamma_{SL})/\gamma_{LV} \qquad (7-7)$$

由此可见,若 $\gamma_{SV} > \gamma_{SL}$,亦即固-气间的界面张力大于固-液间的界面张力,那么 $\cos \theta > 0$,

接触角为锐角,液相浸润固相。若 $\gamma_{SV} < \gamma_{SL}$,接触角为钝角,液相不浸润固相。

由式(7-7)可以看出,在任何情况下必须满足不等式

$$|\gamma_{SV} - \gamma_{SL}| < \gamma_{LV}$$

否则力学平衡条件将会使 θ 为虚数而没有意义。

二、界面交接处的力学平衡

若三相 α,β,γ 处于平衡态,在三相交接处的夹角为 a,b,c,见图 7-2(a)。在三相交接处,由正弦定律可得出三相的力学平衡条件

$$\frac{\gamma_1}{\sin a} = \frac{\gamma_2}{\sin b} = \frac{\gamma_3}{\sin c} \tag{7-8}$$

其中 $\gamma_1,\gamma_2,\gamma_3$ 分别为 $\gamma-\beta$ 界面、$\beta-\gamma$ 界面、$\alpha-\gamma$ 界面的界面能,见图 7-2(a)。通常三个界面间的夹角在实验上可以直接测定,因而可以确定三个界面张力(或界面能)的相对大小。若已知其中某一界面能的绝对值,则其他界面能也就可以确定。

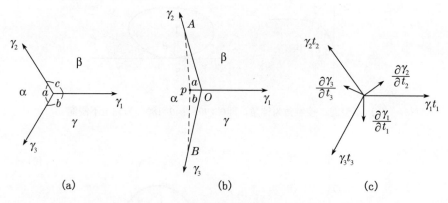

图 7-2 三相交接处界面张力的平衡

以上结果只适用于界面能是各向同性的情况。实际上,晶体的界面能通常是各向异性的,即界面能是决定于界面的取向。界面能的各向异性效应可用一等效转矩来描述,这个转矩使界面转动并趋向于低界面能的界面。因此在三相交接处的力学平衡条件(7-8)式中必须有表示转矩效应的附加项。这个问题是赫林[4]解决的,因而将这些附加项称为赫林转矩(Herring torque)项。

现考虑三相 α,β,γ 交接于 O 点,见图 7-2(b)。三相间的界面能都是各向异性的,即都是界面取向的函数。假想三相交接点在 $\beta-\gamma$ 界面内作一无穷小的虚位移,由 O 点位移至 p 点。假定此过程使 $\alpha-\beta$ 界面在图面上成为一折线,折点为 A。同样 $\alpha-\gamma$ 界面亦为折线,折点为 B,如图 7-2(b)所示。今 $Ap \gg Op$ 和 $Bp \gg Op$,但仍为无穷小。我们现在来估计垂直于图面为单位长度的界面能的变化。由于界面几何面积变化而引起的吉布斯自由能的变化为

$$dG_1 = (\gamma_1 - \gamma_2 \cos a - \gamma_3 \cos b)\overline{Op}$$

由于界面取向变化而引起的吉布斯自由能的变化为

$$dG_2 = \frac{\partial \gamma_2}{\partial a} \cdot \delta a \cdot \overline{Ap}$$

$$dG_3 = \frac{\partial \gamma_3}{\partial b} \cdot \delta b \cdot \overline{Bp}$$

当夹角 a 的变化很小时,有

$$\sin \delta a = \overline{Op} \cdot \frac{\sin a}{\overline{Ap}} \approx \delta a$$

同样有

$$\delta b \approx \overline{Op} \frac{\sin b}{\overline{Bp}}$$

因而虚位移$\overline{Op}$所引起的总吉布斯自由能的变化为

$$dG = \overline{Op} \left\{ (\gamma_1 - \gamma_2 \cos a - \gamma_3 \cos b) + \sin a \frac{\partial \gamma_2}{\partial a} + \sin b \frac{\partial \gamma_3}{\partial b} \right\}$$

在平衡态,应有 $dG = 0$,故得到力学平衡条件为

$$\gamma_1 - \gamma_2 \cos a - \gamma_3 \cos b + \sin a \frac{\partial \gamma_2}{\partial a} + \sin b \frac{\partial \gamma_3}{\partial b} = 0 \tag{7-9}$$

在上述推导过程中,我们将虚位移$\overline{Op}$限制于其中的一个界面内,因而式(7-9)不是三相交接处力学平衡的最一般形式。但是在上述推导中,我们看到了由于界面能的各向异性而在力学平衡条件中出现了附加项。

三相交接处,力学平衡条件的较为普遍的形式是[4]

$$\sum_{i=1}^{3} \left(\gamma_i \boldsymbol{t}_i + \frac{\partial \gamma_i}{\partial \boldsymbol{t}_i} \right) = 0 \tag{7-10}$$

其中 $\boldsymbol{t}_i$ 是界面张力 γ_i 的单位矢量。因而三相交接线处的力学平衡,可用三个沿界面切线方向的 γ_i 和三个沿界面法线方向的赫林转矩项$\frac{\partial \gamma_i}{\partial \boldsymbol{t}_i}$间的静力学平衡来描述,见图7-2(c)。

若界面能是各向同性的,则转矩项$\frac{\partial \gamma_i}{\partial \boldsymbol{t}_i} = 0$,平衡条件(7-10)就退化为式(7-8)。

第三节　弯曲界面的相平衡

以上考虑界面的性质时,我们没有考虑界面曲率(interfacial curvature)的影响。本节中我们将讨论弯曲界面的相平衡条件。

一、弯曲界面的力学平衡——界面压强

通常晶体生长过程,是在温度和压强不变的条件下进行的。因而在推导这类系统的相

平衡条件时,往往采用吉布斯自由能判据。即在温度和压强不变的条件下,系统的平衡态是吉布斯自由能为最小的状态。

现在我们在推导弯曲界面的相平衡条件时,所给的条件是,系统的温度和体积不变,因而应用自由能判据较为方便。即在温度和体积不变的条件下,系统的平衡态是自由能为最小的状态。

我们考虑一系统,其中存在 α 和 β 相。在温度和体积不变的条件下,假想相界作一无限小的虚位移,我们来考察由此而引起的系统自由能的变化。显然,如果两相的界面是平面,那么当它位移时,一般说来,它的面积不变,因而系统的总的界面自由能也不变。但如果界面为曲面,当它位移时,通常其面积将改变,系统的总的界面自由能也随之变化,这就导致在界面上出现了附加的力。如果从界面张力的观点来考察,问题更为明显,弯曲界面上的界面力将导致垂直于界面的附加力的出现,结果使弯曲界面处两相的压强不等,其差值我们称为界面压强。显然,界面压强的大小首先决定于界面的性质,即决定于界面能的大小,其次还和弯曲界面的曲率半径有关。下面我们定量地导出弯曲界面处的力学平衡条件,即导出界面压强的表达式。

在 α 相和 β 相共存的系统中,两相间的界面为一曲面,当界面产生虚位移时,相应两相的体积变化为 dV^α 和 dV^β。若两相的温度、压强、熵分别为 $T^\alpha, p^\alpha, S^\alpha$ 和 $T^\beta, p^\beta, S^\beta$。我们将界面看为 s 相,并令 T^s, γ, S^s 为界面温度、界面自由能和界面熵,故当界面发生虚位移时,所引起的 α 相、β 相和 s 相的自由能的变化分别为

$$dF^\alpha = -S^\alpha dT^\alpha - p^\alpha dV^\alpha$$

$$dF^\beta = -S^\beta dT^\beta - p^\beta dV^\beta$$

$$dF^s = -S^s dT^s + \gamma dA$$

令系统中界面的虚位移是在温度和系统总体积不变的条件下进行的,故有 $dT^\alpha = dT^\beta = dT^s = 0$,以及 $dV = dV^\alpha + dV^\beta = 0$,故系统的总自由能的改变为

$$dF = dF^\alpha + dF^\beta + dF^s = -(p^\alpha - p^\beta)dV^\alpha + \gamma dA$$

按自由能判据,在温度和体积不变的条件下,系统的平衡态是自由能为最小的状态。按自由能为最小的必要条件 $dF = 0$,故有

$$\delta p = (p^\alpha - p^\beta) = \gamma \frac{dA}{dV^\alpha} \tag{7-11}$$

其中 δp 为界面压强,γ 为界面自由能,dA 和 dV^α 分别为界面虚位移引起的界面面积和 α 相体积的增量。

今在不同情况下求出 dA 和 dV^α 的表达式。先考虑一特殊情况,若 α 相是半径为 r 的球,则其体积为 $V^\alpha = \frac{4}{3}\pi r^3$,界面面积为 $A = 4\pi r^2$。分别对 V^α 和 A 求微分,得到

$$dV^\alpha = 4\pi r^2 dr, \quad dA = 8\pi r dr$$

将 dV^α 和 dA 之表达式代入式(7-11)得

$$\delta p = (p^\alpha - p^\beta) = \frac{2\gamma}{r} \qquad\qquad (7-12)$$

可以看出,此球状界面的曲率半径越小,界面压强 δp 越大。反之,当半径 $r \to \infty$ 时,$\delta p = 0$,即 $p^\alpha = p^\beta$,这表明相界为平面时,在界面处压强是连续的。

　　下面我们考虑界面为一任意空间曲面的情况。为了表征空间曲面上任一点(O 点)邻近的几何性质,我们过该点的法线作两相互垂直的平面,与曲面相截得两曲线,如图 7-3 中 AA 和 BB,此两曲线相应的曲率半径为 r_1 和 r_2。虽然过 O 点可作无穷多组相互垂直的平面,得到无穷多组 r_1 和 r_2,但可证明其中必有一组 r_1 和 r_2 分别为最大和最小,此组 r_1 和 r_2 称主曲率半径。曲面上任一点的主曲率半径就能充分地描述空间曲面在该点的几何性质。

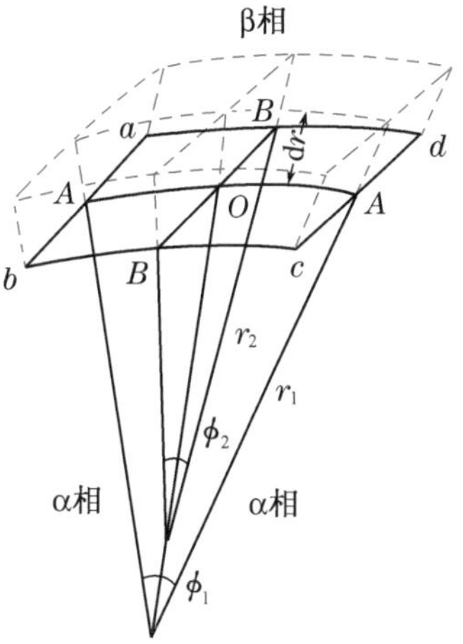

　　我们在弯曲界面上任一点 O 邻近,取面元 $abcd$,见图 7-3。此面元面积为

$$A = r_1\phi_1 \cdot r_2\phi_2$$

若此面元沿 O 点的法线向 β 相中位移 $\mathrm{d}r$,位移后面元的面积为

$$A' = (r_1 + \mathrm{d}r)\phi_1 \cdot (r_2 + \mathrm{d}r)\phi_2$$

略去二阶微量 $\mathrm{d}r^2$,得面元的面积增量为

$$\mathrm{d}A = (r_1 + r_2)\phi_1\phi_2\mathrm{d}r = \left(\frac{1}{r_1} + \frac{1}{r_2}\right)A\mathrm{d}r$$

面元 A 位移 $\mathrm{d}r$ 后,α 相的体积增量为

$$\mathrm{d}V^\alpha = A\mathrm{d}r$$

将上述表达式代入(7-11),得

图 7-3　曲面面元的虚位移

$$\delta p = (p^\alpha - p^\beta) = \gamma\left(\frac{1}{r_1} + \frac{1}{r_2}\right) \qquad\qquad (7-13)$$

此即弯曲界面的界面压强的较为一般的表达式,亦称为拉普拉斯公式(Laplace equation)。其中 r_1 和 r_2 为弯曲界面上所考虑点的主曲率半径。当曲面为球面时,$r_1 = r_2 = r$,则式(7-13)退化为式(7-12)。

　　在推导式(7-13)时,我们假定曲率中心在 α 相内,这就规定了曲率半径 r 的正负号。这就是说,当曲率中心在 α 相内,我们称 α 相的界面为凸形,则曲率半径取正号,由式(7-13)可知,$p^\alpha > p^\beta$,见图 7-4(a)。若曲率中心在 β 相内,α 相的界面为凹形,r 取负号,有 $p^\alpha < p^\beta$,如图 7-4(b)。界面张力有使界面面积缩小的倾向,这就产生了附加压强,如图 7-4 中箭号所示,这样定性地考虑也能得到相同的结论。

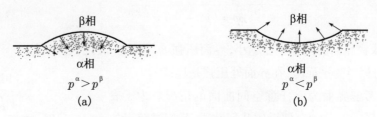

图 7-4　界面压强和曲率半径的正负号

二、弯曲界面的相平衡

我们现在来推导弯曲界面的相平衡条件,仍然应用自由能判据。设 α 相和 β 相是单元系统中的两相,其间的界面是弯曲界面。假设系统已经满足了热平衡条件:$T^\alpha = T^\beta = T^s = T$,以及力学平衡条件式(7-11)。现在来考察 α 相的克分子数改变 δN^α 和 β 相改变 δN^β 所引起系统的自由能的变化。

设 f^α 为 α 相的克分子自由能,则 $f^\alpha = u^\alpha - T^\alpha s^\alpha$,其中 u^α 和 s^α 为 α 相的克分子内能和克分子熵。故 α 相的总自由能为

$$F^\alpha = N^\alpha f^\alpha$$

由热力学知道克分子自由能的微分表达式为

$$df^\alpha = -s^\alpha dT^\alpha - p^\alpha dV_m^\alpha$$

其中 dV_m^α 是 α 相克分子体积的变化,在温度 $T^\alpha = T$ 保持不变的条件下有 $df^\alpha = -p^\alpha dV_m^\alpha$,故有

$$dF^\alpha = N^\alpha df^\alpha + f^\alpha dN^\alpha = -p^\alpha N^\alpha dV_m^\alpha + f^\alpha dN^\alpha$$
$$= -p^\alpha dV^\alpha + \mu^\alpha dN^\alpha$$

其中 $V^\alpha = N^\alpha V_m^\alpha$,$\mu^\alpha = f^\alpha + p^\alpha V_m^\alpha = u^\alpha - T^\alpha s^\alpha + p^\alpha V_m^\alpha$,$\mu^\alpha$ 是 α 相的克分子吉布斯自由能,在单元系统中就是 α 相的化学势。同样在 T 不变的情况下,β 相的自由能的改变为

$$dF^\beta = -p^\beta dV^\beta + \mu^\beta dN^\beta$$

其中 $\mu^\beta = u^\beta - T^\beta s^\beta + p^\beta V_m^\beta$ 是 β 相的化学势。在温度 $T = T^s$ 不变的条件下,界面自由能的改变仍然是

$$dF^s = \gamma dA$$

故系统的总自由能的改变为

$$dF = dF^\alpha + dF^\beta + dF^s = -p^\alpha dV^\alpha - p^\beta dV^\beta + \gamma dA + \mu^\alpha dN^\alpha + \mu^\beta dN^\beta$$

考虑到系统的总克分子数不变,$dN^\alpha + dN^\beta = 0$ 以及总体积不变,$dV^\alpha + dV^\beta = 0$,故有

$$dF = -(p^\alpha - p^\beta)dV^\alpha + \gamma dA + (\mu^\alpha - \mu^\beta)dN^\alpha = 0$$

由于系统已经达到了力学平衡,故将式(7-11)代入后有

$$dF = (\mu^\alpha - \mu^\beta)dN^\alpha$$

根据自由能判据:在温度和体积不变的条件下,系统的平衡态是其自由能为最小的状态。而自由能极小的必要条件是 $dF = 0$,故有

$$\mu^{\alpha} = \mu^{\beta} \tag{7-14}$$

这就是弯曲界面的相平衡条件,它和式(6-2)相同。这表明,弯曲界面相平衡条件仍然是两相的化学势相等,与平界面的情况相同。值得注意的是,式(7-14)式两边的化学势是在不同压强 p^{α} 和 p^{β} 时的函数,这两个压强间的关系由力学平衡条件式(7-13)给出。如果式(7-14)不满足,平衡不能建立,物质将由化学势高的相转变为化学势低的相。

第四节　弯月面与直拉法生长

直拉法晶体生长工艺的重要进展是实现了晶体直径控制的自动化。所采用的方案有激光光束法[5]、称重法[6]、电视扫描法[7]等。这些晶体直径自控方案的根本问题之一,就是取怎样的信号作为等径生长的信号。这就涉及弯曲界面的界面压强和界面交接处的力学平衡等问题。我们在本节中将讨论这些问题。

一、直拉法生长中的弯月面

在直拉法生长系统中,由于表面张力的影响,在固液界面的周界邻近,其熔体的自由表面呈空间曲面,我们就把它称为弯月面(meniscus)。在这里,我们基于弯曲界面力学平衡所得到的拉普拉斯公式,式(7-13),导出弯月面形状的表达式。

根据式(7-13),我们取熔体为 α 相,周围的气氛为 β 相。在弯月面的线度范围内,气氛的压强可视为恒量,即 $p^{\beta} = p_0$。坐标的选取参阅图7-5。当 x 甚大时,熔体的自由表面为平面,故界面两侧压强相等,有 $p^{\alpha} = p^{\beta} = p_0$。在 x 较小时,自由表面为曲面,界面两侧压强不等,熔体中的压强较小

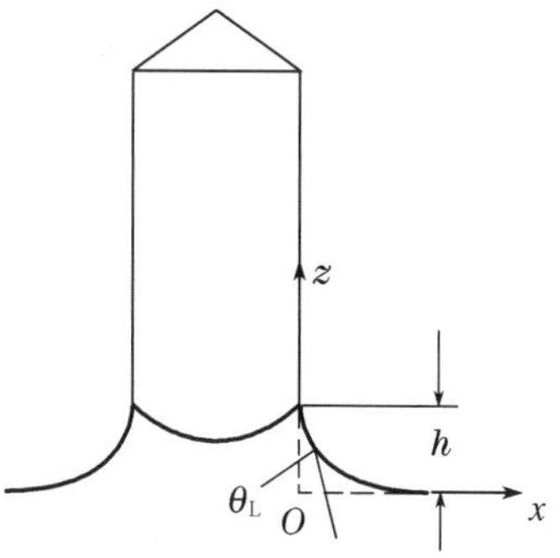

图 7-5　直拉法生长系统中的弯月面

$$p^{\alpha} = p_0 - \rho g z$$

于是由(7-13)式,可以得到重力场中的拉普拉斯公式

$$\frac{1}{r_1} + \frac{1}{r_2} + \frac{g\rho}{\gamma} z = 0 \tag{7-15}$$

对给定的系统,熔体的液-气界面的界面能 γ、密度 ρ 以及重力加速度 g 皆为常数。故其比值 $\dfrac{\gamma}{g\rho}$ 亦为常数,且具有长度平方的量纲。故定义

$$\alpha = \sqrt{\frac{2\gamma}{g\rho}}$$

称为毛细常数。显然,它具有长度的量纲,弯月面的形状即由这个量决定。毛细常数的大小可由实验测定,例如水的 $\alpha = 0.122\ \text{cm}$(在20℃)、锗为 $\alpha = 0.49\ \text{cm}$。

现在我们根据重力场中的拉普拉斯公式(7-15),来求直拉法生长系统中的弯月面形状。坐标的选择如图7-5所示。$x=0$ 的柱面为晶体的表面,$z=0$ 的平面为远离晶体的熔体的自由表面。

由于具有轴对称性,弯月面的曲面方程可表示为 $z=z(x)$,在这个条件下,由微分几何可得主曲率的表达式为

$$\frac{1}{r_1} = \frac{z'}{x(1+z'^2)^{\frac{1}{2}}}, \quad \frac{1}{r_2} = \frac{z''}{(1+z'^2)^{\frac{3}{2}}}$$

其中 z' 和 z'' 分别为 $z(x)$ 关于 x 的一阶和二阶微商。将主曲率的表达式以及毛细常数的表达式代入到(7-15)式中,得

$$\frac{z'}{x(1+z'^2)^{\frac{1}{2}}} + \frac{z''}{(1+z'^2)^{\frac{3}{2}}} + \frac{2}{\alpha^2}z = 0 \qquad (7-16)$$

(7-16)式为二阶常微分方程,满足给定边值条件的解就给出弯月面的曲面方程。可以看到,解这个微分方程是比较困难的。但是,如果所生长的晶体的直径较大时,垂直于纸面(图7-5)的平面中主曲率 $\frac{1}{r_1}$ 是可以忽略的。在这种条件下,式(7-16)退化为

$$\frac{z''}{(1+z'^2)^{\frac{3}{2}}} + \frac{2}{\alpha^2}z = 0 \qquad (7-17)$$

由于坩埚的半径远大于弯月面的水平线度,故其边值条件为

$$x=0, \quad z=h, \quad z'=\cot\theta_{\mathrm{L}}$$
$$x=\infty, \quad z=0, \quad z'=0$$

式(7-17)一次积分后为

$$\frac{1}{\sqrt{1+z'^2}} = A - \frac{z^2}{a^2}$$

由无限远处的边值条件,可得积分常数 $A=1$。于是有

$$\frac{1}{\sqrt{1+z'^2}} = 1 - \frac{z^2}{a^2}$$

根据 $x=0$ 处的边值条件,可以确定弯月面高度 h 和固液界面周界处弯月面倾角 θ_{L} 的关系

$$h = \alpha\sqrt{1-\sin\theta_{\mathrm{L}}} \qquad (7-18)$$

可以看出,弯月面的高度小于毛细常数 α,故若已知熔体的毛细常数就可粗略地估计弯月面高度。

对所得的一阶微分方程进行二次积分后得

$$x = -\frac{\alpha}{\sqrt{2}}\log\left[\frac{1+\sqrt{1-\left(\frac{z}{\sqrt{2}\alpha}\right)^2}}{\left(\frac{z}{\sqrt{2}\alpha}\right)}\right] + \alpha\sqrt{2-\left(\frac{z}{\alpha}\right)^2} + A_0$$

$$= -\frac{\alpha}{\sqrt{2}} \operatorname{arcsech}\left(\frac{z}{\sqrt{2}\,\alpha}\right) + \alpha \sqrt{2 - \left(\frac{z}{\alpha}\right)^2} + A_0 \qquad (7-19)$$

其中 A_0 为积分常数,据 $x=0$ 处的边值条件,可以确定为

$$A_0 = \frac{\alpha}{\sqrt{2}} \operatorname{arcsech}\left(\frac{h}{\sqrt{2}\,\alpha}\right) - \alpha \sqrt{2 - \frac{h^2}{\alpha^2}}$$

或利用(7-18)式得

$$A_0 = \frac{\alpha}{\sqrt{2}} \operatorname{arcsech}\left[\frac{1}{\sqrt{2}}(1 - \sin\theta_L)\right] - \alpha \sqrt{1 + \sin\theta_L}$$

式(7-19)就给出了弯月面的曲面方程。可以看出对给定的熔体,即毛细常数给定,在实验上测定了 h 或 θ_L 后,此弯月面就能确定。

值得注意的是,式(7-19)只是弯月面形状的近似表达式,它只适用于晶体直径较大的情况。同时由于忽略了主曲率 $\frac{1}{r_1}$,因而不能将弯月面的形状和晶体半径联系起来。而弯月面形状或高度与晶体半径 R 的关系是晶体生长工作者最关心的问题。故不能忽略主曲率 $\frac{1}{r_1}$,只能对(7-16)式进行近似解或数值解。近似解[8-9]的结果之一为

$$h = \left[\alpha^2(1 - \sin\theta_L) + \left(\frac{\alpha^2\cos\theta_L}{4R}\right)^2\right]^{\frac{1}{2}} - \frac{\alpha^2\cos\theta_L}{4R} \qquad (7-20)$$

可以看出, θ_L 和 h 与晶体的半径 R 有关。因而在激光光束法的自动控制直径方案中就选取了弯月面的倾角作为控制信号[5]。在上式中还可看出,当晶体半径 R 很大时,(7-20)式就退化为式(7-18)。

二、弯月面提升的液重

在称重法直径自控方案里,其控制晶体直径的重量信号中包含了弯月面提升的液体质量[10],根据(7-16)式精确地求解弯月面形状虽然是十分困难,但是求弯月面提升的液体质量却很方便。所选取的坐标系统是 z 轴与晶体的对称轴一致, x 轴为水平轴。因而我们要求 $R \leqslant x \leqslant \infty$ 间的弯月面所提升的液体质量 W 。故有

$$W = 2\pi\rho\, g \int_R^\infty z x\, \mathrm{d}x$$

由(7-16)式可得

$$W = 2\pi\gamma \int_R^\infty \left[\frac{z'}{x(1 + z'^2)^{\frac{1}{2}}} + \frac{z''}{(1 + z'^2)^{\frac{3}{2}}}\right] x\, \mathrm{d}x$$

令 $p = z'$,则

$$z'' = \frac{\mathrm{d}z'}{\mathrm{d}x} = \frac{\mathrm{d}z'}{\mathrm{d}z} \cdot \frac{\mathrm{d}z}{\mathrm{d}x} = p\,\frac{\mathrm{d}p}{\mathrm{d}z}$$

代入后得

$$W = 2\pi\gamma \int_R^\infty \left[\frac{x\,\mathrm{d}p}{(1 + p^2)^{\frac{3}{2}}} + \frac{p\,\mathrm{d}x}{(1 + p^2)^{\frac{1}{2}}}\right]$$

被积函数正好是$\dfrac{xp}{(1+p^2)^{\frac{1}{2}}}$的精确微分,故得

$$W = 2\pi\gamma\left[\frac{xp}{(1+p)^{\frac{1}{2}}}\right]_{x=R,p=\cot\theta_L}^{x=\infty,p=0} = -2\pi\gamma R\cos\theta_L \qquad (7-21)$$

从界面压强的拉普拉斯公式出发,精确地求得弯月面提升的液体质量的表达式(7-21),同样可用初等物理的方法求得。因为这部分质量就等于界面张力的铅直分量$-\gamma\cos\theta_L$与界面周界的长度$2\pi R$的乘积。这就具体地说明了,对液体,其表面能与表面张力在数值上是相等的。

三、标志等径生长的弯月面倾角

在直拉法生长系统中,弯月面上的最高点$(z=h)$,其切线与铅直线间的夹角θ_L被称为弯月面倾角,见图7-5。由于弯月面倾角在工艺实践中是可以直接观测的,因而人们往往用它作为生长过程中晶体直径变化的标志。

在过去,曾假设$\theta_L=0$时晶体可保持等径生长[11]。但是安东诺夫(Антонов)在锗晶体的生长过程中拍摄了弯月面的轮廓。由照片上测得了θ_L,并且他也测出了h和R的关系,并借助于式(7-20),求得了θ_L。这两种测量结果表明,欲保持锗晶体的等径生长,弯月面倾角θ_L必须在$10°\sim20°$之间[12]。

直拉法生长系统中,弯月面上最高点的轨迹,实际上是三相(晶体、熔体和蒸气)的交接线,因而在该处必须满足力学平衡条式(7-10)。我们现在根据该平衡条件来分析晶体生长时晶体直径的变化与弯月面倾角的关系。

在本章第二节已经阐明,三相交接处的力学平衡,可用三个沿界面切向的界面张力和三个沿界面法向的赫林转矩项间的静力学平衡来描述。我们定义固-液界面切线与固-气界面切线间的夹角为θ_I°,液-气界面切线和固-气界面切线间的夹角为θ_L°,见图7-6(a)。必须注意,θ_L°和弯月面倾角θ_L不同,只当等径生长时,即固-气界面切线为铅直线时,θ_L和θ_L°才相等。作用于三相交接点的六个力及其相对取向表示于图7-6(b)。按六个共点力的静力学

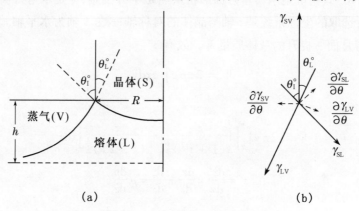

(a)   (b)

图7-6 直拉法生长的三相交界点及其力学平衡

平衡条件得知,沿任意方向诸力分量的代数和为零。为了简单起见,我们选取两个特殊方向,即沿 γ_{SV} 和 γ_{LV} 方向。按沿该方向诸力分量的代数和为零的条件可得

$$\gamma_{SV} - \gamma_{LV}\cos\theta_L^\circ - \gamma_{SL}\cos\theta_I^\circ + \frac{\partial\gamma_{SL}}{\partial\theta}\sin\theta_I^\circ = 0$$

$$\gamma_{LV} - \gamma_{SV}\cos\theta_L^\circ + \gamma_{SL}\cos(\theta_L^\circ + \theta_I^\circ) + \frac{\partial\gamma_{SV}}{\partial\theta}\sin\theta_L^\circ - \frac{\partial\gamma_{SL}}{\partial\theta}\sin(\theta_L^\circ + \theta_I^\circ) = 0$$

$$(7-22)$$

由于考虑到熔体界面张力是各向同性的,有

$$\frac{\partial\gamma_{LV}}{\partial\theta} = 0$$

在导出(7-22)式时就应用了这个条件。

如果在直拉法生长系统中,我们得知 γ_{SV}, γ_{LV}, γ_{SL} 及其间方向的关系,则我们就能根据(7-22)式唯一地确定 θ_L° 和 θ_I°。可惜我们关于界面张力和取向关系的知识十分贫乏,还不能应用式(7-22)来解决具体问题。为了明确上述结果的实际意义,由于赫林转矩项较界面张力小得多,我们进一步予以忽略。于是式(7-22)退化为

$$\gamma_{SV} - \gamma_{LV}\cos\theta_L^\circ - \gamma_{SL}\cos\theta_I^\circ = 0$$

$$\gamma_{LV} - \gamma_{SV}\cos\theta_L^\circ + \gamma_{SL}\cos(\theta_I^\circ + \theta_L^\circ) = 0$$

$$(7-23)$$

解方程(7-23),可得

$$\cos\theta_L^\circ = \frac{\gamma_{SV}^2 + \gamma_{LV}^2 - \gamma_{SL}^2}{2\gamma_{SV}\gamma_{LV}}$$

$$\cos\theta_I^\circ = \frac{\gamma_{SV}^2 - \gamma_{LV}^2 + \gamma_{SL}^2}{2\gamma_{SV}\gamma_{LV}}$$

$$(7-24)$$

由此可见,θ_L° 和 θ_I° 决定于直拉法生长系统中诸界面张力的大小,而与工艺参量无关。这就是说,θ_L° 和 θ_I° 决定于晶体材料本身的性质,因而我们将它们称为晶体材料的特征角。对不同的晶体材料有不同的特征角,对某具体材料,只需知道它的诸相界的界面张力,就能通过(7-24)式求得其特征角。例如对锗,从实验测量或理论估计得知,其诸界面能为(1 erg = 10^{-7} J)

$$\gamma_{SL} = 216 \text{ erg} \cdot \text{cm}^{-2}, \quad \gamma_{SV} = 740 \text{ erg} \cdot \text{cm}^{-2}, \quad \gamma_{LV} = 616 \text{ erg} \cdot \text{cm}^{-2}$$

于是由(7-24)式,求得 $\theta_L^\circ \approx 15°$, $\theta_I^\circ \approx 48°$。由(7-24)式求得的 θ_L° 和安东诺夫的测量值相符[12]。

在三相交接点,固-气界面切线取向的变化就决定了晶体直径的变化。例如固-气界面切线是铅直的,晶体可保持等径生长,图7-7(a)。若固-气界面切线向外倾侧,如图7-7(b),则晶体直径趋于缩小,这就是收肩过程。同样,固-气界面切线向内倾侧,为放肩过程,图7-7(c)。由于固-气相面切线与弯月面切线间的夹角就是特征角 θ_L°,只决定于材料的物性常数,在晶体直径变化(即固-气界面切线变化)时,为保持 θ_L° 的恒定,就必然导致弯月面切线随之变化。而弯月面切线的变化可以通过弯月面倾角 θ_L 的变化被直接观测。这就表明弯月

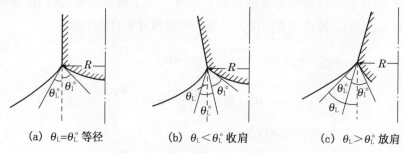

图 7-7　晶体直径变化与弯月面倾角

面倾角的变化实时地反映了晶体直径的变化趋势,具体的结论是,当 $\theta_L = \theta_L^\circ$ 时,晶体将保持等径生长;当 $\theta_L < \theta_L^\circ$ 时,晶体直径趋于缩小,为收肩过程;当 $\theta_L > \theta_L^\circ$ 时,为放肩过程,见图 7-7。

同样,特征角 θ_I° 也是只决定于材料的物质常数。因而 θ_I° 的大小与固-液界面的宏观形状无关,在三相交接点邻近的微米量级的范围内,固-液界面必然弯曲,以保证固-液界面切线与固-气界面切线间的夹角为 θ_I°。

第五节　界面曲率对平衡参量的影响

我们已经讨论了相界为曲面的系统中的相平衡条件。本节中,我们将着重比较,相界为曲面的系统与相界为平面的系统间的平衡参量的差异。这种平衡参量的差异就是通常所指的,界面弯曲所引起的饱和蒸气压或饱和浓度的改变,或是界面弯曲所引起的凝固点的改变。界面曲率与平衡参量间的定量关系就是熟知的吉布斯-汤姆孙关系(Gibbs-Thomson relation)。

一、界面曲率对凝固点的影响

我们现在来对比两个平衡系统,第一个系统中的相界为平面,第二个系统中的相界为曲面。并以 s 相代表晶体,l 相代表熔体。我们已经证明了,不管界面曲率如何,共存两相的化学势仍然必须相等。因而对相界为平面的系统,其相平衡条件为

$$\mu^s(p,\ T) = \mu^l(p,\ T) \tag{7-25}$$

这个方程给出了该系统中平衡压强 p 与平衡温度 T 间的关系。

在相界面为曲面的系统中,设熔体的压强为 p',即 $p^l = p'$。由 (7-13) 式得,晶体的平衡压强为

$$p^s = p' + \left(\frac{1}{r_1} + \frac{1}{r_2}\right)\gamma$$

故其相平衡条件为

$$\mu^s\left[p'+\left(\frac{1}{r_1}+\frac{1}{r_2}\right)\gamma,\ T\right]=\mu^l(p',T) \tag{7-26}$$

这个方程给出了平衡压强 p' 和平衡温度 T 与主曲率半径的关系。

今假设由界面曲率引起的压强差较小,即

$$\left(\frac{1}{r_1}+\frac{1}{r_2}\right)\gamma \ll p$$

在这个情况下,p 和 p' 的差别很小,故可把化学势用级数展开,并略去高阶微量,于是有

$$\mu^s\left[p'+\left(\frac{1}{r_1}+\frac{1}{r_2}\right)\gamma,\ T\right]=\mu^s(p,\ T)+\left[p'-p+\left(\frac{1}{r_1}+\frac{1}{r_2}\right)\gamma\right]\frac{\partial\mu^s}{\partial p}$$

由热力学理论可以知道,$\dfrac{\partial\mu^s}{\partial p}$ 不是别的,就是晶体的克分子体积 V_m^s。于是有

$$\mu^s\left[p'+\left(\frac{1}{r_1}+\frac{1}{r_2}\right)\gamma,T\right]=\mu^s(p,T)+\left[p'-p+\left(\frac{1}{r_1}+\frac{1}{r_2}\right)\gamma\right]V_m^s \tag{7-27}$$

同样有

$$\mu^l(p',T)=\mu^l(p,T)+(p'-p)V_m^l \tag{7-28}$$

其中 V_m^l 为熔体的克分子体积。将式(7-27)、(7-28)代入(7-26),并应用式(7-25),可得

$$(p'-p)(V_m^l-V_m^s)=\gamma V_m^s\left(\frac{1}{r_1}+\frac{1}{r_2}\right)$$

利用克拉珀龙方程(6-10)式,可得

$$L\frac{T_m-T_e}{T_m}=\gamma V_m^s\left(\frac{1}{r_1}+\frac{1}{r_2}\right) \tag{7-29}$$

这就是熔体生长系统中的吉布斯-汤姆孙关系式。如果将相平衡温度近似地称为凝固点,则这个关系式就表示了界面弯曲所引起的凝固点的变化。其中 T_m 为平界面的凝固点,T_e 为曲率

$$K=\left(\frac{1}{r_1}+\frac{1}{r_2}\right)$$

的弯曲界面的凝固点。由于克分子凝固潜热 L、固相的克分子体积 V_m^s、固液界面的界面能 γ 都是物质常数。因此界面自由能与单位体积的固相潜热的比值 $\dfrac{\gamma V_m^s}{L}$ 亦为物质常数,我们以 Γ 表示。于是熔体生长系统中的吉布斯-汤姆孙关系式(7-29)可写为

$$\Delta T=\Gamma\cdot T_m\cdot K \tag{7-30}$$

这就是我们在第五章第五节的式(5-26)中曾引用的表达式。若晶体为球形,即 $r_1=r_2=r$,则(7-29)式退化为

$$L\frac{T_m-T_e}{T_m}=\frac{2\gamma V_m^s}{r} \tag{7-31}$$

我们以铜晶体的熔体生长为例,具体地说明曲率半径对凝固点的影响。铜的 $T_m=1356$ K,单位体积的固相潜热

$$\frac{L}{V_m^s} = 1.88 \times 10 \ \text{erg} \cdot \text{cm}^{-3},$$

$$\gamma_{SL} = 1.44 \times 10^2 \ \text{erg} \cdot \text{cm}^{-2},$$

并假定界面为一球面,由式(7-31)可以求得,当 $r = 1 \ \mu m$, $\Delta T = 0.208 \ K$; $r = 0.1 \ \mu m$, $\Delta T = 2.08 \ K$; 当 $r = 0.01 \ \mu m$, $\Delta T = 20.8 \ K$。这就表明,当曲率半径小于微米量级时,曲率对凝固点的影响不可忽视。

我们在讨论(7-13)式时曾经指出,当曲率中心在晶体中,我们称晶体的界面为凸形,则曲率半径取正号,由式(7-31)可以看到,将引起凝固点降低。这就表明,当晶体的界面为凸形,其凝固较难、熔化较易(与平界面比较)。同样,晶体的界面为凹面,其凝固较易、熔化较难。

二、界面曲率对饱和气压的影响

我们现在考虑两个平衡系统,其中晶体(s)与蒸气(v)两相平衡。一个系统的相界为平面,另一为曲面。我们可以将平界面系统的相平衡条件表示为

$$\mu^s(p, T) = \mu^v(p, T) \tag{7-32}$$

同样,界面为曲面的系统的相平衡条件为

$$\mu^s\left[p' + \gamma\left(\frac{1}{r_1} + \frac{1}{r_2}\right), T\right] = \mu^v(p', T) \tag{7-33}$$

我们在讨论界面曲率对凝固点的影响时,曾假设界面曲率所引起的压强差较小,故可将化学势按级数展开并表示为线性函数。如果曲率引起的压强差较大,但对晶体来说,(7-27)式仍然适用,因为压强改变时,晶体的性质改变很小。而对蒸气,类似于(7-28)式的线性近似就不适用。现假设蒸气为理想气体,利用理想气体化学势的表达式(6-4),可以得到

$$\mu^v(p', T) = \mu^v(p, T) + RT \ln \frac{p'}{p} \tag{7-34}$$

将式(7-34)、(7-27)代入式(7-33),并利用(7-32)可得

$$RT \ln\left(\frac{p'}{p}\right) = \left[p' - p + \left(\frac{1}{r_1} + \frac{1}{r_2}\right)\gamma\right] V_m^s$$

在实际问题中,等式右方的 $p' - p$ 可以略去,故有

$$RT \ln\left(\frac{p'}{p}\right) = \gamma V_m^s\left(\frac{1}{r_1} + \frac{1}{r_2}\right) \tag{7-35}$$

这就是气相生长系统中的吉布斯-汤姆孙关系式。它表示了界面曲率对平衡蒸气压(即饱和蒸气)的影响。式中 p' 是界面曲率为 $\left(\frac{1}{r_1} + \frac{1}{r_2}\right)$ 的平衡蒸气压, p 是界面为平面的平衡蒸气压, γ 为固气界面的界面能, V_m^s 为晶体的克分子体积。若界面为球面,即 $r_1 = r_2 = r$,则式(7-35)退化为

$$RT \ln\left(\frac{p'}{p}\right) = 2\gamma V_m^s / r \tag{7-36}$$

当晶体的界面为凸形,或晶体以颗粒状存在于蒸气中,有 $r>0$。由式(7-36)可以知道,此时 $p'>p$。若系统中的实际蒸气压是平界面的平衡蒸气压 p,则对凸形的晶体来讲是不饱和的,故凸形的晶体趋于升华。若系统中的实际蒸气压是曲面的平衡蒸气压 p' 时,则对平界面的晶体来说,是过饱和的,故平界面的晶体趋于生长。

当晶体的界面为凹形,或气相存在于晶体的空腔中,有 $r<0$,由(7-36)式可知,此时 $p'<p$。若系统中的实际蒸气压是平面的平衡蒸气压 p,则对凹面的晶体来说,是过饱和的,故凹面晶体趋于生长。若实际蒸气压是凹面的平衡蒸气压 p',则对平面晶体是不饱和的,故平面晶体趋于升华。

在液-气系统中的吉布斯-汤姆孙关系同样可以推导出来,其表达式与(7-35)或(7-36)式完全相同,只需将 γ 理解为液-气界面的界面能,将式中的 V_m 改为液相的克分子体积 V_m^l。我们可以根据吉布斯-汤姆孙关系,将界面曲率对单元系统的相平衡曲线的影响示意地表示于图 7-8。图中实线是相界为平面时的相平衡曲线,不同的虚线表明了界面曲率半径($r>0$)的影响。在图中高于三相点平行于横坐标轴作等温线与晶体-熔体的相平衡曲线相交,可以看出,平界面的相平衡温度(近似地看为凝固点或熔点)较弯曲界面的高。因而,在熔体生

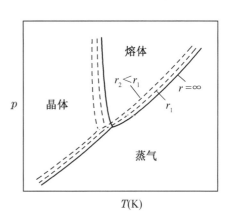

图 7-8 界面曲率对单元相图的影响

长系统中,在晶体生长之前在熔点保温,有助于消除在熔料过程中因温度涨落或温度不均匀而在熔体中形成的晶相颗粒,以及在籽晶表面由于加工产生凸缘和凹陷(在图 7-8 中只画出了 $r>0$ 对相平衡曲线的影响,读者可以自行画出 $r<0$ 的影响,并自行推出在熔点保温有助于消除籽晶表面凹陷的结论)。

三、界面曲率对饱和浓度的影响

现在我们导出溶液生长系统中的吉布斯-汤姆孙关系。我们考虑两个已分别达到了相平衡的二元溶液系统,其中之一的相界面为平面,另一个相界面为曲面。假设系统中的晶体是纯溶质构成的,而溶液为稀溶液。根据二元系统中相平衡条件得知,溶质在固相和液相中的化学势相等。故对平界面有

$$\mu^s(p, T) = \mu^l(p, T, C) \tag{7-37}$$

对弯曲界面有

$$\mu^s\left(p' + \gamma\left(\frac{1}{r_1} + \frac{1}{r_2}\right), T\right) = \mu^l(p', T, C') \tag{7-38}$$

由于晶体是纯溶质组成的,故(7-27)式仍然适用。根据溶液中溶质化学势的表达式(6-41),可以得到

$$\mu^l(p', T, C) = \mu^l(p, T, C) + [g^l(p', T) - g^l(p, T)] + RT \ln \frac{C'}{C}$$

其中 $g^l(p, T)$，$g^l(p', T)$ 为相应压强和温度下熔融状态的纯溶质的化学势。故可利用 (7-28) 式将上式表示为

$$\mu^l(p', T, C') = \mu^l(p, T, C) + (p' - p)V_m^l + RT \ln \frac{C'}{C} \qquad (7-39)$$

将 (7-39)、(7-27) 式代入 (7-38) 式，并利用 (7-37) 式，于是可得

$$RT \ln \frac{C'}{C} + (p' - p)(V_m^l - V_m^s) = \gamma \left(\frac{1}{r_1} + \frac{1}{r_2} \right) V_m^s$$

在实际的溶液生长系统中，上式左边的第二项远较第一项小，故可忽略，于是得

$$RT \ln \frac{C'}{C} = \gamma \left(\frac{1}{r_1} + \frac{1}{r_2} \right) V_m^s \qquad (7-40)$$

这就是溶液生长系统中的吉布斯-汤姆孙关系式。这表示了界面曲率 $\left(\frac{1}{r_1} + \frac{1}{r_2} \right)$ 对溶液中溶质平衡浓度（饱和浓度）的影响。其中 C' 和 C 分别为弯曲界面和平界面的平衡浓度，可以看到当曲率半径趋于无限大时，C' 就趋近于 C。若曲面为球面，即 $r_1 = r_2 = r$，则 (7-40) 式退化为

$$RT \ln \frac{C'}{C} = \frac{2\gamma V_m^s}{r} \qquad (7-41)$$

第六节　晶体的平衡形状

本节中我们基于界面能的各向异性，根据总界面能为极小的条件，来讨论晶体的平衡形状。并且根据界面能极图，对界面进行较为严格的分类。

一、界面能极图与晶体的平衡形状

一般说来，晶体的界面自由能 γ 是结晶学取向 $\mathbf{n}$ 的函数，而且也反映了晶体的对称性。如果我们已知界面自由能关于取向的关系，即已知 $\gamma(\mathbf{n})$，我们来求得给定体积的晶体在热力学平衡态应具有怎样的形状。由热力学可知，在恒温恒压下一定体积的晶体（即体自由能恒定的晶体），处于平衡态时其总界面自由能为最小。也就是说，在趋于平衡态时，晶体将调整自己的形状以使本身的总界面自由能降至最小，这就是乌耳夫（Wulff）定理。按乌耳夫定理，一定体积的晶体的平衡形状是总界面自由能为最小的形状，故有

$$\oint \gamma(\mathbf{n}) \mathrm{d}A = \text{最小} \qquad (7-42)$$

显然，液体的界面自由能是各向同性的，也就是说与取向无关，故 $\gamma(\mathbf{n}) = \gamma = $ 常数。由式 (7-42) 可知，总界面能最小就是其界面面积为最小。在给定体积的条件下，界面面积最小的形状为球形，故液体的平衡形状为球形。而对晶体，其所显露的面尽可能是界面能较低的

晶面。下面我们根据已知的 $\gamma(\boldsymbol{n})$ 的关系,具体地给出求得平衡形状的几何方法。

从原点 O 作出所有可能存在的晶面的法线,取每一法线的长度比例于该晶面的界面能的大小,这一直线族的端点的集合就表示了界面能关于晶面取向的关系,于是我们称之为该晶体的界面能极图(polar diagram of interface energy)。

图 7-9 是具有立方对称性的晶体的界面能极图的断面,也可理解为具有四次对称性的二维晶体的界面能极图。

下面我们给出由界面能极图求出晶体平衡形状的几何方法。我们在界面能极图的能量曲面(矢径端点的集

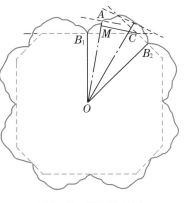

图 7-9　界面能极图

合)上每一点作出垂直于该点矢径的平面,这些平面所包围的最小体积就相似于晶体的平衡形状。亦即晶体的平衡形状在几何上相似于界面能极图中体积为最小的内接多面体。这是乌耳夫定理的另一种表述方法。

若界面能极图中某一晶面的面积为 A_1,此面的矢径长为 h_1,则此面的总界面能与 h_1A_1 成正比。而在界面能极图中以 A_1 为底、以原点 O 为顶点的锥体体积为 $\frac{1}{3}h_1A_1$,因而某面的总界面能与极空间中以此面为底、以原点为顶点的锥体体积成正比。故求具有最小总界面能的晶体形状,可用求极空间中包有原点的最小体积的方法求得,即可由极空间中求能量曲面的体积为最小的内接多面体的方法求得。

下面我们结合图 7-9,对乌耳夫定理进行具体的说明。由图可知,二维晶体在 <10> 方向的界面能为极小,在 <11> 方向为次极小。我们通过界面能极图的能量曲线(相当于三维晶体的能量曲面)上的所有点,作垂直于矢径的边(相当于三维晶体的晶面),于是可得无限多条边。这些边所包围的最小面积(即二维晶体的平衡形状)就是由四条{10}和四条{11}构成的八边形,在图 7-9 中用虚线表示。

由图 7-9 可知,如果{11}边的界面能增加,即 B_2 点的矢径增长,则{11}边缩短。这相当于三维晶体中,界面能增加,该晶面的显露面积减小。当{11}的界面能达到{10}的 $\sqrt{2}$ 倍时,{11}在二维晶体的平衡形状中消失,此时二维晶体的平衡形状为{10}构成的正方形。

在界面能极图中,相应于界面能最低的方向,能量曲线将出现尖点(cusp),如图 7-9 中的 B_1 和 B_2 点。一般说来,在 0 K 时,晶体的所有低指数方向都是尖点。当温度较高时,由于热涨落,许多尖点消失,只有少数保留。

二、乌耳夫定理的适用范围

总界面能为最小的形状是晶体的平衡形状。如果天然晶体和人工晶体的实际形状都是平衡形状,亦即如果总界面能为极小的条件是确定晶体生长过程中晶体形状的唯一条件,那

么晶体的形态问题就十分简单了。事实上晶体的形态对生长过程中的各种因素是十分敏感的,几乎可以说,具有宏观尺寸的天然晶体和人工晶体,其形状都不是平衡形状。然而这并不能否定界面能对晶体形态的贡献。问题在于,在什么条件下界面能在确定晶体形态中起主导作用,在什么条件下只起间接作用。为澄清这个问题,我们将进一步讨论界面能对晶体形态的贡献[13]。

我们已经给出了根据总界面能的极小条件确定晶体平衡形状的方法,即乌耳夫作图法。由此可以得知,晶体的平衡形状为一多面体,界面能为 γ_i 的晶面,其距晶体中心的垂直距离为 h_i,并且有

$$\frac{\gamma_1}{h_1} = \frac{\gamma_2}{h_2} = \cdots = \frac{\gamma_n}{h_n}$$

其比例常数可由界面压强公式(7-12)和吉布斯-汤姆孙公式(7-36)给出。为方便计,我们以气相生长为例进行讨论,故有

$$\frac{\gamma_1}{h_1} = \frac{\gamma_2}{h_2} = \cdots = \frac{1}{2}\delta p \tag{7-43}$$

$$\frac{\gamma_1}{h_1} = \frac{\gamma_2}{h_2} = \cdots = \frac{RT}{2V_m^s} \ln \frac{p'}{p} \tag{7-44}$$

以上两式给出了晶体平衡形状必须满足的物理条件。式(7-43)表明平衡形状(多面体)必须满足的力学平衡条件,而(7-44)式表明了必须满足的相平衡条件。多面体关于平衡形状的任何偏离,都引起系统的吉布斯自由能的增加,因此存在使晶体恢复到平衡形状的相变驱动力。

下面我们来具体地估计这种使晶体回复到平衡形状的相变驱动力。若界面能为 γ_i 的晶面,由平衡尺寸 h_i 改变到 h_i'。根据(7-36)式,相应于 h_i 的平衡蒸气压为 p',相应于 h_i' 的平衡蒸气压为 p''。定义饱和比

$$\alpha = \frac{p'}{p}, \ \alpha' = \frac{p'}{p''}$$

故有

$$\frac{2\gamma_i V_m^s}{h_i'} = RT \ln \frac{p''}{p} = RT \ln \frac{\alpha}{\alpha'} \tag{7-45}$$

而系统中的实际蒸气压为 p',因而 p' 和 p'' 之差就是促使晶体由 h_i' 回复到平衡尺寸 h_i 的驱动力的来源。该

$$驱动力 \leqslant RT \ln \frac{\alpha}{\alpha'}$$

由式(7-45)可知,促使回复平衡形状的驱动力反比于晶体尺寸 h_i'。当晶体尺寸较大时,回复平衡形状的驱动力就较小了。下面我们进一步粗略地估计该驱动力的大小。对典型晶体,其界面能为

$$\gamma = 10^{16} kT$$

若晶体尺寸达微米量级,其回复到平衡形状的驱动力约为

$$2 \times 10^{-4} kT$$

由此可见,对尺寸大于微米的宏观晶体,该驱动力小于晶体能够生长的最低驱动力。故得到的结论是,对宏观晶体,使之回复到平衡形状的驱动力太小了,而晶体的形态决定于晶体生长的动力学过程。

但是当晶体尺寸很小时,使晶体回复到平衡形状的驱动力是不可忽视的。在这种情况下,界面能极小条件可以成为决定晶体形状的主导因素。例如在晶体生长的成核过程、共晶系统中双相晶体生长过程、界面稳定性理论中干扰的发展初期,沉淀相的形成过程以及气泡、包裹物的形成和被捕获过程中,界面能都起着重要作用。

三、奇异面、非奇异面和邻位面

下面根据界面能极图来对晶面进行较为严格的分类,亦即从界面能的观点来进行分类。

界面能极图中能量曲面上出现最小值的点,即尖点,该点所对应的晶面称为奇异面(singular surface)。因为在尖点处能量曲面是不连续的,在数学上将该点称为奇异点,因而我们将相应于奇异点的晶面称为奇异面。显然,奇异面是界面能较低的晶面。一般说来,奇异面是低指数面,也是密积面。例如在简单立方晶体中,奇异面是{100}面,其次是{110}面,再次是{111}面;在面心立方晶体中是{111}面,其次是{100}面;体心立方晶体中是{110}面,其次是{112}面。

取向在奇异面邻近的晶面我们称为邻位面(vicinal surface)。关于邻位面的性质我们在下节讨论。

其他取向的晶面我们称为非奇异面。

第七节　邻位面与台阶的平衡结构

本节中我们仍然先用热力学方法讨论邻位面的台阶化和台阶的扭折化,最后再用简单的统计理论讨论台阶的平衡结构。

一、邻位面的台阶化

我们现在来考察邻位面上的原子是否全部坐落在该面指数所确定的几何平面内。参阅图 7-10(a),如果该面上的原子全部坐落在相应的几何平面内,则在距界面一定深度的范围内,晶体结构将引起很大的畸变,其界面能将是很大的。如果邻位面是由两组或三组奇异面构成,也就是说,界面由几何平面转变为台阶面,如图 7-10(b)所示,则晶体的界面层中的结构畸变消除了,这将较大地降低界面能。虽然形成台阶面后界面面积有所增加,在某种程度上提高了界面能。但一般说来,邻位面由几何平面转变为台阶面,其总界面能是降低的。因而邻位面总是表现为台阶面。

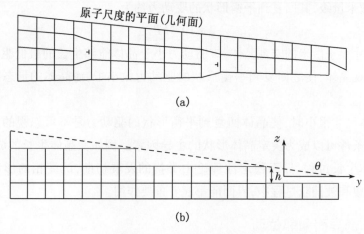

原子尺度的平面(几何面)

(a)

(b)

图 7－10　邻位面的台阶化

利用场离子显微镜和低能电子衍射(LEED)研究了界面的微观结构,所得的结果都充分地证实了邻位面是台阶面。图 7－11 是铂晶体的奇异面与邻位面的低能电子衍射的研究结果[14]。铂是面心立方晶体,其奇异面是{111}面和{100}面。图 7－11(a)揭示了铂的奇异面(111)上的原子排列,可以看到,所有原子都坐落在该面指数所确定的几何平面上。这表明了奇异面上没有台阶,是光滑的。图 7－11(b)、(c)揭示了铂的邻位面的原子结构。结果表明,邻位面上的原子并不坐落在相应的面指数所确定的几何平面上,而是构成了台阶面。铂

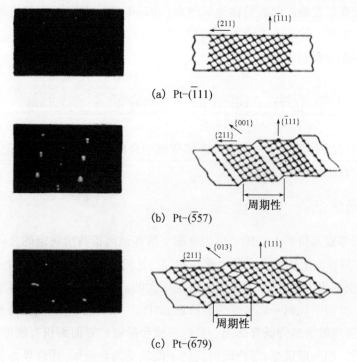

(a) Pt-($\bar{1}$11)

(b) Pt-($\bar{5}$57)

(c) Pt-($\bar{6}$79)

图 7－11　铂的奇异面与邻位面的 LEED 的结果[14]

$(\overline{5}57)$ 面上的台阶是由两组奇异面构成的,见图 7 - 11(b)。而 $(\overline{6}79)$ 面上的台阶是由三组奇异面构成的,见图 7 - 11(c)。

邻位面上的台阶线密度与邻位面偏离奇异面的角度 θ 有关,参阅图 7 - 10(b)。若邻位面上的台阶线密度为 k、邻位面的斜率为 $\tan \theta$、台阶高度为 h,则其间的关系为

$$\tan \theta = \frac{\partial z}{\partial y} = - hk \tag{7-46}$$

由(7 - 46)式可以看出,在奇异面上,台阶密度 $k = 0$;当邻位面斜率 $\tan \theta$ 增加时,台阶密度 k 随之增加。当台阶密度很大,台阶间距只有几个原子间距时,台阶的意义就不明确了,这样的界面我们称为粗糙界面。

*二、邻位面台阶化的论证

下面我们应用表面能极图来定量地论证邻位面的台阶化[15]。

界面能极图 7 - 9 表示了宏观界面的界面能与界面取向的关系。图中任一矢径代表该面为几何平面时的界面能。例如图中 OA 代表以 OA 为面法线的宏观晶面的界面能。我们设想该平面台阶化后是由三个奇异面构成的台阶面。这三个奇异面的面法线是 OB_1,OB_2 和 OB_3,它们在 OA 上的投影是正的,而且是非共面的(图 7 - 9 中只画出 OB_1 和 OB_2)。过 OB_i $(i = 1, 2, 3)$ 与能量曲面的交点作垂直于 OB_i 的平面,此三个平面交于 C 点,此点表示于图中但不一定在图面上。如果垂直于 OA 的平面转变为由垂直于 OB_i 的三个奇异面构成的台阶面,我们来估计此台阶面应具有的界面能。

若 γ 代表垂直于 OA 的台阶面的单位面积的界面能,γ_1,γ_2,γ_3 分别代表垂直于 OB_1,OB_2,OB_3 的奇异面的单位面积的界面能。A_1,A_2,A_3 分别代表垂直于 OA 的单位面积的宏观平面台阶化后的三奇异面的面积。故台阶面的单位面积的界面能为

$$\gamma = \gamma_1 A_1 + \gamma_2 A_2 + \gamma_3 A_3 \tag{7-47}$$

令 OA 方向的单位矢量为 $\boldsymbol{n}$,OB_i 方向的单位矢量为 $\boldsymbol{n}_i (i = 1, 2, 3)$,$A_1$,$A_2$,$A_3$ 不是任意的,它们构成的台阶面在 $\boldsymbol{n}$ 方向的投影必须为单位面积,故有

$$\boldsymbol{n} = \boldsymbol{n}_1 A_1 + \boldsymbol{n}_2 A_2 + \boldsymbol{n}_3 A_3 \tag{7-48}$$

对应于 $\boldsymbol{n}$ 引入单位倒易矢量 $\boldsymbol{m}_i$,有

$$\boldsymbol{n}_i \cdot \boldsymbol{m}_i = \delta_{ij} \tag{7-49}$$

其中当 $i = j$, $\delta_{ij} = l$;当 $i \neq j$, $\delta_{ij} = 0$。用 $\boldsymbol{m}_i$ 点乘(7 - 48)式,并应用(7 - 49)式的关系,则得

$$A_1 = \boldsymbol{m}_1 \cdot \boldsymbol{n}$$
$$A_2 = \boldsymbol{m}_2 \cdot \boldsymbol{n} \tag{7-50}$$
$$A_3 = \boldsymbol{m}_3 \cdot \boldsymbol{n}$$

将(7 - 50)式代入(7 - 47)式,得

$$\gamma = \gamma_1 \boldsymbol{m}_1 \cdot \boldsymbol{n} + \gamma_2 \boldsymbol{m}_2 \cdot \boldsymbol{n} + \gamma_3 \boldsymbol{m}_3 \cdot \boldsymbol{n}$$

故有

$$\gamma = (\gamma_1 m_1 + \gamma_2 m_2 + \gamma_3 m_3) \cdot n \tag{7-51}$$

令原点 O 到 C 的矢量为 C，由于 $\angle OB_1C = 90°$（见图7-9），故 C 在 n_1 方向的投影为 γ_1，即 $C \cdot n_1 = \gamma_1$；同样有 $C \cdot n_2 = \gamma_2$，$C \cdot n_3 = \gamma_3$，故

$$C \cdot n_1 = \gamma_1$$
$$C \cdot n_2 = \gamma_2 \tag{7-52}$$
$$C \cdot n_3 = \gamma_3$$

将式(7-51)括号中的矢量分别和 n_i 点乘，并应用式(7-49)，于是有

$$(\gamma_1 m_1 + \gamma_2 m_2 + \gamma_3 m_3) \cdot n_1 = \gamma_1$$
$$(\gamma_1 m_1 + \gamma_2 m_2 + \gamma_3 m_3) \cdot n_2 = \gamma_2 \tag{7-53}$$
$$(\gamma_1 m_1 + \gamma_2 m_2 + \gamma_3 m_3) \cdot n_3 = \gamma_3$$

对比式(7-52)和式(7-53)，得

$$C = \gamma_1 m_1 + \gamma_2 m_2 + \gamma_3 m_3 \tag{7-54}$$

将式(7-54)代入式(7-51)得垂直于 OA 的宏观平面（面法线的单位矢量为 n）台阶化后的单位面积的界面能

$$\gamma = C \cdot n \tag{7-55}$$

即面法线为 n 的宏观平面台阶化后界面能的大小为 C 矢量在 n 方向的投影，而该面在未台阶化时的界面能为 OA。若 C 矢量在 n 方向的垂足为 M（见图7-9），当 OM 小于 OA 时，意即未台阶化时的界面能大于台阶化后的界面能，故台阶化会自发地产生，故宏观晶面将转变为台阶面。一般说来，如果晶面是非奇异面，总能找到一组奇异面来构成台阶面以降低界面能。反之，如果晶面是奇异面，则无法找到一组面能使 $OM < OA$，亦即 OM 总大于 OA，故奇异面不可能是台阶面，只能是光滑平面。

三、台阶的热力学性质

前面，我们在界面自由能的基础上，论证了邻位面的台阶化，引入了台阶的概念。实质上，我们仍然限于热力学的讨论，并未涉及台阶的微观性质。在这里，我们沿用上述观点再来分析一个问题。我们先给台阶(steps)下一个明确的定义，所谓台阶是奇异面上的一条连续曲线，线之两侧的晶面有一个原子间距的高度差，即该晶面间距。在完整的晶面上，台阶只能起止于晶面边缘，或是在晶面内形成闭合曲线，决不能终止于晶面内。

我们把单位长度的台阶所具有的自由能称为台阶的棱边能(edge energy of step)，因而台阶的棱边能就等于产生单位长度的台阶所作之功。实际上产生单位长度的台阶就等价于产生一狭长的界面，这个界面的宽为台阶高度、长为单位长度。因而可以将台阶的棱边能看为一种特定的界面能。这就导致台阶的某些性质与界面十分相似。例如存在界面张力，界面张力有使界面面积缩小的趋势；类似的存在台阶线张力，台阶线张力也有使台阶长度缩短的趋势，台阶的线张力在数值上也等于台阶的棱边能。

我们考虑到界面能的各向异性,导出了邻位面的台阶化。同样,我们考虑到台阶棱边能的各向异性,亦将出现类似的效应。

我们考虑一简单立方晶体的奇异面(001)上的台阶,令 h 代表台阶高度,见图 7-12。由于我们把台阶看为宽为 h 的狭长界面,因而,界面能的各向异性必然以棱边能的各向异性的形式表现出来。当该晶面上的台阶沿[100]或[010]方向时,台阶的侧面为奇异面,故棱边能为最小。台阶的取向偏离上述方

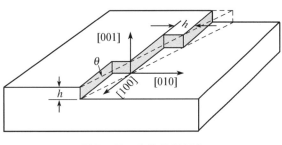

图 7-12 台阶的扭折化

向时,棱边能增加,当偏离 45°时,棱边能达最大值。可以推知,在该晶面上棱边能关于台阶方向的分布具有四次对称性。

如果台阶的取向如图 7-12 中虚线所示,则台阶的侧面为邻位面。"邻位面的台阶化"使得台阶的侧面为两组奇异面构成,于是直线台阶转变为折线台阶,如图 7-12 中实线所示。台阶的转折处称为扭折(kink)。类似于邻位面台阶化,我们将上述过程称为台阶的扭折化。

若奇异面上台阶与密排方向间的夹角为 θ,台阶上扭折的线密度为 k,类似于式(7-46),可得台阶上扭折的线密度为

$$|k| = \tan\theta/h \tag{7-56}$$

由此可知,当台阶和密排方向一致时,扭折密度为零,台阶可保持直线状。随着 θ 增加,扭折密度增加。

四、台阶的平衡结构

我们从台阶棱边能出发,得出了台阶上扭折的线密度与台阶取向的关系。结果表明,台阶上的扭折密度取决于台阶取向,当台阶和密排方向一致时,扭折密度为零。然而上述结论,只在 0 K 时才能成立。在有限温度下,必须考虑热涨落的影响。问题的实质是,热涨落能否在台阶上产生扭折,或者说,在给定温度下带有扭折的台阶是否是其平衡结构。这是一个简单的统计物理问题,我们以简单立方晶体为例进行分析。

我们考虑简单立方晶体(001)面上的台阶,该台阶沿[100]密排方向。最近邻原子的交互作用能为 $2\phi_1$。在 0 K 时,台阶是直的。当温度上升时,热涨落产生了扭折,见图 7-13。我们首先规定如何确定扭折的符号,设想人沿着台阶方向前进,规定人的左边的晶面较右边高,遇到扭折向左拐,则扭折为负,向右拐,扭折为正,参阅图 7-13。在图中还可以看到,扭折的产生和台阶吸附空位

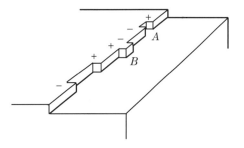

图 7-13 台阶上热涨落产生的扭折

（图中 A）或吸附单原子（图中 B）相联系,这种现象首先为弗仑克耳（Френкль）所预言,因此有些文献上将扭折称弗仑克耳扭折。值得注意的是,晶体在升华、熔化或溶解时,扭折处的原子最容易离开晶体;而晶体生长时,扭折处又最容易吸附原子。扭折处从蒸气中吸附一个原子所释放的热量称凝华热。

假定台阶上某点产生一个正扭折的概率为 α^+ ,产生负扭折的概率为 α^- ,不产生扭折的概率为 α^0 ,于是有

$$\alpha^+ = \alpha^-, \quad \alpha^+ + \alpha^- + \alpha^0 = 1。$$

我们应用细致平衡原理（the principle of detailed balancing）来求出扭折的形成能,参阅图 7 - 14。图中所示的 a 过程是从扭折处将一个原子移到台阶上的孤立位置,这个过程净破坏了一个原子键,所需的能量为 $2\phi_1$,该过程中产生了两个扭折。而 b 过程是自台阶上任一位置将原子移到台阶上另一孤立位置,这个过程净破坏了两个键,需要的能量为 $4\phi_1$,同时产生了四个扭折。c 过程是自台阶上的扭折位置将原

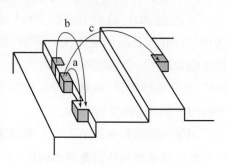

图 7 - 14   晶体表面的原子过程

子移到另一台阶上的扭折位置,净破坏的键数为零,不需能量,也没有产生扭折。这些过程中所消耗的能量分别为 $2\phi_1,4\phi_1,0$,而产生的扭折数也分别为 $2,4,0$,故一个扭折的形成能为 ϕ_1 。因而在台阶上任一位置形成正或负扭折的相对概率为

$$\alpha^+/\alpha^0 = \alpha^-/\alpha^0 = \exp(-\phi_1/kT) \tag{7-57}$$

故台阶上任一位置形成扭折的总概率（不管扭折的正负）为

$$\alpha = \alpha^+ + \alpha^- = 2\alpha^0 \exp[-\phi_1/kT]。$$

若台阶上有 n 个原子坐位,a 为原子间距,则台阶长度为 na ,而台阶上扭折数为 $n(\alpha^+ + \alpha^-)$,故扭折间的平均距离为

$$x_0 = \frac{na}{n(\alpha^+ + \alpha^-)} = \frac{a}{(\alpha^+ + \alpha^-)} = \frac{a}{2\alpha^+}$$

由于 $\alpha^0 + \alpha^+ + \alpha^- = \alpha^0 + 2\alpha^+ = 1$,即

$$\frac{1}{\alpha^+} = \left(\frac{\alpha^0}{\alpha^+} + 2\right)$$

故

$$x_0 = \frac{a}{2}\left(\frac{\alpha^0}{\alpha^+} + 2\right)$$

将（7-57）式代入,则得

$$x_0 = \frac{a}{2}\left\{\exp\left(\frac{\phi_1}{kT}\right) + 2\right\}$$

由于扭折间距 x_0 较原子间距 a 大,故有

$$x_0 \approx \frac{a}{2}\exp\left(\frac{\phi_1}{kT}\right) \tag{7-58}$$

可以看出,当温度趋于 0 K 时,扭折间距趋于无限大。这表明,沿密排方向的台阶在 0 K 时其扭折密度为零。但在有限温度下,台阶上是经常存在扭折的。为了进一步了解这一结论的含意,我们来具体地估计台阶上扭折的间距。我们已经说过,凝华潜热是台阶上扭折处从蒸气中吸附一个原子所释放出的热量,这个量是可以通过实验测量的。由图 7–14 可以看到,从蒸气中吸附一个原子于扭折处将形成三个键,每个键的能量为 $2\phi_1$,故释放出的凝华热为 $6\phi_1$,而扭折的形成能为 ϕ_1,所以扭折的形成能为凝华热的 1/6。通常凝华热的量级为 0.6 eV,因而扭折的形成能约为 0.1 eV。于是可以应用式(7–58),估计出在 600 K 时,扭折的平均间距为 4~5 个原子间距。由此可见,台阶上由热涨落产生的扭折密度是相当高的。至于与密排方向斜交的台阶上,关于由热涨落产生的扭折的估计,读者可参阅文献[16]。

第八节　界面相变熵和界面的平衡结构

在本节中我们借助于统计物理的方法讨论界面的微观性质。介绍杰克逊(Jaokson)界面理论和特姆金(TEMKUH)的弥散界面理论。

一、光滑界面与粗糙界面——杰克逊界面理论[17]

晶体生长系统中有两相共存。一相是晶体,另一相或是蒸气,或是熔体、溶液。我们把蒸气、熔体和溶液统称为环境相(或流体相)。因此晶体生长过程就是环境相转变为晶体相的相变过程。并且将相变过程中释放或吸收的潜热,如蒸发热、熔化热或溶解热统一地称为相变潜热。

晶体相与环境相处于平衡态时,在宏观上其相界面是静止的。但是从原子尺度来看,晶体相与环境相的界面不是静止的,每一时刻都有大量的生长单元离开界面进入环境相,同时又有大量的生长单元从环境相进入界面上的晶格坐位,只不过两者速率相等。

因而我们在研究界面的平衡结构之前,首先要区分在界面上的生长单元中哪些是属于晶体的,哪些是属于流体(蒸气、熔体或溶液)的。我们知道晶体的原子只能在晶格坐位邻近振动,因而对时间取平均值,其位置是固定的。而流体中原子位置对时间取平均值,却是变化的。这样我们欲区分界面上的原子哪些是属于晶体的,哪些是属于流体的,只需考察该原子的位置关于时间的平均值。如果界面原子的位置关于时间的平均值是固定的,该原子就是属于晶体的,否则即使它暂时占有界面上的晶格坐位,也仍然属于流体,因为下一时刻该原子将离开晶格坐位。

现在,我们来考察一奇异面,该面上有 N 个坐位。这些坐位上都坐满了生长单元,有属晶体的,也有属流体的。并且假设这些晶体生长单元和流体生长单元是完全杂乱分布着的。如果这 N 个生长单元中有 N_A 是属于晶体的,即属于晶体的生长单元的成分为 $x = N_A/N$,则属于流体的生长单元的成分为 $1-x$。如果界面上有近于 50% 的生长单元是属于晶体的,或属于流体的,即 $x \approx 50\%$ 或 $1-x \approx 50\%$,这样的界面我们称为粗糙界面(rough interface)。如果界面上有近于0%或100%的生长单元是属于晶体的,即 $x \approx 0\%$ 或 $x \approx 100\%$,则这样的界面我们称为光滑界面(smooth interface)。

界面是光滑界面还是粗糙界面,这决定于生长系统中晶体相和环境相的热力学和晶体学性质,并且也和该系统的平衡温度有关。在这里我们先来分析界面的平衡结构与前者的关系。

我们考察一单元系统,其生长单元是单个原子。在共存的晶体相与流体相中,其克分子内能、克分子熵与克分子体积各不相同,因而在界面层的 N 个原子中,属于晶相的原子的成分 x 不同,该界面层所具有的吉布斯自由能也不相同。也就是说,界面的吉布斯自由能是 x 的函数。我们首先求出该函数的具体形式,然后再用吉布斯自由能判据,求出界面的吉布斯自由能为最小时,界面中晶相原子的成分 x 。若此成分近于50%,则该系统中界面的平衡结构是粗糙的;若 x 近于0%或100%,则该界面是光滑的。

我们假定原界面层中 N 个原子全为流体原子,现考察其中有 N_A 个原子(N_A 为任意数,但 $N_A \leqslant N$)转变为晶相原子所引起系统中的吉布斯自由能的改变 ΔG 。这项 ΔG 也可理解为成分

$$x = \frac{N_A}{N}$$

的界面层所具有的"相对"吉布斯自由能(相对于全为流体原子的界面)。由于我们假定 N_A 为任意数,故 x 亦为任意数,在此条件下求得的成分为 x 的界面所具有的相对吉布斯自由能 ΔG ,就是 ΔG 关于 x 的函数。

根据热力学理论,在恒温恒压下界面中 N_A 个流体原子转变为晶相原子所引起的吉布斯自由能的变化为

$$\Delta G = -\Delta u - p\Delta V + T\Delta s \tag{7-59}$$

式中 p 为压强, $\Delta u, \Delta V, \Delta s$ 分别为界面内 N_A 个流体原子转变为晶相原子所引起的内能、体积、熵的减小(式中负号就表示减小)。下面我们具体分析界面内 N 个原子中有 N_A 个原子转变为晶体原子所引起的内能和熵的变化。

这里我们考虑的是单原子层的界面模型。为了讨论方便,我们将晶体中与界面层相邻的一层原子称为晶体表层,见图7-15。假设流体原子与流体原子以及晶相原子与流体原子间都没有交互作用,只是晶相原子间有交互作用。我们以 η_0 表示界面层内的一个原子在晶体表层中的近邻数(即非水平键数), η_1 表示一个原子在界面层内可能存在的近邻数,即晶相原子周围(在界面层内)的晶格坐位全被晶相原子填满时的水平键数,见图7-15。若

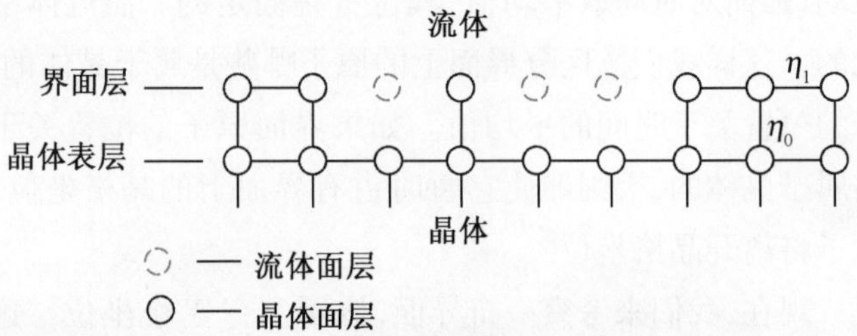

图7-15 单层界面模型

晶相内部的一个原子的近邻数(即键数)为 ν,则有

$$\nu = 2\eta_0 + \eta_1 \tag{7-60}$$

我们忽略了界面层中原子的偏聚效应,假定原子是按统计分布在界面层内的原子坐位上。在这种近似中,界面层内晶体、流体原子的分布状态是与温度无关的。这就是处理这类问题的所谓零级近似,这和布拉格(Bragg)与威廉斯(Williams)所采用的近似方法相同。

若一个流体原子转变为晶体内部的原子所引起的内能的降低为 L_0,这项内能的降低是由于形成了 ν 个键的缘故。若一对原子间的键合能为 2ϕ,则平均地说,其中属于一个原子的键合能为 ϕ(两个晶相原子间才能形成一个键)。今晶相内部一个原子具有 ν 个键,该原子具有的键合能为 $\nu\phi$。由于 $L_0 = \nu\phi$,故

$$\phi = L_0 / \nu \tag{7-61}$$

若界面层内 N_A 个流体原子转变为晶相原子,所引起内能的降低为 Δu,其中在界面层内形成水平键而引起内能的降低为 Δu_1,在界面层和晶体表层间形成非水平键而引起内能的降低为 Δu_0,故有

$$\Delta u = \Delta u_1 + \Delta u_0 \tag{7-62}$$

一个晶相原子在界面层内可能存在的最大近邻数为 η_1,而实际存在的近邻数为 $\eta_1 \dfrac{N_A}{N}$,或者说一个原子所具有的位于界面层内的水平键的数目为 $\eta_1 \dfrac{N_A}{N}$。由(7-61)式可以得到该原子所具有的键合能(内能)为 $\eta_1 \cdot \dfrac{N_A}{N} \cdot \dfrac{L_0}{\nu}$。于是在界面层内 N_A 个流体原子转变为晶体原子时,因形成水平键而引起的内能的降低为

$$\Delta u_1 = L_0 \cdot \frac{\eta_1}{\nu} \cdot \frac{N_A}{N} \cdot N_A \tag{7-63}$$

在界面层中一个晶相原子与晶体表层中的原子间形成的非水平键数为 η_0,故该原子所具有键合能为 $\eta_0 \dfrac{L_0}{\nu}$。而该原子在转变为晶体原子之前,与晶体表层内的相邻原子是没有交互作用的(其间没有键),因而当一个流体原子转变为晶相原子后,不仅该原子具有键合能 $\eta_0 \dfrac{L_0}{\nu}$,处于晶体表层内的与之成键的原子也具有同样的键合能 $\eta_0 \dfrac{L_0}{\nu}$,故界面层内一个流体原子转变为晶相原子因形成非水平键而引起的内能降低为 $2\eta_0 \dfrac{L_0}{\nu}$。今界面层内有 N_A 个原子转变为晶相原子所引起的内能降低是

$$\Delta u_0 = 2L_0 \cdot \frac{\eta_0}{\nu} \cdot N_A \tag{7-64}$$

将(7-64)、(7-63)式代入(7-62)式得

$$\Delta u = 2L_0 \cdot \frac{\eta_0}{\nu} \cdot N_A + L_0 \cdot \frac{\eta_1}{\nu} \cdot \frac{N_A}{N} \cdot N_A \tag{7-65}$$

以上我们已经求得了界面层内 N_A 个流体原子转变为晶相原子所引起的内能的降低。现在我们来求同样的过程所引起的熵的减小,即求式(7-59)中的 Δs,若 N_A 个原子转变为晶体内部的晶相原子所引起的熵的减小为 Δs_0,在界面层内由于 N_A 个晶相原子完全无规则分布所引起的熵的增加为 Δs_1,故有

$$\Delta s = \Delta s_0 - \Delta s_1 \tag{7-66}$$

若一个流体原子转变为晶体内部的晶相原子所释放的相变潜热为 L。由热力学第一定律得

$$L = L_0 + \frac{p\Delta V}{N_A} \tag{7-67}$$

式中 L_0 是一个流体原子转变为晶体内部的晶相原子所引的内能降低,$p\Delta V$ 是相变时 N_A 个原子的体积变化所作之功。

若晶相与流体相的平衡温度为 T_E,一个流体原子转变为晶体内部的晶相原子引起的熵的减小为 $\frac{L}{T_E}$,故

$$\Delta s_0 = \frac{L}{T_E} \cdot N_A \tag{7-68}$$

在界面层内的原子坐位数为 N,其中 N_A 个坐位为晶相原子所占有,$N - N_A$ 个坐位为流体原子所占有,其可能的排列方式有 W 个,于是

$$W = \frac{N!}{N_A! \ (N - N_A)!} \tag{7-69}$$

故所引起的熵的增加为 $\quad \Delta s_1 = k \ln W = k \ln \dfrac{N!}{N_A(N - N_A)!}$

利用斯特林(Stirling)近似($\ln N! = N \ln N - N$),上式可简化为

$$\Delta s_1 = kN \ln\left(\frac{N}{N - N_A}\right) + kN_A \ln\left(\frac{N - N_A}{N_A}\right) \tag{7-70}$$

式中 k 为玻耳兹曼常数。将式(7-70)、(7-68)代入(7-66)式,得界面层内 N_A 个流体原子转变为晶相原子所引起的熵的减小为

$$\Delta s = \frac{L}{T_E}N_A - \left[kN \ln\left(\frac{N}{N - N_A}\right) + kN_A \ln\left(\frac{N - N_A}{N_A}\right)\right] \tag{7-71}$$

将式(7-65)、(7-71)代入(7-59)式,得

$$\frac{\Delta G}{NkT_E} = -\frac{L_0}{kT_E} \cdot \frac{N_A}{N}\left[\frac{N_A}{N} \cdot \frac{\eta_1}{\nu} + 2\frac{\eta_0}{\nu}\right] + \frac{T}{T_E} \cdot \frac{N_A}{N}\left[\frac{L_0}{kT_E} + \frac{p\Delta V}{N_A kT_E} - \frac{p\Delta V}{N_A kT}\right] -$$

$$\frac{T}{T_E} \cdot \ln\left(\frac{N}{N - N_A}\right) - \frac{T}{T_E} \cdot \frac{N_A}{N} \cdot \ln\left(\frac{N - N_A}{N_A}\right) \tag{7-72}$$

首先我们考虑气相生长。N_A 个原子的晶相体积和同数原子的气相体积比较,是可以忽

略的。我们将气相近似地看为理想气体,故有

$$p\Delta V = N_A kT \tag{7-73}$$

将式(7-73)代入式(7-72),可得

$$\frac{\Delta G}{NkT_E} = -\frac{L_0}{kT_E} \cdot \frac{N_A}{N}\left[\frac{N_A}{N} \cdot \frac{\eta_1}{\nu} + 2\frac{\eta_0}{\nu}\right] + \frac{T}{T_E} \cdot \frac{N_A}{N}\left[\frac{L_0}{kT_E} + \frac{T}{T_E} - 1\right] -$$

$$\frac{T}{T_E} \cdot \ln\left(\frac{N}{N - N_A}\right) - \frac{T}{T_E} \cdot \frac{N_A}{N} \cdot \ln\left(\frac{N - N_A}{N_A}\right) \tag{7-74}$$

若气相的生长温度 T 与晶体-蒸气的相平衡温度 T_E 相等,即 $T = T_E$,并应用式(7-60)的关系,可得

$$\frac{\Delta G}{NkT_E} = \left(\frac{L_0}{kT_E} \cdot \frac{\eta_1}{\nu}\right)\left(\frac{N_A}{N}\right)\left(\frac{N - N_A}{N}\right) - \ln\left(\frac{N}{N - N_A}\right) - \left(\frac{N_A}{N}\right)\ln\left(\frac{N - N_A}{N_A}\right) \tag{7-75}$$

界面层内晶相原子的成分为

$$x = \frac{N_A}{N}$$

并令

$$\alpha = \frac{L_0}{kT_E} \cdot \frac{\eta_1}{\nu} \tag{7-76}$$

将 α 和 x 的表达式代入到(7-75)式中,可得

$$\frac{\Delta G}{NkT_E} = \alpha x(1 - x) + x\ln x + (1 - x)\ln(1 - x) \tag{7-77}$$

我们再考虑熔体生长的情况。通常凝固时体积的改变甚小,例如金属凝固,其体积的缩小约为3%～5%,故可将 ΔV 忽略。同时熔体生长时的生长温度 T 近似于凝固点 T_E,即 $T = T_E$。将这些关系代入(7-72)式,最后仍然可以得到式(7-75)、(7-76)和(7-77)。

式(7-77)表示了界面的吉布斯自由能 ΔG 关于界面内晶相原子成分 x 的函数。按热力学中确定系统平衡态的吉布斯自由能判据,可以求出相应于 ΔG 为极小的 x,这个 x 的数值所确定的界面组态就是界面的平衡结构。但是为了能将问题说得更加清楚,我们在这里用几何作图法来讨论这个问题。

式(7-77)中的 α 是一个重要的参量,我们将它称为界面相变熵,或称为杰克逊因子。对不同的界面相变熵 α,我们画出了不同的 ΔG 关于 x 的函数,见图7-16。由图可以看出,对不同的相变熵 α,相对吉布斯自由能 $\left(\frac{\Delta G(x)}{NkT_E}\right)$ 曲线的形状很不相同。对给定 α 值的吉布斯自由能曲线,可以从曲线上找到吉布斯自由能为极小值时的 x。此 x 值就能告诉我们界

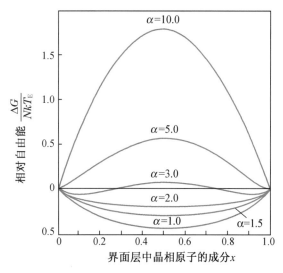

图7-16　界面的相对吉布斯自由能关于 x 的函数[17]

面的平衡结构。例如图 7-16 中，由 $\alpha=1.5$ 的曲线可以看到，当吉布斯自由能为极小时，$x=50\%$。这就是说，界面层内晶相原子和流体原子各占 50% 时，界面的吉布斯自由能为最小，因而 $\alpha=1.5$ 的界面的平衡结构是粗糙界面。又如由 $\alpha=10$ 的曲线可以看到，当 $x=50\%$ 时，界面的吉布斯自由能为极大，因而粗糙界面不是其平衡结构。而当 $x\approx0\%$ 或 $x\approx100\%$ 时，自由能曲线出现最小值，故界面的平衡结构是光滑界面。于是，我们可以将自由能曲线分为两类，一类是 $\alpha<2$ 的，这类系统中的界面是粗糙界面。另一类是 $\alpha>2$ 的，这类系统中的界面是光滑界面。

由式(7-76)可以看到，α 是两个因子的乘积。第一个因子是 $\dfrac{L_0}{kT_E}$，它决定于生长系统的热力学性质，其中 L_0 为单个原子相变时内能的改变，我们可以近似地看为相变潜热；而 T_E 为相平衡温度。因而 $\dfrac{L_0}{T_E}$ 为单个原子的相变熵，我们将它称为物质相变熵，而 $\dfrac{L_0}{kT_E}$ 为无量纲的物质相变熵。因而 $\dfrac{L_0}{kT_E}$ 不仅决定于构成系统的物质的本性，还决定于系统中共存两相的类别。例如水和硅是不同物质，故其相变熵不同。而同一物质如水，水-冰的相变熵和水-气的相变熵也是不同的。决定 α 的第二个因子是 $\dfrac{\eta_1}{\nu}$，它决定于晶体的结构和界面的面指数。其中 ν 是晶体内一个原子的近邻数，亦即配位数，这是一个与晶体结构有关的常数。而 η_1 是原子在界面内的近邻数，它决定于界面的取向。例如对面心立方晶体，其 $\nu=12$，若界面为 $\{111\}$ 面，其 $\eta_1=6$，$\eta_1/\nu=1/2$；若界面为 $\{100\}$ 面，其 $\eta_1=4$，$\eta_1/\nu=1/3$。对给定的晶体，界面的面指数不同，η_1/ν 不同，其 α 也不同。因而我们将 η_1/ν 称为取向因子。显然取向因子 η_1/ν 反映了晶体的各向异性。

二、熔化熵

在熔体生长系统中，相变潜热就是熔化潜热，相变熵就是熔化熵。我们将不同材料的物质熔化熵的数据收集于表 7-1 中。可以看出，大多数金属的 $\dfrac{L_0}{kT_E}$ 小于 2，而 η_1/ν 总是小于 1 的，因而不管界面的面指数如何，α 都小于 2。这表明这类材料的固液界面都是粗糙界面，而且是各向同性的。四溴化碳的熔化熵与金属相仿，又是低熔点透明晶体，因而往往用它来模拟金属的生长行为，称为类金属晶体。从表中可以看到，氧化物的 $\dfrac{L_0}{kT_E}$ 较大，虽然界面取向因子 η_1/ν 小于 1，但总存在一组或数组低指数的晶面，其 $\alpha>2$，这些晶面是光滑晶面。因而在固液界面上往往同时存在光滑晶面和粗糙界面。这种界面微观结构的差异，在生长行为上就表现出明显的各向异性。在固液界面上出现小面(facet)就是明显的例证(见第九章)。水杨酸苯酯的熔化熵与氧化物相近，通常用它来模拟氧化物晶体的生长。半导体晶体和水的

$\dfrac{L_0}{kT_E}$是介于金属和氧化物之间。这类晶体的取向因子 η_1/ν 起重要的作用。例如水,其

$$\frac{L_0}{kT_E} = 2.63$$

表 7-1　不同材料物质熔化熵

材料	$\dfrac{L_0}{kT_E}$	材料	$\dfrac{L_0}{kT_E}$
钾(K)	0.825	铅(Pb)	0.935
铜(Cu)	1.14	银(Ag)	1.14
汞(Hg)	1.16	镉(Cd)	1.22
锌(Zn)	1.26	铝(Al)	1.36
锡(Sn)	1.64	镓(Ga)	2.18
铋(Bi)	2.36	铟(In)	2.57
锗(Ge)	3.15	硅(Si)	3.56
水(H₂O)	2.63	水杨酸苯酯(salol)	7
铌酸锂(LiNbO₃)	5.44	四溴化碳(CBr₄)	0.8
宝石(Al₂O₃)	6.09	联苯酰(benzil)	6

由于冰晶的基面是密排面,$\eta_1/\nu = 3/4$,故冰的基面$\{0001\}$的界面熔化熵 $\alpha = 1.97$,近于2,其他晶面的 α 均小于2。因而冰晶在熔体生长系统中除基面为光滑界面外,其余的都是粗糙界面。半导体晶体如硅和锗的情况也很类似,它们的$\{111\}$面的取向因子最大($\eta_1/\nu = 3/4$),故只有$\{111\}$面为光滑界面。

三、界面相变熵与环境相

同一种晶体可以用气相生长,也可以用熔体生长或溶液生长来制备。在不同的生长系统中环境相的性质不同,因而界面的微观结构也不同。我们现在来具体分析这个问题。

杰克逊界面理论是由单元系统中推导出来的。主要关系式(7-76)、(7-77)是适用于气相生长和熔体生长的,我们就先来讨论这两种情况。

我们知道熵是状态函数。一个过程中熵的变化只决定于此过程的始态和终态,而与过程进行的路径无关。于是对凝结、凝固、凝华三个过程有如下关系

$$\text{蒸气} \xrightarrow[\text{凝结熵}]{\text{凝结}} \text{熔体} \xrightarrow[\text{凝固熵}]{\text{凝固}} \text{晶体} = \text{蒸气} \xrightarrow[\text{凝华熵}]{\text{凝华}} \text{晶体}$$

故有　　　　　　　　　　　凝华熵 = 凝结熵 + 凝固熵

或　　　　　　　　　　　　升华熵 = 汽化熵 + 熔化熵

我们知道,熔体生长系统中界面的微观结构决定于熔化熵,而气相生长系统中决定于升华熵,而升华熵是大于熔化熵的。因而同一物质的某晶面在熔体生长时是粗糙界面而气相生长时完全可能是光滑界面。以 0 ℃ 的 H₂O 系统为例,水的物质熔化熵

$$\frac{L_0}{kT_E} = 2.63$$

物质汽化熵为 19.7，故其升华熵 = 2.63 + 19.7 = 22.3。因而冰晶从熔体中生长时，除 {0001} 面外，α 都小于 2，即除基面外其余的是粗糙界面。但冰晶从气相中生长时，由于

$$\frac{L_0}{kT_E} = 22.3$$

故冰晶的大多数低指数面都是光滑界面。由此可见，同一物质在不同类型的生长系统中的界面的平衡结构是不同的。由于升华熵远大于熔化熵，因而同一物质在气相生长中将有更多的界面为光滑界面。

溶液生长的热力学系统为二元系统或多元系统。杰克逊界面理论已由泰勒（Taylor）等[18]和克尔（Kerr）等[19]推广到二元溶液系统中，所得的结果与式（7-76）和（7-77）完全相同。但式（7-76）中的 $x = (N_A + N_B)/N$，其中 N 仍为界面层内的原子坐位数，N_A，N_B 分别为界面层内晶相组元 A，B 的原子数，因而 x 仍为界面内晶相原子成分，即坐位被晶相原子占有的百分数。泰勒等[18]将上述理论应用到银铋系统。所得的相对自由能 ΔG 关于界面内晶相原子成分 x 的曲线表示于图 7-17。图中曲线 $A,B,C,D\cdots$ 的数据列于表 7-2。值得注意的是界面相变熵是溶液中银原子百分浓度的函数。我们知道纯银的 {111} 面的界面相变熵为 0.57，当溶液中银原子的百分浓度减少到 9at.% 以下，界面相变熵 $\alpha > 2$。

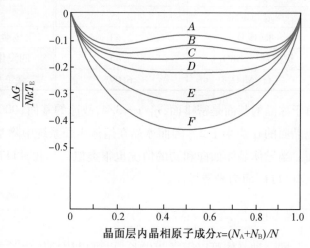

图 7-17　银铋二元系统中 ΔG 与 x 的函数[18]

这表明界面的微观结构相应地由粗糙界面转变为光滑界面。

一般说来，溶液生长系统中界面相变熵远大于熔体生长系统，就是说同一物质在熔体生长时为粗糙界面，在溶液生长系统中可以是光滑界面。下面我们对此进行定性的讨论。

表 7-2　图 7-17 中曲线的数据

曲线	液相线温度 T_k（℃）	熔体成分（at.% Ag）	界面熔化熵 {111}
A	251	3.2	2.39
B	262	4.7	2.27
C	280	7.1	2.09
D	300	9.7	1.90
E	350	18.1	1.52
F	400	37.5	1.02

在 A 为溶质、B 为溶剂的溶液中,若生长的晶体为 A_mB_n 化合物,则有如下关系:

$$A_mB_n(晶体) \xrightarrow[\text{分解熵}(\Delta s_1)]{\text{分解}} mA(固) + nB(固)$$

$$\xrightarrow[\text{熔化熵 } \Delta s_2]{\text{熔化}} mA(液) + nB(液) \xrightarrow[\text{溶解熵}]{\text{溶解}} A_mB_n(溶液)$$

所以相变熵为分解熵、熔化熵、溶解熵之和。若生长的晶体为 A 在 B 中的固溶体 β,则有如下关系

$$\beta(固) \xrightarrow[\text{沉淀熵}]{\text{沉淀}} B(固) + A(固) \xrightarrow[\text{熔化熵}]{\text{熔化}} A(液) + B(液) \xrightarrow[\text{溶解熵}]{\text{溶解}} \beta(溶液)$$

所以相变熵为沉淀熵、熔化熵、溶解熵之和。若长出的晶体是纯组元 A,则有下列关系

$$A(固) \xrightarrow[\text{熔化熵}]{\text{熔化}} A(液)$$

$$A(液) + B(液) \xrightarrow[\text{溶解熵}]{\text{溶解}} AB(溶液)$$

所以相变熵为熔化熵和溶解熵之和。

由此可见,在溶液生长系统中的相变熵都大于熔体生长系统中的熔化熵。另一方面,在通常的溶液生长系统中的生长温度远低于熔点,如果我们近似地将 T_E 看为生长温度,由式(7-76)可以看出,这将使溶液生长系统中的 α 增大。因而一般说来,溶液生长系统中的低指数面是光滑界面。

四、温度对界面平衡结构的影响

当温度增加时,光滑界面的粗糙度是否增加? 前面讨论的杰克逊界面理论是不能回答这个问题的。这是因为在导出上述理论时曾假定界面层内的原子是完全无规则分布的,忽略了原子的偏聚效应。进一步的理论所得的结果表明,在温度较低时光滑界面上的粗糙度是很低的,虽然也随温度增加而增加,但增加得不快。图7-18(a)是在温度较低时简单立方晶体{100}面的蒙特-卡洛模拟(Monte Carlo simulation)结果[20],可以看出界面上只有两个台

(a) 低温下界面出现两个台阶　　　(b) 高温下界面上的原子群和
　　和一些孤立原子和空位　　　　　　空位群,界面的粗糙度增加

图7-18　简单立方晶体{100}面平衡结构的蒙特-卡洛模拟[20]

阶和一些孤立的原子和空位,界面基本上是光滑的。但是当温度增加到某临界温度 T_C 时,界面的粗糙度突然增加,此后随温度的增加,粗糙度就增加得很快了。这个临界温度就称为界面粗糙化温度或界面熔化温度。图 7-18(b) 是在临界温度之上蒙特-卡洛的模拟结果,可以看出界面上出现了大量的原子群和空位群,界面基本上转变为粗糙界面。

界面熔化温度很类似于铁磁、铁电或铁弹转变的居里温度或超点阵结构的无序化温度,其理论处理也完全类似。

为了进一步介绍有关结果,还必须给界面粗糙度 $S(T)$ 下一个定义。我们定义粗糙度为

$$S(T) = \eta(T)/\eta_1 \tag{7-78}$$

式中 $\eta(T)$ 是界面层内一个原子周围的晶-流近邻数,η_1 为界面层内一个原子可能存在的近邻数。例如简单立方晶体的 ｛100｝ 面,只考虑最近邻,则 $\eta_1 = 4$;如果界面内的原子坐位完全为晶相原子或流体原子所占有,则界面层内一个原子周围的晶-流近邻数为零,即 $\eta(T) = 0$,由 (7-78) 式可以看到,粗糙度 $S(T) = 0$,故这样的界面是完全光滑的界面。如果界面层内晶相原子周围全为流体原子,或流体周围全为晶相原子,则一个原子周围的晶-流近邻数为

$$\eta(T) = 4$$

由 (7-78) 式得粗糙度 $S(T) = 1$,这样的界面是完全粗糙的界面。所以粗糙度 $S(T)$ 是在 0 到 1 之间变化。

我们将两种不同理论处理所得到的粗糙度 $S(T)$ 关于温度的关系表示于图 7-19。图中横坐标为

$$\eta(T) = \exp\left(-\frac{\phi}{kT}\right) \tag{7-79}$$

式中 ϕ 为一个原子具有的键合能。由图可以看到,在温度较低时,即 $\eta(T)$ 较小时,粗糙度 $S(T)$ 趋于零。当温度增加到界面熔化温度 T_C 时,即 $\eta(T)$ 增加到 $\eta_C(T_C)$ 时,界面粗糙度 $S(T)$ 突然增加。由图可以看到,当温度超过 T_C,粗糙度很快超过 0.5,于是光滑界面转变为粗糙界面。

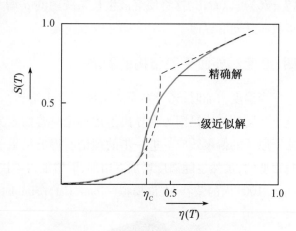

图 7-19 界面粗糙度与温度的关系

图 7-19 中的实线是用翁萨格(Onsager)方法得到的精确解[16],而虚线是用贝特(Bethe)方法得到的一级近似解[21]。由实线(精确解)可以得到 $\eta_C = 0.42$,此值代入到 (7-79) 中得到用来确定 T_C 的关系式为

$$\frac{kT_C}{2\phi} \approx 0.57 \tag{7-80}$$

由图中虚线(一级近似解)可以得到 $\eta_C = 0.5$,此值代入 (7-79) 式,得到确定 T_C 的关系式为

$$\frac{kT_C}{2\phi} \approx 0.72 \tag{7-81}$$

可以看出由精确解得到的 T_C 是较低的。但上述结果迄今未能用实验进行直接检验。

对界面的平衡结构进行了蒙特-卡洛统计法的计算机模拟(或称计算机实验),图7-20就是所得到的界面粗糙度与温度的关系[22]。图中标明的数字是代表温度的 $\frac{kT}{2\phi}$,从图中可以看出,当处于 $\frac{kT}{2\phi} > 0.6$ 的高温下,粗糙度急剧地随温度而增加,这个 T_C 较一级近似解所得的结果要小,较精确解的略大。这里所谓精确解是指单层界面模型(图7-15)的精确解,单层界面模型的精确解与实际情况可能有出入。从图7-20可以看出,实际界面不是单层的。

而二层界面模型的一级近似解为

$$\frac{kT_C}{2\phi} \approx 0.63 \tag{7-82}$$

三层以上的模型得到的 T_C(一级近似解)与式(7-82)的差别不大。二层以上的模型的精确解没有见到。

由此看到蒙特-卡洛模拟结果与式(7-80)和(7-82)比较接近。

上述结果是对二维正方点阵所得的结果,对简单立方和面心立方的 $\{100\}$ 面是适用的。而对具有六次对称性的二维密排点阵的界面,如面心立方的 $\{111\}$ 面或密积六方的 $\{0001\}$ 面,其界面熔化温度 T_C 由下式决定

$$\frac{kT_C}{2\phi} \approx 0.91 \tag{7-83}$$

若晶体中某晶面的界面熔化温度 T_C 高于该晶体材料的熔点,则该晶面永远不会转变为粗糙界面。

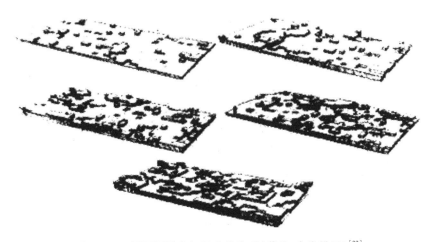

图7-20　界面粗糙度与温度的关系(蒙特-卡洛模拟)[22]

五、弥散界面——特姆金多层界面模型

在实际的晶体生长系统中单层界面模型与真实的晶体-流体界面是有差异的。因此我们在下面进一步介绍多层界面理论的部分结论[23]。

图7-21是多层界面模型示意图。我们考虑的仍然是简单立方晶体的{001}面。我们将每个生长单元(原子、分子、离子,或原子集团)看为一个"砖块",只考虑最近邻的交互作用。一个砖块有四个水平键以及两个铅直键,并不要求水平键和铅直键的强度相等。

我们将流体看为均匀的连续介质,因而晶体-流体界面就是砖块和流体的接触面,故晶-流界面可以是由很多层构成的,层间的间距是(001)面的面间距。在界面层中特定面的层数用 n 表示。在图7-21中,例如,$n = +2$ 是向流体中数的第二层。若第 n 层中砖块的成分(晶相原子的百分数)为 x_n,例如 $x_{-3} = 1$,代表向晶体中数第三层全部为晶相原子;又如 $x_{+5} = 0$ 代表向流体中数第五层全为流体。若已知界面层中的成分 x_n,即已知$\cdots, x_{-2}, x_{-1}, x_0, x_{+1}, x_{+2}, \cdots$,则晶-流界面的性质就知道了。因而我们的目的是对不同的生长系统求得表征界面性质的 x_n 数列。

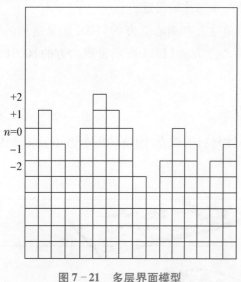

图7-21 多层界面模型

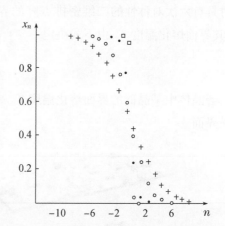

图7-22 对不同 L_0/kT_E 的系统中晶相原子的
浓度分布[23]

$+ = 0.446, \bigcirc = 0.769, \bullet = 1.889, \square = 3.310$

特姆金对此问题的处理仍然是应用零级近似,即布喇格-威廉斯近似[23]。即使如此,也无法得到具有解析形式的结果。现将借助于数值计算所得的结果表示于图7-22中。值得注意的是,在不同物质相变熵的生长系统中晶-流界面的性质是不同的。例如物质相变熵

$$\frac{L_0}{kT_E} = 0.446$$

的生长系统,$x_{-10} = 1$ 和 $x_{+10} = 0$,见图7-22中的 +,这表明向晶体中数,第10层才全为晶相

原子($x_{-10}=1$),以及向流体中数第10层才全为流体($x_{+10}=0$),因而界面区域有20层厚。我们将这种类型的界面称为弥散界面(diffuse interface),这表明晶-流界面不是一个面,而是一个空间区域,在此空间区域中晶体连续地转变为流体。我们再看另一个极端情况,当物质相变熵

$$\frac{L_0}{kT_E}=3.310$$

时,晶-流界面的总层数为两层,故晶-流界面可以看为一个面,晶体越过这个界面就不连续地转变为流体,我们将这样的界面称为锐变界面(sharp interface)。我们将具有不同物质相变熵 L_0/kT_E 的系统中界面的总层数列于表7-3。

我们已经说过,简单立方晶体$\{001\}$面的界面相变熵 $\alpha>2$(相当于物质相变熵 $L_0/kT_E>3$),是光滑界面。这里又得到结论:L_0/kT_E 较大的界面为锐变界面。由此可见,光滑界面和锐变界面相当。同样,粗糙界面和弥散界面相当。

表7-3　不同 L_0/kT_E 的系统中界面总层数

物质相变熵 L_0/kT_E	界面总层数	图7-22中的符号
0.446	≈20	+
0.769	≈12	○
1.889	≈4	●
3.310	≈2	□

最后我们将界面的类型和分类方法总结于表7-4。

表7-4　界面类型及分类方法

界面的分类依据及命名		第一类界面	第二类界面
	据几何结晶学分类	密积晶面、低指数面	非密积晶面、高指数面
	据界面能极图分类	奇异面	非奇异面
据相变熵分类	单层界面模型	光滑界面	粗糙界面
	多层界面模型	锐变界面	弥散界面

参考文献

[1] Shuttleworth R. Proc Phys Soc (London), 1950, A63: 444.
[2] Mullins W W. Metal Surfaces: Structure, Energetics and Kinetics[M]. A S M. Cleveland, 1963: 17.
[3] 钱伟长,叶开沅. 弹性力学[M]. 北京:科学出版社,1956: 65.
[4] Kingston W E. The Physics of Powder Metallurgy[M]. McGraw-Hill, 1951. 143.
[5] Gross U, Kersten R. J Cryst Growth, 1972, 15:85.
[6] 洪静芬,孙振民,杨永顺,等. 物理,1980,9:5.

南京大学晶体教研室. 南京大学学报(自然科学),1978,3:38.

[7] Gartner K J, Rittinghaus K F, Seeger A. J Cryst Growth, 1972, 13/14:619.

[8] Bardsley W, Frank F C, Green G W, et al. J Cryst Growth, 1974, 23:341.

[9] Hurle D T. J Cryst Growth, 1977, 42:473.

[10] Bardsley W, Cockayne B, Green G W, et al. J Cryst Growth, 1974, 24/25:369.

[11] Faulé G K, Pastore J R. Met Soc Conf, 1962, 12:201.

[12] Антонов П И. Рост Кристаллов. 1965, 6: 158.

[13] Doremus R H, Roberts B W, Trunbull D. Growth and Perfection of Crystals[M]. Wiley, 1958: 1.

[14] Somorjai G A, Kesmodel L L. Transactions of The American Crystallographic Association, 1977, 13: 67.

[15] Herring C. Phys Rev, 1951, 82:87.

[16] Burton W K, Cabrera N, Frank F C. Phil Trans Roy Soc, 1951, A243:299.

[17] Doremus R H, Roberts B W, Turnbull D. Growth and Perfection of Crystals[M]. Wiley, 1958: 319.

[18] Taylor M R, Fidler R S, Smith R W. J Cryst Growth, 1968, 3/4:666.

[19] Peiser H S. Crystal Growth[M]. Pergamon, 1967: 179.

[20] Binder K. Monte Carlo Methods in Statistical Physics[M]. Springer-Verlag, 1979: 261.

[21] Burton W K, Cabrera N. Crystal Growth[M]. Butterworths, 1959: 33.

[22] Kaldis E, Scheel H J. Crystal Growth and Materials[M]. North-Holland, 1977: 80.

[23] Temkin D E. Crystallization Process[M]. Consultants Bureau, 1966: 15.

　　系统处于平衡态,则系统的吉布斯自由能为最小。在单元复相系中,相平衡条件是,系统中共存诸相的克分子吉布斯自由能相等,即化学势相等。在多元复相系中,相平衡条件是任一组元在共存的诸相中的化学势相等。

　　若系统并非处于平衡态,而是处于亚稳态,则系统中的相称为亚稳相(metastable phase)。系统有过渡到平衡态的趋势,亚稳相(旧相)也有转变为稳定相(新相)的趋势。然而能否转变和如何转变,这不是平衡态理论所能回答的问题。这是相变动力学的主要内容,这正是本章和下一章所要讨论的问题。

　　在亚稳相中新相(稳定相)能否出现以及如何出现是相变动力学理论所要回答的第一个问题,即新相的成核问题。在亚稳相中新相一旦成核,新相就能自发地长大,这是由于新相的长大过程就是系统的吉布斯自由能降低的过程。但是新相是如何长大的,或者说,新相与旧相的界面以怎样的方式和以怎样的速率向旧相中推移,这是相变动力学理论所要回答的第二个问题,将在第九章里论述。

　　亚稳相转变为稳定相,一般说来,其转变方式有两种。第一种是,新相与旧相在结构上的差异是微小的,在亚稳相中几乎是所有区域同时地发生转变。这种相变的特点是,变化的程度十分微小,变化的区域(空间)是异常大的;或者说,这种相变在空间上是连续的,在时间上是不连续的,例如脱溶沉淀中的拐点分解(spinoidal decomposition)属于这种相变过程。第二种转变的方式是,其变化程度很大而变化的空间很微小。这就是说,新相在亚稳相中某一小区域内产生(成核),而后通过相界的位移使新相逐渐长大(成长),这种转变在空间方面是不连续的,在时间方面是连续的。结晶过程(凝固、凝华或沉淀)就是这种类型的成核成长过程。

　　若系统中空间各点出现新相的概率都是相同的,我们称为均匀成核(homogeneous nucleation)。反之,新相优先出现于系统中的某些区域,我们称为非均匀成核(heterogeneous nucleation)。必须注意,这里的所谓均匀,是指新相出现的概率在亚稳相中空间各点是均等的,但出现新相的区域仍是局部的。

　　在大多数的实际生长系统中,由于使用了籽晶,似乎不存在成核问题。但是由于成核是相变理论中的基本问题之一,因而在晶体的实际生长过程中成核理论仍有很多应用。用助熔剂法生长晶体时,能否得到大尺寸的优质晶体,其关键之一就是成核率的控制。异质外延工艺的发展以及晶体薄膜的制备,促进了成核理论的进一步发展。激光晶体中散射颗粒的形成实质上涉及固相中或熔体中异相粒子的成核。在本章中,我们将介绍经典成核理论及其在有关实际问题上的应用。

第一节 相变驱动力

在本节中我们首先给出相变驱动力的定义,再导出气相生长、溶液生长和熔体生长系统中驱动力的具体表达式。

一、相变驱动力的一般表达式

在气相生长系统中的过饱和蒸气、熔体生长系统中的过冷熔体以及溶液生长系统中的过饱和溶液都是亚稳相,而这些系统中晶体是稳定相。亚稳相的吉布斯自由能较高,是亚稳相能够转变为稳定相的原因,也是促使这种转变的相变驱动力存在的原因。

我们先给出相变驱动力的定义。已经说过,晶体生长过程实际上是晶体-流体界面向流体中的推移过程。这个过程所以会自发地进行,是由于流体相是亚稳相,其吉布斯自由能较高的缘故。如果晶体-流体的界面面积为 A,垂直于界面的位移为 Δx,这个过程中系统的吉布斯自由能的降低为 ΔG,界面上单位面积的驱动力为 f,于是上述过程中驱动力所作之功为 $f \cdot A \cdot \Delta x$。驱动力所作之功等于系统的吉布斯自由能的降低,即

$$f A \Delta x = - \Delta G$$

故有

$$f = - \frac{\Delta G}{\Delta V} \qquad (8-1)$$

其中 $\Delta V = A \cdot \Delta x$,是上述过程中生长的晶体体积。故生长驱动力在数值上等于生长单位体积的晶体所引起的系统吉布斯自由能的降低。式中负号表明界面向流体中位移引起系统自由能降低。

若单个原子由亚稳流体转变为晶体所引起吉布斯自由能的降低为 Δg,单个原子的体积为 Ω_S,单位体积中的原子数为 N,故有

$$\Delta G = N \cdot \Delta g \text{ 以及 } V = N \cdot \Omega_S$$

将上述关系代入(8-1)式,故有

$$f = - \frac{\Delta g}{\Omega_S} \qquad (8-2)$$

若流体为亚稳相,$\Delta g < 0$,则 $f > 0$,这表明 f 指向流体,故 f 为生长驱动力。若晶体为亚稳相,$\Delta g > 0$,则 $f < 0$,f 指向晶体,故 f 为熔化、升华或溶解驱动力。由于 Δg 和 f 只相差一个常数,因而往往将 Δg 也称为相变驱动力(driven force of phase transformation)。

二、气相生长系统的相变驱动力

在气相生长系统中,我们仍然假设蒸气为理想气体,若在 (p_0, T_0) 状态下两相处于平衡

态,故 p_0 为饱和蒸气压。此时晶体和蒸气的化学势相等,由式(6-4)可得晶体相的化学势为

$$\mu(p_0, T_0) = \mu^0(T_0) + RT \ln p_0$$

假想在温度 T_0 不变的条件下,蒸气压由 p_0 增加到 p。同样,式(6-4)可得气相的化学势为

$$\mu'(p, T_0) = \mu^0(T_0) + RT_0 \ln p$$

由于 $p > p_0$,故 p 为过饱和蒸气压,此时系统中气相的化学势大于晶体相的化学势,其差值为

$$\Delta\mu = -RT_0 \ln\left(\frac{p}{p_0}\right)$$

单元系统中的化学势就是克分子吉布斯自由能。若 N_0 为阿伏加德罗数,有 $\Delta\mu = N_0\Delta g$,$R = N_0 k$,代入上式后可得单个原子由蒸气转变为晶体所引起的吉布斯自由能的降低为

$$\Delta g = -kT_0 \ln\left(\frac{p}{p_0}\right)$$

式中 k 为玻尔兹曼常数。并定义 $\alpha = \frac{p}{p_0}$ 为饱和比,$\sigma = \alpha - 1$ 为过饱和度。当过饱和度较小时,有 $\ln(1+\sigma) \approx \sigma$,故有

$$\Delta g = -kT_0 \ln\left(\frac{p}{p_0}\right) = -kT_0 \ln\alpha \approx -kT_0\sigma \tag{8-3}$$

将(8-3)式代入(8-2)式,可得气相生长驱动力(driven force of vapor growth)

$$f = kT_0 \ln\left(\frac{p}{p_0}\right)/\Omega_S = kT_0 \ln\alpha/\Omega_S \approx kT_0\sigma/\Omega_S \tag{8-4}$$

三、溶液生长系统中的相变驱动力

现在我们来导出溶液生长系统中驱动力的表达式。我们假定溶液为稀溶液,若在 (p, T, C_0) 状态下两相平衡,故 C_0 为溶质在该温度、压强下的饱和浓度。此时溶质在晶体(固溶体)中与溶液中的化学势相等,由式(6-41)可得晶体中溶质的化学势为

$$\mu = g(p, T) + RT \ln C_0$$

在温度、压强不变的条件下,溶液中的浓度由 C_0 增加到 C,同样由式(6-41)可得溶液中溶质的化学势为

$$\mu' = g(p, T) + RT \ln C$$

由于 $C > C_0$,故 C 为过饱和浓度,此时溶质在溶液中的化学势大于在晶体中的化学势,其差值为

$$\Delta\mu = -RT \ln(C/C_0)$$

同样可得单个溶质原子由溶液相转变为晶体相所引起的吉布斯自由能的降低为

$$\Delta g = -kT \ln(C/C_0)$$

类似地,我们定义 $\alpha = C/C_0$ 为饱和比,$\sigma = \alpha - 1$ 为过饱和度,故有

$$\Delta g = -kT \ln(C/C_0) = -kT \ln\alpha \approx -kT\sigma \tag{8-5}$$

若在溶液生长系统中,生长的晶体为纯溶质构成,将(8-5)式代入(8-2)式,得溶液生长驱

动力(driven force of solution growth)为

$$f = \frac{kT}{\Omega_S} \ln(C/C_0) = \frac{kT}{\Omega_S} \ln\alpha \approx kT\frac{\sigma}{\Omega_S} \tag{8-6}$$

四、熔体生长系统中的相变驱动力

最后,我们来给出熔体生长的驱动力。在熔体生长系统中,若熔体温度 T 低于熔点 T_m,则两相的克分子自由能不等。今求两者的差值 $\Delta\mu$,根据克分子吉布斯自由能的定义 $\mu = h - T \cdot s$,可得

$$\Delta\mu = \Delta h(T) - T \cdot \Delta s(T) \tag{8-7}$$

式中 $\Delta h(T)$ 和 $\Delta s(T)$ 是温度为 T 时两相克分子焓和克分子熵的差值,通常是温度的函数。但在熔体生长系统中,在正常情况下,T 略低于 T_m,也就是说过冷度 $\Delta T = T_m - T$ 较小。因而可近似地认为 $\Delta h(T) \approx \Delta h(T_m)$ 以及 $\Delta s(T) \approx \Delta s(T_m)$。于是将(6-7)式和(6-8)式代入(8-7)式,可得在温度为 T 时两相克分子吉布斯自由能的差值为

$$\Delta\mu = -L\frac{\Delta T}{T_m}$$

因而温度为 T 时单个原子由熔体转变为晶体时,吉布斯自由能的降低为

$$\Delta g = -l\frac{\Delta T}{T_m} \tag{8-8}$$

式中 $l = \dfrac{L}{N_0}$ 为单个原子的熔化潜热,ΔT 为过冷度。于是将(8-8)式代入(8-2)式,可得熔体生长的驱动力(driven force of melt growth)为

$$f = \frac{l\Delta T}{\Omega_S T_m} \tag{8-9}$$

在通常的熔体生长系统中,式(8-8)和(8-9)已经足够精确了。但在晶体与熔体的定压比热容相差较大时,或是过冷度较大时(例如枝晶生长、蹼(web)晶生长或利用均匀成核去测定固-液界面能时),有必要得到驱动力的更为精确的表达式。琼斯(Jones)等[1] 所得到的精确的表达式为

$$\Delta g = -l\frac{\Delta T}{T_m} + \Delta c_p\left(\Delta T - T\ln\frac{T_m}{T}\right) \tag{8-10}$$

式中 $\Delta c_p = c_p^l - c_p^s$ 为两相定压比热容的差值。可以看到,当 Δc_p 较小以及 T 和 T_m 比较接近时,式(8-10)退化为式(8-8)。

第二节 亚稳态

前面我们已经多次提到了亚稳态和亚稳相,但是我们没有给出亚稳态的确切定义,没有说明为什么会存在亚稳态。我们现在根据吉布斯-汤姆孙关系(第七章第五节)对这个问题

作进一步阐明。

在温度和压强不变的条件下,当系统没有完全达到平衡态时,可以把它分成若干部分,每一部分可近似地认为已经达到了局域平衡,因而可以存在吉布斯自由能函数。整个系统的吉布斯自由能就是各部分的总和。而整个系统的吉布斯自由能可能存在几个极小值。其中最小的极小值就相当于系统的稳定态,其他较大的极小值相当于亚稳态。

如果吉布斯自由能为一连续函数,在两个相邻极小值间必然存在一极大值。对于亚稳态,当无限小地偏离其极小值时,系统的吉布斯自由能是增加的,因此系统立即回到初态。但有限地偏离时,系统就可能越过相邻的吉布斯自由能的极大值,而不能回复到初态,相反地,就有可能过渡到另一种状态,这种状态的吉布斯自由能的极小值可能是系统中的最小,则系统过渡到稳态,否则,系统过渡到另一种亚稳态。显然亚稳态在一定限度内是稳定的状态。但处于亚稳态的系统迟早要过渡到稳定态的。

如前所述,在两个相邻极小值(其一为系统中之最小)间存在一极大值,该极大值就是由亚稳态转变到稳定态所必须克服的能量位垒。亚稳态和稳定态间存在能量位垒,是亚稳态能够存在而不立即转变为稳定态的必要条件。但是亚稳态迟早会过渡到稳定态的,例如生长系统中的过饱和蒸气、过饱和溶液或过冷熔体,终究会结晶的。在这类亚稳系统中结晶的方式只能是由无到有、由小到大。从第七章第五节所导出的吉布斯-汤姆孙关系可以看出,对给定曲率半径的晶体,其界面弯曲所引起的凝固点、饱和气压、饱和浓度的降低是确定的。例如对熔体生长系统,对给定的 r^*,由式(7-31)可以得到确定的凝固点 T_e^*。若系统的温度为 T_e^*,任何 $r < r^*$ 的晶体,由(7-31)式可知,其相应的凝固点都低于 T_e^*,因而这些晶体($r < r^*$)都将熔化而消失。同样,任何半径大于 r^* 的晶体,其凝固点都高于 T_e^*,都能自发地长大。而对温度为 T_e^*($T_e^* < T_m$)的亚稳系统,吉布斯-汤姆孙关系式(7-31)规定了一个临界半径 r^*,在该系统中任何半径小于 r^* 的晶体都不能存在。而亚稳系统中晶体的产生都是由小到大的,这就给熔体(亚稳态)转变为晶体(稳定态)设置了障碍。从吉布斯-汤姆孙关系还可看出,这种障碍来自界面能。如果界面能为零,上述临界半径为零,在亚稳相中出现小晶体就没有困难。实际上,亚稳相中一旦出现了晶体,也就出现了相界面,因此引起系统中的界面能增加。由此可见,这里的亚稳态和稳定态间的能量位垒来自界面能。

第三节　均匀成核

我们已经说过,亚稳相中新相的形成只能从系统中某个小区域开始。也就是说,结晶过程只能是成核成长过程。我们知道,在亚稳的流体相中,例如在过饱和蒸气中,能够存在的晶体其临界半径为式(7-36)所规定,任何小于该临界半径的晶体都不能存在。因此在过饱和蒸气中,新相(晶体)如果出现,其一开始的半径就必须大于上述临界半径。虽然从分子动力论的观点来看,那么多的分子结集在一起的概率无疑是存在的,但毕竟是较小的。而且过饱和度越小,临界半径越大(见式(7-36)),要求集结在一起的分子数越多,新相出现的概率越小。因而系统中新相只能借助于热力学起伏在某局部区域出现,这就是说,新相只能通过成核才能出现。

一、晶核的形成能和临界尺寸

从吉布斯-汤姆孙关系出发,我们已经论证了在一定的过饱和度或过冷度下,只当晶体的半径大于某临界半径时,晶体才能存在,才能自发地长大。具有临界半径的晶体称为晶核。下面我们从另一角度来讨论晶核的形成问题,即着重讨论成核的过程和微观机制。

我们先来讨论在亚稳流体相中晶核形成时所引起的吉布斯自由能的变化。

我们知道,亚稳流体相中的单个原子或分子转变为稳定相(晶体)中的原子或分子,所引起的吉布斯自由能的降低为 Δg。它在不同生长系统中的表达式为(8-3)、(8-5)和(8-8)所示。若晶体中的原子体积或分子体积为 Ω_S,晶体和流体间的界面能为 γ_{SF},则在亚稳流体相中形成一半径为 r 的球状晶体所引起的吉布斯自由能的改变为

$$\Delta G(r) = \frac{\frac{4}{3}\pi r^3}{\Omega_S} \cdot \Delta g + 4\pi r^2 \gamma_{SF} \tag{8-11}$$

若半径为 r 的球状晶体是 i 个原子或分子的集合体。如将 ΔG 表示为 i 的函数可得更为一般的表达式

$$\Delta G(i) = i \cdot \Delta g + A(i) \cdot \gamma_{SF} \tag{8-12}$$

式中 $A(i)$ 为 i 个原子或分子集合体的表面积。通常晶体-流体的界面能 γ_{SF} 是各向异性的,因而 i 个原子或分子的集合体将是一多面体,该多面体的形状已由第七章第六节给出。

我们可将多面体的表面积 $A(i)$ 表示为较为一般的形式

$$A(i) = \eta i^{\frac{2}{3}} \tag{8-13}$$

式中 η 称为形状因子,其数值决定于多面体的形状。我们通过下列例子来说明 η 的意义。

若多面体为 i 个原子的集合体,则不管多面体的形状如何,此多面体的体积必为

$$V(i) = i\Omega_S \tag{8-14}$$

若多面体为边长为 a 的立方体,则此立方体之体积 $V = a^3$,面积 $A = 6a^2$,于是有

$$A = 6V^{\frac{2}{3}}$$

将(8-14)式代入上式,故有

$$A(i) = 6\Omega_S^{\frac{2}{3}} \cdot i^{\frac{2}{3}} \tag{8-15}$$

对比式(8-13)和(8-15),可得立方体的形状因子为

$$\eta = 6\Omega_S^{\frac{2}{3}} \quad (立方体) \tag{8-16}$$

同样的推导可得球体的形状因子为

$$\eta = (36\pi)^{\frac{1}{3}} \Omega_S^{\frac{2}{3}} \quad (球体) \tag{8-17}$$

对旋转椭球体,若其半轴为 r, r, y,则形状因子为

$$\eta = \pi^{\frac{1}{3}}\left(\frac{3y}{4r}\right)^{\frac{1}{3}}\left[2+\frac{y^2}{r^2\left(1-\frac{y^2}{r^2}\right)^{\frac{1}{2}}}\cdot\ln\left(\frac{1+\left(1-\frac{y^2}{r^2}\right)^{\frac{1}{2}}}{1-\left(1-\frac{y^2}{r^2}\right)^{\frac{1}{2}}}\right)\right]\Omega_{\mathrm{S}}^{\frac{2}{3}} \qquad (\text{旋转椭球})$$

由此可见,不同形状的几何体,其形状因子 η 不同,同时 η 还和晶体的原子体积 Ω_{S} 有关。于是我们将(8-13)式代入(8-12)式,得

$$\Delta G(i) = i\cdot\Delta g + \eta\cdot i^{\frac{2}{3}}\cdot\gamma_{\mathrm{SF}} \qquad (8-18)$$

式(8-18)较式(8-11)更为普遍,它考虑了晶体的各向异性。值得注意的是,界面能的各向异性被概括在形状因子 η 内,而 γ_{SF} 则为多面体的各界面能的平均值。若忽略了界面能的各向异性,则多面体退化为球体,式(8-18)和(8-11)完全等效。

式(8-18)和式(8-11)表明了在流体相中出现了 i 个原子或分子的集合体或出现了半径为 r 的球形晶体所引起的吉布斯自由能的变化,这也等于形成上述集合体所需的能量,我们将 ΔG 称为上述集合体的形成能。ΔG 为两项之和,第一项是当流体中出现了晶体时所引起的体自由能的变化,如果流体为亚稳相,Δg 为负,故第一项(体自由能)为负,否则为正。第二项是流体中出现晶体时所引起的界面能的变化,这一项总是正的,因为相界面总是伴随晶体而出现的。

我们将系统的吉布斯自由能的改变 ΔG 与晶体半径或原子数的关系表示于图8-1。若流体为稳定相,晶体为亚稳相,则 $\Delta g > 0$,由(8-18)或(8-11)式可以看到,系统的吉布斯自由能随晶体的半径 r 或原子数 i 而单调地增加,见图8-1中 $\Delta g > 0$ 的曲线。因而在流体中即使出现了晶体,其尺寸也将自发地缩小并消失。

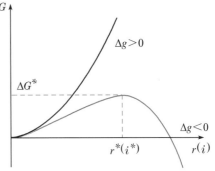

图8-1 自由能的改变与尺寸的关系

若流体相为亚稳相,$\Delta g < 0$。式(8-11)和(8-18)中体自由能项为负,虽然面自由能项恒为正,但两者之和有可能随 r 或 i 增加而减小。我们进一步考察式(8-11),可以看到体自由能项随 r 的三次方而减小,而界面能项随 r 的平方增加。故当 r 增加时,体自由能的减小比面自由能增加得快。但在开始时,面自由能项占优势,当 r 增加到一临界尺寸后,体自由能的减少将占优势。于是 $\Delta G(r)$ 曲线上出现了一极大值,如图8-1中 $\Delta g < 0$ 的曲线所示。若临界半径记为 r^*(或将临界原子数记为 i^*),由图可知,当 $r < r^*$ 时,晶体长大则 ΔG 增加,晶体缩小 ΔG 随之减小,故亚稳流体相中半径小于 r^* 的晶体不仅不能存在,而且如果存在了也将自动消失。当 $r > r^*$ 时,随着晶体长大,ΔG 减小,故半径大于 r^* 的晶体都能自发地长大。

对 $\Delta G(r)$ 或 $\Delta G(i)$ 求极值,可得临界半径 r^* 和临界原子数 i^*。于是由式(8-11)可得

$$r^* = \frac{2\gamma_{\mathrm{SF}}\Omega_{\mathrm{S}}}{\Delta g} \qquad (8-19)$$

同样由(8-18)式可得

$$i^* = \left[\frac{2\eta\gamma_{SF}}{3\Delta g}\right]^3 \tag{8-20}$$

对球状晶体,将(8-17)式代入可得

$$i^* = \frac{32\pi\gamma_{SF}^3\Omega_S^2}{3\Delta g^3} \tag{8-21}$$

半径大于 r^* 或原子数多于 i^* 的集合体一旦出现,就意味着亚稳流体相中诞生了晶体相,因为这种集合体不仅能存在而且会自发地长大。于是我们将半径为 r^* 或原子数为 i^* 的集合体称为晶核。$i < i^*$ 或 $r < r^*$ 的集合体出现的概率更大,不过寿命很短,它们的存在并不意味着晶体相的出现,故我们称为胚团(embryo)。

将晶核半径 r^* 和原子数 i^* 的表达式(8-19)、(8-20)代入式(8-11)和(8-18),就得到晶核的形成能

$$\Delta G^* = 4\pi r^{*2}\gamma_{SF}/3 = 16\pi\Omega_S^2\gamma_{SF}^3/3\Delta g^2 \tag{8-22}$$

$$\Delta G^* = \eta\gamma_{SF}i^{*\frac{2}{3}}/3 = 4\eta^3\gamma_{SF}^3/27\Delta g^2 \tag{8-23}$$

由(8-22)式可以看出,晶核的形成能是其界面能的 $1/3$。将 Δg 的表达式(8-3)、(8-5)、(8-8)代入(8-19)、(8-20)、(8-22)、(8-23),可得气相生长、溶液生长、熔体生长中的晶核半径、晶核原子数、晶核形成能的具体表达式,我们将它们列于表8-1。

表8-1 不同生长系统中不同形状晶核的 $r^*, i^*, \Delta G^*$ 的表达式

成核参量		熔体生长系统	气相生长系统	溶液生长系统
球形晶核	晶核半径	$r^* = \dfrac{2\gamma_{SF}\Omega_S}{\Delta g}$ $\quad r^* = \dfrac{2\gamma\Omega_S T_m}{l\Delta T}$	$r^* = \dfrac{2\gamma\Omega_S}{kT\ln\frac{p}{p_0}}$	$i^* = \dfrac{2\gamma\Omega_S}{kT\ln\frac{c}{c_0}}$
	晶核原子数	$i^* = \dfrac{32\pi\gamma_{SF}^3\Omega_S^2}{3\Delta g^3}$ $\quad i^* = \dfrac{32\pi\gamma^3\Omega_S^2 T_m^3}{3l^3(\Delta T)^3}$	$i^* = \dfrac{32\pi\gamma^3\Omega_S^2}{3k^3T^3\left[\ln\frac{p}{p_0}\right]^3}$	$i^* = \dfrac{32\pi\gamma^3\Omega_S^2}{3k^3T^3\left[\ln\frac{c}{c_0}\right]^3}$
	晶核形成能	$\Delta G^* = \dfrac{16\pi\gamma_{SF}^3\Omega_S^2}{3\Delta g^2}$ $\quad \Delta G^* = \dfrac{16\pi\gamma^3\Omega_S^2 T_m^2}{3l^2(\Delta T)^2}$	$\Delta G^* = \dfrac{16\pi\gamma^3\Omega_S^2}{3k^2T^2\left[\ln\frac{p}{p_0}\right]^2}$	$\Delta G^* = \dfrac{16\pi\gamma^3\Omega_S^2}{3k^2T^2\left[\ln\frac{c}{c_0}\right]^2}$
非球形晶核	晶核原子数	$i^* = \left[\dfrac{2\eta\gamma_{SF}}{3\Delta g}\right]^3$ $\quad i^* = \left[\dfrac{2\eta\gamma T_m}{3l\Delta T}\right]^3$	$i^* = \left[\dfrac{2\eta\gamma}{3kT\ln\frac{p}{p_0}}\right]^3$	$i^* = \left[\dfrac{2\eta\gamma}{3kT\ln\frac{c}{c_0}}\right]^3$
	晶核形成能	$\Delta G^* = \dfrac{4\gamma_{SF}^3\eta^3}{27\Delta g^2}$ $\quad \Delta G^* = \dfrac{4\gamma^3\eta^3 T_m^2}{27l^2(\Delta T)^2}$	$\Delta G^* = \dfrac{4\gamma^3\eta^3}{27k^2T^2\left[\ln\frac{p}{p_0}\right]^2}$	$\Delta G^* = \dfrac{4\gamma^3\eta^3}{27k^2T^2\left[\ln\frac{c}{c_0}\right]^2}$

将不同生长系统中的吉布斯-汤姆孙关系式(7-31)、(7-36)、(7-41)和表8-1中的晶核半径的相应表达式对比,并利用

$$R = N_0 k\ , \quad V^s = N_0\Omega_S$$

的关系(其中 R 为气体常数,k 为玻耳兹曼常数,N_0 为阿伏加德罗数,V^s 为晶体的克原子体积,Ω_s 为单个原子的体积),可以看出,两者是完全一致的。这正是所预期的,因为两者出自同一物理原因,都是弯曲界面的界面能效应。

综上所述,对给定过饱和度或过冷度的流体,即对给定 Δg 的流体($\Delta g < 0$),必存在一 r^*。任何半径小于 r^* 的晶体必将进一步缩小而消失,任何半径大于 r^* 的晶体必将自发地长大,只有半径为 r^* 的晶体才可能存在。因而半径为 r^* 的晶体(晶核)与相应 $\Delta g < 0$ 的亚稳流体是相互平衡的。但是这种平衡是不稳定平衡,由图 8-1 中 $\Delta g < 0$ 的曲线可以看出,在 $r = r^*$ 处 $\Delta G(r)$ 为极大值,r 关于 r^* 的任何偏离(任何无限小的偏离)都会使 $\Delta G(r)$ 减小,这就是说,只当晶核严格的为 i^* 个原子组成(即 $r = r^*$),晶核才可能存在,如果晶核吸附了一个原子或脱附了一个原子,晶核都会自动长大或缩小。

二、界面微观结构的影响

对粗糙界面,流体中的原子进入粗糙界面上的任何位置对胚团形成能 $\Delta G(i)$ 的贡献都是相同的,因而随着胚团中 i 的增加,$\Delta G(i)$ 是均匀增加的。若界面为光滑界面,流体中的原子进入光滑界面上的不同位置,例如台阶上的扭折位置、台阶上的孤立位置、晶面上的孤立位置,对胚团形成能 $\Delta G(i)$ 的贡献是不同的。因而随着胚团中 i 的增加,$\Delta G(i)$ 的变化是不均匀的。

在胚团形成能 $\Delta G(i)$ 的表达式(8-18)中,我们虽然也考虑了界面能的各向异性,即将胚团的形状看为由乌耳夫能量极图所确定的多面体,而界面能则取多面体各面的界面能的平均值。但并没有进一步考虑流体原子进入光滑界面上不同位置对胚团形成能 $\Delta G(i)$ 的不同贡献。

对简单立方晶体,若其胚团为立方体,只考虑近邻原子的交互作用,理论分析[2]所得的结果示于图 8-2。在图中取单位原子的相变潜热 l_{SF} 作为 Δg 和 $\Delta G(i)$ 的量度单位。图中的一组光滑曲线,是按式(8-18)所得的结果。可以看出 Δg 越小,即过饱和度或过冷度越大,晶核尺寸(即 i^* 和 r^*)越小,同时晶核的形成能 ΔG^* 也越小。例如当 $\Delta g = -0.2l_{SF}$ 时,$i^* = 39$ 个,$\Delta G^* \approx 3l_{SF}$;而当 $\Delta g = -0.71l_{SF}$ 时,$i^* = 1$,$\Delta G^* \approx 0$。这就是说,当 $\Delta g = -0.71l_{SF}$ 时,没有成核

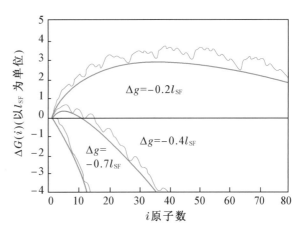

图 8-2 自由能与胚团内原子数的关系[2]

位垒,流体将立即转变为晶体。在图 8-2 中,一组折线是考虑到光滑界面上不同位置对 $\Delta G(i)$ 的贡献不同所得到的结果。由这组折线所得的 i^* 及 ΔG^* 和上述光滑曲线的结果相同。但是折线上还有许多极小值,这相当于晶面上填满一层(此时界面上无台阶,界面能为最小)

和台阶前进一个原子间距(此时台阶上无扭折,台阶的棱边能最小)时的情况。

三、复相起伏和晶体的成核率

在任何宏观上均匀的系统中,若以微观尺度衡量,不仅存在通常的密度起伏,而且系统中的原子时而结聚成胚团、时而离散。鉴于胚团的寿命极短,我们曾说过,胚团的存在并不表明出现了新相,然而胚团却具有与新相完全相同的结构。为了区别与新相完全无关的密度起伏,我们将产生胚团的起伏称为复相起伏[3],而单纯的密度起伏称为单相起伏。必须指出,将复相起伏限制在亚稳系统中是完全不正确的。任何均匀系统,不管是稳定的平衡系统还是亚稳系统,其中都存在复相起伏。这样,例如在平衡态的气相中,早就存在一些在足够的过饱和度下得以长大为晶体的胚团了——虽然为数不多。

下面我们就来讨论这些由于复相起伏而存在于流体中的胚团的分布规律。

若系统中单位体积内末聚合的分子数(或原子数)为 n,我们假设不存在 $r > r^*$ (或 $i > i^*$)的微小晶体,因而也忽略这些微小晶体的生长对 n 的影响。于是单位体积内胚团数为

$$n(r) \approx n\exp[-\Delta G(r)/kT] \qquad (8-24)$$

$$n(i) \approx n\exp[-\Delta G(i)/kT] \qquad (8-25)$$

式中 $\Delta G(r)$ 和 $\Delta G(i)$ 分别为半径为 r 和原子数为 i 的胚团的形成能,其表达式为(8-11)和(8-18)式。

现根据上式将胚团的分布规律表示于图 8-3。值得注意的是,流体为稳定相时,即 $\Delta g > 0$ 时,晶相胚团仍然存在,但这些胚团是不能长大成晶体的。由图 8-1 中 $\Delta g > 0$ 的曲线可以看出,若这些胚团长大,则系统的吉布斯自由能将增加,而且增加得很快。若流体为亚稳相,即 $\Delta g < 0$,虽然 $r < r^*$ 的胚团不能长大,但 $r = r^*$ 的胚团(即晶核)是可能长大的。并且晶核一旦长大,就有无限增长的趋势(参阅图 8-1 中 $\Delta g < 0$ 的曲线),并能形

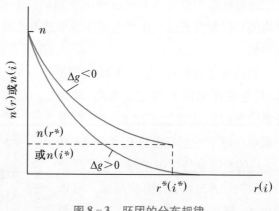

图 8-3 胚团的分布规律

成宏观晶体。从实际出发,我们最为关心的是系统中单位体积内的晶核数,即 $r = r^*$ 的胚团数,我们以 $n(r^*)$ 或 $n(i^*)$ 表示。在式(8-24)、(8-25)中,令 $r = r^*$ 和 $i = i^*$,就得到单位体积中的晶核数

$$n(r^*) \approx n\exp[-\Delta G^*/kT] \qquad (8-26)$$

$$n(i^*) \approx n\exp[-\Delta G^*/kT] \qquad (8-27)$$

式中 ΔG^* 是晶核的形成能。将表 8-1 中不同生长系统中的晶核形成能 ΔG^* 的表达式代入上式中,就能得到相应的生长系统中的 $n(r^*)$ 和 $n(i^*)$。我们已经说过,晶核若得到一个或

多个原子就能长成宏观晶体,若失去一个或多个原子就趋于消失。因此我们将单位时间内在单位体积中能发展为宏观晶体的晶核数称为晶体的成核率,并以 I 表示。

晶体的成核率,除和单位体积内的晶核数成比例外,还和晶核捕获流体中原子或分子的概率 B 成比例。于是晶体的成核率可表示为

$$I = Bn\exp[-\Delta G^*/kT] \tag{8-28}$$

对气相生长系统,晶核捕获原子的概率 B 与晶核的面积 $4\pi r^{*2}$ 成正比,若晶核为多面体,还需乘一形状因子,不过该形状因子略大于1,通常近似地取为1。同时概率 B 还与蒸气流的流量密度 $\dot{q}$ 成正比,由气体分子动力论可得 $\dot{q} = p(2\pi mkT)^{-\frac{1}{2}}$,其中 m 为原子或分子的质量,p 为压强。于是得到

$$B = p(2\pi mkT)^{-\frac{1}{2}} \cdot 4\pi r^{*2} \tag{8-29}$$

将(8-29)式以及表8-1中关于气相生长的 r^* 和 ΔG^* 的表达式代入(8-28)式,可得气相生长系统中的成核率

$$I = np(2\pi mkT)^{-\frac{1}{2}} \cdot 4\pi \left[\frac{2\gamma\Omega_s}{kT\ln p/p_0}\right]^2 \exp\left[-\frac{16\pi\gamma^3\Omega_s^2}{3k^3T^3(\ln p/p_0)^2}\right] \tag{8-30}$$

在熔体生长系统中,晶体捕获原子或分子的概率不能只用分子动力论求得,因为熔体中的原子运动受到邻近原子的牵制,而且还与原子越过固-液界面的扩散激活能 Δq 有关。熔体生长系统中晶核捕获原子的概率为

$$B = \nu_0\exp(-\Delta q/kT) \tag{8-31}$$

其中 ν_0 为熔体中原子振动频率。将(8-31)式及表8-1中关于熔体生长的 ΔG^* 的表达式代入(8-28)式,可得熔体生长系统中的成核率为

$$I = n\nu_0\exp\left(-\frac{\Delta q}{kT}\right) \cdot \exp\left[-\frac{16\pi\gamma^3\Omega_s^2 T_m^2}{3kTl^2(\Delta T)^2}\right] \tag{8-32}$$

式(8-30)和(8-32)表明了气相生长和熔体生长系统中的成核率和各种物性参量以及饱和比 $\alpha = \dfrac{p}{p_0}$ 和过冷度 ΔT 的关系。我们现以气相生长系统中冰晶成核为例,说明成核率与饱和比 $\alpha = \dfrac{p}{p_0}$ 的关系。

根据式(8-30),取 $T = 273$ K,$\gamma \approx 80$ erg/cm^2,$n = 3.3 \times 10^{22}$ cm^{-3},并代入适当的 H_2O 的物性常数,可得冰晶的成核率与饱和比 $\alpha = \dfrac{p}{p_0}$ 的关系曲线,如图8-4所示。从图中可以看出,饱和比由1逐渐增加到4.4之前,成核率是可以忽略的。当 $\alpha = 4.4$ 时,单位体积的水蒸气中平均每秒约

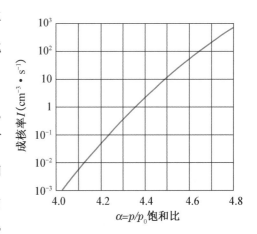

图8-4 冰晶气相生长成核与饱和比的关系

出现一颗能长成宏观晶体的晶核,即

$$I = 1 \ \mathrm{cm}^{-3} \cdot \mathrm{s}^{-1}$$

当 α 大于 4.4 时,成核率就快速增加了。例如当 $\alpha = 4.5$ 时,$I = 10 \ \mathrm{cm}^{-3} \cdot \mathrm{s}^{-1}$;$\alpha = 4.65$ 时,$I = 100 \ \mathrm{cm}^{-3} \cdot \mathrm{s}^{-1}$。我们将成核率 $I = 1 \ \mathrm{cm}^{-3} \cdot \mathrm{s}^{-1}$ 时相应的饱和比称为临界饱和比。可以看出,当饱和比增加到临界饱和比之前,成核率大体上保持为零。而在达到临界饱和比时,气相中的小晶体几乎以不连续的方式突然出现。在熔体中成核也完全类似,即当熔体的过冷度达到临界过冷度时,晶核也是突然出现的。根据(8 - 32)式,可以估计出在过冷水中冰晶成核的临界过冷度约为 40 ℃,这和物理气象学中的云滴实验和云雾室中的测量数据是吻合的。

第四节　非均匀成核

亚稳流体的凝华或凝固,存在一临界饱和比或临界过冷度。均匀成核理论预言,水汽凝华的临界饱和比为 4.4、水凝固的临界过冷度为 40 ℃,某些金属凝固的临界过冷度可达 100 ℃ ~ 110 ℃。这些预言都已被实验所证实。

如果相变只能通过均匀成核实现,那么我们周围的物质世界就要变样。例如,雨云中只有少数蒸气压较高的才能凝为液滴或冰晶,降雨量就要大为减少,人工降雨也无法实现。又如,钢铁工业中的铸锭、机械工业中的铸件将在很大的过冷度下才能凝,因此其中偏析严重、内应力很大,甚至可能在冷却过程中开裂。然而在大气中悬浮着大量尘埃,这些尘埃能有效地降低雨云中的成核位垒,能在较低的饱和比下形成液滴或冰晶。同样铸锭或铸件的模以及在铁水或钢水中悬浮的异质粒子(经常存在的)也能有效地降低成核位垒,使钢水或铁水在略低于凝固点时就能凝固。凡能有效地降低成核位垒,促进成核的物质称为成核促进剂。对存有成核促进剂的亚稳系统,系统中空间各点成核的概率也就不等了,在促进剂上将优先成核,这就是所谓非均匀成核。

在不能均匀成核的雨云中撒入 AgI,就能得到人工降雨的效果。在铸铁中加入 Mg,能促进铸铁中碳在沉淀时的成核作用。

在半导体工艺中或在光电子学中应用广泛的外延生长,实际上是要求在衬底上非均匀成核。

上面列举的事例中,要求我们提高成核率。但在另一类情况下,却要求我们控制成核率。例如在用籽晶生长晶体时,就要求完全防止成核。又如,用助熔剂法生长晶体时,理想的工艺是在生长过程中只产生一颗晶核,这样即使坩埚较小也能长出大晶体。在这些情况下,就要求我们在生长过程中能对成核率进行控制。不管是要提高成核率还是控制成核率,都必须了解非均匀成核的基本原理,因而我们着重分析非均匀成核的基本过程。

一、平衬底上球冠核的形成[4]

在坩埚壁上的非均匀成核或是异质外延时的非均匀成核,都可看为衬底上的非均匀成核。我们首先讨论平衬底上球冠核形成(formation of cap-shaped nucleus on substrate)的情况。

若在亚稳流体相 F 中,在平衬底 C 上形成了球冠形的晶体胚团 S。此球冠的曲率半径为 r,三相交接处的接触角为 θ。见图 8-5。我们将接触角的余弦记为 m,并假设诸界面能为各向同性的,由式(7-7)可得

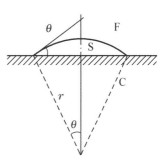

$$m = \cos\theta = \frac{\gamma_{CF} - \gamma_{SC}}{\gamma_{SF}} \qquad (8-33)$$

图 8-5 衬底上球冠核的形成

我们由初等几何可以求得胚团体积 V_S,胚团与流体的界面面积 A_{SF},胚团与衬底的界面面积 A_{SC}。诸表达式如下

$$V_S = \frac{\pi r^3}{3}(2+m)(1-m)^2$$
$$A_{SF} = 2\pi r^2(1-m) \qquad (8-34)$$
$$A_{SC} = \pi r^2(1-m^2)$$

球冠形的胚团在平衬底上形成后,在系统中引起的吉布斯自由能的变化为

$$\Delta G(r) = \frac{V_S}{\Omega_S}\Delta g + (A_{SF}\gamma_{SF} + A_{SC}\gamma_{SC} - A_{SC}\gamma_{CF}) \qquad (8-35)$$

此即球冠形胚团的形成能。式中括号中的诸项是此球冠胚团形成时所引起的界面能的变化。球冠胚团形成时产生了两个界面,即胚团-流体界面 A_{SF} 和胚团-衬底界面 A_{SC},并使面积为 A_{CF} 的衬底-流体界面消失了。如果衬底-流体的界面能 γ_{CF} 较大,有

$$[A_{SF}\gamma_{SF} + A_{SC}\gamma_{SC}] \leqslant A_{SC}\gamma_{CF}$$

则界面能位垒消失了,由(8-35)式可以看到,式中体自由能项和界面能项都是负的,亚稳流体相可自发地在衬底上转变为晶体而无需成核。这当然是一种极端情况。

现将(8-34)式代入(8-35)式,并利用(8-33)式,化简后得到

$$\Delta G(r) = \left[\frac{4\pi r^3}{3\Omega_S}\Delta g + 4\pi r^2\gamma_{SF}\right](2+m)(1-m)^2/4 \qquad (8-36)$$

由上式可以看出,平衬底上球冠胚团的形成能是球冠曲率半径 r 的函数。将(8-36)式对 r 求微商,并令

$$\frac{\partial G(r)}{\partial r} = 0$$

可得球冠胚团的临界曲率半径

$$r^* = \frac{2\gamma_{SF}\Omega_S}{\Delta g} \qquad (8-37)$$

它与均匀成核的晶核半径的表达式(8-19)完全相同。这是不奇怪的,因为从弯曲界面的平衡条件来看,不管界面为球面、球冠面或其他曲面,只要其曲率半径相同,吉布斯-汤姆孙关系式就相同。将(8-37)式代入(8-36)式,可以得到球冠晶核(即具有临界半径 r^* 的球冠胚

团）的形成能

$$\Delta G^* = \frac{16\pi \Omega_s^2 \gamma_{SF}^3}{3\Delta g^2} \cdot f_1(m) \tag{8-38}$$

其中

$$f_1(m) = (2+m)(1-m)^2/4 \tag{8-39}$$

将平衬底上球冠核形成能的表达式(8-38)与均匀成核的球核形成能的表达式(8-22)比较,可以看到,两者只差一个因子$f_1(m)$。因此我们研究$f_1(m)$函数本身的性质,就能得知均匀成核与衬底上的非均匀成核间的区别与联系。首先我们分析$f_1(m)$的变化范围,我们知道接触角θ的变化范围是

$$0 \leqslant \theta \leqslant 180° $$

故接触角余弦m是在区间$1 \geqslant m \geqslant -1$内变化,于是由(8-39)式,可以看到$f_1(m)$的变化范围是$0 \leqslant f_1(m) \leqslant 1$。由此可知,衬底具有降低晶核形成能$\Delta G^*$的通性,也就是说,在衬底上成核较均匀成核容易得多。这可以说明对温度均匀的纯净的溶液或熔体,为什么往往在坩埚壁上首先结晶。其次,我们再来分析$f_1(m)$的大小与衬底以及生长系统的关系。我们从(8-39)式和(8-33)式可以得知,$f_1(m)$的大小完全决定于衬底、流体与晶体间的界面能的大小,或者说决定于三相间的接触角θ。我们根据上述表达式将$f_1(m)$与接触角间的关系表示于图8-6。可以看出,当$\theta = 0$,有$f_1(m) = 0$,衬底上晶核形成能$\Delta G^* = 0$,这表明不需成核,在衬底上流体可立即转变为晶体。这在物理上是容易理解的,因为$\theta = 0$,表

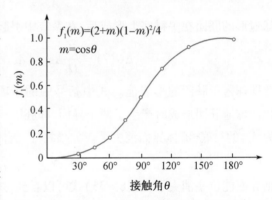

图8-6 $f_1(m)$关于接触角θ的函数[4]

明晶体完全浸润衬底,在衬底上将覆盖一层具有宏观厚度的晶体薄层(胚团),于是就等价于籽晶生长或同质外延。从图8-6中还可看出,当$\theta = 180°$,有$f_1(m) = 1$,此时衬底上非均匀成核的形成能与均匀成核的形成能完全相等,衬底对成核过程没有任何贡献。这是由于$\theta = 180°$是完全不浸润的情况,此时胚团与衬底只相切于一点,球冠胚团完全变成球形胚团,因而和均匀成核的情况没有差异。由此可知,在生长系统中具有不同接触角的衬底在成核过程中所起的作用不同,据此我们可以根据实际需要来选择衬底。例如我们要防止在坩埚或容器上结晶,那么我们可以使用接触角近于180°的坩埚材料。又如在外延生长中,我们尽量选用接触角近于0的材料作衬底。当然,这里强调的原则来自成核理论,实际上坩埚或衬底材料的选择还决定于其他重要因素。

下面我们进一步给出在平衬底上球冠核的成核率。对气相生长系统,球冠核的表面面积近似地取为πr^{*2},因而捕获原子的概率为

$$B = p \, (2\pi m k T)^{-\frac{1}{2}} \cdot \pi r^{*2} \tag{8-40}$$

将式(8-37)、(8-38)和(8-40)代入(8-28)式,可得平衬底上球冠核的成核率

$$I = np(2\pi mkT)^{-\frac{1}{2}} \cdot \pi\left(\frac{2\gamma\Omega_S}{kT\ln p/p_0}\right)^2 \cdot \exp\left[-\frac{16\pi\Omega_S^2\gamma^3}{3k^3T^3(\ln p/p_0)^2} \cdot f_1(m)\right] \quad (8-41)$$

同样我们可得熔体生长系统中平衬底上球冠核的成核率

$$I = n\nu_0 \exp\left(-\frac{\Delta q}{kT}\right) \cdot \exp\left[-\frac{16\pi\gamma^3\Omega_S^2 T_m^2}{3kTl^2(\Delta T)^2} \cdot f_1(m)\right] \quad (8-42)$$

可以看出,衬底对成核率的影响也是通过函数$f_1(m)$起作用的。我们以过饱和水汽中冰晶在衬底上成核为例进行说明。由式(8-41)可以看出,对给定的成核率,饱和比$\alpha = \frac{p}{p_0}$可以表示

为接触角θ的函数。在气-冰系统中,若$T = 0\,℃$,在平衬底上每平方厘米的面积上每秒出现一颗晶核,即$I = 1\ cm^{-2} \cdot s^{-1}$,则由式(8-41)可以求得饱和比$\frac{p}{p_0}$与接触角$\theta$的关系。今将该关系表示于图8-7。由图中曲线可以看出,当$\theta = 0$,饱和比为1就能得到$I = 1\ cm^{-2} \cdot s^{-1}$的成核率。这相当于不需成核的情况。随着接触角$\theta$增加,所要求的饱和比随之增加。当$\theta = 180°$时,所要求的饱和比为4.4,这正好等于水汽中冰晶均匀成核的临界饱和比(见本章第三节),由此可见,当$\theta = 180°$时,衬底对成核过程完全没有贡献。

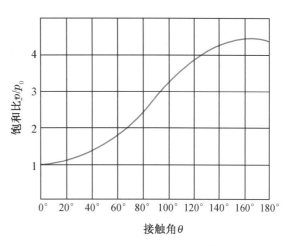

图8-7 气-水系统中$I = 1\ cm^{-2} \cdot s^{-1}$时的$\frac{p}{p_0}$与$\theta$的关系

根据(8-41)式,亦可求得在气-水系统中平衬底上水滴非均匀成核时的饱和比与接触角的关系(在$I = 1\ cm^{-2} \cdot s^{-1}$的条件下),其结果与图8-7基本一致。这是由于水-气界面能$\gamma = 75.6\ erg/cm^2$,冰-气界面能为$80\ erg/cm^2$,其间的差值在式(8-41)中所含诸参量的实验值的累积误差范围内。而关于平衬底上水滴非均匀成核的饱和比与接触角的关系曲线(和图8-7完全一致),已经得到实验的证实。该类实验是在连续的云雾室中用涂了一层含有疏水物质薄膜的玻璃片进行的。实验结果验证了上述理论。

*二、平衬底上表面凹陷的影响

理想平整的衬底是难以制备的。实际上,衬底上往往存在一些表面凹陷,如磨料引起的刻痕、印痕以及微裂缝等。实践表明,衬底上的这些表面凹陷对非均匀成核的影响是十分明显的。下面我们根据一个近似的模型[5],来定性地说明衬底凹陷内成核(nucleation in hollow of substrate)。

从前面的讨论中我们可以得知,在衬底上形成胚团时将一部分衬底与流体的界面转变为衬底与晶体的界面。如果衬-流的界面能 γ_{CF} 大于衬-晶的界面能 γ_{SC},由式(8-35)可知,形成的衬-晶的界面面积 A_{SC} 越大,则胚团的形成能越小。衬底上的表面凹陷能有效地增加晶体与衬底间的界面面积(胚团在表面凹陷内形成),因而能有效地降低胚团的形成能,甚至能使胚团(在凹陷中的)在过热或不饱和的条件下保持稳定。

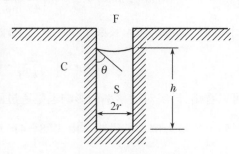

图 8-8　表面凹陷的柱孔模型

为了说明衬底上的凹陷效应,我们考虑衬底上一圆柱状的空腔,其半径为 r,其中充满高为 h 的胚团,如图 8-8 所示。根据初等几何,可以求得胚团体积 V_S、胚团-流体界面面积 A_{SF}、胚团-衬底界面面积 A_{SC} 分别为

$$V_S = \pi r^2 h$$
$$A_{SF} = 2\pi r^2 (1 - \sqrt{1-m^2})/m^2 \tag{8-43}$$
$$A_{SC} = 2\pi rh + \pi r^2$$

其中 m 仍为接触角的余弦,其表达式为式(8-33)。将式(8-43)代入式(8-35),并利用式(8-33),可得柱形空腔中胚团的形成能

$$\Delta G = \frac{\pi r^2 h}{\Omega_S}\Delta g + 2\pi r \gamma_{SF}\left[r(1-\sqrt{1-m^2})/m^2 - m\left(h+\frac{r}{2}\right)\right] \tag{8-44}$$

值得注意的是,在半径为 r 的圆柱空腔中的胚团,因 r 是恒定的,故其形成能只是 h 的函数。由(8-44)式可以看出,如果 h 足够大,表面能项可为负值;若流体为过冷或过饱和流体,即 $\Delta g < 0$,由式(8-44)可知,随着 h 增加,ΔG 总是减小的,因而胚团将自发增长,这等价于籽晶生长的情况;如果流体为不饱和或过热流体,即 $\Delta g > 0$,胚团也可能是稳定的。实际上,在 $\Delta g > 0$ 的条件下,如果 ΔG 随 h 增加而减小,即

$$\frac{\partial \Delta G}{\partial h} < 0$$

胚团就是稳定的。由此可得胚团的稳定条件如下

$$\frac{\pi r^2}{\Omega_S}\Delta g - 2\pi r m \gamma_{SF} < 0$$

或

$$r < \frac{2\gamma_{SF}\Omega_S m}{\Delta g} \tag{8-45}$$

由此可见,空腔的半径越小,胚团越稳定。例如在熔体生长系统中,当温度超过 T_m 时,即 $\Delta g > 0$,随着温度上升,半径 r 较大的空腔中的胚团先消失,并且越来越多的空腔中的胚团变得不稳定,直至完全消失。空腔中的胚团一旦消失了,如果要再次产生,则只能从空腔的平底上或侧壁上开始。因而此时胚团的形成能不是由式(8-44)确定,而是由式(8-36)确定。

平衬底上凹陷对成核的贡献,根据吉布斯-汤姆孙关系也能得到定性的解释。

*三、衬底上的凹角成核

在凹角亦称重入角(re-entrant corners)处优先成核,这个效应已有不少应用。例如用贵金属原子沉积在碱金属卤化合物表面台阶的凹角处,可以显示单原子高度的表面台阶以及研究台阶运动动力学[6]。又如利用孪晶在表面形成的凹角,可以生长蹼状单晶[7]。在这里我们应用经典成核理论定性地解释这些现象。孪晶片在光滑面上的露头处所形成的凹角,对光滑面上的二维成核有类似的贡献,其微观机制和动力学我们将在第十章中讨论。

我们考虑一球冠胚团在凹角处形成,用 ξ 表示凹角的角度,见图 8-9。查克拉维蒂(Chakraverty)和庞德(Pound)[8]详细地分析了这个问题。分析的方法和分析平衬底上球冠胚团成核相似。但是只有在 $\xi = 90°$ 的情况下才能得到解析表达式。对 $\xi = 90°$,在凹角处球冠胚团的晶核半径为

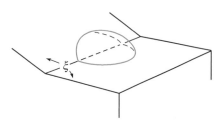

图 8-9　凹角处球冠核的形成[8]

$$r^* = \frac{2\Omega_s \gamma_{SF}}{\Delta g}$$

这和均匀成核的晶核半径以及平衬底上球冠胚团的晶核半径相同,这正是我们预期的。所得的球冠核的形成能为

$$\Delta G^* = \frac{16\pi\Omega_s^2\gamma_{SF}^3}{3\Delta g^2} \cdot f_2(m) \tag{8-46}$$

其中 $f_2(m)$ 仍为接触角余弦 m 的函数,其表达式为

$$f_2(m) = \frac{1}{4}\left\{ \left(\sqrt{1-m^2} - m\right) + \frac{2}{\pi}m^2(1-2m^2)^{\frac{1}{2}} + \right.$$

$$\frac{2}{\pi}m(1-m^2)\arcsin\left(\frac{m^2}{1-m^2}\right)^{\frac{1}{2}} - m(1-m^2) -$$

$$\left. \frac{2}{\pi r^*}\int_{mr^*}^{(1-m^2)^{1/2}r^*}\arcsin\left[\frac{r^*m}{(r^*-y^2)^{\frac{1}{2}}}\right]dy \right\} \tag{8-47}$$

式中 y 为积分变量。我们可以进一步得到凹角处球冠胚团成核率表达式,这与平衬底上球冠胚团成核率表达式类似。于是得到凹角处成核率与平衬底成核率的比值为

$$\ln\left(\frac{I_{凹}}{I_{平}}\right) = \frac{16\pi\Omega_s^2\gamma_{SF}^3}{3\Delta g^2}[f_1(m) - f_2(m)] \tag{8-48}$$

在气相生长系统中,在临界过饱和度的条件下,取

$$\frac{16\pi\Omega_s^2\gamma_{SF}^3}{3\Delta g^2} \approx 28$$

根据式(8-48),得到 $\ln\left(\dfrac{I_凹}{I_平}\right)$ 与 θ 的关系曲线,将该曲线示于图8-10。可以看出,不管接触角的大小如何,在凹角处的成核率总大于平衬底上的成核率。从图中曲线可以看出,要用贵金属原子沉积在台阶处凹角内的方法来显示表面台阶,选取的接触角似乎应该在 $60° \sim 120°$ 的范围内。

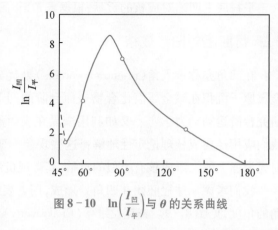

图8-10　$\ln\left(\dfrac{I_凹}{I_平}\right)$ 与 θ 的关系曲线

　　综上所述,可以看出,在凹角处的成核率总大于平衬底上的成核率(三维成核)。十分类似,光滑界面上孪晶露头处所形成的凹角,将有利于二维成核,这可用来解释蹼状晶体的生长。(关于台阶的二维成核将在下章讨论,而在光滑界面上孪晶露头处的二维成核机制与动力学,我们将在第十章讨论)。

*四、悬浮粒子上的成核

　　上面考虑的是衬底上的非均匀成核,如果用来近似处理亚稳流体在生长系统的器壁上或坩埚壁上的成核是比较合适的。如果研究在悬浮粒子上的成核(nucleation at a floating particle),就有必要对理论作进一步的改进。

　　弗莱彻(Fletcher)[9]进一步推广了上述的经典成核理论,在气相生长系统中将悬浮粒子大小的影响也考虑进去。如将悬浮粒子看为一半径为 r 的球体,同样忽略界面能的各向异性,可按前述的方法进行分析,只是在几何方面更为复杂。最后得到的结果是

$$\Delta G^* = \frac{16\pi \Omega_S^2 \gamma_{SF}^3}{3\Delta g^2} \cdot f_3(m,x) \tag{8-49}$$

其中

$$x = \frac{r}{r^*} = \frac{r\Delta g}{2\gamma_{SF}\Omega_S} \tag{8-50}$$

$$f(m,x) = 1 + \left[\frac{1-mx}{g}\right]^3 + x^3\left[2 - 3\left(\frac{x-m}{g}\right) + \left(\frac{x-m}{g}\right)^3\right] + 3mx^2\left[\frac{x-m}{g} - 1\right] \tag{8-51}$$

这里

$$g = (1 + x^2 - 2mx)^{\frac{1}{2}} \tag{8-52}$$

而 m 仍为接触角的余弦。如果要求得每个悬浮粒子上的成核率,在气相生长系统中其结果与式(8-30)相似

$$I = np(2\pi m kT)^{-\frac{1}{2}} \cdot 4\pi r^2 \left[\frac{2\Omega_S\gamma}{kT\ln p/p_0}\right]^2 \cdot \exp\left[-\frac{16\pi\Omega_S^2\gamma^3}{k^3T^3(\ln p/p_0)^3} \cdot f_3(m,x)\right] \tag{8-53}$$

弗莱彻对不同的 m 值的粒子,应用式(8-53)求得了在一秒钟内成为晶核所应有的临界饱和比与粒子半径的关系[9],其结果表示于图8-11。从这些曲线可以看出,一个悬浮粒子要成为有效的凝华核,这个粒子不但要相当大,而且其接触角要小。这个事实一直被许多人忽视,他们只从吉布斯-汤姆孙关系式(7-36)来考虑粒子对成核过程的影响。大体上说这也就是只考虑了图中曲线 $m=1$,这曲线显然不能应用于具有一定接触角的悬浮粒子。

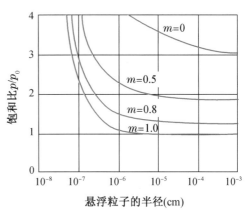

图 8-11 临界饱和比与粒子半径[9]

第五节 界面失配对成核行为的影响

为了便于讨论,我们将悬浮粒子也称为衬底。在前面所阐述的理论中,我们将衬底与胚团间的界面性质对成核行为的影响笼统地归结为对接触角的影响,而没有细致分析。一般说来,衬底和胚团的点阵和结构是不同的,或者说,在界面处衬底和胚团的点阵是不匹配的。通常这种不匹配对成核行为的影响,只有一部分可以概括在界面能 γ_{CS} 内,另一部分是在胚团及衬底中引起了弹性畸变。这种弹性畸变所产生的弹性能,同样也影响了成核行为。这里我们将讨论界面处点阵不匹配对界面能和弹性能的影响,以及如何通过它们影响成核行为。

通常界面能由两部分构成。一部分和界面两侧异相原子的化学交互作用有关,我们将这部分能量称为界面能的化学部分,记为 $\gamma_{化学}$。另一部分和界面两侧异相点阵的不匹配有关,这部分能量称为界面能的结构部分,记为 $\gamma_{结构}$。于是衬底和晶体胚团间的界面能 γ_{CS} 为

$$\gamma_{CS} = \gamma_{化学} + \gamma_{结构} \tag{8-54}$$

若界面处异相(衬底和晶体胚团)原子间由于化学交互作用形成的键称为混合键,在界面上单位面积形成的混合键的数目为 ξ,混合键的键合能为 ϕ_{CS},衬底本身原子间的键合能为 ϕ_C,晶体胚团中原子的键合能为 ϕ_S,于是由于出现混合键而对界面能的贡献是

$$\gamma_{化学} = \xi \phi_{CS} - \frac{1}{2}\xi(\phi_C + \phi_S) \tag{8-55}$$

这就是界面能的化学部分。

一、共格界面、半共格界面和非共格界面

如果着眼于固相界面的结构,我们可以将界面分成三种类型。第一种类型是,界面两侧的晶体点阵保持一定的位相关系,而沿着界面,两相具有相同的或相近的原子排列(见图8-12(a)、(b)),这种类型的界面称为共格界面(coherent interface)。共格界面的界面能结构部分 $\gamma_{结构}=0$。如果界面两侧的点阵不匹配,如图8-12(b),则这点阵不匹配将完全转

变为两相中的弹性能。第二种类型的界面称为非共格界面(incoherent interface),其界面两侧的点阵不保持任何的位相关系,沿着界面,两相具有完全不同的原子排列,两相是完全不匹配的。这种界面的$\gamma_{结构}$较大,但在两相中不产生弹性能。第三种类型的界面是介于上述两者之间,称为半共格界面(semicoherent interface),界面两侧的点阵仍保持一定的位相关系,虽然界面的原子排列有差异但还比较接近,可以将这种类型的界面看为由共格区域和非共格区域(错配区域)构成的,见图 8 - 13。这种界面上由于错配区的存在,因而具有一定的$\gamma_{结构}$,同时也具有一定的弹性能。

关于非共格界面,由于在衬底和胚团中不引起弹性能,因而它对成核行为的影响可以完全归结为界面能的影响。故上节中已经阐述的非均匀成核理论对非共格界面是适用的。一般说来,无法使衬底和晶体胚团完全匹配,也就是说,通常得不到如图 8 - 12(a)所示的共格界面。实际上我们所选用的衬底,其与外延层(晶体薄膜)在界面两侧的原子排列都是稍有差异的。因而实验上只能得到如图 8 - 12(b)所示的共格界面,在这种情况下,弹性能与外延层的体积成正比,因而当外延层的厚度增加到某临界值时,这种共格面显得不稳定,将转变为半共格界面,这样消弛了长程应力场,降低了总能量[10]。因而外延生长中的界面多为半共格界面。我们下面着重讨论半共格界面。

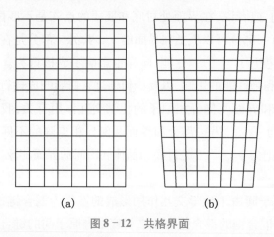

图 8 - 12 共格界面　　　　　　　　　　　图 8 - 13 半共格界面

二、错合度引起的弹性畸变和错配位错

对半共格界面,如果两相沿界面的原子排布相同,例如密积六方结构的{0001}面与面心立方结构的{111}面相匹配。如果两相沿界面的原子间距不等,令a_C°,a_S°分别代表衬底与晶体胚团的原子间距(平衡间距),参阅图 8 - 14(a)。则理想错合度(ideal disregistry)δ_i为

$$\delta_i = \frac{a_C^\circ - a_S^\circ}{a_S^\circ} \qquad (8-56)$$

若两相的原子间距相同,但原子列的取向有角度差异,参阅图 8 - 14,则理想错合度δ_i'定义为

$$\delta_i' = \frac{\theta_C^\circ - \theta_S^\circ}{\theta_S^\circ} \qquad (8-57)$$

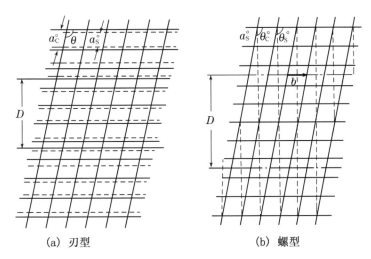

(a) 刃型   (b) **螺型**

图 8 - 14　错配位错

可以看出,由于两相在界面处不完全匹配,产生了理想错合度。理想错合度或是由界面两侧晶体的弹性畸变来容纳(图 8 - 12(b)),或是由界面上产生错配位错来容纳(图 8 - 13),或是两者共同容纳。

如果理想错合度完全由弹性畸变来容纳,则界面为图 8 - 12(b)所示的共格界面。但由于在衬底上形成的胚团,其体积较小,我们假定弹性畸变完全发生于胚团中。于是胚团中的弹性应变就等于理想错合度,即

$$e = \delta_i = \frac{a^\circ_C - a^\circ_S}{a^\circ_S} \qquad (8-58)$$

$$e' = \delta'_i = \frac{\theta^\circ_C - \theta^\circ_S}{\theta^\circ_S} \qquad (8-59)$$

由弹性力学可知,此时单位体积中的应变能为

$$\Delta G_e = c e^2 = c \delta_i^2 \qquad (8-60)$$

$$\Delta G'_e = c' e'^2 = c' \delta_i'^2 \qquad (8-61)$$

式中 c 和 c' 是和晶体弹性模量、切变模量有关的常数。

若理想错合度 δ_i(或 δ'_i)只部分地被晶体胚团中的弹性畸变所容纳。则实际错合度(actual disregistry)为

$$\delta = \delta_i - e = \frac{a^\circ_C - a_S}{a^\circ_S} \qquad (8-62)$$

或

$$\delta' = \delta'_i - e' = \frac{\theta^\circ_C - \theta_S}{\theta^\circ_S} \qquad (8-63)$$

式中 a_S,θ_S 是晶体弹性畸变后的原子间距和原子列间夹角。而实际错合度将由界面产生错配位错(misfit dislocation)来容纳。

如果界面处两相原子列的方位一致,但原子间距不同,则实际错合度为式(8 - 62)所示。

在这种情况下,实际错合度将由界面上的刃型错配位错列或网格来容纳,见图 8 - 14(a)。如果界面处两相原子间距相等,但原子列的方位有差异,则实际错合度为式(8 - 63)所示。在这种情况下,实际错合度由螺型错配位错列或网格来容纳,见图 8 - 14(b)。而在一般情况下,界面上是混合型的位错网格。

若实际错合度为式(8 - 62)所示,则界面上产生一列刃型错配位错,参阅图 8 - 14(a)。其间的距离为

$$D = a_S^\circ \sin \theta / \delta = (a_S^\circ)^2 \sin \theta / |a_C^\circ - a_S^\circ| \qquad (8-64)$$

若实际错合度为式(8 - 63)所示,则界面上产生一列螺型位错,参阅图 8 - 14(b)。其间的间距为

$$D = a_S^\circ \sin \theta_C^\circ / \delta' \qquad (8-65)$$

由式(8 - 64)可以看出,若 $\delta = 0.02$,刃型错配位错的间距为

$$D \approx 50 a_S^\circ$$

即实际错合度为原子间距的 2% 时,每相隔 50 个原子间距,实际错配量的总和正好等于一个原子间距。如果 $a_S^\circ > a_C^\circ$,则在晶体中要求抽出一个半原子平面,即要求出现一个刃型错配位错。这就是说,在 50 个原子间距内产生一个刃型错配位错正好容纳了该范围内的总的实际错配量。

实际错合度越大,错配位错间的间距越小。例如,

$$\delta = 0.04, \quad D \approx 25 a_S^\circ; \quad \delta = 0.1, \quad D \approx 10 a_S^\circ$$

若 δ 太大,使 D 近于原子间距,则错配位错的意义就不明确了,此时的界面就成为非共格界面。

三、错配位错对界面能的贡献

下面我们进一步讨论错配位错对界面能的贡献,即导出 $\gamma_{结构}$ 与 δ 间的关系。我们仍然假设所有弹性应变完全发生于晶体胚团内(在衬底内不引起弹性应变),并假设胚团的弹性是各向同性的,忽略界面上相邻位错间的交互作用,则界面上单位长度的刃型错配位错的弹性能为[11]

$$G_\perp = B + \frac{\mu(a_S^\circ)^2}{4\pi(1-\nu)} \ln\left(\frac{R}{a_S^\circ}\right) \qquad (8-66)$$

式中 B 为单位长度位错的核心能,R 为位错应力场所及区域的线度,μ 为切变模量,ν 为泊松比。

若衬底与晶体都是简单立方晶体,界面为 {001} 面,晶格参数分别为 a_C° 和 a_S°,则在界面上形成的是两组正交的刃型错配位错构成的正方网格。网格的宽度 D 为式(8 - 64)所给出。而网格的面积为 D^2,每一网格中位错线的长度为 $2D$(每一位错线分别属于两相邻网格)。于是界面上单位面积的位错线长度为 $2/D$。故单位面积上错配位错对界面能的贡献为

$$\gamma_{结构} = G_\perp \cdot \frac{2}{D} = \frac{2G_\perp}{a_S^\circ} \cdot \delta$$

式中 $G_\perp$ 为单位长度的错配位错线所具有的能量,由式(8-66)可以看出,$G_\perp$ 可以近似地看为一常数。于是有

$$\gamma_{结构} = \Lambda \cdot \delta \tag{8-67}$$

式中 Λ 可看为与 δ 无关的量,其表达式为

$$\Lambda = \frac{2}{a_S^\circ} \left[B + \frac{\mu(a_S^\circ)^2}{4\pi(1-\nu)} \ln\left(\frac{R}{a_S^\circ}\right) \right] \tag{8-68}$$

于是我们得出结论如下,界面处的不匹配可能引起两种效应,其一是引起晶体胚团(或外延晶体层)的弹性畸变,从而引起与理想错合度平方成正比的弹性能,见式(8-60)和(8-61);其二是在界面上产生了错配位错,从而引起了界面能的增加,此项界面能 $\gamma_{结构}$ 与实际错合度成正比,见式(8-67)。

实际上,界面处的不匹配是由弹性畸变来容纳,还是由产生错配位错来容纳,或两者共同容纳,这决定于如何才能使系统的自由能降低。我们假设界面的不匹配或是全由弹性畸变容纳,或是全由产生错配位错容纳,根据式(8-60)和(8-67),分别将上述两种方式引起系统的能量增加与理想错合度的关系表示于图8-15。图中直线表示错配位错所产生的界面能和 δ_i 的关系,而抛物线表示弹性能与 δ_i 的关系。由图可以看出,当 δ_i 较小时,将由晶体的弹性畸变来容纳界面的不匹配,因为这样所引起的系统能量增加为最小,这种情况

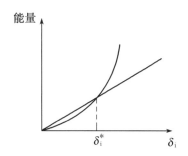

图8-15 能量与理想错合度的关系

下,可能出现共格界面。当 δ_i 较大时,界面不匹配由错配位错来容纳则比较有利;如果 δ_i 很大,产生的位错密度很高,使位错间距近于原子间距,则可能出现非共格界面。当 $\delta_i \approx \delta_i^*$ 时,可能出现两者共同容纳的情况,即出现半共格界面。但是由于晶体中的总弹性能与外延晶体的体积成正比,而总界面能 $\gamma_{结构}$ 与界面面积成正比,因而曲线的交点 δ_i^* 将随外延晶体的体积增加而减小。

范德默夫(Van der Merwe)比较严格地计算了半共格界面的能量[12],处理了刃型错配位错列以及螺型错配位错网格的情况。他所得的结果之一表示于图8-16。可以看出,其结果和我们粗略估计的结果(图8-15)很相似。假设界面处的不匹配全由错配位错容纳,该情况下得到的界面能与理想错合度的关系如图8-16中实线所示。这和我们粗略估计所得的线性关系式(8-67)有较大差别。曲线 A 代表外延晶体层的厚度为无限大时的情况,曲线 B 代表外延晶体层为单原子层的情况。可以看出曲线 A 和曲线 B 的差异很小,这是由于上述错配位错组态的应力场和应变场是随距界面的距离而指数衰减的。这反映了错配位错与晶体中位错的弹性性质的差异,我们知道排列于同一滑移面上的同号刃型位错是具有长程应力场的[11]。其次,在界面处的不匹配全为弹性畸变容纳的情况下,范德默夫假设外延晶体遭到

均匀压缩或拉伸后再和衬底相匹配,则单位面积所具有的弹性能约为 $2\mu h\delta_i^2$,其中 μ 为外延晶体的切变模量,h 为外延层厚度。图 8-16 中曲线 C 是单原子厚度外延晶体的弹性能与 δ_i 的关系曲线。由于弹性能是厚度 h 的函数,因此弹性能曲线与界面能曲线的交点 δ_i^* 也是 h 的函数,表 8-2 列出了不同厚度外延层的 δ_i^*。可以看出,对给定的外延生长系统,δ_i 是确定的;当外延层很薄时,可能有 $\delta_i < \delta_i^*$,故界面为共格界面,界面处的不匹配全为弹性畸变容纳;但由表 8-2 可知,随着外延层厚度增加,δ_i^*减小,当 $\delta_i > \delta_i^*$ 时,原共格界面上将出现一定组态的错配位错,以消弛长程应力场、降低整个系统的

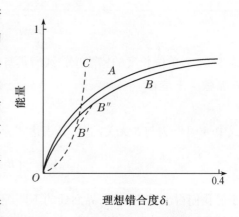

图 8-16 能量与理想错合度的关系[12]
(精确计算结果)

能量。实际上,当 $\delta_i \approx \delta_i^*$ 时,界面处的不匹配一部分为弹性畸变容纳,一部分为错配位错容纳。范德默夫求得了对不同 δ_i 的最小能量(界面能和弹性能为最小),其结果如图 8-16 中的曲线 $OB'B''B$。可以看出在 $B' \sim B''$ 的区间内,即在 δ_i^* 邻近,界面处的不匹配由弹性畸变和错配位错共同容纳。

表 8-2 外延晶体厚度与 δ_i^*

外延层厚度(原子层厚度)	1	2	5	10	20	100	1000
δ_i^*(%)	7.8	5.4	4.2	3.5	3.2	0.5	0.05

四、界面失配对成核行为的影响

下面我们来分析错配位错产生的界面能 $\gamma_{结构}$ 和外延晶体中的弹性能对成核行为的影响。

我们假设衬底和外延层的界面为平面,胚团的形状为球冠形,在衬底与外延晶体间的理想错合度为 δ_i,由于界面处的不匹配在晶体中引起的弹性应变为 e,界面的实际错合度为 $\delta = \delta_i - e$,由式(8-54)和(8-67)得衬底和胚团的界面能为

$$\gamma_{CS} = \gamma_{化学} + \Lambda\delta \tag{8-69}$$

将式(8-69)代入(8-33)得接触角余弦

$$m = \frac{\gamma_{CF} - (\gamma_{化学} + \Lambda\delta)}{\gamma_{SF}} \tag{8-70}$$

流体(亚稳)中单个原子转变为晶体原子时,其体自由能的降低为 Δg。但胚团中有弹性畸变,因而胚团中单个原子的自由能较没有弹性畸变时升高了 $c\Omega_s e^2$(根据式(8-60))。于是单个流体原子转变为存在弹性应变 e 的胚团中的原子,其体自由能的变化为 $\Delta g + c\Omega_s e^2$。故

在衬底上形成球冠胚团时,参阅式(8-35),系统的自由能的变化为

$$\Delta G = \frac{V_S}{\Omega_S}(\Delta g + c\,\Omega_S\,e^2) + [A_{SF}\gamma_{SF} + A_{CF}(\gamma_{化学} + \Lambda\delta - \gamma_{CF})]$$

对平衬底,V_S,A_{SF},A_{CF} 的表达式为式(8-34),代入后,令

$$\frac{\partial G}{\partial r} = 0$$

可得晶核的半径,再代入上式,最后得晶核的形成能为

$$\Delta G^* = \frac{16\pi\,\Omega_S^2\,\gamma_{SF}^3}{3\,(\Delta g + c\,\Omega_S\,e^2)^2} \cdot f(m) \tag{8-71}$$

对平衬底,$f(m) = f_1(m)$,其表达式为(8-39)。事实上我们可推广上述结果,如令 $f(m) = f_2(m)$,即表达式为(8-47),则 ΔG^* 为凹角($\xi = 90°$)处球冠核的形成能;如令 $f(m) = f_3(m,x)$,即表达式为(8-51),则 ΔG^* 为悬浮粒子上成核的形成能。不过这里的情况与前面的不同,这里既考虑了胚团中的弹性能又考虑了错配位错对界面能的贡献,因此诸式中 m 的表达式为(8-70)所示。我们进一步讨论平衬底上球冠核的形成能,将(8-39)式代入(8-71)式,得

$$\Delta G^* = \frac{4\pi\,\Omega_S^2\,\gamma_{SF}^3}{3\,(\Delta g + c\,\Omega_S\,e^2)^2}(2+m)(1-m)^2 \tag{8-72}$$

在通常的外延生长系统中,$\theta \approx 0°$,$m \approx 1$,$2+m \approx 3$,并将(8-70)式代入,于是有

$$\Delta G^* = \frac{4\pi\,\Omega_S^2\,\gamma_{SF}^3}{(\Delta g + c\,\Omega_S\,e^2)^2}\left[\frac{\gamma_{SF} - \gamma_{CF} + \gamma_{化学}}{\gamma_{SF}} + \frac{\Lambda}{\gamma_{SF}}\delta\right]^2 \tag{8-73}$$

由上式可知,界面处的不匹配无论是在界面上引起错配位错还是在胚团中引起弹性能,都增加了晶核的形成能 ΔG^*,即增加了成核位垒。值得注意的是,亚稳流体相中成核时,Δg 恒为负值,但胚团中的弹性能恒为正值,这表明弹性能的出现等价于降低了晶体成核的有效驱动力。而错配位错的出现,就增加了成核的界面能位垒。而两者的大小都决定于衬底与外延晶体的理想错合度,故选用外延衬底时,希望理想错合度越小越好。

第六节　晶体生长系统中成核率的控制

在人工晶体生长系统中,必须严格控制成核事件的发生。通常采用的是非均匀驱动力场的方法。所谓驱动力场是指生长系统中驱动力按空间的分布。

设计得比较合理的生长系统,其驱动力场是,只有晶体-流体界面邻近存在生长驱动力(即负驱动力或 $\Delta g < 0$),而系统的其余各部分的驱动力为正的(即熔化、溶解或升华驱动力),且在流体中越离开界面正驱动力越大。同样,为了晶体发育良好,还要求驱动力场具有一定的对称性。

例如,在直拉法熔体生长系统中,要求熔体自由表面的中心处,存在负驱动力(熔体具有

一定的过冷度），熔体中其余各处的驱动力为正（为过热熔体），且越离液面中心其正驱动力越大，并要求驱动力场具有轴对称性。在这样的驱动力场中，如果用籽晶生长，就能保证生长过程中不会发生成核事件。如果不用籽晶，也能保证晶体只成核于液面中心，并且生长成单晶体而不产生其他的晶核。图8-17是直拉法铌酸锂单晶炉中，于坩埚中的液面中心自然成核而长成的单晶体。在这样的驱动力场中，我们可以用金属丝引晶并用产生缩颈的方法来生长第一根（无籽晶）单晶体。由熔体生长系统中生长驱动力的表达式(8-9)可以看出，生长驱动力场是与熔体中的温场相对应的。因而可以用改变温场的方法来获得合理的

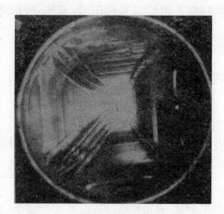

图8-17 液面中心自然成核所得的 $LiNbO_3$ 单晶体

驱动力场。在驱动力场设计得不合理的直拉法生长系统中，在引晶阶段有时出现"漂晶"，所谓"漂晶"是漂浮在液面上的小晶体，这些晶体往往成核于液面。这是因为该处不能保持正驱动力（即不能保持熔体过热），故在熔体中的悬浮粒子上产生了非均匀成核。

在气相生长系统中或溶液生长系统中，对驱动力场的要求原则上与上述相同。由式(8-4)、(8-6)可以看出，驱动力场决定于饱和比。由于饱和蒸气压以及溶液的饱和浓度与温度有关，故调节温场可使生长系统中局部区域的蒸气或溶液成为过饱和，而使其他区域为不饱和，这样就能保证只在该局部区域成核和生长。这对通常不用籽晶生长的助熔剂法生长尤为重要，因为在这种生长系统中如不控制成核率，则虽然所得晶体甚多，但晶体的尺寸很小。如果在同样的条件下，精确控制成核率，使只出现少数晶核，这样就能得到尺寸较大的晶体。

通过温场改变驱动力场，借以控制生长系统中的成核率，这是晶体生长工艺中经常应用的方法。然而要正确无误的控制，还必须减少在坩埚壁上和悬浮粒子上的非均匀成核。例如可使埚壁光滑无凹陷，埚壁和埚底间不出现尖锐的交角，或是采用纯度较高的原料以及在原料配制过程中不使异相粒子混入。

参考文献

[1] Jones D R H, Chadwick G A. Phil Mag, 1979, 24：995.

[2] Pamplin B. Crystal Growth[M]. Pergamon. 1975：12.

[3] Френкелв Я И. Ввеলениев Теорию Металлов[M]. Государственое Иэлателвство. 1950. 何寿安译. 金属理论概要. 北京：科学出版社,1957：第十二章.

[4] Hirth J P, Pound G M. Condensation and Evaporation[M]. Pergamon, 1963：41.

[5] Turenbull D. J Chem Phys, 1950, 18：198.

[6] Bethge B. Phys Stat Sol, 1962, 2：3.

　　Ueda R, Mullin J R. Crystal Growth and Characterization[M]. North-Holland,1975：361.

［7］Billig E. Proc Roy Soc, 1955, A229：346.

　　Bennet A I, Longini R L. Phys Rev, 1959, 116：53.

［8］Chakraverty B K, Pound G M. Proceedings of the Doyton International Conference on Condensation and Evaporation［M］. Gorden and Breach, 1963.

［9］Fletcher N H. J Chem Phys, 1958, 29：572；1960, 31：1136.

［10］Van der Merwe J H, Ball C A B. Epitaxial Growth［M］. New York：Academic Press, 1975：494.

［11］冯端,王业宁,丘第荣.金属物理(上册)［M］.北京:科学出版社,1964.

［12］Van der Merwe J H. J Appl Phys, 1963, 34：117、123.

我们已介绍了亚稳相的概念,讨论了界面的平衡结构和成核理论。现在我们面临的问题是:在亚稳相中晶核形成后或在亚稳相中置入籽晶后,晶体是如何生长的。也就是说,晶体以怎样的机制生长,以及晶体生长速率与生长驱动力间的规律如何。通常我们将生长速率与驱动力间的函数关系称为生长动力学(kinetics of crystal growth)或界面动力学。

生长动力学规律决定于生长机制,而生长机制又决定于生长过程中界面的微观结构,因而生长动力学规律是与界面结构密切相关的。

在本章中我们讨论邻位面、光滑界面、粗糙界面的生长机制及其生长动力学规律。最后运用所得结果说明几个有关晶体的形态问题。二十世纪八十年代以来,光滑界面的晶体生长经典机制与动力学有所突破,主要是作者基于缺陷在晶面露头处的原子组态,将晶体生长的螺位错机制推广为包括螺位错、刃位错、混合位错在内的位错机制,以及发展了层错机制、孪晶机制、重入角机制以及粗糙界面与重入角的协同机制等。关于晶体生长缺陷机制的进展,有兴趣的读者可以参阅第十届国际晶体生长会议(ICCG - 10)作者的总结性论文(Defect mechanism of crystal growth and their kinetics, J Crystal Growth 128 (1993) 104 - 112),或参阅王继扬所写的评述性论文(晶体生长的缺陷机制,物理,30 (2001) 332 - 339)。

第一节　邻位面生长——台阶动力学

邻位面必然台阶化,这是第七章第七节曾经论证过的问题。因而只要邻位面存在,该面上必然有台阶存在,故邻位面的生长问题就是在光滑界面(奇异面)上的台阶运动问题。下面我们首先讨论台阶运动速率与驱动力间的关系,即台阶动力学(kinetics of steps),在此基础上再讨论邻位面的生长。

一、界面上分子的势能

为简单起见,我们仍然使用简单立方晶体$\{100\}$面的模型。并假设最近邻分子的交互作用能(键合能)为$2\phi_1$,次近邻的交互作用能为$2\phi_2$。现在我们来估计一个流体分子进入界面上的不同位置所释放的能量,参阅图9 - 1。可以看出,当一个流体分子达到界面位置(2)时,由于形成了一个最近邻键和四个次近邻键,因而这一过程中释放的能量为$W^s = 2\phi_1 + 8\phi_2$。同样,流体分子到达位置(3)时,释放的能量为$4\phi_1 + 12\phi_2$,到达扭折位置(4)时,释放的能量

为 $6\phi_1 + 12\phi_2$。由此可见,在这些过程中到达扭折位置(4)所释放的能量最大,故该位置的势能最低。因而扭折位置(4)是分子在界面上的最稳定的位置。通常将到达扭折位置的分子看为晶相分子,而由流体到达扭折所释放的能量称为相变潜热。当晶体和流体处于平衡态时,此时驱动力 $\Delta g = 0$,因而分子吸附到扭折上的概率和离开扭折位置的概率相等。当流体为亚稳相时,此时驱动力 $\Delta g < 0$,

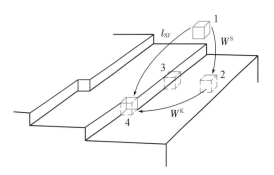

图 9-1 邻位面上不同位置的吸附分子

分子吸附到扭折上的概率较大,故晶体生长。由于在通常的生长温度下,台阶上的扭折能够自发地产生,且扭折密度较高,见式(7-58),故在邻位面上晶体生长比较容易。而吸附于界面上的分子,图9-1中位置(2),其势能较高,显得较不稳定。它或是吸收能量 W^S 后重新回到流体中去,或是继续释放能量 W^K,通过面扩散(surface diffusion)达到扭折位置而成为晶体的分子,故不能将这些分子看为晶相分子,而称为吸附分子。图 9-2 大致表示

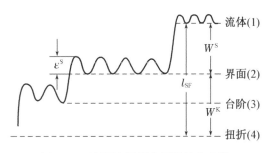

图 9-2 界面上不同位置的势能曲线

了界面上不同位置处的分子势能。由图可知,单分子的相变潜热 l_{SF} 可以表示为

$$l_{SF} = W^S + W^K \qquad (9-1)$$

根据上述讨论还可以知道,晶体生长可能的途径有(参阅图9-1):

① 流体分子(1) $\xrightarrow{\text{体扩散}}$ 吸附分子(2) $\xrightarrow{\text{面扩散}}$ 台阶分子(3) $\xrightarrow{\text{线扩散}}$ 扭折(4)

② 流体分子(1) $\xrightarrow{\text{体扩散}}$ 吸附分子(2) $\xrightarrow{\text{面扩散}}$ 扭折(4)

③ 流体分子(1) $\xrightarrow{\text{体扩散}}$ 扭折(4)

一般说来,台阶上扭折间的间距 x_0 只有几个原子间距,见式(7-58),因而台阶分子(3)通过一维扩散到达扭折是比较容易的,可以认为凡是到达台阶的分子都能到达扭折。故在生长过程中,流体分子或是通过方式②到达扭折,或是通过方式③到达扭折。

二、面扩散

我们仍然先讨论简单立方晶体的 {100} 面,如图9-1所示。吸附分子(2)由于热激活可以离开晶面而进入流体,这个过程需要吸收的能量为 $W^S = 2\phi_1 + 8\phi_2$,因而 W^S 就是吸附分子欲回到流体中所需翻越的位垒。然而吸附分子在热激活下欲移向界面上最近邻的晶格坐位所需克服的位垒却低得多,这个位垒的高度记为 ε^S,见图9-2。这是吸附分子进行面扩散所需克服的位垒,或者说,ε^S 是吸附分子能够面扩散所必须具有的能量,我们称之为面扩散激

活能。在简单立方晶体的 $\{100\}$ 面上，面扩散激活能约为 $\varepsilon^S \approx 2\phi_2$。可以看出，面扩散激活能是较小的。通常面扩散激活能只有相变潜热的 $1/20$，即 $\varepsilon^S \approx \dfrac{1}{20} l_{SF}$，故相对地说，面扩散是比较容易的。显然，面扩散激活能的大小不仅与晶体键合能的大小、晶体结构有关，就是对同一晶体，不同面指数的面，其面扩散激活能也不相同。

若吸附分子在界面内振动的频率为 $\nu_{/\!/}$，平均地说，沿某特定方向，例如在 (100) 面内沿 $[010]$ 方向，其振动频率为 $\dfrac{1}{4}\nu_{/\!/}$。吸附分子在界面内的每一次振动不一定都能发生漂移（面扩散），其发生漂移的概率是 $\exp\left(-\dfrac{\varepsilon^S}{kT}\right)$，于是面扩散的扩散系数为

$$D_S = \frac{1}{4}\nu_{/\!/}\exp\left(-\frac{\varepsilon^S}{kT}\right) \tag{9-2}$$

当晶体和流体共存时，不断地有流体分子吸附于界面，同时不断地有吸附分子离开界面。平均地说，一个吸附分子在界面上逗留时间称为吸附分子的平均寿命，记以 τ_S。而 $1/\tau_S$ 是吸附分子离开界面的频率（脱附频率）。它和吸附分子上下振动的频率 $\nu_\perp$ 以及离开界面的概率 $\exp(-W^S/kT)$ 成正比，于是有

$$\frac{1}{\tau_S} = \nu_\perp \exp\left(-\frac{W^S}{kT}\right)$$

或

$$\tau_S = \frac{1}{\nu_\perp}\exp\left(\frac{W^S}{kT}\right) \tag{9-3}$$

现在我们来估计在吸附分子的平均寿命内，由于无规则漂移而在给定方向的迁移 x_S（分子无规则位移的均方根偏差）。由统计物理学[1]中爱因斯坦关系式 $x_S^2 = \tau_S D_S$，将式（9-2）、（9-3）代入，并近似地认为 $\nu_\perp \approx \nu_{/\!/}$，于是有

$$x_S = \frac{1}{2}\exp\left[\frac{(W^S - \varepsilon^S)}{2kT}\right] \tag{9-4}$$

值得注意的是，我们讨论的虽然是简单立方晶体的 $\{100\}$ 面，但上式中 x_S 的导出并不依赖于该晶体模型，它对不同结构、不同面指数的晶面上的面扩散都是适用的。由式（9-4）可以看出，不同的晶体（种类、结构）、不同晶面、不同的流体相，在不同的温度下将有不同的 x_S 值。

由前面的讨论可知，对简单立方晶体的 $\{100\}$ 面，其相变潜热为 $l_{SF} = 6\phi_1 + 12\phi_2$，而 $\varepsilon^S = 2\phi_2$，$W^S = 2\phi_1 + 8\phi_2$，故 $W^S - \varepsilon^S = 2\phi_1 + 6\phi_2 \approx l_{SF}/3$。必须指出，对不同的晶体结构，虽然 W^S，ε^S 不同，但是对任何晶面，其差值 $W^S - \varepsilon^S$ 大体上等于 $0.45 l_{SF}$。故有

$$x_S \approx \frac{1}{2}\exp\left(\frac{0.22 l_{SF}}{kT}\right) \tag{9-5}$$

根据式（9-5），估计了不同生长系统中吸附分子的定向迁移 x_S，所得之结果列于表 9-1，其

中 x_S 的单位是用相应物质的晶格参数 a 表示。

表 9 - 1　不同生长系统中典型材料的定向迁移 x_S 的估计

生长系统	材料	$l_{SF}(eV)$	$T(K)$	$\dfrac{l_{SF}}{kT}$	$x_S(a)$
气相生长	水银(Hg)	0.65	200	37	2500
	镉(Cd)	1.2	573	23	100
	冰	0.53	273	22	75
熔体生长	水杨酸苯酯(salol)	0.94	314	35	1500
	硅(Si)	0.4	1704	3.3	1
	锡(Sn)	0.07	505	1.6	0.7
溶液生长	明矾	0.29	320	11	6
	ADP	0.09	310	3.5	1
	蔗糖	0.03	273	1.1	0.5

　　从表 9-1 中可以看出,在气相生长和熔体生长系统中,凡是定向迁移 x_S 较大的,其相变熵较大。因而,在微观上是光滑界面,其面扩散比较显著。锡与其熔体的界面是典型的粗糙界面, $x_S = 0.7a$,这表明根本不存在面扩散。在溶液生长系统中所求得的 x_S 相对地小,这和"溶液生长中界面为光滑界面,光滑界面上 x_S 应较大"的想法是不一致的。这个矛盾的出现可能是由于溶剂分子(特别是极性较强的溶剂分子)与界面上晶体分子间有交互作用,因而增加了溶质分子面扩散阻力的缘故。

　　吸附分子定向迁移 x_S 的大小对晶体生长基本过程的影响是很大的。我们这里首先指出, x_S 的大小将影响到流体分子到达界面上扭折位置的途径。如果 x_S 大于界面上台阶间距以及台阶上扭折间距,这意味着在吸附分子寿命内(在离开界面进入流体之前)就可能和台阶或扭折相遇而被捕获。因而在这种情况下,界面上所有吸附分子都对生长有贡献。这就表明生长是按途径②的方式进行的(流体→界面→扭折),气相生长是按这种方式生长的典型。如果 x_S 很小,则生长只能按途径③的方式进行,即生长只能是流体分子通过体扩散直接到达扭折位置,这种生长方式在溶液生长中是常见的。

三、台阶动力学——面扩散控制

　　在气相生长或某些熔体生长系统中,如果台阶的运动主要决定于通过面扩散到达台阶的吸附分子的流量。在这种情况下,台阶的运动主要是受到面扩散的控制。本节我们将讨论面扩散控制条件下的台阶动力学,首先半定量地导出单个直台阶的动力学规律,然后直接给出不同形状台阶的动力学规律。

　　我们先来应用热力学方法求出光滑界面上晶格坐位被吸附分子占有的概率。在第七章第八节之四中已经得知,光滑界面的粗糙度随温度增加而增加。因而我们可以设想,在 0 K

时光滑界面上几乎不存在吸附分子;当温度升高时,台阶上扭折处的分子不断地跑到晶面上成为吸附分子,因而界面粗糙度随温度升高而增加。上述设想能否实现,主要决定于上述过程是否能降低系统的能量。如果温度升为 T^K,由台阶上的扭折处跑出了 N_S 个分子,这些分子分布于界面的 N_0 个坐位上。这个过程将使界面能增加,因而也增加了系统的内能 U。但是由于界面的 N_0 个坐位上出现了 N_S 个吸附分子,故其组态熵 S 增加了。根据 $F = U - TS$ 可以看出,在一定的温度 T 下,出现一定浓度的吸附分子有可能使系统的自由能下降。根据自由能极小的条件 $\dfrac{\partial F}{\partial N_S} = 0$,可以求得光滑界面上吸附分子的平衡浓度。

若光滑界面有 N_0 个坐位,其中 N_S 个坐位被吸附分子所占有,故界面上吸附分子的浓度为 $\alpha_0^S = N_S/N_0$;α_0^S 还可被理解为界面上某晶格坐位被吸附分子占有的概率。另一方面,若吸附分子的形成能为 W^K,即由扭折扩散到界面坐位上所吸收的能量,见图 9-1,则界面上某晶格坐位上出现吸附分子的概率近似地可看为

$$\alpha_0^S = \exp\left(-\frac{W^K}{kT}\right) \tag{9-6}$$

在上述推导中我们忽略了熵的因子,但对单原子或简单分子,由于它们没有取向效应,这样的近似处理还是可以的。

我们现在来估计在过饱和蒸气压下一直台阶在光滑界面上运动的速率 v_∞。我们仍用 x_0 表示台阶上扭折的间距,而 x_S 为界面上吸附分子的定向迁移。若 $x_S \gg x_0$,这表明凡是到达台阶的分子都将立即到达扭折,于是台阶可以看为一均匀的吸附分子的尾闾(sink)。下面我们考虑的就是这种情况。当界面与蒸气平衡时,单位时间内从界面的给定坐位上脱附的分子数等于该坐位被占有的概率 α_0^S 与脱附频率($1/\tau^S$)的乘积。由于是饱和蒸气,因而单位时间内由气相来到界面上给定坐位的蒸气分子数亦为 α_0^S/τ_S。显然随着饱和比 $\alpha = \dfrac{p}{p_0}$ 的增加,吸附到给定坐位上的分子数也增加,并假定是按比例增加的。于是当饱和比为 α 时,在界面的给定坐位上吸附的分子数为 $\alpha \cdot \alpha_0^S/\tau_S$。由于吸附于界面上的分子在脱附前平均的定向迁移为 x_S,因而可以认为所有吸附于距台阶 x_S 内的分子,在再脱附前都能到达台阶。因而单位时间内到达长度为 a 的台阶上的分子数为 $2(\alpha \cdot \alpha_0^S/\tau_S) \cdot x_S a/a^2$,其中因子 2 是由于台阶两侧的吸附分子都向台阶扩散。a 为晶格参数。

在饱和比为 α 的蒸气压下,单位时间吸附到长度为 a 的直台阶上的分子数为 $2x_S\alpha \cdot \alpha_0^S/\tau_S a$。我们假定当饱和比增至 α 时,只是吸附到台阶上的分子数增加,并不使脱附而离开台阶的分子数减少。故由脱附而离开台阶的分子数仍然等于与饱和气压平衡($\alpha = 1$)时的分子数 $2(\alpha_0^S/\tau_S) \cdot x_S a/a^2$。这样单位时间吸附到长度为 a 的台阶上的净分子数为 $2(\alpha-1)x_S\alpha_0^S/\tau_S a$,由于过饱和度 $\sigma = \alpha - 1$,于是直台阶运动速率为

$$v_\infty = \left(\frac{2\sigma x_S \alpha_0^S}{\tau_S a}\right) \cdot \left(\frac{a^2}{a}\right) = 2\sigma x_S \alpha_0^S/\tau_S$$

将式(9-6)、(9-3)、(9-1)代入上式得

$$v_\infty = 2\,\sigma\,x_S\,\nu_\perp \exp\left(-\frac{l_{SF}}{kT}\right) \tag{9-7}$$

根据式(8-3),上式可以写成更普遍的形式

$$v_\infty = A\Delta g \tag{9-8}$$

其中 A 称为台阶的动力学系数,对气相生长

$$A = 2\,\frac{x_S\nu_\perp}{kT}\exp\left(-\frac{l_{SV}}{kT}\right) \tag{9-9}$$

对熔体生长,Δg 的表达式为(8-8)式,由文献[2]可得

$$A = \frac{3D}{akT} \tag{9-10}$$

其中 D 为扩散系数。由此可见,直台阶运动的速率与 Δg 间为线性关系,或者说,单根直台阶的速率为过冷度 ΔT 或过饱和度 σ 的线性函数。

*四、面扩散方程及其解

为了得到等间距平行直台阶列、单圈圆台阶、同心等间距多圈圆台阶的动力学规律,我们导出面扩散方程,并根据不同形状和组态的台阶的边值条件,求解台阶的运动速率[3-4-5]。我们仍然以气相生长系统为例,给出面扩散方程及其解,然后将所得的结论再推广到其他系统中去。

在第八章中我们曾经定义了流体中的饱和比和过饱和度

$$\alpha_V = p/p_0, \quad \sigma_V = \alpha_V - 1 \tag{9-11}$$

类似地,我们定义吸附分子在界面上的面饱和比和面过饱和度

$$\alpha_S = n_S/n_{S0}, \quad \sigma_S = \alpha_S - 1 \tag{9-12}$$

其中 n_S 和 n_{S0} 分别为吸附分子在界面上的实际面密度和平衡面密度(单位面积的吸附分子数),两者之间的差异是由于界面上存在台阶,故 n_S 是界面上位置的函数。

在 $x_S \gg x_0$ 的条件下,台阶为吸附分子的均匀尾闾,故吸附分子的面扩散是流向台阶的,见图9-3(a)。

流向台阶的吸附分子的扩散流,按斐克定律,式(2-4),其流量密度矢 $\dot{\boldsymbol{q}}_S$ 为

$$\dot{\boldsymbol{q}}_S = -D_S\,\nabla n_S = D_S n_{S0}\nabla\psi \tag{9-13}$$

其中 D_S 为吸附分子的面扩散系数,而 ψ 定义为

$$\psi = \sigma_V - \sigma_S \tag{9-14}$$

下面我们给出体扩散流量密度 $\dot{q}_V$。如前所述,平衡态($\alpha_V = 1$)时,单位面积的界面上,单位时间脱附和吸附的分子数相等,其大小为 n_{S0}/τ_S,其中 τ_S 为吸附分子的平均寿命。在饱和比为 α_V 时,单位面积上吸附的分子数为 $\alpha_V n_{S0}/\tau_S$,脱附的分子数为 $\alpha_S n_{S0}/\tau_S$。于是体扩散流量密度为

$$\dot{q}_V = \frac{(\alpha_V - \alpha_S)n_{S0}}{\tau_S} = \frac{n_{S0}\psi}{\tau_S} \qquad (9-15)$$

假设在我们所论的问题中,台阶运动的速度较小,在较短的时间间隔内,可将台阶两侧的吸附分子的分布看作稳态分布(与时间无关)。在此条件下,必然满足连续性方程

$$\nabla \cdot \dot{q}_S = \dot{q}_V$$

将式(9-13)和(9-15)代入,应该注意的是 n_{S0} 与位置无关,并假设 D_S 是各向同性的常数,同时利用爱因斯坦关系式 $x_S^2 = \tau_S \cdot D_S$,于是得

$$x_S^2 \nabla^2 \psi = \psi \qquad (9-16)$$

其中 x_S 为吸附分子的定向迁移。这就是伯顿(Burton)、卡勃累拉(Cabrera)、弗兰克(Frank)所导出的面扩散方程(surface diffusion equation)[3]。

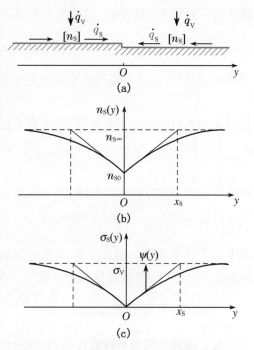

图 9-3 面扩散诸量的关系及稳态分布

在 $x_S \gg x_0$ 时,直台阶可以看为吸附分子的均匀的尾闾,因而对单根直台阶或平行的直台阶列都可看为一维情况,参阅图 9-3(a)。此时面扩散方程(9-16)简化为一维表达式

$$x_S^2 \frac{d^2\psi}{dy^2} = \psi, \quad \psi(y) \equiv \sigma_V - \sigma_S(y) \qquad (9-17)$$

微分方程(9-17)是二阶常系数齐次方程,其一般解为

$$\psi(y) = a\exp\left(\frac{y}{x_S}\right) + b\exp\left(-\frac{y}{x_S}\right) \qquad (9-18)$$

其中 a,b 是待定常数,可根据不同情况下的边值条件确定。

我们先讨论单根直台阶的情况。在此情况下,边值条件为

$$\begin{aligned} y=0, \qquad & \sigma_S = 0, \qquad \psi = \sigma_V \\ y = \pm\infty, \qquad & \sigma_S = \sigma_V, \qquad \psi = 0 \end{aligned} \qquad (9-19)$$

将边值条件(9-19)代入式(9-18),可得当 $y > 0$ 时,有 $a = 0$,$b = \sigma_V$,当 $y < 0$ 时,$a = \sigma_V$,$b = 0$。于是对单根直台阶,方程(9-17)的解为

$$\psi(y) = \sigma_V \exp(\mp y/x_S) \qquad (9-20)$$

对 $y > 0$,式中取负;$y < 0$,式中取正。将(9-14)式代入上式可得界面上面过饱和度分布

$$\sigma_S(y) = \sigma_V[1 - \exp(\mp y/x_S)] \qquad (9-21)$$

如果我们假设远离台阶处晶面上的吸附分子的面密度 $n_{S\infty}$ 与蒸气压成正比,即 $n_{S\infty} \propto p$;同样,吸附分子的平衡面密度 n_{S0} 亦与平衡蒸气压成正比,即 $n_{S0} \propto p_0$。于是 $\alpha_V = p/p_0 = n_{S\infty}/n_{S0}$。将这个关系及(9-12)式代入(9-21)式,可得吸附分子的面密度分布

$$n_S(y) = n_{S0} + (n_{S\infty} - n_{S0})[1 - \exp(\mp y/x_S)] \qquad (9-22)$$

图 9-3(b)、(c)是根据式(9-22)、(9-21)画出的分布曲线。图 9-3(b)是面密度的分布曲线,可以看出在台阶两侧的 x_S 宽度范围内的吸附分子都将扩散到台阶,以使台阶前进。而距离大于 x_S 处的吸附分子在扩散到台阶前将重新回到蒸气中去,故对台阶运动无贡献。

将式(9-20)代入到式(9-13)中,并令 $y=0$,可得单位时间到达单位长度台阶上的吸附分子的流量密度

$$\dot{q}_S(0) = D_S n_{S0} \nabla \psi \big|_{y=0} = 2\sigma_V n_{S0} D_S / x_S$$

若界面上单位面积的晶格坐位数为 n_0,则台阶速率为

$$v_\infty = \dot{q}_S(0)/n_0 = 2\sigma_V \frac{n_{S0} D_S}{n_0 \ x_S}$$

其中 $\dfrac{n_{S0}}{n_0}$ 是在平衡态晶格坐位上出现吸附分子的概率 α_0^S,并利用爱因斯坦关系式 $x_S^2 = \tau_S D_S$,可得

$$v_\infty = 2\sigma_V x_S \alpha_0^S / \tau_S$$

将式(9-6)、(9-3)、(9-1)代入,最后可得直台阶的运动速率

$$v_\infty = 2\sigma_V x_S v_\perp \exp(-l_{SF}/kT)$$

这个结果和用半定量推导所得的结果(9-7)式一致。

现在我们来考虑一组等间距的平行台阶列的运动。设台阶间距为 y_0,坐标原点取在相邻台阶间的中点,见图 9-4。显然,这仍然是一维问题,其面扩散方程的一般解仍然适用。因而我们先给出其边值条件,然后再根据边值条件确定一般解(9-18)式中的待定常数。在等间距的平行台阶列的情况下,其边值条件为

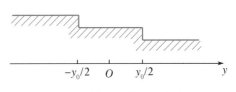

图 9-4 等间距的平行台阶列

$$y = +y_0/2, \quad \sigma_S = 0, \quad \psi = \sigma_V$$
$$y = -y_0/2, \quad \sigma_S = 0, \quad \psi = \sigma_V \tag{9-23}$$

将(9-23)代入(9-18)得

$$a\exp(y_0/2x_S) + b\exp(-y_0/2x_S) = \sigma_V$$
$$a\exp(-y_0/2x_S) + b\exp(y_0/2x_S) = \sigma_V$$

由上式得到待定常数 a,b 为

$$a = b = \sigma_V / [\exp(y_0/2x_S) + \exp(-y_0/2x_S)]$$

将 a,b 的表达式代入(9-18)式,得等间距的平行台阶列的 $\psi(y)$ 函数为

$$\psi(y) = \sigma_V \frac{\exp(y/x_S) + \exp(-y/x_S)}{\exp(y_0/2x_S) + \exp(-y_0/2x_S)} = \sigma_V \frac{\cosh(y/x_S)}{\cosh(y_0/2x_S)} \tag{9-24}$$

将(9-24)式代入到(9-13)式,并令 $y = +y_0/2$,就得流向台阶($y = +y_0/2$)的流量密度

$$\dot{q}_S\left(\frac{y_0}{2}\right) = D_S n_{S0} \nabla \psi \big|_{y=y_0/2} = 2\sigma_V n_{S0} D_S \tanh\left(\frac{y_0}{2x_S}\right) / x_S \tag{9-25}$$

令一组等间距的平行台阶列的速率为 U_∞，同样 $U_\infty = \dot{q}_S \left(\dfrac{y_0}{2} \right) / n_0$，类似地将(9-25)式代入，化简后可得

$$U_\infty = 2\sigma_V x_S \nu_\perp \exp(-l_{SF}/kT) \cdot \tanh(y_0/2x_S) \qquad (9-26)$$

此为气相生长系统中，等间距平行台阶列的速率表达式。将单个直台阶的速率的表达式(9-7)代入，可得比较普遍的形式

$$U_\infty = v_\infty \cdot \tanh(y_0/2x_S) \qquad (9-27)$$

可以看出，等间距平行台阶列的速率 U_∞ 与单个直台阶的速率 v_∞ 间只相差一个因子 $\tanh(y_0/2x_S)$。由双曲正切函数的性质可以知道，$\tanh(y_0/2x_S)$ 是小于或等于 1 的，因而等间距台阶列的速率 U_∞ 只能小于或等于单根直台阶的速率 v_∞。而当等间距平行台阶列中相邻台阶间距 y_0 小于或等于吸附分子的定向漂移 x_S 的两倍时，即 $y_0 \leqslant 2x_S$ 时，有 $\tanh(y_0/2x_S) < 1$，故 $U_\infty < v_\infty$；而当 $y_0 \gg 2x_S$ 时，$\tanh(y_0/2x_S) \to 1$，因而 $U_\infty \to v_\infty$。这个性质可以定性地解释如下。

在界面上，由于台阶两侧距离为 x_S 的区域内，所有吸附分子都能为台阶捕获，故我们将台阶两侧宽 x_S 的区域称为有效扩散区。显然，当台阶间距 $y_0 < 2x_S$ 时，相邻台阶间的有效扩散区相互重叠。这意味着相邻台阶将争夺重叠区中的吸附分子，因而单位时间内到达单位长度台阶上的分子减少，台阶速率也就减小，而且台阶越密、有效扩散区重叠得越多，台阶速率越小。这完全可用在 $y_0 \leqslant 2x_S$ 时 $\tanh(y_0/2x_S) < 1$ 的性质来描写。当 $y_0 \gg 2x_S$ 时，相邻台阶间的有效扩散区不重叠，平行台阶列的运动就完全等同于单根直台阶的运动，故有 $U_\infty \to v_\infty$。

下面我们导出单圈圆台阶和同心等间距多圈圆台阶的运动速率[3,6]。但在推导这些运动速率的表达式之前，我们还需讨论两个问题。首先我们将气相生长系统中的吉布斯-汤姆孙关系式(7-36)推广到二维情况，于是有

$$kT \ln(p/p_0) = \gamma O / r_C$$

再将式(8-3)代入上式，有

$$kT\sigma_V = \gamma O / r_C \qquad (9-28)$$

其中 γ 为台阶棱边能(单位长度的台阶具有的能量)，O 为吸附分子的面积。和三维的吉布斯-汤姆孙关系十分类似，r_C 是在过饱和度 σ_V 下二维吸附分子层的临界半径。在 σ_V 下，凡是 $r < r_C$ 的圆形分子层，将缩小而消失；凡是 $r > r_C$ 的圆形分子层，将长大。换句话说，在 σ_V 下，$r > r_C$ 的圆台阶将"离心"运动(半径自发增加)，$r < r_C$ 圆台阶将"向心"运动(半径自发减小)。

其次，我们来估计在任意形状吸附分子层中的一个分子所具有的平均能量，显然该能量是吸附分子层的尺寸的函数。如果吸附分子层为正方形，其内切圆的半径为 r_0，假定该吸附分子层中的分子全部来自扭折。由图9-1知道，一个分子由扭折跑出而成为孤立的吸附分子所需的能量为 W^K。故方形吸附分子层的形成能为 $\dfrac{4r_0^2}{O} \cdot W^K - 8r_0\gamma$，其中 O 为单个吸附分

子所占的面积,γ 为台阶棱边能,$\dfrac{4r_0^2}{O}$ 为该吸附分子层中的分子数。则方形吸附分子层中单个

分子的平均能量为 $W^K(r_0) = W^K - 2\dfrac{\gamma O}{r_0}$。任意形状的吸附分子层中单个分子的平均能量可

表示为 $W^K(r_0) = W^K - \eta\dfrac{\gamma O}{r_0}$,其中 η 为形状因子。为方便起见,我们近似地取 $\eta \approx 1$,于是有

$$W^K(r_0) = W^K - \frac{\gamma O}{r_0} \tag{9-29}$$

将(9-28)式代入得

$$W^K(r_0) = W^K - kT\sigma_V r_C/r_0 \tag{9-30}$$

现在我们开始由面扩散方程求圆形台阶的运动速率。我们假设在低的过饱和度 σ_V 下,圆形台阶的运动速度并不太大,在较短的时间间隔内,吸附分子的分布可看为稳态分布。故稳态的面扩散方程(9-16)式仍然适用。在圆对称的情况下,(9-16)式的具体形式为

$$r^2 \frac{\mathrm{d}^2\psi(r)}{\mathrm{d}r^2} + r\frac{\mathrm{d}\psi(r)}{\mathrm{d}r} = \frac{r^2}{x_S^2}\psi(r) \tag{9-31}$$

其中 $\psi(r) = \sigma_V - \sigma_S(r)$,式(9-31)为虚变量的零阶贝塞耳微分方程。其普遍解为

$$\psi(r) = AI_0(r/x_S) + BK_0(r/x_S)$$

其中 $I_0(r/x_S)$ 和 $K_0(r/x_S)$ 分别为具有虚宗量的零阶第一类和第二类贝塞耳函数。根据这两个函数的性质可以确定不同区间内的待定常数 A,B。最后可得式(9-31)的解为

$$
\begin{aligned}
\psi_-(r) &= \psi(r_0)\frac{I_0(r/x_S)}{I_0(r_0/x_S)}, \quad \text{当 } r < r_0 \\
\psi_+(r) &= \psi(r_0)\frac{K_0(r/x_S)}{K_0(r_0/x_S)}, \quad \text{当 } r > r_0
\end{aligned}
\tag{9-32}
$$

其中 $\psi(r_0)$ 为半径为 r_0 的圆台阶处 ψ 函数值。现在来给出 $\psi(r_0)$ 的表达式。由(9-12)式可得面过饱和度为

$$\sigma_S(r_0) = \frac{n_S(r_0)}{n_{S0}} - 1 = \frac{\exp[-W^K(r_0)/kT]}{\exp[-W^K/kT]} - 1$$

将(9-30)式代入后可得

$$\sigma_S(r_0) = \exp(\sigma_V r_C/r_0) - 1 \approx \sigma_V r_C/r_0$$

由于 $\psi(r_0) = \sigma_V - \sigma_S(r_0)$,将上式代入可得

$$\psi(r_0) = \sigma_V(1 - r_C/r_0) \tag{9-33}$$

将式(9-32)代入式(9-13),可得从 $r > r_0$ 和 $r < r_0$ 的两个区域内的吸附分子流向台阶的流量密度

$$\dot{q}_S(r_0) = D_S n_{S0}\left[\left|\frac{\mathrm{d}\psi_+}{\mathrm{d}r}\right| + \left|\frac{\mathrm{d}\psi_-}{\mathrm{d}r}\right|\right]_{r=r_0}$$

应用贝塞耳函数的如下性质

$$I'_0(z) = I_1(z) , \quad K'_0(z) = -K_1(z)$$

$$I_0(z)K_1(z) + I_1(z)K_0(z) = \frac{1}{z}$$

于是得到

$$\dot{q}_S(r_0) = D_S n_{S0} \left[\frac{I_1(r_0/x_S)}{I_0(r_0/x_S)} + \frac{K_1(r_0/x_S)}{K_0(r_0/x_S)} \right] \cdot \frac{\psi(r_0)}{x_S}$$

$$= D_S n_{S0} \psi(r_0)/r_0 \cdot I_0(r_0/x_S) \cdot K_0(r_0/x_S)$$

利用贝塞耳函数的渐近公式

$$I_0(r_0/x_S) \approx \sqrt{\frac{x_S}{2\pi r_0}} \exp(r_0/x_S) , \quad K_0(r_0/x_S) \approx \sqrt{\frac{\pi x_S}{2r_0}} \exp(-r_0/x_S) ,$$

将上述渐近公式代入后,得

$$\dot{q}_S(r_0) = 2D_S n_{S0} \psi(r_0)/x_S$$

将爱因斯坦关系式 $x_S^2 = D_S \tau_S$,及式(9-33)代入,得

$$\dot{q}_S(r_0) = 2\sigma_V n_{S0} \frac{x_S}{\tau_S} \left(1 - \frac{r_C}{r_0} \right)$$

圆台阶前进速率为

$$v(r_0) = \dot{q}_S(r_0)/n_0 = 2\sigma_V x_S \frac{n_{S0}}{n_0} \cdot \frac{1}{\tau_S} \left(1 - \frac{r_C}{r_0} \right)$$

其中 $\frac{n_{S0}}{n_0}$ 为平衡态晶格坐位上出现吸附分子的概率,将式(9-6)、(9-3)、(9-1)代入,可得

$$v(r_0) = 2\sigma_V x_S \nu_\perp \exp(-l_{SF}/kT) \cdot \left(1 - \frac{r_C}{r_0} \right) \tag{9-34}$$

此为气相生长系统中单圈圆台阶的运动速率。将(9-7)式代入后,可得

$$v(r_0) = v_\infty \left(1 - \frac{r_C}{r_0} \right) \tag{9-35}$$

从(9-35)式可以看出,单圈圆台阶的生长速率是台阶圈半径 r_0 的函数。台阶圈的半径 r_0 越大,其运动速率越大。当 $r_0 \to \infty$ 时,台阶圈的速率达到最大值 v_∞,这就是说,单根直台阶的速度 v_∞ 是单圈圆台阶速率的极限。当 $r_0 \to r_C$ 时,由(9-35)可知,台阶圈的速率为零,这可由二维吉布斯-汤姆孙关系式(9-28)得到解释。从(9-35)式还可以看出,在给定的过饱和度 σ_V 下,当 $r_0 > r_C$, $v(r_0) > 0$,故台阶圈自发长大;当 $r_0 < r_C$, $v(r_0) < 0$,台阶圈将自发缩小乃至消失。这种性质和我们在成核理论(第八章)中所描述的晶核的行为十分类似。实际上,$r_0 = r_C$ 的吸附分子层就是在光滑界面上的一颗二维晶核,这个问题我们在本章第二节中将详细讨论。

对一组同心等间距的多圈圆台阶,其相邻台阶圈的间距为 y_0。对这个面扩散问题,也能用类似的方法求解,其最后结果为

$$U(r_0) = v_\infty \cdot \tanh(y_0/2x_S) \cdot \left(1 - \frac{r_C}{r_0}\right) \tag{9-36}$$

将(9-35)代入后,可得

$$U(r_0) = v(r_0)\tanh(y_0/2x_S) \tag{9-37}$$

可以看出,当相邻台阶间的间距 y_0 甚大于吸附分子定向漂移 x_S 的两倍时,同心等间距多圈圆台阶中半径为 r_0 的台阶圈的速率与同样半径的单台阶圈的速率相等。同时,当 $y_0 \gg 2x_S$ 和 $r_0 \to \infty$ 时,台阶速率才能达到单根直台阶的速率 v_∞。

应该着重指出,式(9-36)可以应用到台阶速率为各向异性的情况[3]。这种情况下,台阶圈不是圆形而是多边形,边的方向和速率最小的方向相垂直。边的运动速率决定于(9-27)式。

*五、台阶动力学——体扩散控制

对溶液生长和熔体生长,如果界面上吸附分子的定向迁移 x_S 甚小,见表 9-1,则台阶的运动主要决定于通过体扩散到达台阶的分子流量密度。在这种情况下,台阶运动主要是受到流体分子体扩散的控制。本小节中我们通过求解体扩散方程,求得等间距的平行直台阶列和单根直台阶的动力学规律[7]。

在面扩散可以忽略不计而台阶运动主要决定于体扩散的情况下,我们考虑等间距平行直台阶列的运动。如图 9-5 所示,假设平行台阶列中相邻台阶的间距为 y_0,台阶列平行于 x 轴,而坐标平面 $x-y$ 与邻位面一致。前面已经讨论过,由于 x_0 甚小于 x_S,故平行于 x 轴的直台阶列可以看为吸附分子的均匀尾闾,故浓度场不是 x 的函数,可表示为 $C(y,z)$。并令溶质边界层的厚度为 δ,边界层处浓度为 C_δ,即

$$C(0, \delta) = C_\delta$$

实质上,不仅在 $(0,\delta)$ 点的浓度为 C_δ,在 $z = \delta$ 的平行于 $x-y$ 面的平面上,其浓度都等于 C_δ,即有 $C(y,\delta) = C_\delta$。图 9-5 中的虚线为等浓度线,而实线为分子流线。可以看出所有流线都会聚于台阶处。例如在 $z > 0$,$-\dfrac{y_0}{2} < y < +\dfrac{y_0}{2}$ 的半无限长的狭带内,只有原点处的台阶是流

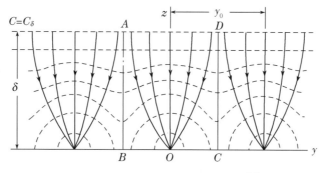

图 9-5　平行直台阶列的体扩散场[7]

体分子的尾闾,故分子流由 $z = +\infty$ 处流向并汇聚于原点。由于在上述狭带内,通过狭带边界 $ABOCD$ 的流体的通量为零(O 点除外),故单位时间内到达台阶上的流体分子数,就等于 AD 平面上的流体分子的面通量,也等于原点处的以 a(台阶高度)为半径的半柱面上的面通量。在该半柱面上的流量密度为

$$D\frac{\partial C}{\partial r} = \beta(C - C_0), \quad \text{当 } r = a(r = \sqrt{y^2 + z^2}) \tag{9-38}$$

式中 C_0 为溶液的平衡浓度,C 为溶液的实际浓度。β 为台阶与溶液的交换系数,即在单位浓度差的条件下通过上述半柱面的流量密度。显然 β 是各向异性的,不过我们在这里取其平均值。同时 β 值与台阶上的扭折密度有关,随着扭折密度减小,交换系数 β 随之减小。

在通常的溶液生长系统中,台阶速率远小于体扩散的特征速率,即有 $v_\infty < \dfrac{D}{\delta}$。在此条件下,可以把台阶看为相对静止的,因而上述扩散场为稳态扩散场,同时我们不考虑流体的宏观流动。由式(2-7)可以看出,浓度分布应满足拉普拉斯方程,即

$$\nabla^2 C(y, z) = 0 \tag{9-39}$$

在 $z > 0$,$-\dfrac{y_0}{2} < y < +\dfrac{y_0}{2}$ 的半无限长的狭带内,应用保角变换,可得浓度场为[7]

$$C(y, z) = A' \ln\sqrt{\sin^2(\pi y/y_0) + \sinh^2(\pi y/y_0)} + B' \tag{9-40}$$

当 $z \gg y_0$ 时,式(9-40)退化为

$$C(z) = A' \cdot \frac{\pi z}{y_0} + B' \tag{9-41}$$

其中 A', B' 为

$$A' = \frac{\beta a(C_\delta - C_0)}{D + \beta a \ln\left(\dfrac{y_0}{\pi a}\right)\sinh\left(\dfrac{\pi z}{y_0}\delta\right)}, \quad B' = C_\delta - A'\ln\left(\sinh\frac{\pi}{y_0}\delta\right) \tag{9-42}$$

我们可近似地认为:在 $0 < z < \delta$,$-\dfrac{y_0}{2} < y < +\dfrac{y_0}{2}$ 的区域内,浓度场如式(9-40)所描述;而在 $\delta < z < \infty$,$-\dfrac{y_0}{2} < y < +\dfrac{y_0}{2}$ 的区域内,浓度场如式(9-41)所描述。

单位时间内到达单位长度台阶上的流体分子数为 AD 平面上(沿 x 方向为单位长度)的面通量

$$\dot{Q} = D \cdot \frac{\mathrm{d}c(z)}{\mathrm{d}z} \cdot y_0 = \pi D A'$$

平行直台阶列的速率 $U_\infty = \dfrac{\dot{Q}}{n_0}$,其中 n_0 仍为单位面积上的晶格坐位数。由于晶体分子体积 $\Omega_{\mathrm{S}} = a/n_0$,过饱和度 $\sigma = \dfrac{C_\delta - C_0}{C_0}$。将上述关系以及 A' 的表达式(9-42)代入,得平行直台阶列的速率

$$U_\infty = \frac{\pi \Omega_S \beta c_0}{1 + \dfrac{\beta a}{D}\ln\left(\dfrac{y_0}{\pi a}\right)\sinh\dfrac{\pi}{y_0}\delta} \cdot \sigma \tag{9-43}$$

可以看出平行直台阶列的动力学规律亦为线性规律,我们可以将(9-43)式表示为较普遍的形式

$$U_\infty = A\Delta g$$

其中 A 是等间距的平行直台阶列的动力学系数,其表达式为

$$A = \frac{\pi \Omega_S \beta c_0}{1 + \dfrac{\beta a}{D}\ln\left(\dfrac{y_0}{\pi a}\right)\sinh\left(\dfrac{\pi}{y_0}\delta\right)} \cdot \frac{1}{kT} \tag{9-44}$$

在 $\pi\delta \ll y_0$ 以及 $y_0 \approx 2x_S$ 的条件下,就等价于单根直台阶的运动。因而在(9-43)式中令 $\dfrac{\delta}{y_0} \to 0$,以及 $y_0 \approx 2x_S$ 就能得到溶液生长系统中单根直台阶的动力学规律,其动力学系数同样可以获得

$$v_\infty = \frac{\pi \Omega_S \beta c_0}{1 + \dfrac{\pi\beta a\delta}{2Dx_S}\ln\left(\dfrac{2x_S}{\pi a}\right)} \cdot \sigma \tag{9-45}$$

以上我们已分别讨论了在面扩散和体扩散情况下台阶的动力学规律。现将不同生长系统中不同组态的台阶的动力学规律及动力学系统的表达式总结于表9-2中。

表 9-2 台阶的动力学规律及动力学系数

			单台阶动力学规律	等间距台阶列动力学规律
直台阶	一般形式		$v_\infty = A\Delta g$	$U_\infty = v_\infty \cdot \tanh\dfrac{y_0}{2x_S}$
	具体形式	气相生长	$v_\infty = 2x_S \nu_\perp \exp\left(-\dfrac{l_{SF}}{kT}\right) \cdot \sigma$	$U_\infty = 2x_S \nu_\perp \exp\left(-\dfrac{l_{SF}}{kT}\right) \cdot \tanh\left(\dfrac{y_0}{2x_S}\right) \cdot \sigma$
		熔体生长	$v_\infty = \dfrac{3Dl_{SL}}{akT^2} \cdot \Delta T$	$U_\infty = \dfrac{3Dl_{SL}}{akT^2} \cdot \tanh\left(\dfrac{y_0}{2x_S}\right) \cdot \Delta T$
		溶液生长	$v_\infty = \dfrac{\pi \Omega_S \beta c_0}{1 + \dfrac{\pi\beta a\delta}{2Dx_S}\ln\left(\dfrac{2x_S}{\pi a}\right)} \cdot \sigma$	$U_\infty = \dfrac{\pi \Omega_S \beta c_0}{1 + \dfrac{\beta a}{D}\ln\left(\dfrac{y_0}{\pi a}\right)\sinh\left(\dfrac{\pi}{y_0}\sigma\right)} \cdot \sigma$
圆台阶	一般形式		$v(r) = v_\infty\left(1 - \dfrac{r_C}{r}\right)$	$U(r) = v_\infty\left(1 - \dfrac{r_C}{r}\right) \cdot \tanh\left(\dfrac{y_0}{2x_S}\right)$
	具体形式	气相生长	$v(r) = 2x_S \nu_\perp \exp\left(\dfrac{-l_{SV}}{kT}\right)\left(1 - \dfrac{r_C}{r}\right) \cdot \sigma$	$U(r) = 2x_S \nu_\perp \exp\left(-\dfrac{l_{SV}}{kT}\right)\left(1 - \dfrac{r_C}{r}\right)\tanh\left(\dfrac{y_0}{2x_S}\right) \cdot \sigma$
		熔体生长	$v(r) = \dfrac{3Dl_{SL}}{akT^2}\left(1 - \dfrac{r_C}{r}\right) \cdot \Delta T$	$U(r) = \dfrac{3Dl_{SL}}{akT^2}\left(1 - \dfrac{r_C}{r}\right) \cdot \tanh\left(\dfrac{y_0}{2x_S}\right) \cdot \Delta T$

六、邻位面生长动力学

在第七章第七节之二已经证明,邻位面是必然台阶化的。因而一组等间距的相互平行的直台阶列就代表一具有给定倾角 θ 的邻位面,参阅图 9-6。取 x 轴平行于台阶列,y 轴置于奇异面内,则 z 轴为奇异面的面法线。图中虚线代表倾角为 θ 的邻位面,该面可用方程 $z = z(y,t)$ 来描述。若台阶高为 h,等间距台阶列中相邻台阶的间距为 y_0,于是具有给定倾角 θ 的邻位面,就等价于台阶线密度 k 为常数的

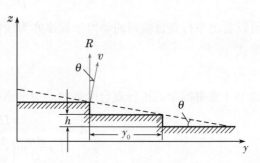

图 9-6　邻位面生长与台阶列运动

奇异面。倾角 θ 和台阶密度 $k(k = 1/y_0)$ 间的关系由式(7-46)给出

$$\tan\theta = \frac{\partial z(y,t)}{\partial y} = -kh = -\frac{h}{y_0} \qquad (9-46)$$

在奇异面上给定点,单位时间通过的台阶数称为台阶流量,记为 q。显然,台阶流量为台阶密度与台阶列速率的乘积,即有

$$q = U_\infty \cdot k = \frac{U_\infty}{y_0} \qquad (9-47)$$

如图 9-6 所示,台阶列沿 y 轴运动,代表晶体生长;而台阶列反向运动,将引起晶体的升华、熔化或溶解。台阶列运动所引起奇异面的法向生长速率为

$$R = \frac{\partial z(y,t)}{\partial t} = h \cdot q = U_\infty \cdot p \qquad (9-48)$$

式中 $p = \dfrac{h}{y_0}$,是邻位面的斜率。由图 9-6 可以看出,平行台阶列的运动所引起的邻位面的法向生长速率为

$$v = R\cos\theta = \frac{p}{\sqrt{1+p^2}} \cdot U_\infty \qquad (9-49)$$

对不同的晶体生长系统,将表 9-2 中 U_∞ 的不同的表达式代入,就能得到邻位面的法向生长速率与过饱和度或过冷度的关系,即可得到邻位面生长的动力学(growth kinetics of vicinal surface)。可以看出,在这种简单情况下,邻位面的动力学规律是线性规律。

从式(9-49)可以看出,邻位面的法向生长速率是邻位面斜率 p 的函数,这表明了晶体生长速率的各向异性。切尔诺夫在体扩散场中分析了邻位面的生长,从而研究了生长速率的各向异性[8]。

从式(9-46)可以看出,给定面指数的邻位面(即给定倾角 θ 的邻位面),其相应的台阶列的线密度 k 是确定的。在台阶列的运动过程中,一旦台阶列的线密度发生变化,例如运动着的台阶列遭到吸附物的塞积,就立即意味着该邻位面的消失。在晶体生长过程中,给定面

指数的邻位面的轨迹是什么,我们将在第五节中讨论。

在晶体生长过程中,如果不能连续不断地产生台阶列,那么当原有的台阶列扫过整个奇异面后,就意味着相应的邻位面消失了,此后的晶体生长就是奇异面的生长。反之,若奇异面上能连续不断地产生台阶列,则该奇异面的生长又是通过邻位面的生长进行的。

第二节　奇异面的生长

在通常的情况下,邻位面上的台阶在较低的驱动力下就能运动。运动的结果是,台阶消失于晶体边缘,于是邻位面消失了,剩下来的是奇异面。因而我们必须考虑奇异面的生长机制。

一、二维成核生长机制

在第八章中我们曾分析过,在亚稳相中出现新相只能通过三维成核过程。这是由于出现新相必须克服界面能引起的热力学位垒。因而在一定的驱动力下,只有当三维胚团达到某一临界尺寸时,胚团才成为能自发长大的晶核。与此类似,奇异面(光滑界面)上的吸附分子通过面扩散可以结集成二维胚团。二维胚团一旦出现,系统就增加了棱边能(即单位长度台阶的能量),棱边能的效应与三维成核中的界面能效应完全类似,它构成了二维成核的热力学位垒。故只当二维胚团的尺寸达到某临界尺寸时,胚团才能成为能自发长大的二维晶核,如图 9 - 7 所示。二维晶核一旦在奇异面上形成,其边界为一台阶圈,台阶在奇异面上运动,扫过整个奇异面,于是就生长了一层,不断地出现二

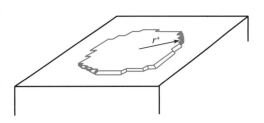

图 9 - 7　奇异面上的二维晶核

维晶核,晶体就不断地生长,这被称为二维成核生长机制(two-dimension nucleation growth mechanism)。现在我们先来估计在一定驱动力下二维晶核的尺寸 r^* 和晶核形成能 ΔG^*。

若台阶的棱边能为 γ,单个分子所占的面积为 O,驱动力为 Δg,二维胚团是半径为 r 的圆,则形成该胚团时所引起的吉布斯自由能的变化为

$$\Delta G(r) = \frac{\pi r^2}{O}\Delta g + 2\pi r\gamma$$

在晶体生长系统中流体为亚稳相时,此时驱动力为负,故有

$$\Delta G(r) = -\frac{\pi r^2}{O}|\Delta g| + 2\pi r\gamma \qquad (9-50)$$

式中第一项是形成二维胚团时,由于流体分子转变为胚团中的分子所引起的吉布斯自由能的降低。第二项是由于二维胚团的出现所引起的棱边能的增加。同样令 $\frac{\partial \Delta G}{\partial r} = 0$,可得二维晶核的临界半径

$$r^* = \frac{\gamma O}{|\Delta g|} \qquad (9-51)$$

r^* 的表达式与式（9-28）一致，故式（9-51）亦可理解为二维的吉布斯-汤姆孙关系式。将（9-51）式代入（9-50）式，得二维晶核的形成能

$$\Delta G^* = \frac{\pi O \gamma^2}{|\Delta g|} \qquad (9-52)$$

或

$$\Delta G^* = \frac{1}{2}(2\pi r^* \gamma) \qquad (9-53)$$

式（9-53）表明二维晶核的形成能为其棱边能的 $\frac{1}{2}$，这和三维晶核形成能为其界面能的 $\frac{1}{3}$（参阅式（8-22））十分类似。如果棱边能是各向异性的，那么二维晶核的形状应为多边形，它可由二维棱边能极图的内接多边形确定（参阅第七章第六节）。例如，在立方晶体的 {001} 面上，二维核应是正方形。对形成边长为 l 的正方形胚团，其自由能的改变为

$$\Delta G(l) = -\frac{l^2}{O}|\Delta g| + 4l\gamma$$

同样可求得二维核的尺寸和形成能

$$l^* = \frac{2\gamma O}{|\Delta g|}$$

$$\Delta G^* = 2l^* \gamma = \frac{4\gamma^2 O}{|\Delta g|}$$

可以看出，正方形二维核的形成能仍为棱边能的一半。但临界尺寸 l^* 却较式（9-51）中的 r^* 大一倍。伯顿、卡勃累拉、弗兰克[9]精确地计算了简单立方晶体的 {001} 面上的二维核的平衡形状。结果表明，在低温时是其边平行于 <100> 的方块。当温度上升时，其角逐渐变圆，近于熔点时二维核就为圆形。

类似于三维成核理论，可以得到二维成核率（单位时间内在单位面积上形成的二维晶核数）为

$$I = \nu_0 \exp\left(-\frac{\Delta G^*}{kT}\right) \qquad (9-54)$$

其中 ν_0 为一常数，在成核理论中难以精确地确定。不过可以近似地将它看作界面上吸附分子的碰撞频率。

若奇异面的面积为 S，在该面上单位时间的成核数（成核频率）为 $I \cdot S$，连续两次成核的时间间隔（成核周期）为

$$t_n \approx \frac{1}{IS} \qquad (9-55)$$

二维核一旦形成，台阶在驱动力作用下沿奇异面运动。当台阶扫过整个晶面 S，晶体就生长一层。一个二维核的台阶扫过晶面所需的时间为

$$t_S \approx \frac{\sqrt{S}}{v_\infty} \tag{9-56}$$

其中 v_∞ 为单根直台阶的运动速率。若 $t_n \gg t_S$，这表明第一颗二维核形成后，第二颗二维核形成前，有足够时间让该核的台阶扫过整个晶面。于是下一次成核将发生在新的晶面上。因而每生长一层晶面资用了一个二维核，这样的生长方式称为单二维核生长。若 $t_n \ll t_S$，表明单核的台阶扫过晶面所需的时间远远超过连续两次成核的时间间隔，因而同一层晶面的生长资用了多个二维核，这样的生长方式称为多二维核生长，见图 9-8。必须注意，同一晶面在生长过程中虽有较多的二维核，但

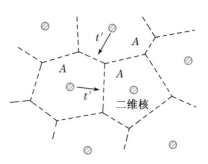

图 9-8　多二维核生长[5]

各二维核的方位仍然相同，故相邻的二维核的台阶相遇而陨灭后并不留下任何痕迹，故一般说来仍为单晶体。下面我们按上述两种生长方式分别导出其动力学规律。

首先讨论奇异面上单二维核生长机制。在这种情况下，由于 $t_n \gg t_S$，因而每隔时间 t_n，晶面就能增加一个台阶高度 h。于是晶面的法向生长速率为

$$R = \frac{h}{t_n}$$

将式 (9-55) 代入后，再将 (9-54)、(9-52) 式代入，得

$$R = hS\nu_0 \exp\left(-\frac{\pi O\gamma^2}{kT|\Delta g|}\right) = A\exp\left(-\frac{B}{|\Delta g|}\right) \tag{9-57}$$

其中 A, B 称为动力学系数，其表达式为

$$A = hS\nu_0, \quad B = \frac{\pi O\gamma^2}{kT} \tag{9-58}$$

(9-57) 式表明，单二维核生长机制的动力学规律为指数规律。将驱动力的表达式 (8-3)、(8-5)、(8-8) 代入 (9-57) 式中，可得不同生长系统中的动力学规律及动力学系数。其具体的表达式列于表 9-3 中。不同的理论得到的动力学系数略有不同，特别是 ν_0 的表达式有较大差异，但是其生长动力学规律都是指数规律。还有一点应该提及的，单二维核生长中，生长速率和晶面面积有关。

表 9-3　单二维成核生长机制的动力学规律及动力学系数

	动力学规律	动力学系数	
		A	B
一般形式	$R = A\exp(-B/|\Delta g|)$	$hS\nu_0$	$\dfrac{\pi O\gamma^2}{kT}$
气相生长	$R = A\exp(-B/\sigma)$	$hS\nu_0'$	$\dfrac{\pi O\gamma^2}{k^2T^2}$

（续表）

	动力学规律	动力学系数	
		A	B
溶液生长	$R = A\exp(-B/\sigma)$	$hS\nu_0''$	$\dfrac{\pi O\gamma^2}{k^2 T^2}$
熔体生长	$R = A\exp(-B/\Delta T)$	$hS\nu_0'''$	$\dfrac{\pi\gamma^2 OT_0}{kTl_{SL}}$

下面我们以气相生长为例具体地估计 t_n, t_S, R 的数值。取 $\gamma = 2\phi$，$2\phi/kT \approx 4$，$S = 1\ mm^2$ 以及饱和比 $\alpha = 2.0$，则对成核周期 t_n 的估计为：$\Delta G^*/kT \approx 72$，$I \approx 6 \times 10^{-3}/cm^{-2} \cdot s^{-1}$，得 $t_n \approx 10^5\ s$。对单核的台阶扫过晶面所需的时间 t_S 的估计为：$x_S \approx 400a$，$v_\infty \approx 10 \times 10^{-13}\ cm/s$，得 $t_S \approx 20\ s$。由此可见 $t_n \gg t_S$，故为单二维核生长，其生长速率为

$$R \approx 10 \times 10^{-13}\ cm/s \approx 50\ \text{Å/月}$$

这样的生长速率在实验上是无法测量的。事实上，单二维成核的动力学规律与其他具有指数形式的规律一样（见第八章第三节），存在一临界过饱和度，低于它时生长速率几乎为零；超过它后，生长速率就增加得很快。不过，在这里一旦过饱和度超过了临界值，则晶体生长速率就不再决定于成核率，而决定于达到二维核的分子流量。

下面我们再来讨论多二维核生长。当 $t_n \ll t_S$ 时，每生长一层晶体资用了多个二维核，其生长图像为图9-8所示。相邻二维核的台阶在图中虚线处相遇、合并而消失，于是晶体就生长了一层。

弗兰克[10]曾给出了在简单情况下的多二维核生长理论，但处理仍较复杂，我们这里只进行半定量的估计[5]。奇异面上某二维核的出现到该核与相邻核的台阶相遇、合并而消失，这个时间间隔的平均值称为二维核的寿命 t'。平均地说，一个二维核的台阶所扫过的面积为 S，于是 $t' \approx \dfrac{\sqrt{S}}{v_\infty}$，参阅图9-8。由上述 t' 和 S 的定义可知，在 t' 的时间间隔内，面积为 S 的晶面上只能出现一个二维核，即 $I \cdot S \cdot t' = 1$。故

$$t' \approx \frac{\sqrt{S}}{v_\infty} \approx \frac{1}{IS} \tag{9-59}$$

在二维核的平均寿命内，晶面生长一层，其高度的增加为 h。故生长速率为

$$R \approx \frac{h}{t'} \tag{9-60}$$

由式(9-59)，可得 $\sqrt{S} = \left(\dfrac{v_\infty}{I}\right)^{\frac{1}{3}}$，以及 $t' = v^{-\frac{2}{3}} \cdot I^{-\frac{1}{3}}$。将 t' 的表达式代入式(9-60)得

$$R = hv_\infty^{\frac{2}{3}} \cdot I^{\frac{1}{3}}$$

将式(9-8)、(9-54)、(9-52)代入上式得

$$R = A(\Delta g)^{\frac{2}{3}}\exp\left(-\frac{B}{\Delta g}\right) \tag{9-61}$$

式中动力学系数 A 和 B 对不同的生长系统可根据台阶速率表达式及二维成核率的表达式求得。值得注意的是,多二维核生长的动力学规律基本上也是指数律的形式。

为了和单二维核比较,我们对溶液生长给出具体的估计[5]。如果 $\gamma \approx 2\phi$,$\frac{2\phi}{kT} \approx 1$,$\alpha \approx 1.1$,$S = 1\ mm^2$。对成核周期的估计为:$\frac{\Delta G^*}{kT} = 33$,$I \approx 2 \times 10^{13}\ cm^{-2} \cdot s^{-1}$,得 $t_n = 5 \times 10^{-11}\ s$。对单二维核的台阶扫过晶面所需的时间估计为:$x_S = 4.5a$,$v_\infty \approx 4 \times 10^2\ cm/s$,得 $t_S \approx 2 \times 10^{-3}\ s$。可以看到 $t_n \ll t_S$,故晶体将为多二维核生长。再应用(9-61)式可得晶体生长速率为

$$R \approx 4 \times 10^{-3}\ cm/s \approx 2\ mm/min$$

此生长速率大体上与实验观测相符。我们再进一步估计单核的台阶所扫过的面积的线度

$$\sqrt{S} \approx \left(\frac{v_\infty}{I}\right)^{\frac{1}{3}} \approx 3 \times 10^{-4}\ cm$$

二、螺位错生长机制

光滑界面(奇异面)上不能借助于热激活自发地产生台阶,只能通过二维成核不断地产生台阶以维持晶体的持续生长。二维成核要克服由于台阶棱边能而形成的热力学位垒,因而导出了生长速率与驱动力间的指数规律。已经提及,和三维成核中指数规律所具有的特征一样,通过二维成核产生一可以观测到的生长速率也同样存在一临界驱动力。低于此临界驱动力,理论预言,生长速率是无法观测到的。已经对临界驱动力作了具体的估计[11],并得到了少数十分精细的实验的证实[12]。但大多数实验表明,即使在远低于临界驱动力的情况下,晶体仍然以一可以观测的速率生长[11]。这些实验结果并不表明二维成核理论的失败,而是意味着在生长过程中存在某些效应,这些效应可以消除或减小二维核的成核位垒。晶体中的缺陷,例如螺位错、孪晶等,就能产生这种效应。下面我们讨论奇异面的螺位错生长机制及其动力学规律。

晶体生长过程中,由于各式各样的工艺原因,晶体中将存在一定数量的螺位错。如果一螺位错和奇异面正交,就产生一高为晶面间距的台阶,如图 9-9 所示。事实上不管晶体如何生长,此台阶是永存的。这是由于螺位错使晶体中的晶面成为一连续的螺蜷面,而不像完整晶体那样,晶面是一层一层地堆垛起来的。由于这类台阶的永存性,就在生长过

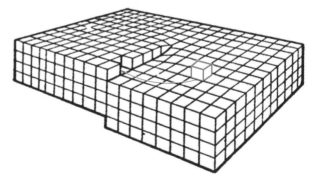

图 9-9 纯螺型位错与奇异面正交所产生的台阶

程中提供了一没有穷尽的台阶源,这被称为螺位错生长机制(screw dislocation growth

mechanism）。螺位错生长机制完全消除了二维成核的必要性，故在远低于二维成核的临界驱动力的情况下，晶体仍然能够生长。

如图9-9所示，这种类型的台阶起自晶面上位错的露头点终止于界面边缘。在生长过程中，台阶只能绕着位错的露头点在晶面上扫动，这就等价于使构成晶体的连续螺蜷面无限地延伸下去。

现在我们进一步讨论螺位错生长机制。图9-10是台阶运动的不同阶段的图像。在驱动力作用下，吸附分子沿着台阶沉积，台阶就以一定的速率向前推进。开始运动时，台阶速率的表达式由表9-2给出，速度垂直于台阶本身，图9-10(a)。但台阶的一端固定于位错露头点，台阶运动后，在露头点附近台阶必然弯曲，见图之(b)、(c)。且越近露头点曲率半径越小，根据(9-35)式可以看出，因而台阶的速率越小。在露头点台阶速率为零，故其曲率半径为临界半径r_C。这样随着台阶运动，就很快形成螺蜷线，并且越卷越紧，见图9-10(d)、(e)，在给定的生长驱动力下，最后达到了稳定形状。此后的晶体生长是整个形状稳定的蜷线台阶以等角速度旋转。这样的生长方式将在奇异面上形成蜷线状的小丘，我们称为生长丘。

蒸发蜷线、溶解蜷线和熔化蜷线的形成过程与上述生长蜷线完全相同。不过其台阶运动的方向与生长时相反。其结果在奇异面上形成的不是丘，而是蜷线状的坑。

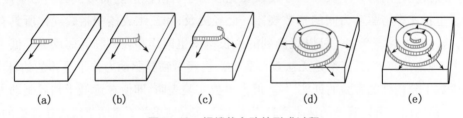

(a)　　　　(b)　　　　(c)　　　　(d)　　　　(e)

图9-10　螺蜷状台阶的形成过程

在简单立方晶体的{100}面上，对蒸发蜷线的形成过程进行了蒙特-卡洛模拟[13]，所得的结果示于图9-11。对照图9-10和图9-11，可以看出蜷线的形态完全一致，这表明我们关于蜷线形成过程的定性的描述，和用统计物理学中的蒙特-卡洛方法所获的结果完全相符。

图9-12是蜷线台阶的观测结果。图9-12(a)是SiC晶体的基面上的生长蜷线，是光学显微镜的观察结果[14]。照片中显示的蜷线形状正是我们所预言的，不过其生长台阶高度约为数百纳米，因而不是单原子台阶。这种显微尺度的台阶实际上是单原子台阶合并而成的。为什么台阶在运动过程中会聚并成显微尺度的"大"台阶？这个问题我们将在第五节中讨论。图9-12(b)是NaCl晶体的{100}面上的蒸发蜷线[15]。图中蜷线台阶的高度与晶面间距同数量级，这表明图中是单原子台阶。这种显示单原子台阶的技术称为表面缀饰法。将样品加热到150℃~200℃，在高真空中将金原子沉积到样品表面，由于金原子优先在台阶的凹角处沉积（第八章第四节之三），因而在台阶凹角处形成了金原子链。然后用碳膜复型的方法在电子显微镜中观察。这种技术已用于碱金属卤化物的研究，不仅可以研究原子尺度下的表面形态，而且可以研究台阶动力学[16]。扫描隧道显微术的进展，为人们提供了更直

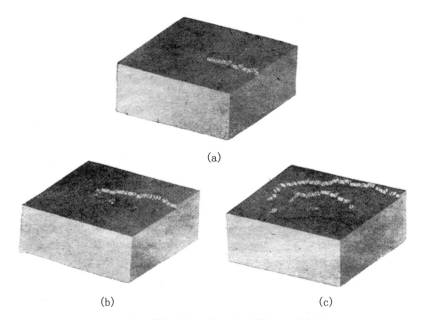

(a)

(b)　　　　　　　　(c)

图 9 - 11　蒸发蜷线台阶形成的蒙特-卡洛模拟

（Binder K. **Monte Carlo Methods in Statistical Physics. Springer-Verlag**, 1979：285）

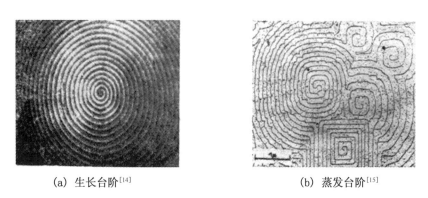

(a)　生长台阶[14]　　　　　　　　(b)　蒸发台阶[15]

图 9 - 12　蜷线台阶的观察

接、更方便观测原子尺度的台阶及其运动的有效工具。

若螺位错的柏格斯矢量（Burgers vector）b 为晶面间距 a 的两倍,即 $b = 2a$,则可能形成高为 $2a$ 的蜷线台阶。但若分解成双蜷线,在能量方面更为有利。蒙特-卡洛方法的电子计算机模拟,证实了这个想法。图 9 - 13(a)～(d)是计算机的模拟结果[17]。假定晶体相变熵 $\dfrac{L}{kT} = 12$,图 9 - 13(a)是台阶的平衡图像,可以看出只有一小段保持为双原子台阶,大部分已分解为两个单原子台阶。在驱动力 $\Delta g = 1.5kT$ 的作用下,台阶开始运动,最后形成了双蜷线。图 9 - 13(b)～(d)描绘了双蜷线的形成过程。9 - 13(e)是从气相生长的 SiC 上观察到的双蜷线[18],其图像与蒙特-卡洛方法的计算机模拟结果完全一致。

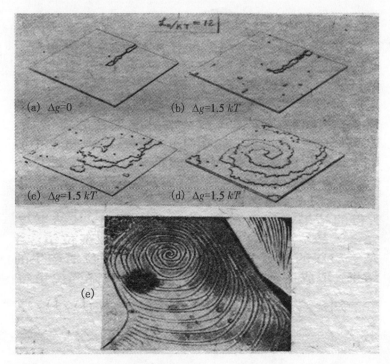

图 9 – 13 $b=2a$ 的螺型位错形成的双蜷线(a)~(d)蒙特–卡洛模拟[17],(e)显微观察[18]

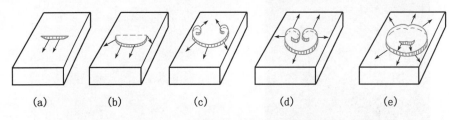

图 9 – 14 一双螺型位错连续产生台阶圈的过程

　　如果一对异号螺型位错(一左旋螺位错和一右旋螺位错)在表面露头,其间距大于二维成核的临界半径的两倍即 $2r_C$,则其间的台阶以类似的方式运动,如图 9 – 14 所示。分别绕两个中心(位错露头点)旋转一周后,两正、负台阶相遇、合并而消失,产生了一个闭合的台阶圈,见图 9 – 14(d)、(e)。这样的过程不断地重复,也能提供无穷尽的台阶。用蒙特–卡洛方法对上述过程进行了计算机模拟[13],所得的结果表示于图 9 – 15。可以看出,其结果与上述定性描述完全一致。值得注意的是,一对异号螺位错产生的

图 9 – 15 一对螺位错产生台阶圈的计算机模拟[13]

台阶,实际上是一层层的闭合平台的棱边。而单根螺型位错产生的台阶,其运动的结果,是一连续的螺蜷面的棱边。单根螺型位错与一对异号螺型位错所形成的生长丘是不同的。其具体的图像表示于图 9-16。所有这些螺错产生台阶的方式,与位错理论中称为弗兰克-瑞德源(Frank-Read source)的位错增殖机制十分相似[19]。

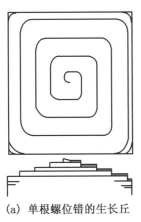 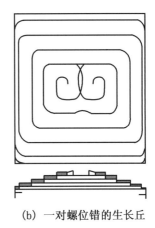

(a) 单根螺位错的生长丘　　　　(b) 一对螺位错的生长丘

图 9-16　位错的生长丘

下面我们导出螺位错机制的生长动力学规律。先考虑界面上只有一个位错露头点的情况。在一定的驱动力下,如果蜷线台阶已达到稳定形状,则晶体生长将是该蜷线台阶以等角速度 ω 绕露头点旋转。若光滑界面的面间距为 h,则生长速率为

$$R = \frac{h}{2\pi} \cdot \omega \qquad (9-62)$$

我们近似地假定,蜷线台阶的形状为阿基米德螺蜷线,如图 9-17 所示。在极坐标下,螺蜷线方程为

$$r = 2r_C \theta \qquad (9-63)$$

其中 r_C 是式(9-28)所规定的临界半径,即由二维吉布斯-汤姆孙关系所确定。在(9-63)式中,对时间求微商,得

$$\frac{dr}{dt} = 2r_C \frac{d\theta}{dt}$$

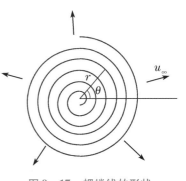

图 9-17　螺蜷线的形状

在 r 较大的条件下,可以近似地认为 $\frac{dr}{dt}$ 就等于台阶移动的速率,故有

$$\omega = U_\infty/2r_C = 0.5 U_\infty/r_C \qquad (9-64)$$

式(9-63)、(9-64)是近似表达式。而更接近真实的生长蜷线表达式为[3]

$$\left(\frac{r}{r_C}\right) + \ln\left(1 + \frac{r}{\sqrt{3}r_C}\right) = 2\left(1 + \frac{1}{\sqrt{3}}\right)\theta \qquad (9-65)$$

相应蜷线的角速度为

$$\omega = \sqrt{3} U_\infty/2r_C(1+\sqrt{3}) = 0.63 U_\infty/r_C \qquad (9-66)$$

对比(9-66)和(9-64)式,可以看出假定蜷线是阿基米德螺蜷线所得的结果与更精确的角速度表达式没有重大差别。将(9-66)式代入(9-62)式,可得

$$R = \frac{0.63}{2\pi r_C}h \cdot U_\infty \tag{9-67}$$

由(9-63)式可得相邻台阶圈间的间距为 $y_0 = 4\pi r_C$。将该关系式以及式(9-28)、(9-26)代入(9-67)式,得气相生长系统中螺位错机制的生长速率

$$R = \frac{0.63h}{2\pi} \cdot \frac{kT}{\gamma O} \cdot 2x_S\nu_\perp \cdot \exp\left(-\frac{l_{SF}}{kT}\right) \cdot \tanh\left(\frac{\sigma_1}{\sigma}\right) \cdot \sigma^2$$

亦可表示为

$$R = A\tanh\left(\frac{\sigma_1}{\sigma}\right) \cdot \sigma^2 \tag{9-68}$$

其中 A 为动力学系数,其表达式为

$$A = \frac{0.63h}{2\pi} \cdot \frac{kT}{\gamma O} \cdot 2x_S\nu_\perp \cdot \exp\left(-\frac{l_{SF}}{kT}\right) \tag{9-69}$$

σ_1 的表达式为

$$\sigma_1 = \frac{2\pi\gamma O}{kTx_S} \tag{9-70}$$

当过饱和度较小,即 $\sigma \ll \sigma_1$,$\tanh\left(\frac{\sigma_1}{\sigma}\right) \approx 1$,则螺位错生长机制的动力学规律为

$$R = A\sigma^2 \tag{9-71}$$

此为抛物线规律。当过饱和度较大,即 $\sigma \gg \sigma_1$,$\tanh\left(\frac{\sigma_1}{\sigma}\right) \approx \frac{\sigma_1}{\sigma}$,由(9-68)式得

$$R = A'\sigma \tag{9-72}$$

其中 $A' = A\sigma_1$,故此时动力学规律表现为线性规律。

对溶液生长,伯顿、卡勃累拉、弗兰克分析了从流体到扭折的体扩散,得到了溶液生长中螺位错机制的生长动力学规律[3]。它和气相生长的结果类似,即在高的过饱和度下,为线性规律,而在低过饱和度下减弱为抛物线规律。契尔诺夫分析了从流体到台阶的体扩散,得到了相同的结果[7]。这里所谓"相同结果"是指规律的形式相同,当然其动力学系数的表达式是有差异的。应该强调指出,随着过饱和度减小,气相生长和溶液生长虽然同样由线性规律减弱为抛物线规律,但其物理原因不同。在气相生长中,低过饱和度下,由于台阶间距 y_0 大于面扩散的定向漂移 x_S,因而界面上的吸附分子不能全部为台阶和扭折所捕获,有不少吸附分子又重新回到蒸气中去,故 R 与 σ 的关系由线性规律减弱为抛物线规律。而在溶液生长中,不存在面扩散,而当过饱和度降低时,由于台阶间距的增加,因而单位界面面积内的扭折数减少了,故由线性律松弛为抛物线律。

贝恩玛(Bennema)用称重法研究了氯酸钾的水溶液生长[20],其目的是检验上述理论,所得结果表示于图9-18。图中实线是理论曲线。可以看出,所测得的实验点基本上和理论曲

线相符。图中的结果表明,当过饱和度$\sigma < 4 \times 10^{-4}$时,$R$ 和 σ 间的关系为抛物线关系;当 $\sigma > 4 \times 10^{-4}$时,则具有线性关系。

对熔体生长,由螺位错生长机制导出的生长动力学规律也是抛物线规律,可以表示为

$$R = A(\Delta T)^2 \qquad (9-73)$$

对冰晶的基面以及水杨酸苯酯(salol)等具有光滑界面的晶体,熔体生长时测定了动力学关系。结果表明,其生长速率 R 与过冷度 ΔT 间的关系为抛物线关系[21]。同时在水中生长的冰晶上也观测到生长蜷线[22]。

以上由一根螺型位错所推导出来的动力学规律,同样也适用于一对异号螺型位错。这是因为在生长过程中单根螺型位错起作用时,在晶面上给定位置的台阶流量与一对异号螺型位错起作用时的台阶流量相同。

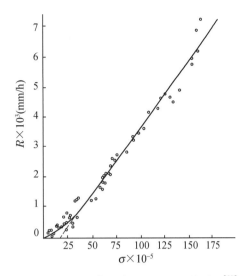

图 9 – 18 氯酸钾$\{100\}$面的 R 与 σ 的关系[20],实线为理论曲线,点为实验结果

下面我们进一步分析位错的性质与分布对生长速率的影响。

以上我们只讨论了一种特殊情况,即只讨论了位错为螺型位错以及位错线与生长界面正交的情况。事实上,位错所以会对生长作出贡献,关键在于位错能在生长界面上产生台阶,而这种台阶在生长过程中永不消失。出现这种效应的更为本质的原因是,晶体中原平行于界面的一层一层的晶面,由于位错的出现而转变为一连续的螺蜷面。这种螺蜷面与生长界面的交迹就是台阶,而晶体生长过程就是这种螺蜷面绕螺旋轴(位错线)的无限的延伸过程。因而,不管位错的性质如何,即不管是螺型位错、刃型位错还是混合型位错,不管位错线与生长界面是否正交,只要该位错能使晶体中原平行于界面的一层一层的晶面转变为一连续的螺蜷面,该位错对晶体生长就能作出类似的贡献。

我们说,只要位错线与界面相交,只要位错的柏格斯矢量在界面法线方向有分量,则这种位错就能使晶体中平行于界面的晶面成为螺蜷面。若位错的柏格斯矢量为 $\boldsymbol{b}$,位错线的方向为 $\mathrm{d}\boldsymbol{l}$,生长界面的面法线为 $\boldsymbol{n}$,则上述条件可以表示为

$$\mathrm{d}\boldsymbol{l} \cdot \boldsymbol{n} \neq 0, \quad \boldsymbol{b} \cdot \boldsymbol{n} = h' \neq 0 \qquad (9-74)$$

式中第一个条件表明位错线必须与界面相交,不可以与界面法线正交,否则位错线就位于界面内,在界面上就没露头点。第二个条件中的 h' 就是位错所产生的台阶的高度。这可设想如下,我们在晶体中平行于生长界面的晶面上,绕位错线作一柏格斯回路(Burgers circuit)[19],此回路一定不闭合,其差值矢量为 $\boldsymbol{b}$。由式(9-74)中的第二个条件可以推知,晶体中平行于界面的晶面必为螺蜷面,且其螺距为 h'。

若平行于界面的晶面间距为 h,如果 $h' = h$,则可完全排除二维成核的必要性,该位错对生长的贡献完全等同于与界面正交的纯螺型位错。如果 $h' < h$,则只能部分地对生长作出贡

献。如果位错是与界面正交的纯螺型位错,即 $b = h$,由式(9-74)可得 $h = h'$,这就是前面所讨论的情况。上述关于位错的性质和取向关于在界面形成台阶的分析是概念性的,我们将在第十章中结合不同类型的缺陷,例如,刃型位错、层错等进行更为详尽的分析。上面我们讨论了位错性质和取向的影响,下面我们再来分析位错的数量和分布的影响。

我们在讨论一对异号螺型位错产生台阶圈时曾经提及,位错间距必须大于 $2r_C$。现在我们先来说明这个问题。如果一对异号螺型位错的间距为 d,开始时位错间为一直台阶,如图9-19中虚线所示。随着台阶向前运动,台阶的曲率半径由无穷大(直线)逐渐减小。可以看出,当台阶曲率半径为 $\dfrac{d}{2}$ 时达到极小值,如图9-19中实线所示。由式(9-35)可知,当台阶曲率半径为 $\dfrac{d}{2}$ 时,其速度为

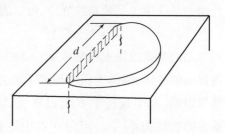

图9-19 位错对的台阶启动

$$v\left(\frac{d}{2}\right) = v_\infty\left(1 - \frac{2r_C}{d}\right) \tag{9-75}$$

在给定驱动力 Δg 的生长系统中,台阶的临界半径由二维吉布斯-汤姆孙关系式(9-51)确定,即 $r_C = \dfrac{\gamma O}{|\Delta g|}$。于是在该生长系统中,凡是间距 $d \leqslant 2r_C$ 的位错对,当台阶运动到曲率半径为最小$\left(r = \dfrac{d}{2}\right)$的位置时,由(9-75)式得,$v\left(\dfrac{d}{2}\right) \leqslant 0$,这表明,在上述情况下,异号位错间的台阶在该驱动力作用下,只能停留在曲率半径为 $\dfrac{d}{2}$ 处$\left(\dfrac{d}{2} = r_C\right)$,或停留在此之前$\left(\dfrac{d}{2} < r_C\right)$。因而,在给定驱动力的系统中,凡是露头点的间距 $d \leqslant 2r_C$ 的异号位错对,都不能产生台阶圈,都对生长无贡献。反之,一间距为 d 的异号位错对,只当系统的驱动力增加到使 $r_C < \dfrac{d}{2}$ 时,该位错对才能不断地产生台阶,才能对生长有贡献。我们把能使异号位错对产生台阶圈的临界驱动力称为位错对的台阶启动力。于是间距不同的位错对需要不同的台阶启动力。在生长系统中,随着驱动力的增加,不同间距的位错对依次启动而投入产生台阶圈的运转。

如果界面上有两个异号位错对,其伯格斯矢量都是相等的。每一个位错对在界面上都发出台阶圈,在同一平面上相遇时就合并而消失。在晶面上任一位置,单位时间所通过的台阶数仅仅与晶面上只存在一个位错对时相同。此时界面分成两个部分,每一部分的台阶来自一个位错对。于是两个位错对的生长速率就和单独存在一个位错对的生长速率相同。在这种情况下,界面由一个生长丘构成,而在很接近位错露头点处才分裂为两个生长丘。

两个距离很远的异号位错,所产生的结果与上述情况大体相同。界面也可分成两部分,台阶分别来自两个位错对,其生长速率与界面形态和两个异号位错对的结果十分相似。

两个同号位错,情况稍为复杂一点,它们对晶体生长速率的贡献决定于其间的间距。若间

距大于 $2r_c$，情况和上述相似，不过台阶交点的轨迹不是直线而是 S 形的曲线，如图 9-20(a)。如果两位错靠得很近，两蜷线将不相交，故每根位错所产生的生长台阶都将扫过整个晶面，如图 9-20(b)。这样，晶面的法向生长速率将两倍于单个位错，这结论只在位错间距甚小时有效，如果位错间距不是非常小，则晶面法向生长速率介于 1~2 倍之间。同样一组 n 个相互紧靠着的同号位错，其晶面法向生长速率可较存在单个位错时的生长速率快 n 倍。

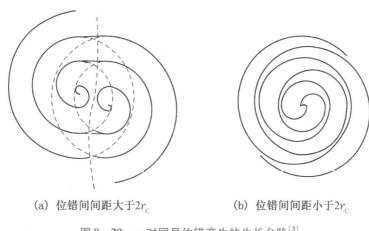

(a) 位错间间距大于$2r_c$　　　　　(b) 位错间间距小于$2r_c$

图 9-20　一对同号位错产生的生长台阶[3]

现在可以求得包含一群位错的晶体生长速率。如果这群位错是等量异号位错，即为一群位错对，则晶体的生长速率仍由(9-68)式表示。在该式中我们已经看到存在一临界过饱和度 σ_1，高于此 σ_1 则具有线性规律，低于 σ_1 则表现为抛物线规律。现在如果位错群是很多间距甚小的异号位错对，则必然存在第二临界过饱和度 σ_2，此 σ_2 相应于异号位错对的台阶启动力。低于 σ_2 则晶体不生长；高于 σ_2，异号位错对启动而产生台阶圈，故晶体开始以抛物线规律生长。

若位错群中含有某号的过量位错。在生长的初始阶段，可以得到比(9-68)式高 c 倍的生长速率。c 介于某号的过量位错数 n 与 1 之间。

显然，我们不能由测定界面生长速率而推知晶体中的位错密度，只能得知是否有位错在界面露头。在界面上生长丘的数目只能给出位错数的下限。

在历史上，生长蜷线的观测曾对位错理论的发展作出重大贡献，它提供了晶体中存在位错的第一个直接的实验证据。生长蜷线的观测同样为晶体生长的位错机制提供了有力的实验证据。用干涉衬显微镜、相衬显微镜、多光束干涉技术、结合电子显微观察的表面缀饰技术，都能对生长蜷线、生长丘进行详尽的研究。今天，扫描隧道显微术更能观测到单分子台阶及其运动，为晶体生长、蒸发、溶解等过程的研究提供了很多有益的信息。

三、凹角生长机制

我们在第八章第四节的讨论中已经了解到，球冠核将优先形成于衬底上的凹角处。十分类似，二维核也优先成核于奇异面上的凹角处，因为该处同样能降低二维核的成核位垒。

只要奇异面上有凹角存在,就能像位错露头点一样,从凹角处不断地产生台阶以促进奇异面的生长。我们将奇异面的这种生长方式称为凹角生长机制或重入角生长机制(re-entrant corner growth mechanism)。

自从斯特仑斯基(Stranski)[23]提出凹角生长机制以来,经历30多年了,未能对凹角生长机制作定量的描述。在十九世纪八十年代中期有所突破。我们下面先定性地讨论凹角生长机制,在第十章中再结合层错、孪晶在奇异面上露头处的原子组态进一步深入地讨论凹角生长机制。

在不少天然晶体中,例如在水晶、方解石、赤铁矿、金刚石中,已经观测到凹角生长的迹象。在人工生长的镉晶体、钛酸钡晶体中,同样观察到凹角生长。关于凹角生长机制最令人信服的证据是由道森(Dowson)所获得的[24],他从低过饱和度的溶液中获得了片状的 $n - C_{100}H_{202}$ 晶体,观测到每片晶体中存在一孪晶面,在该晶体生长最快的面上观测到孪晶所产生的凹角。十九世纪六十年代初期,人们曾用凹角生长机制生长了硅、锗带状晶体,这些晶体称为硅蹼或锗蹼。下面我们以硅、锗、金刚石等为例,说明凹角生长机制的基本过程。这些晶体都是面心立方点阵金刚石结构。

金刚石结构晶体的{111}面为奇异面(光滑界面),因而这类晶体在气相生长或溶液生长系统中,其惯态是由八个{111}面构成的多面体。对完整晶体,由于{111}面为奇异面;只能借助于二维成核机制生长,生长速率相对地低。故一般说来,具有上述惯态的晶体其尺寸较小。但在天然金刚石中,也观察到一些片状晶体,通常其尺寸较大。仔细研究了这些片状晶体,发现它们仍由{111}面构成,但每片晶体中至少存在一孪晶面。图9-21是具有一层孪晶面的金刚石晶体。从图9-21(a)可以看到,晶体仍由{111}面构成,但在孪晶面的露头处存在三个凹角和三个凸角。凸角对生长没有贡献,但在凹角处,由于二维核优先形成,因而凹角方向,即图中[$1\bar{2}1$]、[$\bar{2}11$]、[$11\bar{2}$]方向,为快速生长方向。于是晶体很快长成片状,如图9-21(b)所示。由于晶面淘汰律,即生长过程中快速生长的晶面将隐没而慢速生长的晶面将显露,故凹角的面越来越小,最后凹角消失,晶体长成具有三角形的片状晶体。此后该晶体的生长,就完全与完整晶体相同,因为凸角已经隐没,对生长无贡献。

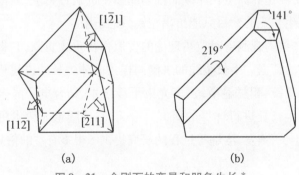

(a)　　　　　　　　(b)

图9-21　金刚石的孪晶和凹角生长*

*　结晶工学ハンドブック.共立出版株式会社,272页,昭和46年.

由此可见,如果要求凹角生长机制在生长过程中能够持续地发挥作用,必须要求生长过程中凹角永不消失。哈密顿等[25]提出了多重孪晶的凹角生长机制。图9-22(a)是具有双重孪晶的金刚石结构的晶体,该晶体仍由{111}面所构成。可以看出该晶体的每一孪晶面的露头处都有三个凹角,其间方位相差60°。这就是说,第一层孪晶面的凹角生长方向是$[1\bar{2}1]$、$[\bar{2}11]$、$[11\bar{2}]$,第二层孪晶面的凹角生长方向是$[2\bar{1}\bar{1}]$、$[\bar{1}\bar{1}2]$、$[\bar{1}2\bar{1}]$,见图9-22(a)。为了说明该晶体在生长过程中其凹角永不消失,我们假想该晶体按下列方式生长。如果只有第一孪晶面的凹角在生长中起作用,即假定优先生长方向是$[1\bar{2}1]$、$[\bar{2}11]$、$[11\bar{2}]$,则相应的晶面逐渐缩小乃至消失,于是第一孪晶面的凹角消失了,但是此时第二孪晶面的凹角区域却发育得最大,见图9-22(b)。同样,如果第二孪晶面的凹角消失了,则第一孪晶面将

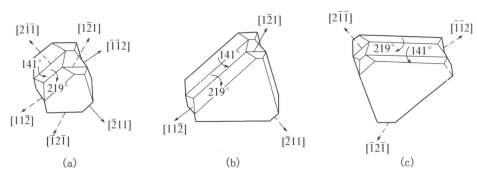

图9-22 双重孪晶的凹角结构

发育得最大,见图9-22(c)。实际上,在生长过程中两个孪晶面的凹角相互约制、永不消失。在熔体生长系统中,界面形状受到温场和热量传输条件的制约,只有某些方向的晶面可以发育,有时界面的宏观形状还必须为一曲面,因而有必要进一步分析凹角生长机制。我们仍然考虑金刚石结构的晶体的凹角生长,该晶体仍然为双重孪晶。该晶体上原来的141°的凹角,我们称为型Ⅰ-凹角。当型Ⅰ凹角内生长了一层晶体后,在孪晶面的露头处,新的晶体层与凸角的面间形成了型Ⅱ-凹角,该凹角的角度为109.5°,见图9-23(a)。构成型Ⅰ-凹角的两个面都是晶体的{111}面,而构成型Ⅱ-凹角的面中只有一个是{111}面,而另一个为孪晶面(孪晶面虽然也是{111}面,但它和正常堆垛的{111}面有所不同)。因而考虑在型Ⅱ-凹角内二维成核时,还必须考虑孪晶界的界面能,这就增加了在型Ⅱ-凹角内的成核位垒。但另一方面,型Ⅱ-凹角的角度较小,这个几何因素却有利于成核。总的说来,虽然在型-Ⅰ、型-Ⅱ的凹角内,其二维核的成核位垒略有不同,但两者都能优先成核。凹角内进一步成核以及台阶运动的结果,如图9-23(b)所示。此时固液界面为凸形(宏观尺度),这决定于温场和热传输条件。如图9-23(b)所示,型Ⅰ-凹角的区域缩小了,但出现了许多生长台阶和型Ⅱ-凹角。如果生长过程中型Ⅱ-凹角和生长台阶消失了,则型Ⅰ-凹角的区域又扩大了。故型Ⅰ-凹角与型Ⅱ-凹角相互依存、相互约制、永不消失。多重孪晶同样具有这种性质。

利用凹角生长Si,Ge的带状晶体(Si蹼和Ge蹼),在十九世纪六十年代初期曾为人们所

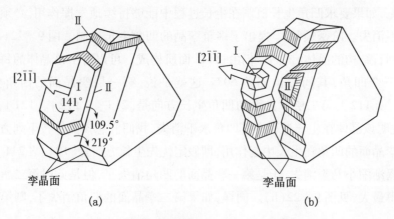

图 9 - 23　双重孪晶的凹角生长机制[25]

重视。这种方法中所用的籽晶是[2Ī Ī]取向的孪晶,如图 9 - 23 所示。在籽晶中存在几个间距为微米数量级的孪晶面。于是在[2Ī Ī]生长方向的凹角就永不消失。晶体生长时,先使坩埚中的熔体略高于凝固点,下晶后使熔体充分地浸润籽晶。然而突然降温,使熔体过冷,过冷度约为 10 ℃。由于是在过冷熔体中进行枝晶生长,故提拉速率较快,通常提拉速率为 15 ~ 40 cm/min。长出的带状晶体,宽为 1 ~ 5 mm,厚为 0.1 ~ 1 mm,其带面是十分光滑的{111}面。

这种晶体是在过冷熔体中生长的,其生长工艺和晶体质量都不易控制,所得的带状晶体实际上是多重孪晶,因而在半导体工业中没有得到大量应用。

第三节　粗糙界面的生长

奇异面(光滑界面)上,不同位置的吸附分子具有不同的势能,在台阶上扭折处的势能最低,故扭折是"生长位置"。因而在奇异面的生长过程中,台阶和扭折起着最基本的作用。在光滑界面上由于台阶不能自发产生,只能通过二维成核产生。这个事实一方面意味着光滑界面生长的不连续性(当晶体生长了一层后,必须通过二维成核才能产生新的台阶)。另一方面也表明晶体缺陷(位错、层错或孪晶界)在奇异面的生长中能起重要作用,因为这些缺陷或是提供了没有穷尽的台阶,或是促进了台阶的二维成核。

但是在粗糙界面上的任何位置,其"吸附分子"所具有的势能都是相等的,因而在粗糙界面上的所有位置都是"生长位置"。这表明粗糙界面的生长是连续过程,晶体缺陷在粗糙界面的生长过程中不起明显的作用。

大多数金属晶体的熔体生长是典型的粗糙界面生长。在温度近于熔点的气相生长系统中,至少发现了六七种物质,其形态不是多面体,这些物质在气相生长系统中也是粗糙界面生长。

下面我们导出粗糙界面的生长动力学(growth kinetics of rough surface)。

粗糙界面上的任何原子都具有同样的势能。因而界面上晶体原子离开晶格坐位(熔化),以及熔体原子进入晶格坐位(凝固),这两种事件都能同时地、相互独立地进行,并能在界面的任何位置上发生。在温度为 $T(K)$ 时,流体原子欲穿越界面进入晶格坐位,必须克服邻近流体原子的约束,因而必须具有激活能 Q_f。同样界面上的晶体原子欲穿过界面必须具有激活能 Q_s。我们将生长系统中粗糙界面处的势能曲线表示于图 9-24。激活能的差 $Q_s - Q_f$ 正好等于一个流体原子转变为晶体原子时其吉布斯自由能的降低,即等于相变驱动力 Δg。故有

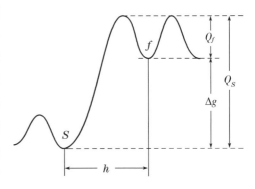

图 9-24　粗糙界面处的势能曲线

$$|\Delta g| = Q_s - Q_f \qquad (9-76)$$

若界面上原子总数为 N_0,晶面的面间距为 h,原子的振动频率为 ν,则单位时间内进入晶格坐位的流体原子总数为

$$N_F = N_0 \nu \exp\left(-\frac{Q_f}{kT}\right) \qquad (9-77)$$

单位时间内离开晶格坐位的原子总数为

$$N_M = N_0 \cdot \nu \cdot \exp\left(-\frac{Q_s}{kT}\right) \qquad (9-78)$$

由式(9-76)得 Q_s 的表达式,再代入(9-78)式,得

$$N_M = N_0 \cdot \nu \cdot \exp\left[-\frac{Q_f + |\Delta g|}{kT}\right] \qquad (9-79)$$

单位时间内进入界面的净原子数 N,可由式(9-77)与(9-79)的差值给出

$$N = N_F - N_M = N_0 \cdot \nu \cdot \exp\left(-\frac{Q_f}{kT}\right)\left[1 - \exp\left(-\frac{|\Delta g|}{kT}\right)\right] \qquad (9-80)$$

当进入界面的净原子数 N 等于晶格坐位总数 N_0 时,界面就前移了一个面间距 h。故晶体生长速率 $R = \left(\dfrac{N}{N_0}\right) \cdot h$,将(9-80)式代入,有

$$R = h \cdot \nu \cdot \exp\left(-\frac{Q_f}{kT}\right)\left[1 - \exp\left(-\frac{|\Delta g|}{kT}\right)\right] \qquad (9-81)$$

当生长温度近于平衡温度 T_0(熔体生长),或实际蒸气压 p 近于饱和气压 p_0(气相生长),或实际浓度 c 近于饱和浓度 c_0(溶液生长)时,有 $|\Delta g| \ll kT$。于是(9-81)式中的指数 $\exp\left(-\dfrac{|\Delta g|}{kT}\right)$ 可展开为级数,并略去高阶微量,则有

$$\exp\left(-\frac{|\Delta g|}{kT}\right) = 1 - \frac{|\Delta g|}{kT}$$

代入(9-81)式后,得

$$R = \frac{h\nu}{kT}\exp\left(-\frac{Q_f}{kT}\right) \cdot |\Delta g| \tag{9-82}$$

上式是粗糙界面生长动力学规律的表达式,被称为威尔逊-弗仑耳公式(Wilson-Frenkel formula)。可以看出,生长速率 R 与驱动力 Δg 间满足线性规律。将不同生长系统中 Δg 的表达式(8-3)、(8-5)、(8-8)代入(9-82)式,就得到不同生长系统中的粗糙界面的生长动力学规律。例如将(8-8)式代入(9-82)式,得熔体生长中粗糙界面的动力学规律

$$R = A \cdot \Delta T, \quad A = \frac{h\nu\, l_{SL}}{kT \cdot T_0}\exp\left(-\frac{Q_f}{kT}\right) \tag{9-83}$$

其中 A 为动力学系数。上式表明生长速率与过冷度 ΔT 间满足线性规律。式(9-83)预言即使 ΔT 很小,相应的生长速率也很大。例如对铜来说,若 $\Delta T = 1\,℃$,则 $R = 100\,\text{cm/s}$,对很多金属可以得到同样的结果。迄今仍然没有可靠的实验数据与之比较。然而,如果这种情况是确实的,对如此大的生长速率,ΔT 的实验测量是很困难的。同样,在气相、溶液生长系统中,生长速率 R 与过饱和度 σ 间亦满足线性规律。

在熔体生长系统中,可将 Q_f 看为熔体中的扩散激活能,$\exp\left(-\frac{Q_f}{kT}\right)$ 与熔体的自扩散系数成正比,与熔体的黏滞系数 μ 成正比,于是有

$$R \propto \frac{1}{\mu}\left[1 - \exp\left(-\frac{|\Delta g|}{kT}\right)\right] \approx \frac{l_{SL}\Delta T}{\mu kT_0^2} \tag{9-84}$$

第四节　晶体生长动力学的统一理论

我们已经讨论了光滑界面和粗糙界面的生长机制及其动力学规律。了解到界面结构决定了生长机制,而不同的生长机制表现出不同的动力学规律。因而界面结构对生长动力学的影响比生长系统的类型对动力学的影响更为本质。

光滑界面的生长是通过台阶的产生和运动实现的。界面上任一位置,当台阶通过该位置时,该处的界面就前进一个晶面间距,这表明了光滑界面生长的不连续性;同时当晶面长满一层后,必须经二维成核,新的一层才能开始生长,这也表明生长的不连续性。因而光滑界面的生长称为不连续生长。又因为台阶沿界面运动是光滑界面生长的基本过程,故这类界面的生长又称侧向生长,或沿面生长,或层状生长。

粗糙界面上处处都是生长位置,流体原子几乎是连续地进入界面上的原子坐位。故粗糙界面生长称为连续生长,或称法向生长。今将界面结构、生长机制、动力学规律总结于表9-4。表中关于熔体生长的动力学系数的估计是根据铃木平的结果[26]。

我们在第七章中,只讨论了界面的平衡态结构。然而生长过程中是存在驱动力的,故生

长驱动力对界面结构有何影响? 从而又是如何影响生长动力学规律的? 这是我们要考虑的第一个问题。

表 9－4　界面结构、生长机制和生长动力学

界面结构	生长机制		生长动力学规律		
			动力学规律	熔体生长中动力学系数的估计	
光滑界面（奇异面）$\alpha>2$	层状生长	完整晶体　二维成核机制	指数率 $R=A\exp\left(-\dfrac{B}{\lvert\Delta g\rvert}\right)$	$R=A\exp\left(-\dfrac{B}{\Delta T}\right)$	$10<A<10^{4}\,[\mathrm{cm/s}]$ $1<B<10^{4}\,[(\mathrm{\mathbb{C}})^{2}]$
		缺陷晶体　位错机制	抛物线率 $R=A\lvert\Delta g\rvert^{2}$	$R=A\Delta T^{2}$	$10^{-4}<A<10^{-2}$ $[\mathrm{cm/s/\mathbb{C}}]$
		凹角机制	—	—	—
粗糙界面 $\alpha<2$	连续生长		线性率 $R=A\lvert\Delta g\rvert$	$R=A\Delta T$	$1<A<10^{3}$ $[\mathrm{cm/s/\mathbb{C}}]$

在前面我们只讨论了界面完全光滑($\alpha>2$)和完全粗糙($\alpha<2$)的情况。如果界面并非完全光滑和完全粗糙($\alpha\approx2$),其生长行为是否表现出过渡性质,亦即在层状生长和连续生长之间是否出现过渡性的生长规律。或者说,层状生长和连续生长是否是某一统一的生长机制的两个极限情况。这是我们企图阐明的第二个问题。

晶体生长理论的发展,似乎应建立一个统一的生长理论。这个统一的生长理论中应该包含表征界面结构的参量(例如界面相变熵 α)以及驱动力的变化范围。对不同的界面结构参量以及不同的驱动力的变化范围应该表现出不同的动力学规律。而层状生长和连续生长动力学规律应该只是这个统一的生长理论在两个极限情况下的表现。

杰克逊进行了建立统一生长理论的尝试[27]。他研究了具有三个原子坐位的二维晶体的生长,所得的动力学规律中包含了表征界面结构的参量(界面相变熵 α)。当 α 较小时,其所得的动力学规律是线性规律,并且生长速率是各向同性的。当 α 较大时,生长速率降低了 $12\mathrm{e}^{-\alpha}$ 倍,生长速率表现出强烈的各向异性。由于二维晶体不可能出现二维成核,加之模型过于简化,故没有什么实际意义。但是必须指出,这个工作的方向似乎是正确的。

一、特姆金的工作[28]

我们在第七章第八节之五中,曾介绍了特姆金的弥散界面模型。特姆金的另一个重要而有趣的结果是得到了在不同相变熵的生长系统中驱动力对界面结构的影响[28],他所得的结果表示于图 9－25 中。图面上被划分成两个区域,A 为稳定区域,在该区域内,虽然在驱动力作用下,原来的界面平衡结构仍然保持稳定。例如在 A 区所示的驱动力的范围内,光滑界面仍然保持光滑,其生长机制仍为层状生长。随着驱动力增加,达到区域 B。在区域 B 中原界面的结构是不稳定的,于是光滑界面就转变为粗糙界面,其生长机制亦由层状生长转变为

连续生长。图 9 – 25 的结果还表明,若相变熵足够大,即使驱动力较大,界面也能保持光滑,并不转变为粗糙界面。同样,若相变熵小于 1.2,即 $\alpha < 1.2$,不管驱动力的大小如何,界面总是粗糙的。当相变熵在 2 的邻近,图中存在界面结构和生长机制的转变。蒙特-卡洛方法的计算机模拟也得到类似的结果,如图 9 – 26 所示[17]。这是气相生长系统中,在简单立方晶体的(001)面上所获的结果。该晶体的物质相变熵 $\dfrac{L_0}{kT_E} = 12$,可以看出它远大于 2,故在平衡态($\Delta g = 0$),其界面上的吸

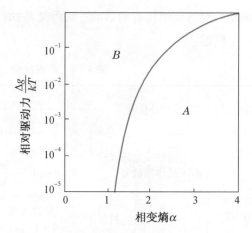

图 9 – 25 驱动力对不同相变熵的系统中界面结构的影响[28],A:层状生长,B:连续生长

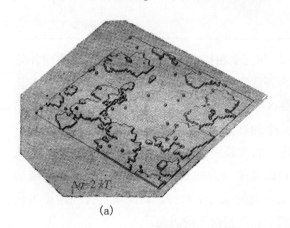
(a)

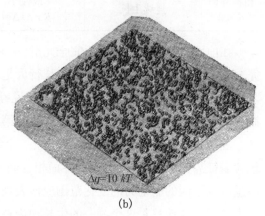
(b)

图 9 – 26 界面结构、生长机制与驱动力的关系[17]
(蒙特-卡洛方法的计算机模拟结果)

附原子和空位极少,参阅图 9 – 13(a)。但当驱动力 $\Delta g = 2kT$ 时,界面上出现了二维核及少量吸附原子,见图 9 – 26(a)。可以看出,这种条件下界面仍然为光滑界面,生长机制仍为借助于二维成核的层状生长。如果驱动力进一步增加到 $\Delta g = 10kT$,则界面结构产生了明显变化,如图 9 – 26(b)所示。此时界面近于粗糙界面,生长机制也转变为连续生长。实际上,二维核的临界半径 r^* 与驱动力 Δg 成反比,见式(9 – 51)。当 Δg 增加到使 r^* 近于原子半径的数量级,则任何吸附原子都可以看作二维核,都能继续生长,此时二维成核机制退化为连续生长机制。

　　特姆金的工作虽然给出了十分有益的概念。但是特姆金的多层界面模型仍然是热力学平衡模型(第七章第八节),而晶体生长却是非平衡态过程。其次特姆金方程[28]无法得到解析解,只能借助于数值计算,因而没有彻底解决问题。

二、卡恩的生长动力学统一理论[29]

卡恩(Cahn)[29]对生长过程中的界面性质作了两点基本假设。第一,生长速率较低时,即生长驱动力较小时,界面总趋于平衡结构。第二,根据特姆金的多层界面模型可以看出,不管界面是锐变的还是弥散的,也不管弥散界面的"弥散程度"如何,界面的平均位置总是确定的;也就是说,界面组态的自由能为最低的位置总是确定的。如果界面前进了一个面间距,则界面组态的自由能仍为最低。在界面前进但尚未达到一个面间距的过程中,必然经历了自由能较高的组态。因而卡恩进一步假定,界面自由能是界面位置的周期函数,如图9-27所示。图中自由能曲线的最大值与最小值之差为Δg^*。如果驱动力小于此值,即$\Delta g < \Delta g^*$,则界面不能连续地沿法向生长。然而界面可以通过层状生长机制生长。因为层状生长过程中,界面上除增加了较小的台阶能(棱边能)外,界面能仍然很小。而台阶的出现和移动没有太大地改变界面的原子组态,因而界面能的改变并不大。

如果驱动力充分的高,界面自由能关于界面位置的函数形式就要改变了。就不再存在能量位垒,如图9-28所示。于是界面将连续地沿法向生长。

卡恩用热力学的方法求得了图9-27中临界的能量位垒Δg^*

$$\Delta g^* = \frac{\pi \gamma g}{h} \qquad (9-85)$$

式中γ为晶体与流体间的界面能,h为平行于界面的晶面间距,g是卡恩引入的表征弥散界面的"弥散程度"的参量。对锐变界面,$g \approx 1$,对"弥散程度"很大的界面

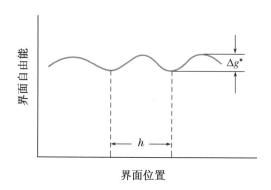

图9-27　界面自由能是界面平均位置的
　　　　周期函数[29]

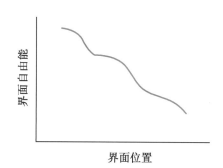

图9-28　驱动力较大时,界面自由能与界面
　　　　平均位置的函数关系[29]

$$g = \pi x^3 \exp(-\pi x) \qquad (9-86)$$

其中$x = \frac{\pi n}{2}$,n为平衡态弥散界面的厚度(层数)。因而对"弥散程度"很大的界面,g值小于1。对实际材料,卡恩没有给出计算g值的方法,但可由实验确定。

对熔体生长,卡恩理论进一步指出:当$\Delta g < \frac{\gamma g}{h}$时,即$\Delta T < \Delta T^*$时,是层状生长机制。当

$\Delta g > \pi \dfrac{\gamma g}{h}$ 时，即 $\Delta T > \pi \Delta T^*$ 时，是连续生长机制。当 $\dfrac{\gamma g}{h} < \Delta g < \pi \dfrac{\gamma g}{h}$ 时，即 $\Delta T^* < \Delta T < \pi \Delta T^*$ 时，生长是过渡性机制。上述 ΔT^* 是由层状生长转变为过渡性生长的临界过冷度。由(8-8)式有 $\Delta g = \dfrac{l \Delta T}{T_0}$，另一方面层状生长转变的临界条件是 $\Delta g = \dfrac{\gamma g}{h}$，于是有

$$\Delta T^* = \frac{\gamma g T_0}{l \cdot h} \tag{9-87}$$

卡恩预言了关于熔体生长机制与过冷度关系，预言的结果表示于图 9-29。图中的纵坐标是生长速率 R 与过冷度 ΔT 的比值，并用黏滞系数关于温度的关系进行了校正，见式(9-84)。于是连续生长机制的生长速率关于过冷度的线性规律在图中应为水平线，螺位错生长机制的抛物线规律应是一过原点的斜线。图 9-29 的理论预言是对缺陷晶体(界面上有位错露头点)作出的。如果我们从实验上测得了 $\dfrac{R}{\Delta T}$ 关于 ΔT 的关系，则可由曲线的斜率确定晶体的生长机制及其转变，并且可对卡恩理论进行验证。

杰克逊等收集了前人对水杨酸苯酯(salol)晶体的熔体生长的实验数据[30]，并将这些数据表示于图 9-30 中，可以看出实验结果与理论预言大体相符。当过冷度低于 6 ℃，曲线为通过原点的斜线，生长动力学为抛物线规律，故其生长机制为螺位错的层状生长。当过冷度为 6 ℃~16 ℃间，为过渡性生长机制。当过冷度超过 16 ℃，为连续生长机制。但图中并非水平线，故理论与实验有偏离。但总的说来，在图 9-30 所示的过冷度的范围内，实验数据还是支持理论的。应该指出，在过冷度大于 50 ℃~60 ℃时，已有的实验结果与理论有较大的分歧[30]。

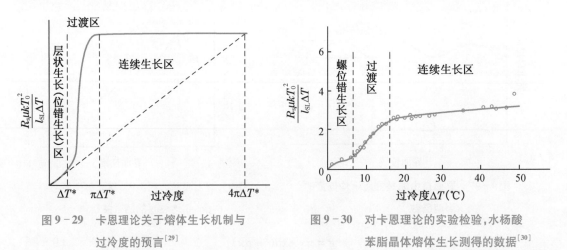

图 9-29　卡恩理论关于熔体生长机制与
过冷度的预言[29]

图 9-30　对卡恩理论的实验检验，水杨酸
苯脂晶体熔体生长测得的数据[30]

卡恩的理论远非完美的统一的晶体生长理论，要建立比较成功的统一理论还有待今后的努力。同时卡恩理论遭到的主要批评是，卡恩将二级相变理论用于属于一级相变的晶体生长。

虽然如此，上面介绍的杰克逊、特姆金、卡恩等人为建立晶体生长动力学的统一理论所做的工作还是值得注意的。

*第五节　晶体生长的运动学理论

前面各节我们讨论了台阶和界面的动力学,即讨论了台阶和界面的运动速率与驱动力间的关系。本节我们讨论台阶和界面的运动学,因而我们在这里只研究台阶和界面的位置变动与时间的关系,而不涉及驱动力场。

在晶体的表面上,经常观测到高度达微米数量级的台阶,这说明单原子台阶列在沿光滑界面运动的过程中经常发生聚并(bunching),从而形成了大尺度的台阶。为了说明这个现象,弗兰克[31]和卡勃累拉等[32]分别借用了赖特希耳(Lighthill)等[33]处理道路上车辆塞积和长河中洪峰形成的数学方法,从而发展了晶体生长的运动学理论。运动学理论不仅可以说明台阶列的聚并,还能预言晶体生长或溶解过程中晶体形状的演变。

一、台阶列和邻位面的运动方程

若奇异面上台阶高度为 h,台阶密度为 k(通常台阶密度是位置和时间的函数,即 $k(y, t)$),台阶流量为 q,而不同时刻邻位面的轮廓可用函数 $z(y,t)$ 表示,参阅图 9-6。由(9-46)式得邻位面的斜率为

$$\frac{\partial z}{\partial y} = -kh \tag{9-88}$$

由(9-48)式得奇异面的法向生长速率为

$$\frac{\partial z}{\partial t} = hq \tag{9-89}$$

理论的基本假设为,台阶流量是台阶密度的函数,即

$$q = q(k) \tag{9-90}$$

实际上台阶流量依赖于台阶间距(亦即台阶密度),这是十分明显的。间距较大的台阶列 $(y_0 \gg x_s)$ 可达最大速率 v_∞,见式(9-27)。而台阶越密,其有效扩散场重叠得越多,故台阶列的速率越低。而流量等于速率和密度的乘积,即 $q = v \cdot k$,故流量也越低。

将(9-88)式对时间 t 求微商,(9-89)式对坐标 y 求微商,再将所得之两等式相减,得

$$\frac{\partial q}{\partial y} + \frac{\partial k}{\partial t} = 0 \tag{9-91}$$

上式实质上是表明台阶守恒的连续性方程。由于台阶密度 k 为 y,t 的函数,即 $k(y,t)$,于是由式(9-90)可得 $\frac{\partial q}{\partial y} = \frac{\mathrm{d}q}{\mathrm{d}k} \cdot \frac{\partial k}{\partial y}$,将此式代入(9-91)式,得

$$\frac{\partial k}{\partial t} + \frac{\mathrm{d}q}{\mathrm{d}k} \cdot \frac{\partial k}{\partial y} = 0$$

令 $c(k) = \frac{\mathrm{d}q}{\mathrm{d}k}$,于是有

$$\frac{\partial k}{\partial t} + c(k)\frac{\partial k}{\partial y} = 0 \qquad\qquad (9-92)$$

上式是描述生长和溶解过程中奇异面上台阶密度 k 随时间 t 和空间 y 变化规律的一阶偏微分方程。将 $k(y,t)$ 对时间求微商,得

$$\frac{dk}{dt} = \frac{\partial k}{\partial t} + \frac{\partial k}{\partial y}\cdot\frac{dy}{dt}$$

我们最关心的是生长或溶解过程中密度 k 不变的台阶列(即给定倾角恒为 θ 的邻位面)。对 k 不变的台阶列有 $\frac{dk}{dt} = 0$(但 $\frac{\partial k}{\partial t}\neq 0, \frac{\partial k}{\partial y}\neq 0$),于是有

$$\frac{\partial k}{\partial t} + \frac{dy}{dt}\cdot\frac{\partial k}{\partial y} = 0 \qquad\qquad (9-93)$$

对比(9-92)和(9-93)式得

$$c(k) = \frac{dq}{dk} = \frac{dy}{dt} \qquad\qquad (9-94)$$

由此可见,$c(k)$ 是密度不变的台阶列(邻位面)的运动速度。我们已经指出,式(9-92)是描写生长过程中台阶密度 k 关于时间、空间变化的偏微分方程。这里我们进一步指出,该式还可以理解为密度不变的台阶列(给定面指数的邻位面)的运动方程。密度不变的台阶列的运动速率 $c(k)$ 与单个台阶的运动速率 v_∞ 不一定相同。如果 $c(k) < v_\infty$,台阶列运动过程中后面的台阶不断地追及并参加此台阶列,前沿的台阶则脱离此台阶列。此时构成此台阶列(邻位面)的成分是变化着的。当 $c(k) > v_\infty$ 时,前面的台阶被台阶列追及并参加此台阶列,后面的则脱离台阶列,此时构成台阶列的成分也是变化着的。而当 $c(k) = v_\infty$ 时,台阶列的成分才是稳定不变的。台阶列的速度 $c(k)$,十分类似于机械波、电磁波传播时的群速度,因而人们将 $c(k)$ 称为运动波的速度。

二、弗兰克第一运动学定理

现在我们注意生长过程中密度不变的台阶的运动,即关注于给定面指数的邻位面的运动。我们的目的是求它们在生长过程中的轨迹。对(9-94)积分,得

$$y(t) = c(k)t + 常数$$

由此可知,密度不变的台阶列,在生长过程中在 $y-t$ 平面内的轨迹为直线。此直线的斜率为运动波速度 $c(k)$,不同密度的台阶列,其波速 $c(k)$ 不同,因而在 $y-t$ 平面内运动轨迹的斜率也不等。

在生长过程中某一时刻的晶体外形可用该时刻的 $z(y)$ 函数来描述。在生长全过程中晶体外形可用函数 $z(y,t)$ 描述。于是有 $\frac{dz}{dy} = \frac{\partial z}{\partial y} + \frac{\partial z}{\partial t}/\frac{\partial y}{\partial t}$,将式(9-88)、(9-89)、(9-94)代入,则

$$\frac{\mathrm{d}z}{\mathrm{d}y} = -h\left(k - \frac{q}{c}\right) \tag{9-95}$$

在 $z-y-t$ 的三维空间中，$z(y,t)$ 为一空间曲面，密度不变的台阶列在生长全过程中的轨迹必然位于此空间曲面 $z(y,t)$ 上。此轨迹曲线在 $z-y$ 平面上投影的斜率为（9-95）式所示。对密度不变的台阶列，有 $k = $ 常数，$q(k) = $ 常数，$c(k) = $ 常数，由式（9-95）得 $\frac{\mathrm{d}z}{\mathrm{d}y} = $ 常数。于是密度不变的台阶列的轨迹在 $z-y$ 平面内的投影亦为直线。

在 $z-y-t$ 三维空间中，曲面上的一空间曲线（密度不变的台阶列的轨迹）在 $y-t$ 面和 $z-y$ 面上的投影都是直线，故该空间曲线必为直线。于是给定面指数的晶面（给定密度的台阶列）在生长过程中的轨迹必为直线。此即界面运动学第一定理，又称弗兰克第一运动学定理（Frank's first kinematical theorem）。

晶体生长过程中，不同时刻的界面位置和形状是不同的。图 9-31 中画出了任意时刻 t_0, t_1, t_2 时的界面形状和位置。作相互平行的平面，分别与不同时刻的界面切于 T_0, T_1, T_2，由弗兰克运动学定理可知，T_0，T_1, T_2 必在一直线上，且此直线就是倾角恒定的邻位面（给定面指数的晶面）的轨迹。

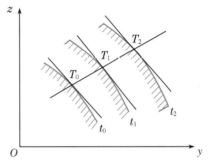

图 9-31 给定面指数的晶面轨迹[31]

三、台阶聚并

晶体生长或溶解过程中，在界面上往往可观测到台阶图像，这对了解晶体生长机制、验证晶体生长理论起很大作用。然而所观察到的生长台阶，其高度往往是几百个或几千个晶面间距，这表明这些亚宏观台阶是单原子台阶聚并的结果。我们将这些亚宏观台阶的形成过程称为台阶聚并。在实验上经常观测到亚宏观台阶，这表明等间距平行台阶列在运动过程中趋于产生台阶聚并。现在我们用弗兰克第一定理来说明这一事实。

若台阶速度 v 与台阶密度 k 间的关系比较松弛，我们假定它具有下列形式

$$v = q(k)/k = v_\infty + rk \tag{9-96}$$

或

$$q(k) = v_\infty k + rk^2$$

由式（9-94）可得运动波速度 $c(k)$

$$c(k) = \frac{\mathrm{d}q}{\mathrm{d}k} = v_\infty + 2rk \tag{9-97}$$

当 $r < 0$，由（9-96）式知，台阶速度随台阶密度的增加而减少。由（9-97）式知，台阶列速度也随台阶密度增加而减少。

今有等间距平行台阶列，在行进途中遭到干扰，产生了局部的台阶结集。如果在结集区内台阶密度分布是对称的，其余地区台阶密度仍是均匀的，如图 9-32(a) 中之 $k(y, t_0)$，相应的界面轮廓如图 9-32(b) 中之 $z(y, t_0)$。根据弗兰克运动学第一定理，在台阶结集区外，由

于所有位置处的台阶密度是不变的而且是相等的,故各点生长轨迹在 $t-y$ 平面内都是相互平行的直线,见图 9-32(a)。在台阶结集区内,由 y_1 到 y_2,$k(y,t_0)$ 随 y 增加而单调地增加,根据(9-97)式以及 $r<0$,故 $c(k)=\dfrac{\mathrm{d}y}{\mathrm{d}t}$ 将随之减少,在 $t-y$ 平面内轨迹的斜率 $\dfrac{\mathrm{d}t}{\mathrm{d}y}$ 将增加,故由 y_1 到 y_2 各点轨迹是汇聚的,于是在结集区的尾部,台阶聚并。从 y_2 到 y_3,$k(y,t_0)$ 随 y 增加而减小,根据(9-97)式以及 $r<0$,故 $c(k)=\dfrac{\mathrm{d}y}{\mathrm{d}t}$ 随之增加,在 $t-y$ 平面内轨迹的斜率将减少,各点的轨迹是发散的,于是在结集区的头部,台阶趋于分散。故到下一时刻 t_1 时,密度分布如图 9-32(a)中之 $k(y,t_1)$ 所示,而界面轮廓如图 9-32(b)中 $z(y,t_1)$ 所示。于是等间距的台阶列在行进途中,由于运动学效应在偶然干扰而产生的结集区之尾部,出现了台阶聚并,聚并的结果在界面上出现了不连续点,如图 9-32(b)中之 p 点。正是由于 p 点的出现,

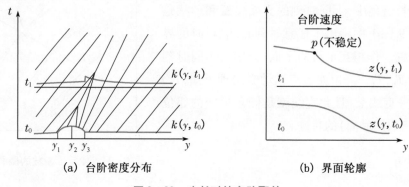

(a) 台阶密度分布   (b) 界面轮廓

图 9-32   生长时的台阶聚并

在界面上才出现了用光学显微镜可以观测到的宏观台阶。但是必须指出,在 $r<0$ 的情况下,在台阶结集区尾部出现的不连续点是不稳定的,是可能逐渐消失的。这是由于在尾部不断获得台阶,但在前部不断损失台阶,如果损失的大于获得的,则台阶聚并将逐渐消失。在 $r>0$ 时,在台阶结集区的前部将出现台阶聚并(这和 $r<0$ 时的分析完全类似,从略),正是由于台阶聚并发生在台阶结集区的前部,这样的聚并才是稳定的,才能发展成亚宏观台阶。$r>0$ 的情况下,意味着台阶越密台阶的速率越大,台阶的流量也越大,在生长过程中存在杂质吸附时往往出现这种情况。这是由于吸附于界面的杂质往往阻滞台阶运动,而界面上某点的杂质吸附概率与台阶连续两次通过该点的时间间隔成正比,即与 $1/q$ 成正比。这类效应将导致间距较大的台阶列(即 k 较小),其运动阻力较大,间距较小的阻力较小。这和面扩散的有效扩散场效应相反。如果这个效应充分的大,就会使 $r>0$,于是台阶聚并发生于结集区之前部,因而能形成宏观台阶。

上述分析过程同样适用于溶解过程中的台阶聚并。溶解过程中台阶的运动方向与生长过程相反,其分析的程序相同,这里就不再重复,现将在不同情况下所得的结论表示于图 9-33。

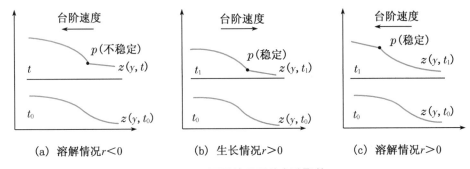

(a) 溶解情况 $r<0$　　　　(b) 生长情况 $r>0$　　　　(c) 溶解情况 $r>0$

图 9-33　不同情况下的台阶聚并

四、弗兰克第二运动学定理

按弗兰克第一运动学定理,可以了解到给定面指数的晶面(或给定倾角的邻位面),其生长过程中的轨迹为直线。但求得该轨迹的具体的程序如何,这由弗兰克第二运动学定理给出。

取晶体的(001)面的法线为 z 轴,y 轴沿着[010]方向,则任一邻位面的面法线与 z 轴间的夹角 θ,即为该邻位面相对于奇异面(001)面的倾角,见图 9-34(a)。若已知邻位面的速率与倾角 θ 间的关系,则可作生长速率倒数极图。即过原点作矢径,矢径的方向平行于给定邻位面的面法线,矢径的长度等于该邻位面法向生长速率的倒数,并相应于晶体的所有晶面作出相应的矢径,于是这些矢径的端点的集合,给出了晶面法向生长速率的倒数关于晶面取向的关系,这就是所谓晶面法向生长速率倒数极图,见图 9-34(b)。于是弗兰克第二运动学定理可表述如下,过法向生长速率倒数极图上倾角为 θ 的点,作极图之法线,则该法线平行于倾角为 θ 的邻位面的生长轨迹。

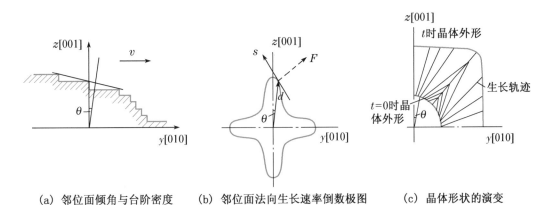

(a) 邻位面倾角与台阶密度　　(b) 邻位面法向生长速率倒数极图　　(c) 晶体形状的演变

图 9-34　确定晶体形状演变的运动学方法

我们已经得出,倾角为 θ 的邻位面在 $y-z$ 平面内的生长轨迹为直线,其斜率为(9-95)式所示。若取 $\boldsymbol{j},\boldsymbol{k}$ 为 y 和 z 方向的单位矢量,于是倾角为 θ 的邻位面在 $y-z$ 平面内的轨迹可表示为下面的矢量形式

$$F = j + h(k - q/c)k \qquad (9-98)$$

对台阶密度为 k 的台阶列,即对倾角为 θ 的邻位面,其法向生长速率倒数矢量 d 可由生长速率倒数极图中求得,见图 9-34(b)。在极图中过 d 矢量的端点作极图的切线,得切向矢量 e。弗兰克第二运动学定理说:过 d 矢量端点作极图之法线,此法线与该倾角为 θ 的邻位面在 $y-z$ 平面内的生长轨迹平行。因而要证明弗兰克第二运动学定理,只需证明切矢量 e 与式 (9-98)所定义的矢量 F 正交,也就是说,只需证明式(9-98)定义的 F 矢量就是极图的法矢量。

我们先写出法向生长速率倒数矢量 d 的矢量表达式。由(9-89)式知,(001)面的法向生长速率为 $\frac{\partial z}{\partial t} = hq$,于是倾角为 θ 的邻位面的法向生长速率为 $\frac{\partial z}{\partial t} \cdot \cos\theta = hq\cos\theta$,见图 9-34(a)。故倾角为 θ 的邻位面的法向速率倒数矢量 d 的模为

$$|d| = \frac{1}{hq\cos\theta}$$

由图 9-34(b)所示的坐标关系可写出 d 矢量的表达式

$$d = |d|\sin\theta j + |d|\cos\theta k = h^{-1}q^{-1}[\tan\theta j + k]$$

将(9-88)式代入,注意 $\tan\theta = \frac{\partial z}{\partial y}$,可得

$$d = h^{-1}q^{-1}[-hqj + k] \qquad (9-99)$$

矢径 d 对 θ 求微商就给出了切矢量 e

$$e = \frac{d}{d\theta}(d) = \frac{d}{dk}(d) \cdot \frac{dk}{d\theta} \qquad (9-100)$$

由式(9-88)可求得

$$\frac{dk}{d\theta} = -h^{-1}\sec^2\theta = -h^{-1}(1 + \tan^2\theta) = -h^{-1}(1 + h^2k^2) \qquad (9-101)$$

由式(9-99)可求得

$$\frac{d}{dk}(d) = -h^{-1}cq^{-2}\left[h\left(k - \frac{q}{c}\right)j - k\right] \qquad (9-102)$$

将式(9-101)、(9-102)代入(9-100)式得 e 的矢量表达式

$$e = ch^{-2}q^{-2}(1 + h^2k^2)\left[h\left(k - \frac{q}{c}\right)j - k\right] \qquad (9-103)$$

由式(9-98)和(9-103)可得

$$F \cdot e = 0$$

故 F 矢量与 e 矢量正交,因而 F 矢量与过 d 矢量的端点的法矢量平行。或者说,倾角为 θ 的邻位面的生长轨迹 F 平行于法向速率倒数极图中相应的矢量 d 的端点的法线,这就是弗兰克第二运动学定理(Frank's second kinematical theorem)。

五、生长过程中晶体形状的演变

若生长系统中驱动力场是均匀的,若已知法向生长速率关于晶面取向的关系,则可根据

运动学定理预言生长过程中晶体形状的演变。

　　根据生长速率关于晶面取向的关系,作出生长速率倒数极图,如图 9-34(b)。相应于给定倾角的邻位面求出该面生长速率倒矢量 d 以及 d 矢量端点的极图的法线,根据弗兰克第一、第二运动学定理,d 矢量端点的极图法线是和该晶面的生长轨迹平行的。若 t_0 时刻籽晶的形状为一球体,见图 9-34(c)。先用作图法求得倾角为 θ 的矢径与球面的交点,再通过该交点作直线,使之平行于图 9-34(b)中 d 矢量端点的法线,此直线即该邻位面(倾角为 θ)的生长轨迹。同样作出籽晶上所有晶面的生长轨迹。由于生长速率关于 θ 的关系为已知,在生长过程中的 t 时刻各晶面的位移亦可求出(该位移等于各晶面的生长速率与 $\Delta t = t - t_0$ 的乘积),在各晶面的生长轨迹上截取相应的晶面位移,就能得到 t 时刻的各晶面位置。将这些位置联结起来就能得到 t 时刻的晶体形状,见图 9-34(c)。

六、运动学理论的实验检验

　　从图 9-34(a)可以看到,当台阶沿 y 轴运动时则为生长过程。若台阶反向运动则为升华、熔化或溶解过程。因而台阶列或邻位面的运动学理论同样可用来预言溶解时晶体形态演变以及浸蚀斑的形状发展。

　　对给定的晶体,其浸蚀速率是各向异性的,当然,浸蚀速率关于取向的具体关系还与浸蚀剂有关。巴特曼(Batterman)曾测定了锗晶体的[$1\bar{1}0$]晶带中晶面的浸蚀速率[34],他使用的浸蚀剂是体积比为 1:1:4 的 H_2O_2(30%)、HF(40%)和 H_2O 的混合液。现将他们所得的结果表示于图 9-35 中。弗兰克等[35]根据这个结果得到了浸蚀速率倒数极图,如图 9-36 中虚线所示。他们进一步假定在锗的{110}面上浸蚀斑的初始形状为圆形,于是根据前述的程序得到了浸蚀过程中诸晶面的运动轨迹(直线),见图 9-36。可以看出,在晶面轨迹会聚处,蚀斑出现棱角;而轨迹发散处出现平面。例如,在浸蚀初期,{111}面就显露出来,并且其晶面面积快速增加;但在浸蚀后期,就增加得较慢了。而在 <100> 方向,界面却保持一定的曲率,即{100}面的邻位面可以存在。因而一圆形浸蚀斑将演变为一六角形蚀斑。该蚀斑相应的四个{111}的边界为直线,而两个{100}的边界为具有一定曲率的曲线,见图 9-36。弗兰克等人关于锗的{110}面上蚀斑形状演变的预言,与巴特曼的观测结果[34]相符,这表明上述运动学理论基本可靠。

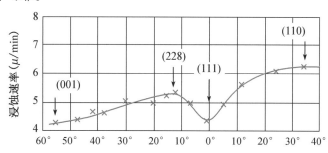

图 9-35　锗晶体[$1\bar{1}0$]晶带中浸蚀速率与取向的关系[34]

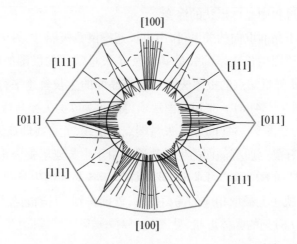

图 9–36 锗晶体{110}面上圆形浸蚀斑的演变[35]

基于浸蚀速率的各向异性可以预言蚀斑形状的演变。反之,根据浸蚀过程中蚀斑形状的变化可以得到浸蚀速率关于取向的关系。艾夫斯(Ives)在 LiF 中由此得到的浸蚀速率关于取向的关系也和其他作者的实验结果相符[36]。

第六节 晶体生长形态学

晶体生长形态学(morphology of crystal growth)不仅要研究晶体长成后的宏观外形、生长过程中宏观外形的演变,还应包括界面的显微形态和界面(形态)稳定性的内容。关于生长过程中形态的稳定性,我们在第五章中已经进行了详细的分析,在这里我们就不再讨论了。

如果晶体的形态只决定于晶体的几何结晶学性质(如空间点阵和结构)和晶体的热力学性质(如界面能和界面相变熵等),则晶体生长形态学就比较简单了。事实上,即使相同的晶体在相同的生长系统中生长,晶体的形态特别是显微形态也是变化多端的。因而还必须考虑生长动力学(生长机制、生长动力学规律)以及热量和质量传输等的影响。

螺型位错在界面的露头点形成的生长蜷线(本章第二节之二)令人信服地证明了界面的显微形态与生长机制密切相关。

在熔体生长系统中的固液界面上出现小面(这在后面将详细讨论),这个实验事实充分地反映了固液界面的宏观形态与生长机制及生长动力学规律间的关系。因而晶体的形态学与晶体生长动力学休戚相关,这正如弗兰克所指出的"如果我们不重视晶体生长形态学,我们就不可能理解晶体生长动力学,无论是较简单的从熔体中生长金属晶体,还是过程极其复杂、暧昧的高分子结晶……反之,如果我们全面地理解了形态学,那么,关于动力学也就知道得差不多了"[37]。

在本节中除了简单介绍周期键链理论外,主要是从生长动力学理论出发来说明晶体的形态问题。我们将比较细致地讨论熔体生长系统中的小面生长,而关于可以预言晶体生长过程中形态演变的运动学理论,由于在前节中已经讨论了,故在这里就不再论及。

一、晶体生长速率的各向异性

在给定的生长驱动力作用下,界面的生长速率决定于界面的生长机制和生长的动力学规律,而界面生长机制与生长动力学规律又决定于界面的微观结构。若界面为粗糙界面,其生长机制为连续生长,满足线性的动力学规律;若界面为光滑界面,如果为二维成核机制,则满足指数律,如为螺位错生长机制,则满足抛物线规律(见表9-4)。因而在相同的驱动力作用下,不同类型的界面、不同的生长机制其生长速率不同。一般说来,在低的驱动力作用下,粗糙界面生长得最快,光滑界面的螺位错机制次之,二维成核机制生长得最慢。这些就是出现生长速率各向异性的物理原因。

具体说来,是否存在生长速率的各向异性,首先决定于物质的类型。通常,金属的相变熵最小,特别是金属熔体生长,几乎所有的界面都是粗糙界面,故通常金属晶体的生长速率是各向同性的。对氧化物晶体,其相变熵最大,在界面上总存在较多的光滑界面,因而在生长过程中表现出强烈的各向异性。而半导体晶体,其相变熵介于其间,只有少数晶面为光滑界面,例如硅、锗晶体的{111}面,故生长速率仍表现出各向异性。

由于相变熵决定于相变潜热与相变温度,也就是说相变熵与环境相有关,因而同一物质在某一生长系统中可为各向同性生长,而在另一生长系统中却为各向异性生长。例如在熔体生长系统中各向同性生长的金属晶体,在气相生长系统中生长时却表现出强烈的各向异性(呈现出多面体形态)。

同一种物质在同样的生长系统中生长,其是否表现出各向异性,还与生长驱动力的大小有关。如果生长界面上同时存在光滑界面与粗糙界面,其生长速率当然是各向异性的。但是在本章第四节中曾经提及,随着生长驱动力的增加,光滑界面将转变为粗糙界面。一旦所有的光滑界面都转变为粗糙界面,则晶体也就由各向异性生长转变为各向同性生长。

二、自由生长系统中的晶体形态

在均匀驱动力场中,晶体的不同晶面在相同的驱动力作用下按不同的动力学规律以不同的生长速率生长着。在这样的生长系统中,不管生长界面的位置如何,生长驱动力是处处相等的。故不同晶面的生长速率只决定于其生长机制和生长动力学规律,而与晶体关于生长系统的相对取向无关。因此在这样的生长系统中,晶体的不同晶面以各自的生长速率自由地生长着,而不受环境的任何约束,我们将这样的生长系统称为自由生长系统。具有球形对称的驱动力场的系统也可以看为自由生长系统。气相生长系统、水溶液生长系统、水热法生长系统或助熔剂生长系统都可近似地看为这种生长系统。

在自由生长系统中,任一晶面的生长速率是恒定的,或诸晶面的生长速率的比值是恒定的,因而晶体的三维形态决定于生长速率的各向异性。但晶体的稳态形状是什么?在晶体生长过程中哪些晶面将显露出来,哪些晶面将隐没?这可应用晶面淘汰律来予以定性的说明。我们考虑一具有四次对称性的二维晶体,若(01)面和(10)面的法向长速率为 v_1,(11)面的法向生长速率为 v_2。如果晶体在生长过程中其形状保持几何上的相似,即诸晶面面积按比例地增加,则(11)面和(10)、(01)面的交点必在 OP 直线上,见图 9 − 37。此时晶面法向生长速率必满足

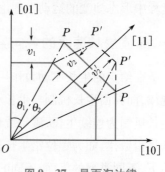

图 9 − 37　晶面淘汰律

$$\frac{v_1}{v_2} = \frac{\cos\theta_1}{\cos\theta_2} \qquad (9-104)$$

式中 θ_1,θ_2 分别为 OP 直线和[01]、[11]的夹角,此时晶体的形状为稳态形状。若(11)面的法向生长速率增加为 v_2',则式

(9 − 104)不被满足,此时有 $\frac{v_1}{v_2} < \frac{\cos\theta_1}{\cos\theta_2}$。在经历单位时间后,{10}面和{11}面的交点不是 P 而是 P'(见图 9 − 37)。可以看出,随着生长延续,{11}面的面积将逐渐减小乃至消失。反之,如果 $\frac{v_1}{v_2} > \frac{\cos\theta_1}{\cos\theta_2}$,则在生长过程中{10}面将消失。一般说来,在晶体生长过程中,诸晶面相互竞争,快面隐没,慢面显露,这就是所谓晶面淘汰律。由此可见,晶体呈现出多面体形状是自由生长系统中晶体生长速率各向异性的必然结果。

若已知生长速率关于取向的分布,欲更准确地预言生长过程中晶体形态的演变,可以借助于上节的运动学理论。我们知道,运动学理论是从生长速率倒数极图出发去预言晶体形态演变的。在上述理论(第五节)处理中,实际上假定了在生长过程中"生长速率极图"是不变的,或只作相似变化。这种假定只有在均匀驱动力场中或是在球形对称的驱动力场中才能成立。因而上节中用来预言晶体生长形态演变的运动学理论只适用于自由生长系统。

自由生长系统中晶体的生长形态还和晶体缺陷有关。螺位错对界面微观形态的影响,我们在本章第二节之二中已经论及。而孪晶的存在则影响到晶体的宏观形态,例如在自由生长系统中,完整的金刚石结构的晶体,其生长形态是由八个{111}面构成的八面体,但若在晶体中存在孪晶,则其生长形态为片状晶体,且尺寸较大(见本章第二节之三)。

三、周期键链理论

在自由生长系统中的晶体生长形态可用周期键链理论(periodic bond chain theory)[38] 予以定性的说明。周期键链理论是在结晶化学基础上提出来的晶体形态理论,本质上可以看为经典几何理论的一种推广。这个理论虽然缺乏明确的热力学和动力学的基础,但是应该认为这是一个比较成功的理论。从有机晶体到离子晶体,对这些具有复杂结构的晶体的实验观察表明,其生长形态是可以用周期键链理论来解释的。下面我们简单地介绍周期键链理论的内容。

理论的基本假设是,在生长过程中,在界面上形成一个键所需的时间随键合能的增加而减少。因而界面位移速率(界面的法向生长速率)随键合能的增加而增加。由于生长过程中

快面隐没、慢面显露(晶面淘汰律),而键合能的大小决定了界面位移速率,故键合能的大小就决定了晶体生长形态。

　　现考虑一以(01)、(10)面为边界的二维晶体,其每一单胞中包含一个构造单元,见图9-38(a)。假设有两种类型的键,a 键沿[10]方向,b 键沿[01]方向,a 键的键合能大于 b 键的键合能。因而晶体沿[10]方向生长得较快,晶体的生长形态为长方形。我们再来考虑第二种情况,即每个单胞中有两个构造单元,A 和 B,见图9-38(b)。若 AB 间为强键,以 b'' 表示;$A'B$ 间为弱键,以 b' 表示;而沿[10]方向的构造单元 A 间以及 B 间的键,其键合能相等,且等于 b'' 的键合能,故在图9-38(b)中都以 a 表示。可以看出,沿[01]方向生长受到两种键 b' 和 b'' 的支配,其中弱键决定了界面位移速率,故晶体沿[01]方向的线速度较[10]方向小。这就表明两种键同时起作用时,强键的效应为弱键所减弱。

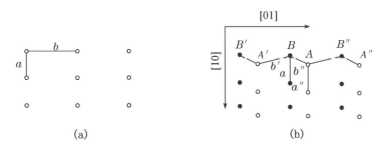

图 9-38　周期键链与生长形态[38]

(a) 二维晶体,其中 a 键较 b 键强,晶体沿 a 键方向生长得较快,(b) 二维晶体,其中 a 键和 b'' 键的强度相等,b' 键较弱。在键链—b'—b''—b'—b'' 中,b'' 较强,但对形态无影响,晶体形态是决定于键 a 和 b',晶体沿 a 键方向长得较快

　　在上述例中,可以得到三个结论:(1)晶体沿强键方向生长得较快,在长成的晶体中这些键必然构成一"不中断的键链"。(2)如果一键链中包含不同类型的键,则该键链对晶体生长形态的影响决定于其中最弱的键。(3)对晶体来说,重要的晶带方向必然是平行于只包含强键的键链方向。

　　显然,这些键链是周期性的,其周期等于起自一构造单元终于相邻的与之等效的构造单元的矢量。在复杂结构中,每一周期可由几个键组成,亦即等于几个不全键矢量(partial bond vector)的矢量和。这些不全键矢量的矢量和就是联结两等效构造单元的点阵平移矢量。这个矢量就称为周期键链矢量(periodic bond chain vector),或简称为 P,B,C 矢量。

　　对于"强键"这个词汇还须进一步解释。通常强键被理解为,断开它时需要吸收较大的能量,或是形成时释放出较大的能量。但是我们必须知道,在晶体结构中不是每一个强键在结晶时都必然释放能量的。在分子晶体中这个现象尤为明显,通常分子中原子与原子间的共价键是强键,这些键在结晶前就形成了,因而它们对晶体生长形态是没有影响的。故我们所定义的强键是在结晶过程中释放出较大能量的键,也就是指在生长过程中形成的强键。

　　为了便于讨论,在下面我们将全为强键所构成的周期键链矢量简称为 P,B,C 矢量。这

样根据与 P,B,C 矢量的关系,可将晶面划分为三类。第一类称平坦面(flat faces),或称 F 面,它包含两个或两个以上的共面的 P,B,C 矢量。第二类称台阶面(stepped faces),或称 S 面,它包含一个 P,B,C 矢量。第三类称扭折面(kinked faces),或称 K 面,它不包含 P,B,C 矢量。图9-39说明了这些面间的差异。假设一晶体中具有三种 P,B,C 量,其中 $A/\!/[100]$, $B/\!/[010]$,$C/\!/[001]$。这些 P,B,C 矢量确定了六个 F 面,例如 A 与 B 确定了(001)和(00$\bar{1}$)面,A 与 C 确定了(010)和(0$\bar{1}$0)面,B 与 C 确定了(100)和($\bar{1}$00)面。任何只平行于一个 P,

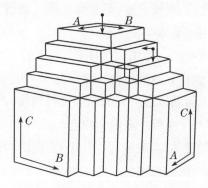

图9-39 具有三个 P,B,C 矢量的假想晶体[38],$A/\!/[100]$,$B/\!/[010]$,$C/\!/[001]$,F 面为(100)、(010)和(001),S 面为(110)、(101)和(011),K 面为(111)。

B,C 矢量的面为 S 面,在图9-39中表示出来的 S 面为(011),(101)和(110)面。不包含 P, B,C 矢量的面为 K 面,在图中只表示出(111)面。

在图9-39中,还可以看出另一个重要性质。一个构造单元附着于 F 面上,只形成一个不在 F 面上的 P,B,C 矢量,也就是说,只形成一个强键。一个构造单元附着于 S 面上,形成的强键数较在 F 面上多,而附着于 K 面上形成的强键数最多。因而 K 面的界面位移速率最大,S 面次之,F 面的界面位移速率最小。故在自由生长系统中所长成的晶体上,F 面显露为较大的平面,K 面常常隐没;在长成的晶体上除了 F 面外,其余都是 S 面。

例如六甲撑四胺(urotropine)晶体,它是分子晶体,其中分子位于体心立方点阵上。该晶体有两个强键,一为$(0,0,0)$和$\left(\dfrac{1}{2},\dfrac{1}{2},\dfrac{1}{2}\right)$间的键,另一为$(0,0,0)$和$(1,0,0)$间的键,两键中前者稍强。故晶体中有两类 P,B,C 矢量,分别平行于 $<100>$ 和 $<111>$。可以看出,在$\{110\}$面上有三个 P,B,C 矢量,在$\{100\}$面上有两个 P,B,C 矢量,故这些面为 F 面。实验观测到晶体显露的面为$\{110\}$、$\{100\}$和$\{211\}$面。其中$\{110\}$和$\{100\}$面为 F 面,而$\{211\}$面为 S 面,这和理论预言相符。

周期键链理论可应用于无对称中心的晶体,进行适当的推广后可用来说明杂质对生长形态的影响[39]。

周期键链理论虽然是经典几何理论的一种推广,但它根据 P,B,C 矢量对界面类型的划分是和杰克逊界面理论或特姆金界面理论(第七章第八节)定性地相符的。杰克逊理论结果表明:界面的类型决定于界面相变熵 $\alpha=\left(\dfrac{\eta}{\nu}\right)\cdot\left(\dfrac{L}{kT}\right)$。对给定的晶体,界面的类型只决定于取向因子$\left(\dfrac{\eta}{\nu}\right)$,其中 η 为原子在界面内的键数(近邻数),ν 为原子位于晶体内部时的键数。在杰克逊理论中我们曾假定所有键的强度相等,如果我们考虑不同强度的键,当然只有强度较大的键(即周期键链)对晶体的内能及界面能的贡献才是主要的。于是我们可以认为 η 为界面内的周期键链数,即 $\eta = \sum_s \eta_i$;ν 为位于晶体体内原子的周期键链数(P,B,C 矢量数),即 $\nu = \sum_v \nu_i$。对给定的晶体,ν 为常数,于是界面的类型完全决定于位于界面内的 P,B,C 矢量。由此可见,周期键链理论中的平坦面(F 面)和台阶面(S 面),就相当于杰克逊理论中的光滑界面($\alpha > 2$);而扭折面(K 面)相当于粗糙界面($\alpha < 2$)。

四、强制生长系统

在单向凝固系统中,晶体只能沿着该凝固方向生长,其他方向的生长速率必为零;晶体生长遭到人为的强制,其生长速率的各向异性无法表现出来,这种生长系统称强制生长系统。在直拉法、坩埚下降法、区域熔化法、基座法、焰熔法生长中,如果固液界面为平面,那么都是单向凝固系统,因而都属于上述性质的强制生长系统。

如果在上述熔体生长系统中固液界面不是平面而是曲面,则晶体生长所受的强制在一定程度上有所松弛。例如在直拉法生长中,如果固液界面为曲面,则凡是在该曲面上的晶面都能够以一定的速率生长;但这些晶面的生长并不是自由的,它们的生长速度在提拉方向的投影必须等于提拉速率。因而这类生长系统仍为强制生长系统。实际上可以人为控制的熔体生长系统都是强制生长系统。这是由于为了达到人工控制的目的和为了保证界面的稳定性,熔体中必须具有正的温度梯度(参阅第五章);如果考虑晶体生长的动力学效应,则固液界面必为具有一定过冷度的等温面,此固液界面上任何晶面的生长速率受到该等温面相对于晶体的位移速率的约束。例如在直拉法生长系统中,诸晶面的生长速率受到提拉速率的约束,在坩埚下降法中受到坩埚向下位移速率的约束。

在熔体生长系统中,对不同的生长方法,晶体生长在径向所受的强制略有不同。例如在坩埚下降法中,晶体的径向生长受到坩埚壁的约束,这种强制具有绝对性,因而晶体生长的各向异性在径向完全不能表现出来。而在直拉法等径生长中,虽然径向生长同样受到约束,但这种约束来自温场,即来自等温面与自由液面的交迹,这种约束比较松弛,因而晶体生长的各向异性在径向可以在一定程度上表现出来,例如在直拉法生长的晶体的柱面上可以观察到晶棱,也可长成多角柱体。

我们曾一再强调,不同类型的晶面,其生长机制以及生长动力学规律不同。因而不同类型的界面,例如光滑界面和粗糙界面,在同样驱动力作用下,其生长速率不同;而如果要求不同类型的界面获得相同的生长速率,则作用于不同界面上的驱动力必然不同。在自由生长系统中,由于其驱动力场是均匀的,故不同类型的界面具有不同的生长速率;在强制生长系统中,由于要求界面上诸晶面具有同样的生长速率或要求诸晶面在某方向的速度分量相同,因而作用在不同类型晶面上的生长驱动力必然不同。这就是自由生长系统与强制生长系统的本质区别,也就是同一晶体在上述不同系统中表现出不同形态的重要原因。

五、小面生长

在强制生长系统中,弯曲的生长界面上出现的平坦区域称为小面(facet)。该系统中出现小面,与自由生长系统中晶体呈现出多面体形态,同样都是晶体生长的各向异性的表现。因此在强制生长系统中,生长界面上出现小面是一种普遍现象。熔体生长是典型的强制生长系统,只要晶体本身的生长行为具有明显的各向异性,不管具体的生长方法如何,在固液界面上都应该能够观测到小面。事实上,用直拉法、区熔法、焰熔法生长氧化物晶体或半导体晶体时,都已观测到小面生长。

(1) **小面生长的概貌** 我们首先以直拉法生长的石榴石晶体为例说明小面生长的概貌。图9-40示意地表明了沿<111>方向提拉的石榴石晶体的固液界面上的{112}小面。上图为弯曲的固液界面及其小面的立体图,下图为该固液界面的俯视图。图中只表示出在弯曲的固液界面上显露出来的三个与提拉轴夹角为19°28′的{112}小面,而在固液界面的曲率半径较小的情况下,三个与提拉轴<111>夹角为35°16′的{110}面也能在固液界面上显露为小面。在高温熔体生长中,或是由于坩埚或晶体不透明,或是由于生长系统几何上的限制,我们不能直接观测到固液界面的形态。我们可以利用"倾倒法"将生长过程中的固液界面保存下来再进行观测。图9-41(a)就是用倾倒法保存下来的YAG(钇铝石榴石)晶体固液界面上的{112}

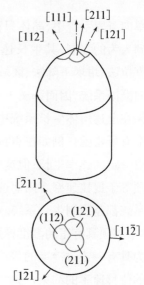

图9-40 沿〈111〉提拉的石榴石晶体
的固液界面上的{112}小面

小面。由于该晶体的提拉轴与<111>偏离4.3°,故照片上三个小面的面积不等[40]。我们在第四章中曾经强调指出,通过生长层的研究可以追溯晶体的生长界面的形态演变。图9-41(b)就是用生长层显示的GGG(钆镓石榴石)晶体生长过程中的固液界面上的{112}小面。我们知道,如果固液界面上没有小面而是光滑曲面,则在垂直于提拉轴<111>的截面上,其生长层或为同心圆或为平面蜷线(见图4-3),但如果界面上出现了小面,由于小面为平面,故小面与图面的交迹必为直线。如图9-41(b)所示,图中有三组平行直线,这表征固-液界面上的三个{112}小面;直线区周围的同心圆表征着三个小面之外的固液界面都是光滑的曲面。事实上,只要我们得到两个不同平面上的生长层(即小面分别与两个不共面的平面的交迹),我们就能唯一地确定小面的面指数。图9-41(b)中不同的圆或不同的三角形代表不同时刻的固液界面与图面的交迹,其时间推延的顺序是,对凸形界面由中央到边缘,反之即凹形固液界面。因此这类生长层的图像就显示出界面形态的演变。

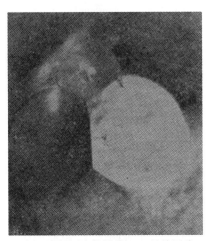 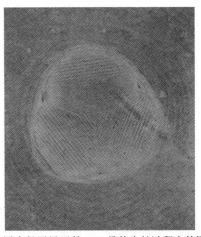

    (a) 用倾倒法获得的YAG晶体固液   (b) 用生长层显示的GGG晶体生长过程中的固液
     界面上的{112}小面[40]   界面上的小面(该样品由1409所陈新树提供)

图9-41 沿⟨111⟩提拉的石榴石晶休的界面上的{112}小面

    (2) **用界面能解释小面的形成**   蒂勒(Tiller)首先用界面能和界面张力的概念解释了小面的形成[41]。他假定生长过程中的界面形态是热力学平衡形态,于是可用乌耳夫作图法求得(第七章第六节)。如果在熔点,界面能极图上只有少数尖点,即只存在少数奇异面。例如在图9-42(a)中,只有面法线为 n 的奇异面的界面能较低,其余各晶面的界面能较高而且是各向同性的。于是按乌耳夫作图法可得,晶体的平衡形状为在 n 方向显露为平面(小面)的球。如果在直拉法生长中固-液界面亦为球面,于是在相应于奇异面的法线 n 方向显露为小面,如图9-42(b)。

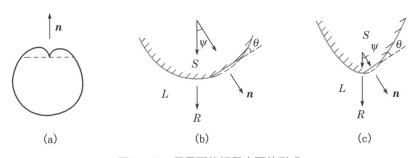

图9-42 用界面能解释小面的形成

    在固-液界面上出现小面的现象,还可以比较形象地用界面张力来解释。如果 γ_n 是面法线为 n 的奇异面的界面张力,γ 是其余晶面的界面张力,参阅图9-42(a),可以看出 $\gamma_n < \gamma$。令 θ 为小面周界处界面张力 γ 与小面的夹角,如图9-42(b)所示。显然当小面面积为零时,$\theta = 0$;而随着小面面积的增加,θ 逐渐增加。非奇异面的界面张力 γ 在小面内的分量为 $\gamma\cos\theta$。初始时刻,小面面积为零,有 $\theta = 0$,而 $\gamma_n < \gamma$,故在净张力 $\gamma - \gamma_n$ 作用下,小面面积将不断增加;而后小面周界处的净张力为 $\gamma \cdot \cos\theta - \gamma_n$,它随着小面面积增加($\theta$ 随之增加)而逐渐减

小,当 $\gamma \cdot \cos\theta - \gamma_n = 0$ 时,小面达到稳定的尺寸。对球形固液界面,在其半径不变的条件下,小面尺寸只决定于 γ 和 γ_n 的相对大小,而与小面在固液界面上的位置无关,即与 ψ 角无关(见图 9 - 42(b))。如果固液界面不是球面,则小面尺寸就和 ψ 有关,例如,若固-液界面为抛物面,则小面尺寸将随着 ψ 的减小而迅速减小[41],见图 9 - 42(c)。显然,界面的曲率半径越小,小面尺寸越小。

应用界面张力和界面能的概念虽然可以解释小面的形成。但是由于小面已达宏观尺寸,使之回复到平衡形态的驱动力甚小(第七章第六节之二),同时在生长过程中显露出小面的固-液界面不是处于平衡形态,因而蒂勒关于小面形成的理论是有缺点的。实际上小面的形成是由于不同类型的界面(奇异面和非奇异面)的动力学行为的差异。

(3) **小面形成的动力学理论** 基于奇异面与非奇异面的生长动力学行为的差异,布赖斯(Brice)提出了在强制生长系统中小面形成的动力学理论[42]。我们先讨论在直拉法生长系统中形成小面的原因。

如果生长界面上存在奇异面和非奇异面。已经指明,由于这两种类型界面的微观结构不同,故其生长机制不同以及所遵从的动力学规律不同。一般说来,在相同的驱动力作用下,非奇异面长得较快,以螺位错机制生长的奇异面次之,以二维成核机制生长的奇异面最慢。因而生长速率的各向异性充分地表现出来,其结果长成多面体形态,这就是自由生长系统中的情况。但是在强制生长系统中,虽然生长系统强制地要求生长界面上诸晶面的生长速率完全相同(或沿着某方向的生长速率相同),然而以不同机制生长的不同类型的面,仍然遵从自己固有的动力学规律,因而正如前面所指出的,要保持相同的生长速率,作用于不同类型的晶面上的驱动力必然不同。在直拉法生长系统中,要获得同样的生长速率,在不同的情况下所需的过冷度不同,奇异面二维成核机制所需的过冷度最大、奇异面位错机制次之、非奇异面(粗糙界面)连续生长机制最小。

在直拉法生长系统中,如果固-液界面上的晶面全为非奇异面(粗糙界面)。由于所有晶面的生长机制和所遵从的动力学规律都相同,对给定的提拉速率 R,所需的过冷度在固-液界面上处处相等。因而固-液界面是具有一定过冷度 ΔT_0 的等温面(在一般情况下为一曲面)。由表 9 - 4 中所示的公式可得

$$\Delta T_0 = \frac{R}{A_0} \quad \text{(连续生长机制)} \tag{9-105}$$

其中 A_0 为粗糙界面连续生长机制的动力学系数。若固-液界面上存在一奇异面,该奇异面所需的过冷度同样可由表 9 - 4 中的公式得到

$$\Delta T_1 = \left(\frac{R}{A_1}\right)^{\frac{1}{2}} \quad \text{(位错机制)} \tag{9-106}$$

$$\Delta T_2 = \frac{-B_2}{\ln(R/A_2)} \quad \text{(二维成核机制)} \tag{9-107}$$

其中 A_1 以及 A_2,B_2 分别是奇异面位错机制和二维成核机制的动力学系数。对同一材料的生

长,在给定的提拉速率下,通常有

$$\Delta T_2 > \Delta T_1 > \Delta T_0 \qquad (9-108)$$

现在将 $\Delta T = \Delta T_2 - \Delta T_0$,或 $\Delta T = \Delta T_1 - \Delta T_0$ 定义为相对过冷度。由式(9-108),可以看出,相对过冷度 ΔT >0,这表明在直拉法生长中奇异面的过冷度较大,即其实际温度较粗糙界面低。因而奇异面与粗糙面不可能在同一等温面上,在直拉法生长中,奇异面必处于较高的位置(因为温度梯度矢量向下),见图9-43。这个结论我们还可通过另一途径演绎出来。试设想在初始时刻,固-液界面上各晶面具有同样的过冷度,因而各晶面处于同一等温面上,如果在该过冷度下粗糙界面的生长速率正好等于提拉速率,于是在恒速提拉过程中所有粗糙界面

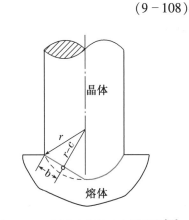

图9-43 小面形成的动力学解释[42]

的位置都保持不变。而在同样的过冷度下,奇异面的生长速率小于粗糙界面的速率,因而也小于提拉速率,于是奇异面的位置向上位移。随着奇异面的位置向上位移,奇异面上的过冷度增加(温度梯度矢量是向下的),奇异面的生长速率也随之增加,直到奇异面的生长速率等于提拉速率时,奇异面的位置才不再变化,此时界面上不同类型的晶面的生长速率都等于提拉速率,但不同类型的晶面的过冷度不同,因而固-液界面上出现了偏离等温面的平坦区域,也就是说出现了小面,见图9-43。

下面我们导出小面尺寸与某些工艺参量的关系。若固液界面的曲率半径为 r,小面的"半径"为 b,几何参量 c 的定义见图9-43。由初等几何学可得 $b^2 = c(2r-c)$,当 $r \gg c$ 时有

$$b^2 \approx 2cr \qquad (9-109)$$

若固液界面邻近的温度梯度为 G,小面中心相对于周围粗糙界面的相对过冷度为 ΔT,则

$$\Delta T = G \cdot c \qquad (9-110)$$

将(9-110)式代入(9-109),可得小面面积 b^2 的表达式为

$$b^2 \approx 2\Delta T \frac{r}{G} \qquad (9-111)$$

由此可见固-液界面上出现的小面面积决定于小面中心的相对过冷度 ΔT、固-液界面的曲率半径 r 和温度梯度 G。ΔT 决定于生长机制和提拉速率,而 r 和 G 决定于温场性质,这是可以通过工艺手段调节的参量,可以看出,如欲减小小面尺寸,可减小固液界面的曲率半径和增加温度梯度。

我们在研究 YAG 的小面生长时,曾定量地验证了上述理论[40]。我们在用倾倒法研究沿 <111> 提拉的 YAG 晶体的固液界面时,观测到界面上存在三个尺寸不同的 {112} 小面,见图9-41(a)。由于这三个小面的尺寸不大、相距较近,可以认为诸小面上的 ΔT 和 G 都相等,于是由式(9-111)有

$$b_1^2 : b_2^2 : b_3^2 = r_1 : r_2 : r_3 \qquad (9-112)$$

我们分别测得三个小面的半径及其邻近界面的曲率半径,所得的结果列于表9－5。可以看出,小面半径平方之比与界面曲率半径之比基本相等,从而验证了关于小面形成的动力学理论。

表9－5　实验测得的小面半径和界面曲率半径[40]

小面半径 （mm）			小面面积比 （小面半径平方比）	界面曲率半径 （mm）			界面曲率半径比
b_1	b_2	b_3	$b_1^2 : b_2^2 : b_3^2$	r_1	r_2	r_3	$r_1 : r_2 : r_3$
0.75	0.68	0.53	1 : 0.82 : 0.50	7.4	6.0	2.7	1 : 0.81 : 0.57

（4）**微观生长机制对小面尺寸的影响**　由式(9－108)可以看出,要使奇异面保持同样的生长速率,二维成核机制所需的过冷度较位错机制大。因而奇异面以二维成核机制生长时,其小面中心的相对过冷度较大,由(9－111)式可以看到,相应小面面积亦较大。可以推知,在生长过程中如果奇异面的生长由二维成核机制转变为位错机制,则小面面积也必然减小。这个推论为阿部考夫的实验所证实[43]。

阿部考夫在用直拉法生长硅单晶时,所用的籽晶取向为<111>,故在固液界面的中心部位出现了{111}小面。阿部考夫先采用了生长无位错晶体的工艺条件,这样保证了小面生长机制为二维成核机制。在此条件下晶体生长了一段后,突然将碳粉撒入坩埚,碳粉长入晶体后引起大量滑移带。阿部考夫观测到一旦滑移带与小面相交,小面中心的相对过冷度由9℃降低到0.8℃,同时小面面积也相应地缩小。这就表明,当在小面区内引入位错后,小面生长就由二维成核机制转变为位错机制。

（5）**界面宏观形状对小面生长机制的影响**[40]　一般说来,奇异面的生长为台阶源和台阶运动所控制,但考虑到固-液界面的宏观形状对奇异面生长机制的影响时,对问题就必须进一步分析。若固-液界面为一平面,且为奇异面,一般说来台阶源是生长过程的控制因素。若固-液界面为曲面(奇异面位于此曲面上),则由于邻位面的影响不同,使得凸形和凹形界面上奇异面的生长机制有所不同。在第七章第七节中已经阐明,邻位面是由台阶构成的,邻位面关于奇异面的偏离越大,构成邻位面的台阶密度越大。在固-液界面为凹形的情况下,如图9－44(a),晶体生长时台阶是相向运动的,这些台阶在奇异面的中心处相遇、合并而消失,其结果不仅造成奇异面的扩大,而且使奇异面向前推进,只要固-液界面为凹面(这决定于炉膛内的温场性质),构成邻位面的台阶总是存在的,因

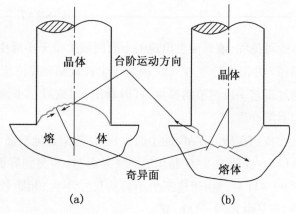

图9－44　邻位面对奇异面生长机制的影响[40]

而凹形固-液界面上奇异面生长的控制因素是台阶运动而不是台阶源。但在固-液界面为凸形的情况下,见图9-44(b),晶体生长时邻位面上的台阶是相背运动的,结果只能造成奇异面的扩大,而不能使奇异面向前推进,因而奇异面生长的控制因素是台阶源,故凸形固-液界面上奇异面的生长只能通过二维成核或位错机制实现。

由此可见,不等式(9-108)只适用于凸形固-液界面上的小面生长。在凹形固-液界面上,由于邻位面提供了没有穷尽的台阶源,因而奇异面的生长动力学规律既不是二维成核机制的指数律,也不是螺位错机制的抛物线律。下面我们首先给出凹形固-液界面上奇异面的生长动力学规律。若凹形固-液界面的奇异面上的台阶密度为 k、台阶高度为 h、台阶速度为 v_∞,则该奇异面的法向生长速率为

$$R = hkv_\infty$$

由表9-2可得 $v_\infty = A \cdot \Delta T$,代入上式得

$$R = A_3 \cdot \Delta T \tag{9-113}$$

其中 $A_3 = hkA$,称为凹形固-液界面上奇异面的动力学系数。由此可见,与粗糙界面一样,凹形固-液界面上奇异面的生长动力学规律也是线性规律。

（6）在凹形固-液界面上小面的形成 在凹形固-液界面上奇异面的生长机制与凸形界面上的生长机制有着明显的差异,因而所遵从的动力学规律也完全不同。已经证明,凹形界面上奇异面的生长动力学规律为线性规律,在此基础上再考虑到生长过程中固-液界面的温度是低于凝固点的,因而在固液界面上就有出现小面的可能性。事实上,在硅[44]和 YAG[40] 的凹形固-液界面上已经观测到存在小面的实验证据。下面我们来估计在凹形界面上的小面尺寸。

在凹形固-液界面上的奇异面上的台阶是相向运动的,这些台阶在奇异面中心相互合并而形成小面,见图9-44(a)。故奇异面中心处台阶运动速度为零时就给出了小面的极限尺寸。据此我们可以导出小面的极限尺寸与生长条件的关系。参阅图9-45,当晶体处于稳态生长时,小面已达最大尺寸,即小面中心处台阶运动速率为零,亦即其过冷度为零,而界面其余部分的过冷度为 ΔT_0（见式9-105）,若小面中心处法向温度梯度为 G,参阅图9-45,则

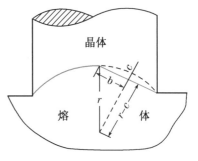

图9-45 凹形固液界面上小面尺寸的估计[40]

$$c = \frac{\Delta T_0}{G}$$

通过几何关系 $b^2 = c(2r - c)$,可求出当 $r \gg c$ 时

$$b^2 = 2\Delta T_0 \cdot \frac{r}{G} \tag{9-114}$$

因而得出了小面尺寸 b 关于界面过冷度 ΔT_0、界面曲率半径 r 和小面中心处法向温度梯度 G 的关系式。此式在形式上与凸形界面上推导出来的式(9-111)相同,但必须指出,推导此式的

物理机制不同,因而式中 ΔT 的物理意义不同。在(9-111)式中的 ΔT 是生长速率等于提拉速率时粗糙界面关于奇异面的相对过冷度,而这里的 ΔT_0 是生长速率为提拉速率时粗糙界面的过冷度。我们曾粗略地估计出 YAG 晶体上的小面尺寸,其结果和观测值大体一致[40]。

参考文献

[1] 王竹溪. 统计物理学导论[M]. 北京:高等教育出版社,1956:143.

[2] Hillig W B, Turnbull D. J Chem Phys, 1956, 24: 914.

[3] Burton W K, Cabrera N, Frank F C. Phil Trans Roy Sci, 1951, A243: 299.

[4] Hartman P. Crystal Growth: an Introduction[M]. North-Holland, 1973: 263.

[5] 大川章哉. 固体物理,1975,10:65、113、175、279、345、409、525、609.

   大川章哉. 结晶成长[M]. 东京:裳华房,昭和 59 年.

[6] Cabrera N, Burton W K. Crystal Growth[M]. Butterworths, 1959: 40.

[7] Чер нов A A. У Φ Н, 1961,73:277.

   Chernov A A. Modern Crystallography III: Crystal Growth[M]. Springer-Verlag, 1984: 124.

[8] Chernov A A. J Cryst Growth, 1974, 24/25: 11.

[9] Burton W K, Cabrera N, Frank F C. Nature, 1949, 163: 398.

[10] Frank F C. J Cryst Growth, 1974, 22: 233

[11] Frank F C. Crystal Growth[M]. Butterworths, 1959: 48.

[12] Harward N R. Trans Faraday Soc, 1939, 35: 1401.

[13] Swendsen H R, Kortman P J, Landau D P, et al. J Cryst Growth, 1976, 35: 73.

[14] Amelinckx S. J Chem Phys, 1952, 49: 411.

[15] Ueda R, Mullin J B. Crystal Growth and Characterization[M]. North-Holland, 1975: 361.

[16] Hoche H, Bethge H. J Cryst Growth, 1977, 42: 110.

[17] Kaldis E, Scheel H J. 1976 Crystal Growth and Materials[M]. North-Holland, 1977: 80.

[18] Verma A R. Crystal Growth and Dislocations[M]. Butterworths, 1953.

[19] 冯端,王业宁,丘第荣. 金属物理(上册)[M]. 北京:科学出版社,1964:229、190.

[20] Peiser H S. Crystal Growth[M]. Pergaman, 1967: 413.

[21] Jackson K A. Progr Solid State Chem, 1967, 4: 53.

[22] Ketcham W M, Hobbs P V. Phil Mag, 1968, 18: 659.

[23] Stranski I N. Crystal Growth[M]. Butterworths, 1959: 69.

[24] Dowson I M. Proc Roy Soc, 1952, A214: 72.

[25] Hamilton D R, Seidensticker R G. J Appl Phys, 1960, 31: 1165.

[26] 铃木秀次. 格子欠缺[M]. 共立出版,1978:31.

[27] Jackson K A. Progr Solid State Chem, 1967, 4: 53.

[28] Temkin D E. Crystallization Processes[M]. Consultants Bureau, 1966: 15.

[29] Cahn J W, Hillig W B, Sears G W. Acta Met, 1964, 12: 1421.

[30] Jackson K A, Uhlman D R, Hunt Y D. J Cryst Growth, 1967, 1: 67.

［31］Doremus R H, Roberts B W, Turnbull D. Growth and Perfection of Crystals［M］. Wiley, 1958: 411.

［32］Doremus R H, Roberts B W, Turnbull D. Growth and Perfection of Crystals［M］. Wiley, 1958: 393.

［33］Lighthill M J, Whitham G B. Proc Roy Soc, 1955, 229 (A):281、317.

［34］Batterman B W. J Appl Phys, 1957, 28: 1236.

［35］Frank F C, Ives M B. J Appl Phys, 1960, 31: 1996.

［36］Ives M B. J Appl Phys, 1961, 32:1534.

［37］Doremus R H, Roberts B W, Turnbull D. Growth and Perfection of Crystals［M］. Wiley, 1958: 1.

［38］Hartman P, Perdok W G.. Acta Cryst, 1955, 8: 49、521.

　　　Hartman P. Crystal Growth: an introduction［M］. North-Holland, 1973: 367.

［39］Bennema P. J Cryst Growth, 1974, 24/25: 76.

［40］闵乃本,杨永顺. 物理学报,1979,28:286.

［41］Gilman J J. The Art and Science of Growing Crystals［M］. Wiley, 1963: 275.

［42］Brice J C. J Cryst Growth, 1970, 6:205.

［43］Abe T. J Cryst Growth, 1974, 24/25:463.

［44］Muhlbauer A, Sirtl E. Phys Stat Sol, 1974, (A)23: 555.

第十章　　生长过程中位错的产生、延伸和分布*

　　已有大量工作证明,晶体中的位错对光-电子学器件、声-电子学器件,特别是半导体器件的性能有着明显的影响。在一般情况下,长成的晶体中往往存在位错。因而在晶体中位错是如何产生的? 那些已经产生并与生长界面相交的位错,在生长过程中其延伸的规律如何? 这些问题不仅是从事晶体生长工作的人感兴趣的,而且也是从事器件工作的人所关心的。通常人们希望获得高度完整的晶体,例如无位错晶体;但在某些特殊场合下,具有设定位错组态的晶体也可能为研究工作者所欢迎。要达到上述目的就必须了解晶体生长过程中位错的产生、延伸和分布的基本规律。因而本章对此作系统的介绍。本章共分三节,第一节讨论位错的成核和增殖,这方面钱临照[1]、冯端[2]等人已有极好的总结,我们在这里只是联系生长过程进行简略的讨论。第二节是讨论位错延伸,第三节讨论位错分布,这两节是本章的重点。在阅读本章之前,希望读者对位错的几何理论[1]和弹性理论[2]有所了解。

第一节　　位错的成核和增殖

　　晶体在生长过程及其后的冷却过程中,晶体内往往存在弹性力和渗透力(其定义见本节之二)。如果将力场中的晶体看为一热力学系统,则该系统不是处于热力学平衡态而是处于亚稳态,因为其自由能不是最低。如果晶体中产生一定数量和组态的位错,则能消弛力场,降低系统中的自由能。如果晶体中力场作功改变了局域结构,部分地消弛了力场,降低了系统的自由能,其结果产生了位错。在此过程中,一方面部分地消弛了力场降低了系统的自由能,另一方面,由于位错本身具有能量,因而增加了系统的内能,构成了这过程所需克服的热力学位垒。因而这过程只能借助于热激活进行,这完全类似于第八章中讨论的成核问题,故我们将力场中晶体内产生位错的问题称为位错成核。

　　也完全一样,如果力场中晶体内空间各点位错成核概率处处相等,则称位错的均匀成核(homogeneous nucleation of dislocations);否则称位错的非均匀成核(heterogeneous nucleation of dislocations)。

一、弹性应力场中位错的成核

　　(1) **生长过程中弹性应力的来源**　处于非均匀温场中的晶体,更严格地说,只要晶体内存在径向温度梯度或是存在轴向温度的非线性分布,晶体内就存在热弹应力(thermo-elastic

stress)[3]。在熔体生长中,这种热弹应力尤为严重,因为在这种生长系统中,晶体中存在温度梯度是能够人为地控制生长的必要条件(见第五章第一节)。实践表明,晶体中的等温面通常在生长的全过程中不可能总是保持为平面,只要等温面不是平面,就意味着晶体中存在径向温度梯度,就将出现热弹应力;同时从式(1-43)可以看出,晶体中轴向温度分布往往具有指数函数的形式[4],因而也必然产生热弹应力。在气相生长或溶液生长系统中,虽然并不一定要求存在温度梯度,然而通常晶体也不是处于均匀温场中。不过在一般情况下,其中的热弹应力不会对晶体的完整性造成危害,特别是常温下的水溶液生长,晶体中的热弹应力更是无需考虑的。

从熔体中长成的晶体,在冷却到室温的过程中,晶体中的热弹应力是不可忽视的,如果不适当地限制冷却速率,甚至有毁坏晶体的危险,这是人们所熟知的。在坩埚中生长晶体,如果坩埚与晶体的热膨胀系数差异较大,在冷却过程中也会产生较大的弹性应力。

晶体中如果出现组分的不均匀,晶体中局部组分的差异造成点阵参数的差异,也将产生弹性应力。当晶体中存在较为严重的生长层或存在组分过冷导致的胞状组织时,这种弹性应力就会表现出来。外延生长中,若外延层是存在组分梯度的连续固溶体也会出现这类弹性应力;异质外延时或固溶体中脱溶沉淀时,异质界面或相界处的点阵失配或其间热膨胀系数的差异都会导致弹性应力,前者是错配弹性应力,后者仍为热弹应力。

综上所述,晶体生长及其后的冷却过程中,弹性应力通常是不可避免的,因而我们首先分析弹性应力下位错的均匀成核。

(2)弹性应力下位错的均匀成核 考虑一体内存在均匀弹性应力的完整晶体,令 τ 为滑移面上沿柏格斯矢量(Burgers vector)方向的切应力。设想在该晶体内滑移面上任取一半径为 R 的圆面积,若该面积两岸的晶体在切应力 τ 作用下作一相对滑移,其滑移矢量为柏格斯矢量,于是在该面积的周界处就产生了一半径为 R 的圆形位错环。现在我们来估计上述过程所引起的能量变化,即估计半径为 R 的圆形位错环的形成能。若位错的柏格斯矢量为 b,晶体的切变模量为 μ,单位长度的位错线所具有的能量为 $\gamma = \dfrac{\mu b^2}{4\pi}\ln\dfrac{R}{r_0}$(见文献[2]),其中 r_0 为位错的核心半径,于是半径为 R 的位错环的形成能为

$$U(R) = -\pi R^2 \tau b + 2\pi R\gamma \qquad (10-1)$$

式中第一项为通过滑移形成位错过程中切应力 τ 所作之功,这等于晶体中自由能的降低;第二项为位错环本身所具有的能量,这增加了系统的内能。上式与台阶二维成核过程中台阶圈的形成能的表达式(9-50)完全类似,可以看出 $U(R)$ 必具有一极大值,于是令 $\dfrac{\mathrm{d}U(R)}{\mathrm{d}R}=0$,可得位错环的临界半径 R_c

$$R_\mathrm{C} = \dfrac{\mu b}{4\pi\tau}\left[\ln\dfrac{R_\mathrm{C}}{r_0}+1\right] \qquad (10-2)$$

由式(10-1)可以看出,当位错环的半径小于 R_c 时,随着位错环半径的增大,位错的形成能

随之增加,这表明位错环不能长大而将自发地消失。只有半径大于 R_C 的位错环才能自发长大。因而半径为 R_C 的位错环对应于第八章中的晶核半径。于是形成位错环成核的临界能量为

$$U_C = \frac{\mu b^2 R_C}{4}\left[\ln\frac{R_C}{r_0} - 1\right] \qquad (10-3)$$

此即位错环均匀成核的成核位垒,在热激活下位错环的成核率可以估计为

$$P \approx N\nu\frac{b}{2R_C}\exp\left[-\frac{U_C}{kT}\right] \qquad (10-4)$$

其中 N 为晶体中的原子数,ν 为德拜频率。显然,在通常条件下要使 P 具有实际意义,要求

$$\tau \approx \frac{\mu}{5} \sim \frac{\mu}{10}$$

这接近于晶体的理想强度,而通常弹性应力要小得多。因而在正常的晶体生长工艺下,通过位错环均匀成核产生位错的概率较小。

(3) **弹性应力集中**   在弹性应力作用下,虽然位错的均匀成核较难实现。然而大量的实验事实表明,集中应力下通过非均匀成核可以产生位错。

如果晶体内存有沉淀粒子或包裹物,如果这些粒子的热膨胀系数较小,则在冷却过程中粒子体积收缩较同体积晶体的小,这就等价于晶体中的粒子向外挤压,于是产生体内压印(volume indentation)。在这样的情况下,晶体与粒子的界面处产生很大的应力集中,导致位错的非均匀成核,从而产生大量的棱柱位错。

如果晶体中沉淀粒子的弹性系数 (λ,μ) 较晶体的弹性系数大,由弹性力学可知,$(\sigma_x + \sigma_y + \sigma_z) = (3\lambda + 2\mu)\theta$,其中 $\sigma_x,\sigma_y,\sigma_z$ 为正应力或称流体静压力,θ 为弹性(体积)形变。故在同样的流体静压力下,粒子的弹性形变 θ 较同体积的晶体的形变小,这就等同于处于晶体内的粒子向外挤压,于是产生了体内压印,这一效应的初步迹象已在存有 Na_2SO_4 粒子的 NaCl 晶体中被观察到了[5]。

如果冷却过程中粒子的体膨胀系数较晶体的大,粒子收缩得较快,或者在流体静压力下粒子的弹性系数较小,弹性形变 θ 较大,而粒子又无很强的内聚力和附着力。这类粒子与晶体中的空洞一样,不产生上述的体内压印。

晶体的外形突变处,例如直拉法生长的晶体,其直径突变处,往往产生弹性应力集中。这可定性地解释在实验中观察到的晶体直径突变处位错密度较高的现象[6]。关于几何因子所引起的应力集中,在经典弹性理论中都有细致的分析。

二、渗透力作用下位错成核

(1) **晶体中的渗透力**   点缺陷与位错的热力学性质完全不同,位错不是热力学平衡缺陷,而点缺陷是热力学平衡缺陷。在有限温度下,晶体中存在一定浓度的点缺陷虽使晶体的内能增加,但晶体的熵也增加,而晶体的自由能 $F = U - TS$,故在给定温度下存在一定浓度的

点缺陷有可能使晶体的自由能为极小。据此可求得在给定温度下点缺陷的平衡浓度,即

$$c_0 = A\exp\left(-\frac{U_f}{kT}\right) \tag{10-5}$$

其中 U_f 为点缺陷的形成能,A 为与点缺陷的振动熵及温度有关的常数。

由此可知,在给定温度下,点缺陷的平衡浓度决定于点缺陷的形成能,形成能越小其平衡浓度越大。同时还可以看出,温度越低其平衡浓度越低,当温度为绝对零度,点缺陷浓度为零。在有限温度下,总是存在一定浓度的点缺陷以使系统的自由度为极小。因而点缺陷是热力学平衡缺陷,在给定温度下,无点缺陷的晶体是不存在的。位错的热力学性质与点缺陷全然不同,位错具有长程应力场,位错的存在甚大地增加了系统的内能,虽然位错具有组态熵,然而其贡献甚小于内能的贡献。因而位错的存在只会增加系统的自由能,位错不是热力学平衡缺陷,无位错晶体是可能存在的。

对金属,空位的形成能 ~ 1 eV,$A\approx 1\sim 10$,近于熔点的温度下 $c_0\approx 10^{-3}\sim 10^{-4}$,间隙原子的形成能较空位大 $3\sim 4$ 倍,故其平衡浓度亦较小。

对半导体晶体,例如 Si,其自间隙原子的形成能与空位比较接近,因而在高温下自间隙原子的行为不可忽视。已经有证据说明,Si 的高温自扩散以及在无位错 Si 单晶中形成微缺陷的主要角色就是硅中的自间隙原子[7]。

对给定晶体中给定类型的点缺陷,其平衡浓度主要决定于温度,见(10-5)式。温度下降时,点缺陷的平衡浓度按指数律迅速下降。如果晶体中没有足够的点缺陷尾闾(sink),例如晶体没有位错或沉淀相,或是降温速率太快,或是点缺陷扩散激活能较大,就在固溶体内形成过饱和点缺陷(辐照也会产生过饱和点缺陷)。

过饱和点缺陷为异类溶质原子时,趋于凝聚为新相(脱溶沉淀);过饱和点缺陷为自间隙原子或空位时,或是趋于凝聚并崩塌引起位错环的成核,或是使晶体中已经存在的位错攀移。在过饱和点缺陷的固溶体中,引起脱溶沉淀、位错环成核以及促使位错攀移的驱动力称为渗透力(osmotic force)。显然渗透力决定于点缺陷的过饱和度。渗透力在数值上等于单位体积的点缺陷凝聚为新相时晶体系统中吉布斯自由能的降低,可表示为

$$f = \frac{kT}{b^3}\ln\left(\frac{c}{c_0}\right) = \frac{kT}{b^3}\ln\alpha \approx \frac{kT\sigma}{b^3} \tag{10-6}$$

式中 b 为柏格斯矢量的绝对值,c_0 为给定温度下点缺陷的平衡浓度,c 为该温度下的实际浓度,α 为饱和比,σ 为过饱和度。

式(10-6)和溶液生长系统中相变驱动力的表达式(8-6)具有相同的形式。这是十分自然的,式(8-6)是过饱和稀溶液系统中相变驱动力的表达式,在这里只需将点缺陷看为溶质,则式(10-6)是过饱和稀固溶体中相变驱动力的表达式。因而渗透力就是在过饱和固溶体中作用于单位面积的相界上促使相界推移的驱动力。

点缺陷(空位或自间隙原子)凝聚到位错线上是促使位错攀移的元过程。因而作用于单位长度的位错线上促使其攀移的驱动力为

$$\frac{F}{L} = f \cdot b = \frac{kT}{b^2} \ln\left(\frac{c}{c_0}\right)$$

长成后的晶体从凝固温度迅速地冷却下来（淬火），可以在晶体中产生很大的点缺陷过饱和度，因而可以产生很大的渗透力。如果晶体中无点缺陷尾闾，如晶体中无位错或沉淀相，对这样的晶体即使冷却速度不大，也能产生很大的渗透力。

我们下面对渗透力的大小作一半定量的估计。若晶体中无点缺陷尾闾，晶体由凝固温度 T_m，冷却到 $T_0 = T_m/2$。由式（10-5）可得在 T_0 温度时晶体中实际点缺陷浓度 c 与平衡浓度 c_0 之比为：$\frac{c}{c_0} = \exp\left(\frac{U_f}{2kT_0}\right)$。代入（10-6）式可得渗透力 $f = \frac{U_f}{2b^3}$。通常空位形成能 $U_f \approx \frac{1}{5}\mu b^3$，故 $f = \frac{\mu}{10}$。可以看出，该渗透力等价于 $\sigma \sim \frac{\mu}{10}$ 的弹性压应力，这个数量级接近于晶体的理想强度。因而在完整晶体内由渗透力而引起位错均匀成核是完全可能实现的。这就表明在无位错晶体内渗透力的存在是对晶体完整性的严重威胁，在无位错硅中出现旋涡缺陷（swirl defect）（或称微缺陷）就是明显的例证。因而真正的无位错晶体是很难获得的，通常所谓无位错晶体是指晶体中无长、直位错。

（2）**渗透力作用下位错的均匀成核**　在渗透力作用下过饱和点缺陷将凝聚为点缺陷盘或球。与上节处理完全类似，可以得到点缺陷盘或球成核的临界尺寸以及临界能量，同样可求得实现该成核事件的概率。结果表明，在通常条件下，晶体中实际存在的渗透力足以使上述成核事件实现。点缺陷盘或球崩塌为全位错环、不全位错环，或层错多面体，这些都有利于自由能降低的。因而在渗透力作用下点缺陷凝聚-崩塌是晶体中产生位错的现实途径。

在金属中过饱和空位凝聚-崩塌产生全位错环、不全位错环以及层错多面体的实验事例很多，其详细机制的分析和实验事实的总结可参阅文献[1-2]。

（3）**渗透力作用下位错的非均匀成核**　位错的非均匀成核是指在力场中晶体内空间各点出现位错的概率不是处处相等的，而是在某些局部区域出现的概率较大。出现非均匀成核的原因可以是力场中某些局部区域形成应力集中，也可以是晶体中某些局部区域存在某种沉淀相或异类溶质原子，这些沉淀相或异类溶质原子能降低成核过程所需克服的热力学位垒（这里是界面能引起的）。上节讨论的体内压印对渗透力集中亦有很大贡献。例如，在冷却过程中粒子的热膨胀系数较小或在流体静压力下粒子的弹性系数 (μ, λ) 较大，都会造成粒子挤压晶体的效果，这将引起弹性应力集中，或引起自间隙型的渗透力集中。这种渗透力集中对氧化物晶体中位错的非均匀成核尤为重要。同样，对膨胀系数较大或弹性系数较小的粒子，在上述条件下粒子将向内收缩，如果其附着力和内聚力甚大，则产生空位型的渗透力集中，这种效应在氧化物晶体中同样是十分重要的。

下面我们简要地提及异类溶质原子引起的位错环的不均匀成核。设想在具有过饱和点缺陷的无位错晶体中存在异类溶质原子，由于过饱和点缺陷的均匀成核所需克服的热力学位垒较大，而异类溶质与过饱和点缺陷的复合体却能有效地降低成核位垒。于是以异类原子的复合体为中心形成三维点缺陷集团。三维点缺陷集团的熵较大,因而在高温以三维集团的形式存在在能量上较为有利。但低温位错环的形成能低于三维集团的形成能,故以位错环的形式出现在能量上较为有利。于是在降温过程中三维集团将崩塌为位错环[7]。

无位错硅中观察到旋涡缺陷(swirl defects)。通过高分辨电子显微镜的研究得知,这些旋涡缺陷多半是小尺寸的位错环和三维点缺陷集团,其形成机制与上述类同。早期德科克(Dekook)[8]提出,导致非均匀成核的异类溶质原子是氧,而过饱和点缺陷是空位;但是,观察表明这些位错环是间隙型的[9]。这样对形成它的过饱和点缺陷的类型就需要作进一步探讨。实验事实还表明,氧溶质在晶体中分布是均匀的,而旋涡缺陷的分布却不均匀,因而导致非均匀成核的异类溶质原子也不可能是氧。

实验工作表明,在温度高于1150 K时,硅中自扩散是通过自间隙原子的迁移实现的,这意味着在高温下硅中自间隙原子的平衡浓度是较高的。据此塞格(Seeger)[7]提出过饱和点缺陷是自间隙原子,这就解释了为什么旋涡缺陷是间隙式位错环,不过塞格根据自间隙原子的迁移熵较大的实验事实,推断硅中自间隙原子的体积较大,他称为"扩展"的自间隙原子。塞格进一步提出,导致非均匀成核的异类溶质原子是碳。关于硅中旋涡缺陷的形成机制,尚存在一些争议。

三、位错增殖

力场中位错运动将发生位错增殖(multiplication of dislocation)。在弹性力场中位错增殖机制有弗兰克-瑞德源(Frank-Read source)和交滑移机制等;在渗透力场中有巴丁-赫林源(Bardeen-Herring source)和形成蜷线位错的增殖机制等。这些问题在文献[1-2]中都曾细致地分析过,这里从略。

第二节 位错延伸

晶体中位错的来源有二,一是前面讨论过的,在力场中通过成核和增殖产生的,二是籽晶遗传的,不管位错是先天遗传还是后天产生的,只要位错与生长界面相交,在生长过程中随着界面推移,位错必然延伸,这是柏格斯矢量守恒所要求的。问题是位错延伸所遵从的规律如何,这是本节中要讨论的问题。

一、位错延伸的克拉珀定理

在生长过程中决定位错走向的克拉珀定理(Klapper's theorem)可表述如下[10],在生长界面上露头的柏格斯矢量为 b 的位错,在生长过程中随着生长界面的推移,由于柏格斯矢量守恒的要求,在新的生长层形成过程中位错线必将延伸,其延伸方向(即位错走向)是使新形成的生长层中的位错线段的弹性能为极小,或者说,在生长层中位错向着弹性能为极小的方向延伸。

若柏格斯矢量 b 的单位矢量为 e,单位生长矢量为 g,位错线的延伸方向的单位矢量为 l,

则在各向异性的弹性介质中,沿延伸方向单位位错线段的能量为[11]

$$E(\boldsymbol{e},\boldsymbol{l},c_{ij}) = \frac{K(\boldsymbol{e},\boldsymbol{l},c_{ij})}{4\pi}|\boldsymbol{b}|^2\ln\left(\frac{R}{r_0}\right) \tag{10-7}$$

其中 c_{ij} 是弹性系数(劲度系数),r_0,R 为位错线的内、外截止半径,K 为能量因子(energy factors of dislocations)。若生长界面推移了单位长度,则在此单位厚度的生长层中位错线的长度为 $\frac{1}{\cos\alpha}$,而 $\cos\alpha = \boldsymbol{g}\cdot\boldsymbol{l}$,故在单位厚度的生长层中位错的弹性能为

$$W(\boldsymbol{e},\boldsymbol{l},\boldsymbol{g},c_{ij}) = \frac{E(\boldsymbol{e},\boldsymbol{l},c_{ij})}{\cos\alpha} = \frac{|\boldsymbol{b}|^2}{4\pi}\ln\frac{R}{r_0}\cdot\frac{K(\boldsymbol{e},\boldsymbol{l},c_{ij})}{\boldsymbol{g}\cdot\boldsymbol{l}} \tag{10-8}$$

由上式可知,对给定的材料、给定的位错、给定的生长方向,则 W 只是位错走向 $\boldsymbol{l}$ 的函数。对不同的 $\boldsymbol{l}$ 有不同的弹性能,克拉珀定理指出,相应于 W 为极小的 $\boldsymbol{l}$ 就是生长时位错的走向。因而在原则上可以通过对弹性能 W 求极小来确定位错走向。可是实际上,碰到数学上的困难,特别是对各向异性的弹性介质,只能对某些特殊走向的位错才能给出其能量因子 K 的解析表达式,因而在解决实际问题时多采用数值计算。

二、各向同性介质中位错的延伸

为了更好地理解克拉珀定理的物理内涵,我们先讨论各向同性介质中位错的延伸。在各向同性介质中能量因子的解析表达式为[2]

$$K = \mu\left(\cos^2\psi + \frac{\sin^2\psi}{1-\nu}\right) \tag{10-9}$$

式中 ψ 为 $\boldsymbol{l}$ 和 $\boldsymbol{e}$ 间的夹角。对纯螺型位错有 $\psi = 0$,由式(10-9)有 $K_S = \mu$,对纯刃型位错有 $\psi = 90°$,故 $K_E = \frac{\mu}{1-\nu}$,且 $\frac{K_E}{K_S} = \frac{1}{1-\nu}$。由于 $0 < \nu < \frac{1}{2}$,故混合型位错的 K 有

$$K_S < K < K_E \tag{10-10}$$

以及

$$1 < \frac{K_E}{K_S} < 2 \tag{10-11}$$

由(10-10)式可知,单位长度的纯螺型位错的能量最低,纯刃型位错的能量最高,混合型位错介于其间,因而若柏格斯矢量与生长方向一致,即 $\boldsymbol{e}/\!/\boldsymbol{g}$,则位错走向也必与生长方向一致,即 $\boldsymbol{l}/\!/\boldsymbol{g}$,因为此时 $K = K_S$ 为极小,单位厚度的生长层中位错线的长度 $\frac{1}{\cos\alpha}$ 亦为极小,故纯螺型位错恒垂直于生长界面延伸。若柏格斯矢量与生长方向垂直,即 $\boldsymbol{e}\perp\boldsymbol{g}$,如果位错走向仍与生长方向一致,此时 $\frac{1}{\cos\alpha}$ 虽为最小,但位错却为纯刃型,其能量因子为最大,由(10-8)式知,W 不是极小,故此条件下位错走向将偏离生长方向。不过由式(10-11)可知,K 关于 $\boldsymbol{l}$ 的变化不大,故在各向同性介质中可以近似地认为位错是垂直于生长界面延伸的。

三、各向异性介质中位错的能量因子

在各向异性弹性介质的位错线的能量表达式(10-7)中,由于对数项关于 R 和 r_0 的精确值并不敏感,核心能往往只占能量的一小部分,故各向异性对能量的影响大体上可归结为对能量因子 K 的影响。

在各向异性的弹性介质中,在求解直位错线的应力场、应变场以及能量的一般问题中,遇到一个六次多项式的代数方程,其解是不能用一个普遍方法获得的。只当位错走向沿某特殊结晶学方向时,例如当位错走向垂直于或平行于某反映面时,问题才能简化,才能获得能量因子的解析表达式[11]。而我们企图比较不同走向位错的能量因子的相对大小,故只能用数值计算的方法。

四、溶液生长中位错的走向(以 KDP 为例)

要求得相应于弹性能为极小的位错走向,关键是计算能量因子 K、单位厚度的生长层中位错的弹性能 W 以及两者与位错走向 l 的关系。通常的数值计算中 l 每改变 $5°$ 计算一次;在相应于 W 为极小的邻近,每 $1°$ 计算一次。计算程序是根据文献[12]编排的。由相应于不同的 l 求得的 K 和 W 的结果中,很易得到 W 为极小的位错走向,再用 X 射线貌相法测定位错的实际走向,这样就能检验上述理论。

已在溶液生长的联苯(甲)酰(benzil)[13]、硫脲(thiourea)[14]、甲酸锂(lithium formate monohydrate)[15]、草酸氢铵(ammonium hydrogen oxalate hemihydrate)[10] 以及磷酸二氢钾(KDP)[16]单晶体中进行了上述的理论分析与实验研究,结果表明,大多数情况下两者符合得很好。

下面以 KDP 生长过程中位错的走向为例,具体地说明其理论与实验结果[16]。

KDP 中可能存在五种最短柏格斯矢量的位错,按其大小的顺序排列,他们是 $\frac{1}{2}<111>$、$<001>$、$<100>$、$<011>$、$<110>$。对任一柏格斯矢量的位错,其能量因子就唯一地决定于位错走向。不同走向的位错能量因子的集合构成了一空间曲面。图 10-1 是克拉珀计算所得的 KDP 的能量因子空间曲面的某些截面图。图 10-1(a)是 $b=[010]$ 位错的能量因子空间曲面的(001)截面图,当位错走向 $l//[010]$ 时,能量最小,即螺型位错能量最小;同时还可看出,刃型位错能量最大,这和各向同性介质中所得的结论相同。但在图 10-1(b)中就可看到各向异性的效应,由该图可知,螺型位错的能量最大,刃型位错的能量最小。

从水溶液中生长的 KDP 晶体,通常是由 {011} 生长区(growth sector)构成的,在某些情况下也出现 {010} 生长区[17]。在给定的生长区内,生长方向 g 是恒定的,某位错的择优走向 l_0(相应于 W 为极小的走向)不仅决定于能量因子 K,而且还决定单位厚度的生长层中的位错线长度 $\frac{1}{\cos\alpha}$,即决定于 $\frac{K}{\cos\alpha}$。克拉珀根据计算结果,作出了在(011)生长区内 $\frac{K}{\cos\alpha}$ 关于 l 的变化曲线(见图 10-2),据此就能得到择优走向 l_0。例如对 $b=[010]$ 位错,其 l_0 与 $[001]$ 间

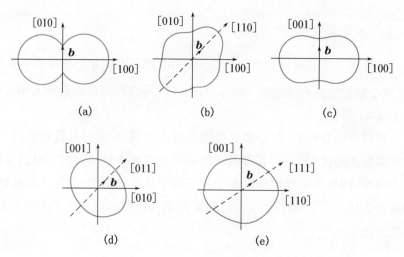

图 10 – 1 KDP 中的能量因子 K[16]

(a) $b = [010]$,位错线 l 位于(001)面。(b) $b = [110]$,l 位于(001)面。(c) $b = [001]$,l
位于(010)面。(d) $b = [011]$,l 位于(100)面。(e) $b = \frac{1}{2}[111]$,l 位于($1\bar{1}0$)面。

夹角为 78°,而用 X 射线貌相方法测得的结果为 75.5° ±0.5°,理论结果与实验相符。克拉珀
用 X 射线貌相法观测到七种柏格斯矢量的位错,其走向基本上与预期相符,见图 10 – 3。不过,
对 $b = [0\bar{1}1]$ 位错,测得的结果较为分散,这是由于 $\dfrac{K}{\cos\alpha}$ 只有微弱的极小(见图 10 – 2 中曲线 4)。

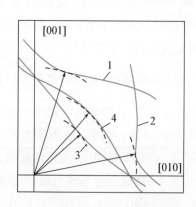

图 10 – 2 KDP 中(011)生长区内位错的 $\dfrac{K}{\cos\alpha}$

的变化(任意单位的极坐标)[16]

曲线 1:$b = [001]$,   曲线 2:$b = [010]$

曲线 3:$b = [011]$,   曲线 4:$b = [0\bar{1}1]$

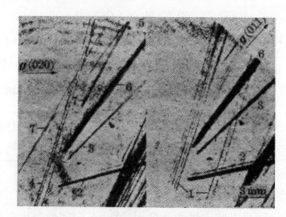

图 10 – 3 KDP 中在(011)生长区内的
位错[16],$AgK\alpha_1$

1:$b = [001]$,2:$b = [010]$,3:$b = [011]$,

4:$b = [\bar{1}01]$,5:$b = [100]$,6:$b = \dfrac{1}{2}[111]$,

7:$b = \dfrac{1}{2}[1\bar{1}1]$

　　特别值得注意的是,当生长方向突变时,即由(011)生长区进入(010)生长区时,理论上
预言位错线将产生折射,这为图 10 – 4 所证实,而且测得的角度变化亦定量地与理论相符。

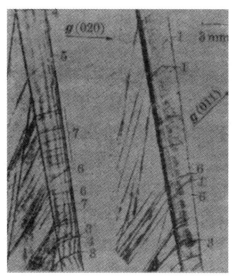

图 10‒4 不同伯格斯矢量的位错由生长区(011)进入(010)时,延伸方向的改变[16]

关于位错延伸的克拉珀定理,在联苯(甲)酰、硫脲、甲酸锂、草酸氢铵等水溶液晶体中也得到证实。

五、熔体生长中位错的延伸(以 GGG 为例)

利用克拉珀定理确定溶液生长的晶体中位错的走向是比较方便的。这是由于在同一生长区中生长矢量 g 是恒定的,对给定柏格斯矢量的位错,其择优走向 l_0 也是恒定的,故在同一生长区内给定柏格斯矢量的位错,其延伸轨迹为一直线。

在熔体生长中,问题较为复杂,通常熔体生长中的固液界面为一曲面。一般说来,生长矢量 g 是生长界面上位置的函数。这就使得择优走向 l_0 是时间的函数,故其位错延伸的轨迹为一空间曲线。

最近施米特(Schmidt)和韦斯(Weiss)考虑了上述特点,推广了克拉珀的计算程序,将克拉珀定理成功地应用到熔体生长中[18],对直拉法生长的 GGG 中位错延伸的理论计算与实验结果的对比表明,克拉珀定理在熔体生长中也是适用的。

如上所述,由于位错的择优走向 l_0 是时刻变化的,故施米特等引入了球坐标系来描述位错走向以及位错在界面上的露头点,如图 10‒5。同样由于位错的择优走向是时刻变化的,他们还提出了分段计算 l_0 的方法,如图 10‒6 所示。在曲率半径为 r 的生长界面上,对某具有 b 矢量的位错露头点 P_0,其生长矢量为 g_0,根据前述方法可求得 l_0,然后界面前移 Δ 后,延长 l_0,得到 P_1 的坐标及生长矢量 g_1,同样求得 l_1……最后联结 $P_0,P_1,P_2,\cdots$ 就得到位错的延伸轨迹。适当地选取 Δ 的大小,可使位错的延伸轨迹足够精确。例如施米特等对 <111> 提拉的 GGG 晶体,其界面曲率半径为 20 毫米,选取 $\Delta=2$ 毫米,求出了长为 40 毫米的晶体中位错的延伸轨迹。他们假设位错的初始分布是均匀的,在凸形固液界面上 49 根均匀分布的位错露头点的坐标及其赤平投影表示于图 10-7(a)。

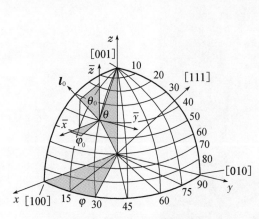

图 10-5　用于数值计算的球坐标

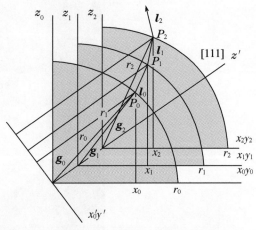

图 10-6　分段计算位错走向[18]。$x_0 y_0 z_0$ 是图 10-5 在 $(1\bar{1}0)$ 面上的投影，P_0 点的位错走向 l_0 是用能量极小的方法求得的。此方向第二段界面交于 P_1，再求其走向 l_1……

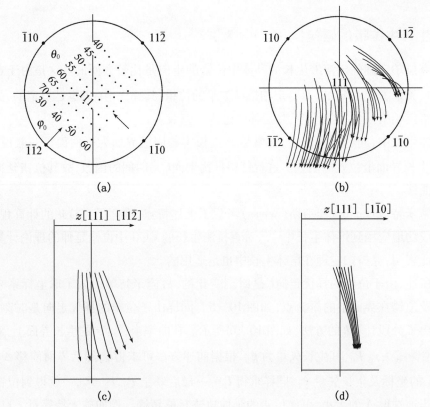

图 10-7　(a) 始点 $P_{0i}(i=1\sim49)$ 在 (111) 面上的赤平投影，基圆代表晶体周界。(b) 从 [111] 方向观察 49 个具有 $b/\!/[100]$ 的位错的走向，界面曲率半径为 20 毫米。(c) 一组($\phi=45°$)的 7 个位错，其 $b/\!/[100]$，从 $[1\bar{1}0]$ 观察其走向。(d) 一组($\theta=55°$)7 个位错由 $[\bar{1}\bar{1}2]$ 看其走向[18]。

对柏格斯矢量平行于[100]的位错，即 **b**∥[100]，其计算结果表示于图 10-7(b)、(c)、(d)。由三个不同平面上的投影，就能将该类位错延伸轨迹的三维立体图像表现出来。同样地将柏格斯矢量平行于 [111]、[Ī11]、[1Ī0]、[110]的位错的延伸轨迹在(111)面上的投影表示于图 10-8。

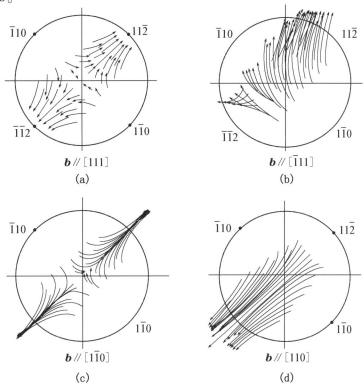

图 10-8 不同伯格斯矢量的位错其延伸轨迹在(111)面上的投影[18]

由上述结果可以看到，各向异性对位错走向的影响是相当显著的。不像各向同性的理论所预言的那样：位错近于垂直于界面延伸。对凸形固液界面来说，位错走向并不总是发散的。例如，对 **b**∥[111]、[1Ī0]的位错，其延伸是向着[1Ī0]晶带汇聚。而具有不同柏格斯矢量的位错其延伸轨迹很不相同，对凸形界面有些位错不一定走出晶体。

由此可知，位错在直拉法生长中的走向，不仅决定于生长界面的曲率，且还决定于位错的柏格斯矢量、晶体的提拉方向以及位错在籽晶或晶体中的初始位置。

施米特等[18]将上述计算结果与用双折射貌相法[19]观测到的位错走向进行了对比，其结果如图 10-9 所示。图中实线和虚线分别代表 **b**∥[1Ī0]

图 10-9 直拉法生长的 GGG 中位错走向的理论与实验对比[18]

和 $\boldsymbol{b}//[111]$ 的位错走向的计算结果;在照片中还显示了位错的双折射貌相。可以看到,实验观测到的位错走向与理论估计相符。由此可见,关于位错延伸的克拉珀定理对熔体生长也是适用的。

第三节　晶体中位错组态和分布

讨论了位错在力场中的成核和增殖以及生长过程中位错延伸后,若已知生长和冷却过程中的力场(弹性力和渗透力)以及与位错延伸有关的某些工艺参量,似乎就应该能够预言晶体中位错的分布状态了。虽然这一设想是合理的,但是目前还不能达到,主要困难在于我们对晶体范性学的定量知识仍然是不完整的,对在某一特定的条件下长成的晶体,其位错非均匀成核的临界应力以及不同位错源的启动应力等都是异常"结构敏感"的,目前无法精确地预言。然而自二十世纪五十年代以来,人们还是做了不少工作,取得了一定结果,今简介如下。

一、热弹应力场与位错分布

(1) **生长过程中的热弹应力场**　布赖斯求解了热传导方程[20],得到了直拉法生长系统中晶体内温场的解析表达式,见式(1-43),故有

$$T(r,\ z) = T_0 + (T_m - T_0)\frac{1 - \dfrac{hr^2}{2R}}{1 - \dfrac{1}{2}hR} \cdot \exp\left\{-\left(\frac{2h}{R}\right)^2 \cdot z\right\} \qquad (10-12)$$

其中 T_0 是炉膛内晶体的环境温度,T_m 为材料的熔点,R 为晶体半径,h 为(晶体与环境的)热交换系数与晶体本身的热传导系数之比值,r,z 是晶体中任意点的柱坐标。

由(10-12)式可得,在固液界面邻近($z \approx 0$)温度的径向分布是

$$T(r) = T_0 + \frac{T_m - T_0}{1 - \dfrac{1}{2}hR}\left(1 - \frac{h}{2R}r^2\right)$$

或

$$T(r) = A - B\,r^2 \qquad (10-13)$$

式中

$$A = T_0 + \frac{T_m - T_0}{1 - \dfrac{1}{2}hR}, \quad B = \frac{T_m - T_0}{1 - \dfrac{1}{2}hR} \cdot \frac{h}{2R}$$

考虑一长的圆柱状晶体,如果其中温场如式(10-13)所示,则可通过下列积分求得其中的热弹应力[21]为

$$\sigma_r = \frac{\alpha E}{1 - \nu}\left(\frac{1}{R^2}\int_0^R T(r)\cdot r\mathrm{d}r - \frac{1}{r^2}\int_0^r T(r)\cdot r\mathrm{d}r\right)$$

$$\sigma_\theta = \frac{\alpha E}{1 - \nu}\left(\frac{1}{R^2}\int_0^R T(r)\cdot r\mathrm{d}r + \frac{1}{r^2}\int_0^r T(r)\cdot r\mathrm{d}r - T(r)\right) \qquad (10-14)$$

$$\sigma_z = \frac{\alpha E}{1-\nu}\left(\frac{2}{R^2}\int_0^R T(r)\cdot r\mathrm{d}r - T(r)\right)$$

其结果为

$$\sigma_z = \left(4\,\frac{r^2}{R^2}-2\right)\sigma_0$$

$$\sigma_\theta = \left(3\,\frac{r^2}{R^2}-1\right)\sigma_0 \qquad\qquad (10-15)$$

$$\sigma_r = \left(\frac{r^2}{R}-1\right)\sigma_0$$

式中 $\sigma_0 = \dfrac{\alpha E}{1-\nu}\dfrac{R}{4}\cdot B$，将 B 之表达式代入得

$$\sigma_0 = \frac{1}{8}h\,\frac{\alpha E}{1-\nu}\cdot\frac{T_\mathrm{m}-T_0}{1-\frac{1}{2}hR} \qquad\qquad (10-16)$$

式(10-15)和式(10-16)是直拉法晶体生长过程中在固-液界面近邻由于存在径向温度梯度而产生的热弹应力。

现我们来考虑另一种情况，一个圆柱状晶体，其长度甚大于晶体的半径，我们要得到该晶体在慢速冷却过程中所产生的热弹应力。由于晶体的长度甚大于其半径，因而可以只考虑柱面的冷却，而忽略晶体端面的冷却效应。采用上述近似，可以看出晶体中的温度分布以及其热弹应力只是 r 的函数而与 z 无关。在上述近似下，彭宁(Penning)得到了晶体中的温度分布和热弹应力[3]，结果与式(10-13)和式(10-15)相同。不过 σ_0 的表达式为

$$\sigma_0 = \frac{1}{8}h'\,\frac{\alpha E T_0'}{1-\nu}\exp\left(-2h'\frac{\kappa}{R}t\right) \qquad\qquad (10-17)$$

其中 h' 是决定于冷却速度的常数，T_0' 为初始温度，R 为晶体外径，α 为晶体的热膨胀系数，κ 为热扩散率。

由(10-15)式可知，在生长过程中固-液界面邻近由径向温度梯度引起的热弹应力，和圆柱形晶体径向冷却过程产生的热弹应力具有同样形式，都是按抛物线规律分布的。

我们考虑到在流体静压力下所有切应力为零的事实，由于我们只关心位错的产生和分布，因而我们只关心范性流变，故可从正应力中减去流体静压力 σ_θ，得

$$\sigma_r' = \sigma_r - \sigma_\theta = -2\sigma_0\left(\frac{r}{R}\right)^2$$

$$\sigma_z' = \sigma_z - \sigma_\theta = \sigma_0\left[\left(\frac{r}{R}\right)^2-1\right] \qquad\qquad (10-18)$$

σ_r'，σ_z' 为径向、轴向正压应力，如图 10-10 所示。可

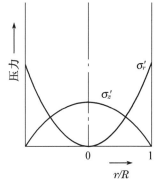

图 10-10　只存在径向温度梯度时，引起范性形变的有效热弹应力，σ_r'：径向压应力，σ_z'：轴向压应力

知,引起范性流变的有效热弹应力是近表面的径向压应力和近轴的轴向压应力。

（2）**星形位错蚀斑列的定性解释**　由临界分切应力定律可知[22],欲使某滑移面上的位错源启动或于该面内产生位错成核,在该面上沿滑移方向的分切应力必须达到或超过某临界切应力。而在与正应力垂直或平行的滑移面内,沿滑移方向的分切应力为零,故不能产生位错,或使位错运动和增殖。

彭宁（Penning）[3]基于晶体中的热弹应力的分布以及临界切应力定律,定性地解释了硅、锗晶体中位错蚀斑列的星形图像。

下面我们分析星形图像的形成。为简便起见,我们采用描述面心立方晶体中滑移面、滑移方向以及位错反应的汤普森记号（Thompson's notation）[1-2]。在立方晶体晶胞的坐标系中,取坐标为 $\left(0\ \frac{1}{2}\ \frac{1}{2}\right)$、$\left(\frac{1}{2}\ 0\ \frac{1}{2}\right)$、$\left(\frac{1}{2}\ \frac{1}{2}\ 0\right)$、$(0\ 0\ 0)$ 的四个点,记为 A,B,C,D,以 A,B,C,D 为顶点构成四面体,该四面体称为汤普森四面体。和顶点 A,B,C,D 相对的四个面记为 (a)、(b)、(c)、(d),这四个面就是面心立方晶体中的四个滑移面 $\{111\}$。四面体的六个棱 $AB,DC,\cdots$ 为全位错的六个柏格斯矢量 $\frac{1}{2}<110>$。(a)、(b)、(c)、(d) 面的中心记以 $\alpha,\beta,\gamma,\delta$,而 $A\alpha,B\beta,C\gamma,D\delta,\cdots$ 为弗兰克不全位错（Frank partial dislocation）的柏格斯矢量 $\frac{1}{3}<111>$。$A\delta,B\gamma,C\beta,D\alpha,\cdots$ 为肖克莱不全位错（Shockley partial dislocation）的柏格斯矢量。

考虑沿 DA,即 [110] 生长的具有面心立方点阵金刚石结构的 Si 晶体。其四个滑移面 (a)、(b)、(c)、(d) 相对于提拉轴 [110] 的方位如图 10–11（a）所示。

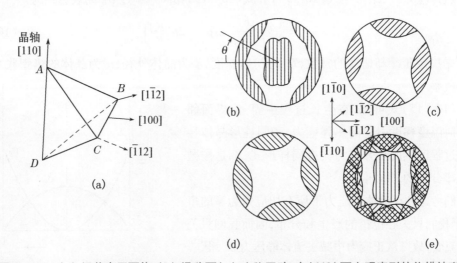

图 10–11　（a）汤普森四面体;（b）滑移面 (a)、(d) 开动,在 (110) 面上观察到的位错蚀斑列;（c）滑移面 (c) 开动,在 (110) 面上的蚀斑列;（d）滑移面 (b) 开动,在 (110) 面上的蚀斑列;（e）滑移面 (a)、(b)、(c)、(d) 开动,在 (110) 面上的蚀斑列[3]

由式（10–18）或图 10–10 可知,在晶体柱面处,径向压应力最大,在近轴处,轴向应力最大。这些正应力只在滑移面(a)和(d)上存在分切应力,而滑移面(a)、(d)与垂直于提拉轴的截面(110)面的交迹平行于$[1\bar{1}0]$方向,故产生如图 10‑11(b)所示的蚀斑列。我们再考察θ角的影响,见图 10‑11(b)。先考虑边缘处在σ'_r作用下产生的蚀斑列,对$\theta=0$,在(d)滑移面上沿AC,AB滑移是可能的;对$\theta=45°$,沿BC滑移占优势,但随着θ增加,σ'_r逐渐与(d)面平行,及至$\theta=90°$,在(d)面上分切应力为零,故在图 10‑11(b)中沿$[1\bar{1}0]$方向无蚀斑列。近轴处在σ'_z的作用下,在滑移面(d)上沿AC,AB方向滑移;由于σ'_r和σ'_z在滑移面(d)上沿滑移方向的分切应力是异号的,且在$\dfrac{r}{R}=\dfrac{1}{3}$处,$\sigma'_r=\sigma'_z$,故在$\dfrac{r}{R}=\dfrac{1}{3}$邻近无滑移。$(a)$面和$(d)$面是等效的,故上述分析也适用于$(a)$。

对图 10‑11(c)、(d)可作类似的解释。在图(c)、(d)中平行于$[1\bar{1}2]$和$[\bar{1}12]$的蚀斑列是滑移面(c)和(b)上位错滑移的结果。对滑移面(b)和(c)只有σ'_r起作用,因为σ'_z与该两滑移面平行。当(b)、(c)面与σ'_r间成$45°$时,产生最大滑移,但其间$0°$和$90°$时无滑移,故得到如图 10‑11(c)、(d)的蚀斑列图像。

由于在σ'_z和σ'_r同时作用下,所有滑移面同时启动,故形成的蚀斑列图像应为图 10‑11中(b)、(c)、(d)的叠加,结果得到图(e)。这和在沿$[110]$提拉的晶体的横截面上所观察到的蚀斑列的图像完全一致。

对$[111]$晶体的横截面上所观察到的六角星形图像(如图 10‑12(a))可按同样方法解释。

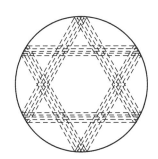 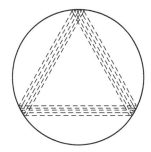

(a) 径向温度梯度引起的蚀斑列　　(b) 径向温度梯度和非线性轴向温度
　　　　　　　　　　　　　　　　　　　　　分布引起的蚀斑列

图 10‑12　垂直于提拉轴$\langle111\rangle$的横截面上位错蚀斑的图像

上述结论适用于轴向温度是均匀分布或线性分布,但存在径向温度梯度的情况。

如果晶体中存在径向温度梯度而且其轴向温度为非线性分布,则在垂直于提拉轴的截面内出现切应力τ_{rz}。τ_{rz}对蚀斑图像的影响是明显的,例如对沿$[111]$提拉的晶体,τ_{rz}的出现使得原为六角星形蚀斑图像变为三角形,如图 10‑12。

(3)**热弹应力与位错分布**　上面根据晶体中的热弹应力场与临界分切应力定律,虽然是定性的但却成功地说明了晶体中位错蚀斑列图像。米利维茨基(Мильвилский)等人[23‑24]沿着同样的思路开展了一系列工作。他们工作的主要特色是:从更接近于工艺实践的边值条件出发,用数值计算的方法求得了晶体中的温场和热弹应力场;通过晶体范性的实验研究求得了晶体中位错非均匀成核的临界应力 τ_{hn} 和位错大量增殖的临界应力 τ_p^*,据此预言了晶体中的位错分布。实际上由于 τ_{hn} 和 τ_p^* 是异常"结构敏感"的,加上人们对晶体形变初期的范性行为了解得仍然不够,因而米利维茨基等人的工作仍属定性的或是半定量的。他们所获得的主要结果如第一章中图 1 - 15 所示。该图给出了未掺杂的 Ge 晶体中不同生长条件下计算所得的温场和热弹应力场。在图中将热弹应力超过非均匀成核应力 τ_{hn} 的区域用斜线表示;将位错强烈增殖的区域(热弹应力超过 τ_p^* 的)用交叉斜线表示,此为危险区域。晶体从无辐射屏的炉膛中生长时热弹应力很高,交叉斜线覆盖了晶体中所有被研究的区域,如图 1 - 15(a)。使用简单的辐射屏以减少晶体侧面的热流密度,热弹应力显著减小,斜线覆盖了被研究区域的大部分,然而固液界面近邻热弹应力仍然超过了 τ_p^*(为交叉斜线区),见图 1 - 15(b)。进一步改进辐射屏,明显地减少了固液界面邻近的热弹应力,使晶体中的热弹应力都小于 τ_{hn},见图 1 - 15(c)。实验结果表明,相应于图 1 - 15(a)、(b)、(c)条件下长成的晶体中的位错密度分别为 5×10^4 cm^{-2}、5×10^3 cm^{-2}、0,在趋势上和理论估计相符。米利维茨基等人还对 Si、GaAs 等晶体进行了类似的研究[33]。

奥洛夫(Орлов)[25] 在 <111> 生长的 Ge 晶体中根据求得的热弹应力,进一步计算了在 {111} <110> 滑移系中分切应力的径向分布,见图 10 - 13(a),同时测定了位错密度的径向分布,见图 10 - 13(b)。可以看出,在趋势上实验与理论是相符的。

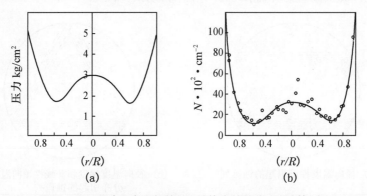

图 10 - 13 沿 <111> 生长的 Ge 晶体中的热应力(计算)与
位错密度分布(实测)的关系[25]

二、弹性应力的消弛和位错组态与分布

研究实际晶体中的位错分布有两种途径。一种是根据晶体中的弹性应力场及位错成核、增殖的临界应力去估计晶体中的位错分布。另一种是基于"完全弛豫弹性应力"的假设,来分析晶体中的位错组态和分布。

温度或组分的不均匀性,引起弹性应变场,因而也就引起弹性应力场。如果在弹性应变场中引入一定组态的位错,使之转变为不均匀范性形变,从而消弛弹性应力场,降低系统的自由能。只要假设上述的弹性应力场完全被不均匀形变所消弛,则借助于几何学上的考虑可直接找出与该弹性应变场相对应的位错组态。这样我们就回避了由弹性应力场去估计位错组态所遇到的困难,而且问题也大为简化了。

严格地说,这种近似方法是有缺点的。其关键在于,实际晶体中长程应力场并不能被完全消弛。但是这种近似处理却能解释很多实验事实。

这种近似方法已被用来处理热弹形变、组分形变、异质界面失配形变所产生的位错组态,其结果大体上与实验相符。

引入一定组态的位错以消弛弹性应力场的最熟知的事例是,晶体被弹性弯曲到曲率半径为 R 的状态,在引入一定的位错密度后,使弹性弯曲转变为范性弯曲,于是长程应力场完全消弛。所引入的刃型位错的密度为[2]

$$\rho = \frac{1}{Rb} \tag{10-19}$$

式中 b 为位错的柏格斯矢量值。

(1) 径向温度梯度引起的位错分布 上节已经讨论了径向温度梯度所引起的热弹应力场与位错分布的关系。我们现在基于"完全弛豫热弹应力"的假设,来讨论径向温度梯度所引起的位错分布。

考虑在固液界面近邻($z \approx 0$)的垂直于晶体生长轴的截面上,一长为 L、宽为 dr 的晶体薄片,由于径向温度的影响,薄片两侧的温差为 $dT = \dfrac{dT}{dr} \cdot dr$,设晶体的热膨胀系数为 α,晶体两侧产生的长度差为 $dL = \alpha L \dfrac{dT}{dr} \cdot dr$,热膨胀的差异造成了晶片的弯曲,其曲率半径 R 为

$$\frac{1}{R} = \frac{1}{L}\frac{dL}{dr} = \alpha \frac{dT}{dr} \tag{10-20}$$

代入(10-19)式得

$$\rho = \frac{\alpha}{b}\frac{dT}{dr} \tag{10-21}$$

这就是比利希(Billig)所得到的位错密度与径向温度梯度的关系式[26]。由(10-13)式得

$$\frac{dT}{dr} = \left[\frac{h}{R} \cdot \frac{T_{\mathrm{m}} - T_0}{1 - \frac{1}{2}hR}\right]r \tag{10-22}$$

将(10-22)代入(10-21)式得

$$\rho = \left[\frac{\alpha h}{b \cdot R} \cdot \frac{T_{\mathrm{m}} - T_0}{1 - \frac{1}{2}hR}\right]r \tag{10-23}$$

于是得到位错密度关于半径的线性关系式,这是布赖斯[27]所给出的结果。

布赖斯测定了直拉法沿 <111> 生长的 GaAs 单晶体中位错密度的径向分布,结果如图 10-14。图中虚线是据(10-23)式描绘的。可以看出低砷压下,位错密度的径向分布大体上

与(10-23)式的预言相符,但高砷压下差异很
大。这表明在低砷压下"热弹应力完全弛豫"的
近似是适用的。但高砷压下却不适用,高砷压下
位错密度的分布曲线却和奥洛夫求得的分切应
力的径向分布十分相似,如图 10-13(a) 所示。
这似乎反映了分析晶体中位错分布的两种途径
都从不同侧面反映了问题的实质。

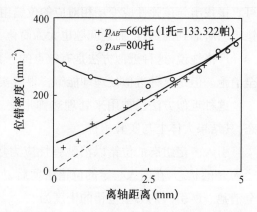

图 10-14 GaAs 中位错密度的径向分布[27]

(2) **点阵失配引起的位错分布** 在固溶体
中生长层和组分过冷产生的溶质偏聚,都将引起
点阵参数的递变;外延生长中异质结的界面处以
及沉淀相的界面处都将引起点阵突变。这些情
况下,点阵失配产生的弹性应力都可用一定组态的位错来消弛。浓度梯度引起的点阵参数
的变化与温度梯度引起的热膨胀的变化完全相似。在(10-20)式中,只需用浓度梯度 $\dfrac{\mathrm{d}C}{\mathrm{d}x}$ 代
替温度梯度 $\dfrac{\mathrm{d}T}{\mathrm{d}r}$,以单位浓度引起点阵参数的相对变化 $\dfrac{1}{a}\dfrac{\mathrm{d}a}{\mathrm{d}C}$ 代替热膨胀系数 α,就能得到浓度
梯度引起晶片弯曲的曲率半径 R

$$\frac{1}{R} = \frac{1}{a} \cdot \frac{\mathrm{d}a}{\mathrm{d}C} \cdot \frac{\mathrm{d}C}{\mathrm{d}x} \tag{10-24}$$

将上式代入(10-19)式,就得到浓度梯度引起的位错密度

$$\rho = \frac{1}{b^2} \cdot \frac{\mathrm{d}a}{\mathrm{d}C} \cdot \frac{\mathrm{d}C}{\mathrm{d}x} \tag{10-25}$$

在上式中我们令位错的柏格斯矢量近似地等于点阵参数的平均值,即 $b \approx a$。通常点阵参数 a
关于浓度的关系可以用实验方法直接测定,而当固溶体中溶质浓度较低的情况下,$\dfrac{\mathrm{d}a}{\mathrm{d}C}$ 近似地
可看为一常数。于是根据固溶体中的浓度梯度,通过式(10-25),可以估计出其弹性应力完
全消弛的情况下的位错密度。

现在我们进一步考虑界面处点阵参数突变引起的位错线密度 $n(\mathrm{cm}^{-1})$(ρ 为位错的面密
度(cm^{-2}))。若异质外延界面两侧或沉淀相与母相的界面两侧点阵参数的差值为 Δa,平均
点阵参数为 a,则完全消弛弹性应力的位错线密度 n 为

$$n \approx \frac{\Delta a}{a^2} \approx \frac{\Delta a}{b^2} \tag{10-26}$$

若界面并非异质界面,点阵参数突变是由浓度突变 ΔC 所引起的,即 $\Delta a = \dfrac{\mathrm{d}a}{\mathrm{d}C} \cdot \Delta C$,则

$$n \approx \frac{1}{a^2} \cdot \frac{\mathrm{d}a}{\mathrm{d}C} \cdot \Delta C \approx \frac{1}{b^2} \cdot \frac{\mathrm{d}a}{\mathrm{d}C} \cdot \Delta C \tag{10-27}$$

① 生长层引起的位错　在生长层中虽然存在浓度起伏,但由此而引起的弹性应力通常是较小的,因而不一定引起位错。只有少数溶质偏聚严重的生长层才可能产生位错。戈斯(Goss)等人[28]在掺 6%(原子百分数)硅的锗固溶体的纵断面上,用浸蚀法显示了生长层,发现位错蚀斑沿着某些浸蚀严重的生长层排列着。作者认为这些位错是由浓度引起的点阵参数变化所产生的。作者近似地假设生长层中浓度是突变的,按式(10-27)估计出沿生长层的位错线密度是 1200 cm^{-1},而测量值在 1400~2800 cm^{-1} 之间,理论估计与实验观测大体相符。

② 组分过冷引起的位错　组分过冷在长成的晶体中引起溶质偏聚,形成胞状组织。对 $k_0 < 1$ 的溶质,在胞状组织中胞壁处溶质富集,见图 10-15。如果在胞壁处的溶质浓度并没有超过固溶度,则不产生脱溶沉淀,晶体仍然保持单相状态。在这种情况下,可以近似地将胞壁处的浓度异常看为浓度突变,于是可以根据式(10-27)估计沿胞壁的位错线密度。葛传珍等[29]在研究 YAG 晶体组分过冷引起的位错时,对上述理论进行了验证。

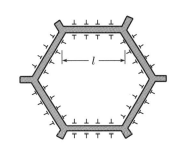

图 10-15　组分过冷引起的位错

现在我们来估计在垂直于生长方向的横断面上,组分过冷产生的位错的平均面密度[30]。如图 10-15 所示,假设在胞壁处因溶质偏聚而引起的浓度差为 ΔC,胞状组织的尺寸为 l,则胞的面积 $A = \frac{3}{2}\sqrt{3}\, l^2$;单位面积的横断面上的胞数为 $N = \frac{1}{A} = \frac{2}{3\sqrt{3}\, l^2}$;由于任一胞壁为相邻的两个胞所共有,故单位面积的横断面上胞壁的长度为 $L = N \cdot \frac{6l}{2} = \frac{2}{\sqrt{3}} \cdot \frac{1}{l}$,由式(10-27),得沿胞壁侧的位错线密度为 $n \approx \frac{\Delta C}{a^2} \cdot \frac{\mathrm{d}a}{\mathrm{d}C}$,于是在垂直于生长方向的横断面上平均位错(面)密度为 $\rho = 2L \cdot n$,其中因子 2 是由于胞壁两侧都具有相同线密度的位错(见图 10-15)。故在横断面上组分过冷引起的位错密度 ρ 为

$$\rho = \frac{4\Delta C}{\sqrt{3}\, a^2 l} \cdot \frac{\mathrm{d}a}{\mathrm{d}C} \qquad (10-28)$$

上式给出的是平均位错密度,实际上位错是沿着胞壁分布的,这在铋-硅合金中以及掺杂的碱卤化合物中已被观察到[30]。

③ 异质外延的组分梯度技术　关于异质结界面处点阵突变产生位错的研究,已经发表了很多文献,马修斯(Matthews)曾作了很好的总结[31]。我们仅举一例来说明。

如果我们希望制备异质结:GaP/GaAs。由于 $a_0 = 3.85$ Å(GaP), $a_S = 4.0$ Å(GaAs),根据式(10-26)可以估计出在界面处的位错线密度 $n \approx 10^6$ cm^{-1},即每 100 Å 就有一个位错。为了避免界面上位错密度过高,可应用组分梯度技术[32]。这就是使界面处外延层中的点阵参数递变,因而点阵失配产生的位错分布在一个过渡层内。必须指出,需要位错消弛的形变 $\frac{\Delta a}{a}$

是不能减少的,因而位错总数是不能减少的,应用组分梯度技术只是改变了位错的分布状态。在上述过渡层中可借助于式(10-25)来估计位错的面密度。可以看出,位错的面密度与浓度梯度成正比。图10-16是实验测得的 ρ 与 $\dfrac{dC}{dx}$ 的关系[33],正如理论所预言的,两者间的关系为一直线。当然也有一些实验结果与式(10-25)不一致[33],这反映了该位错组态未能完全地消弛组分梯度所引起的长程应力,这也说明了式(10-25)的局限性。

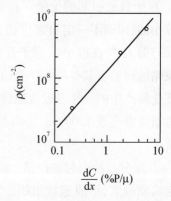

图 10-16 GaAs$_{1-x}$P$_x$ 的位错密度与浓度梯度的关系[33]

三、位错延伸引起的位错分布

虽然位错的延伸不仅与界面曲率有关,而且还决定于位错的柏格斯矢量、晶体的提拉方向以及位错在晶体中的初始位置。但是,如果我们近似地认为位错走向恒垂直于固液界面,我们就能进一步研究位错延伸过程中位错密度的变化。

我们假设晶体中位错的初始分布是均匀的,在生长过程中界面曲率半径恒为 R。下面导出位错密度与生长距离的关系[34]。

采用柱坐标,由于轴对称性,可简化为二维问题。在任意半径 r 处,界面的斜率为

$$\left(\frac{dz}{dr}\right)_{\text{界}} = -\frac{r}{(R^2 - r^2)^{\frac{1}{2}}} \qquad (10-29)$$

垂直于界面的位错走向的斜率为

$$\left(\frac{dz}{dr}\right)_{\text{位错}} = -\frac{1}{(dz/dr)_{\text{界}}} = \frac{(R^2 - r^2)^{\frac{1}{2}}}{r} \qquad (10-30)$$

为求得在 (r_0, z_0) 点位错的走向,只需对(10-30)式积分。如果我们定义界面边缘初始的纵坐标为 $z = 0$,则

$$z_0 = (R^2 - r_0^2)^{\frac{1}{2}} - (R^2 - a^2)^{\frac{1}{2}} \qquad (10-31)$$

式中 a 为晶体半径。积分式(10-30)得

$$z = (R^2 - r^2)^{\frac{1}{2}} - (R^2 - a^2)^{\frac{1}{2}} - R\ln\frac{[R + (R^2 - r^2)^{\frac{1}{2}}] \cdot r_0}{[R + (R^2 - r_0^2)^{\frac{1}{2}}] \cdot r} \qquad (10-32)$$

在距离为 z 处,只有 $r < a$ 的位错可以保留在晶体内。对垂直于生长轴 z 的切片,在半径为 r 处的位错数与 r^2 成正比。因而在 z 处,保留于晶体中的位错与原来位错数的比值是与 $\left(\dfrac{r_0}{a}\right)^2$ 成正比的,这里 r_0 代表在 z 处达晶体表面的位错的初始半径。r_0 的大小可以在(10-32)式中令 $r = a$ 求得,于是

$$\frac{\rho}{\rho_0} = \left(\frac{r_0}{a}\right)^2 = \left[\frac{1 + \left[1 - \left(\frac{r_0}{R}\right)^2\right]^{\frac{1}{2}}}{1 + \left[1 - \left(\frac{a}{R}\right)^2\right]^{\frac{1}{2}}}\right] \cdot \exp\left(-\frac{2z}{R}\right) \tag{10-33}$$

式中 ρ 为横截面中的平均位错密度,ρ_0 为初始位错密度。开始时在 $z=0$ 处,$r_0 = a$;而当 $z = \frac{R}{2}$ 后,有 $r_0 \ll R$。故指数前之分式可以看为常数(相对地)。于是(10-33)式预言位错密度按指数律随距离而减少且在经过一段距离后,$\rho < \rho_0$,$\ln\rho$ 与 z 的关系曲线为一直线,且其斜率为 $-\frac{2}{R}$。当 $R \to \infty$ 时,即界面为平面,曲线的斜率趋于零,即位错密度趋于不变。

伊勃(Yip)等人[34]不仅给出了上述理论关系,而且在沿 <111> 生长的 GaAs 晶体中对上述理论关系进行了实验检验。所得之结果如图 10-17 所示。位错沿界面法向延伸机制预言,在生长了几毫米后,$\ln\rho$ 与 z 的关系曲线为直线,且其斜率为 $\frac{2}{R}$。如图 10-17 所示,在生长 4 mm 后,关系曲线确如理论所预言的是一直线。同时测得 THM-72 样品的界面曲率为 $R \approx 9.6$ mm,THM-95 样品的界面曲率半径近无穷大。据理论估计,两者的斜率分别为 0.21 mm^{-1} 以及 0 mm^{-1};再由实验测定图 10-17 中之斜率,分别为 0.20 mm^{-1} 和 0.03 mm^{-1},理论与实验基本相符。因而位错沿界面法向延伸机制大体上尚能说明实验现象。

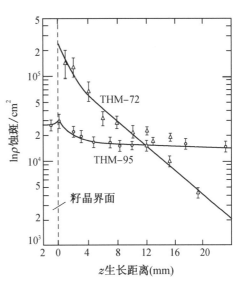

图 10-17　GaAs 中位错密度与生长距离的关系[34]

钇铝石榴石直拉法凸面生长时,已经定性地观察到位错向着晶体边缘延伸[35]。钐镓石榴石直拉法凸面生长时,定量地发现位错密度按指数律减少[36]。直拉法生长钆镓石榴石时,利用凸形界面得到了无位错晶体[37]。这些实验事实都说明了位错延伸的法向机制在一定条件下是适用的。

四、体内压印产生的位错组态

(1) **体内压印引起的同轴棱柱滑移位错环**　琼斯(Jones)和米切尔(Mitchell)[38]在生长 AgCl 晶体时放入了玻璃小球,首次观察到在小球邻近沿滑移方向产生了同轴棱柱位错环,见图 10-18。这一事实可以用两种方法进行解释。如前所述,由于晶体和小球的热膨胀系数不同,在冷却过程中将产生体积失配,且其失配量随着温度降低而增加。若小球的半径为 r_0,

晶体为各向同性弹性介质,在某温度下的失配量为 ε,根据莫特(Mott)和纳巴罗(Nabarro)[39]的估计,其径向和切向的弹性应力分别为

$$\sigma_r = 4\mu\varepsilon\left(\frac{r_0}{r}\right)^3$$

$$\sigma_\theta = -2\mu\varepsilon\left(\frac{r_0}{r}\right)^3 \tag{10-34}$$

由于在冷却过程中失配量 ε 不断增加,故弹性应力不断增加,当达到位错的成核应力时则产生棱柱位错环。这些棱柱位错环在上

图 10-18 AgCl 晶体中棱柱挤压产生的同轴棱柱位错环[38]

述应力作用下沿滑移方向发生棱柱滑移而离开小球,界面处再成核、再滑移……于是形成了一串同轴棱柱滑移位错环(co-axial prismatic slip dislocation loops)。这种位错组态的几何特征是一串位错环位于以柏格斯矢量为母线的棱柱面上,而该棱柱面即这些位错环的滑移面。

上述事实还可用消弛应力场的方法来解释。若小球的热膨胀系数较小,在冷却过程中小球挤压晶体,则沿滑移方向挤压出一列"原子饼"以消弛小球与晶体间的"空间不足",这样也就消弛了小球挤压晶体的长程应力场。而这些"原子饼"崩塌后其周界就是间隙式棱柱位错环。因而当粒子挤压晶体时则产生一列或数列间隙式棱柱位错环。同理,若小球吸引晶体,则产生一列或数列空位式棱柱位错环。

我们曾在电子束浮区区熔生长的钼单晶体中观察到类似的现象,即观察到晶体中以夹杂物为中心向着八个 <111> 方向(是钼晶体的最短柏格斯矢量方向,即滑移方向)挤压出八串棱柱位错环[40]。类似的现象在文献中报道很多,就不一一列举了。

(2)**体内压印产生的同心棱柱攀移环** 马修斯等[41]、邓佩珍等[42]、葛传珍等[43]分别在 GGG 和 YAG 中观察到包裹物附近的同心位错环,见图 10-19。由于氧化物晶体中滑移比较困难,因而这些同心棱柱位错环是通过攀移产生的。图 10-19(a)是马修斯等在 GGG 晶体中观察的同心共面棱柱位错环,图 10-19(b)是邓佩珍等在 YAG 晶体中观察到的同心非面棱柱位错环。这两类同心棱柱位错都在 GGG 晶体中被葛传珍等观测到[43],由于葛传珍等是利用双折射貌相法进行观测的,因而能根据位错双折射像的形状、衬度分布和消光规律,直接确定棱柱环的位错类型、攀移面以及柏格斯矢量。她们发现,长入 GGG 晶体中的铱包裹物,由于热膨胀系数与晶体失配,在长成后的冷却过程中,通过攀移产生了同心棱柱位错环。

观测结果表明,所产生位错环的柏格斯矢量有三种,即 $\frac{1}{2}a < 111 >$(1.073 nm)、$a <001>$(1.239 nm)以及 $a <110>$(1.752 nm),这正是位错理论预期的在体心立方点阵石榴石结构的晶体中可能存在的能量最低的三种位错。她们还观察到位错反应:具有较大柏格斯矢量 $a <110>$ 的位错分解为两个具有最小柏格斯矢量的位错,即 $a[110] \rightarrow \frac{1}{2}a[111] +$

$\frac{1}{2}a[11\bar{1}]$。这也是位错理论预期的,因为位错本身的能量正比于柏格斯矢量的平方,上述位错反应降低了系统的自由能。

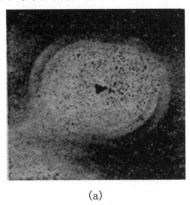 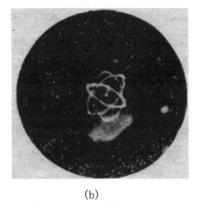

(a) (b)

图 10-19 石榴石中包裹产生的同心棱柱位错攀移环(a) GGG[41],(b) YAG[42]

如前所述,晶体被包裹物挤压,即晶体与包裹物界面处为压应力,在晶体中形成间隙式棱柱位错环。晶体"扩张"包裹物,即晶体与包裹物界面处为拉应力,将产生空位式棱柱位错环。这个结论在这里仍然正确,因为只有这样才能消弛由于包裹物和晶体间的失配产生的长程应力。不过由于消弛应力的机制不同,所产生位错的几何组态也不同。金属晶体中滑移比较容易,通过棱柱滑移来消弛应力,因而形成同轴棱柱位错环。氧化物晶体中滑移比较困难,通过攀移来消弛应力,因而产生同心棱柱位错环。

今按马修斯提出的同心棱柱位错环的两种形成机制[44]讨论如下。

① 晶体中棱柱位错环的成核-攀移机制 设想晶体中包裹物邻近通过位错成核形成一小尺寸的棱柱位错环,环面在包裹物右边的赤道面内,如图 10-20(a)所示。由于吸收由包裹物与晶体的界面处逸出的间隙原子或发射空位,该位错环通过攀移在赤道面内长大,如图 10-20(b)所示。左边的环分别绕过包裹物,最后在包裹物左边的赤道面上相遇而互毁,形成一对同心共面位错环 C_1 和 C_2,如图 10-20(c)。当内环 C_1 达到包裹物与晶体的界面时,消弛一部分因失配而形成的长程应力,形成错配位错环。外环 C_2 对消弛失配没有贡献,在渗透力(过饱和空位或间隙原子)作用下继续扩大。只要渗透力存在,外环就能长得很大,例如在 GGG 中观察到直径达 0.6 mm 的位错环。值得注意的是,外环 C_2 可能进行棱柱滑移,即垂直于赤道面滑移。因为当外环稍许偏离赤道面时,就遭到滑移驱动力的作用。此滑移驱动

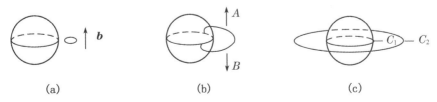

(a)　　　　　　(b)　　　　　　(c)

图 10-20 包裹物周围形成一对棱柱位错环 C_1 和 C_2 的过程

力来自两方面:其一是来自包裹物的长程弹性应力,它随着外环离开赤道面的距离增加而增加;其二来自内环,它使外环回到赤道面上。因而外环是否滑移,主要决定于这两种应力的相对大小。然而如果外环和内环是不全位错环,由于层错的存在,外环是不可能离开赤道面进行棱柱滑移的。

下面来估计棱柱位错环的成核,若在包裹物与晶体的界面邻近 $r \approx r_0$ 处形成半径为 R 的棱柱环,见图 10-20(a),引起晶体系统的能量变化为

$$U_1 = -2\pi R^2 \mu \varepsilon b + \frac{\mu b^2 R}{2(1-\nu)}\left(\ln\frac{8R}{c^2 b}+1\right) - \frac{\pi R^2 kT}{b^2}\ln\frac{C}{C_0} \qquad (10-35)$$

式中第一项是形成半径为 R 的棱柱环时包裹物的长程应力(式 10-34)所作之功,这使系统的能量减小。第三项是该过程中渗透力所作之功,也是使系统的能量减小。第二项是半径为 R 的位错所具有的能量,使系统的能量增大。$U_1(R)$ 关于 R 的极大值可以方便地求出,这就是棱柱环的成核能,或称棱柱位错环成核的激活能。于是根据式(10-4)就能估计出在通常条件下,实现上述成核事件的概率。

马修斯[44]对 GGG 晶体中形成上述棱柱环的概率进行了粗略的估计。结果表明,在通常生长条件下按上述机制形成间隙环(晶体与包裹物界面处为压应力)是有困难的。然而形成空位环(晶体与包裹物界面处为拉应力)却是可能的。

② 包裹物中位错成核及错配棱柱位错环的攀移　当包裹物遭到晶体挤压,在包裹物内部可产生空位型棱柱位错环以消弛压应力。同理,当包裹物遭到晶体的"扩张",包裹物内部将产生间隙环以消弛拉应力。图 10-21 表明了空位型位错环的产生和攀移。这种空位型棱柱位错环在渗透力作用下到达 $R=r_0$ 时,即攀移到包裹物与晶体产生的界面上时,容纳(消弛)了其间的部分失配,形成错配位错环,如图 10-21(b)。在许多系统中错配位错环将不再攀移,稳定地处于包裹物与晶体的界面上[45]。然而,如果渗透力足够大,错配位错环将进一步攀移到晶体中去,图 10-21(c)所示。包裹物的应力场使空位型位错环保持在包裹赤道面内,因而该环是不可能发生棱柱滑移的。在一定的条件下,如图 10-21 所示的过程能够反复进行,这样就能产生一系列同心共面的棱柱位错环。

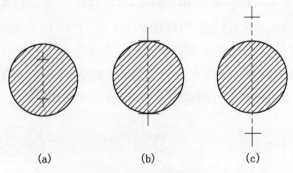

图 10-21　包裹物中位错成核和位错配位环的攀移

马修斯[44]对粒子内产生棱柱位错环的成核事件进行了估计。结果表明在包裹物内产生

空位型或间隙型棱柱位错环在通常的晶体生长条件下是完全可能的。

　　界面上错配位错环能够攀移到晶体内部的条件是,作用于位错环上的渗透力必须大于包裹物应力场对环的引力以及环本身的线性张力,即

$$kT\ln\frac{C}{C_0} \geqslant 2\mu\varepsilon b^3 + \frac{\mu b^4}{4(1-\nu)r_0}\Big[\ln\Big(\frac{8r_0}{e^2b}\Big)+2\Big] \qquad (10-36)$$

式中 ε 为失配量,μ,ν 分别为切变模量和泊松比,b 为柏格斯矢量值。根据上式可以估计出,如果包裹物的半径 r_0 超过 3 nm,在通常的生长条件下错配位错环就能攀移到晶体中去,形成一系列同心共面的位错环,如图 10-19(a)所示。而 $r_0 > 3$ nm,在通常的生长条件下是完全能够满足的(即通常晶体中包裹物的半径总是大于 3 nm 的)。

参考文献

[1] 钱临照,杨顺华. 晶体缺陷和金属强度(上册)[M]. 北京:科学出版社,1962:1-124.

[2] 冯端,王业宁,丘第荣. 金属物理(上册)[M]. 北京:科学出版社,1964:178-328.

[3] Penning P. Philips Res Repts, 1958, 13:79.

[4] Brice J C. J Cryst Growth, 1968, 2:395.

[5] Redfen B A W, Evans R A, Wronski A S. J Mater Sci, 1970, 5:784.

[6] Sugii K, et al. J Cryst Growth, 1973, 18:159.

[7] Urli N B, Corbett J W. Radiation Effects in Semiconductors[M]. Bristol:The Institute of Phys, 1976:12.

[8] Dekock A J R. Philips Res Repts (suppl), 1973, 1.

[9] Foll H, Kolbesen B O. Appl Phys, 1975, 8:319.

[10] Klapper H, Kuppers H. Acta Cryst, 1973, A29:495.

[11] Hirth J P, Lothe J. Theory of Dislocations[M]. McGraw-Hill, 1968.

[12] Eshelby J D, Read W T, Shockley W. Acta Met, 1953, 1:251.

[13] Klapper H. Phys Stat Sol, 1972, A14:99.

[14] Klapper H. J Cryst Growth, 1972, 15:281;Phys Stat Sol, 1972, A14:443.

[15] Klapper H. Z Naturf, 1973, 28(a):614.

[16] Klapper H, Fishman Yu M, Lutsau V G. Phys Stat Sol, 1974, A21:115.

[17] Lutsau V G, Fishman Yu M, Res I S. Kristall and Technik, 1970, 5:445.

[18] Schmidt W, Weiss R W. J Cryst Growth, 1978, 43:515.

[19] Tanner B K, Fathers D J. Phil Mag, 1974, 29:1081.
　　　徐秀英,葛传珍,冯端. J de Phys, 1980, C6:186.

[20] Brice J C. J Cryst Growth, 1968, 2:359.

[21] Timoshenko S, Goodier J N. Theory of Elasticity. McGraw-Hill, 1951. 中译本:徐芝纶等译. 弹性理论. 人民教育出版社,1964.

[22] 冯端,王业宁,丘第荣. 金属物理(下册)[M]. 北京:科学出版社,1975:第十四章.

[23] Mil'vidskii M G, Bochkarev E P. J Cryst Growth, 1978, 44:61.

[24] М ильвилскийМ. Г, Освенский В Ь. ПроблемыСовременнойКристаллографии [М]. Москва:

Наука，1975：79.

［25］Орл ов ЛГ. Электронная Микроскопия тверлых тел иЬиологических обьектов［M］. Москва：Наука，1969：116.

［26］Billig, E. Proc Roy Soc, 1956, A235：37.

［27］Brice J C. J Cryst Growth, 1970, 7：9.

［28］Goss A J, Benson K E, Pfann W G. Act Met, 1956, 4：332.

［29］葛传珍,徐秀英,冯端. 物理学报,1981,30:218.

［30］Tiller W A. J Appl Phys, 1958, 29：611.

Peiser H S. Crystal Growth［M］. Pergamon, 1967：187、665.

［31］Nabarro F R N. Dislocation in Crystals［M］. North-Holland, 1979：461.

Matthews J W. J Vac Sci Technol, 1975, 12：126.

［32］Tietjen J J, Amick J A. J. Electronchem Soc 1966, 113：724.

［33］Ueda R, Mullin J B. Crystal Growth and Characterization［M］. North-Holland, 1975：187.

［34］Yip V F S, Wilcox W R. J Cryst Growth, 1976, 36：29.

［35］上海无机所晶体检验组. 物理学报,1976,25:284.

［36］Tominaya H, Sakai M, Fukuda T, et al. J Cryst Growth, 1974, 24/25：272.

［37］Cockayne B, Rostinton J M. J Mater Sci, 1973, 8：601.

［38］Jones D A, Mitchell J W. Phil Mag,1958, 3：1.

［39］Mott N F, Nabarro F R N. Proc Roy Soc,1940, 52：86.

Nabarro F R N. Proc Roy Soc, 1949, A175：519.

［40］冯端,闵乃本,李齐. 南京大学学报(自然科学),1965,9:165.

冯端,闵乃本,李齐等. 中国科学,1964,XII:339.

［41］Matthews J W, Kloholm E, Sadogopan V, et al. Acta Met, 1973, 21：203.

［42］邓佩珍,张守都,王浩炳,等.硅酸盐学报,1979,7:183.

［43］Ge C Z, Hsu C C, Ming N B. J Crys Growth, 1994 142：133.

［44］Matthews J W. Phys Stat Sol, 1973, A15：607.

［45］Davis T L, Hirth J P. J Appl Phys, 1966, 37：2112.

主要参考文献

一、重要论文

[1] Gibbs J W. 论复相物质的平衡. Collected Works, Longmans, Green and Co, 1928.

[2] Burton W K, Cabrera N, Frank F C. 晶体生长及其表面的平衡结构. Phil Trans Roy Soc, 1951, A243：299 - 358.

[3] Frank F C. 国际晶体生长会议开幕词. Growth and Perfection of Crystals, Wiley, 1958：3 - 10.
晶体生长和溶解过程的运动学理论. Growth and Perfection of Crystals, Wiley, 1958：411 - 419.

[4] Cahn J W, Hillig W B, Sears G W. 凝固的分子机制. Acta Met, 1964, 12：1421 - 1439.

[5] Mullins W W, Sekerka E F. 扩散或热流控制生长的球形颗粒的形态稳定性. J Appl Phys, 1963, 34：323 - 329.
稀二元合金凝固时平界面的稳定性. J Appl Phys, 1963, 35：444 - 451.

[6] Jackson K A. 熔体中晶体生长的新概念. Progr Solid State Chem, 1967, 4：53.
晶体生长理论. Solid State Chem, 1975, 5：233 - 282.

[7] Parker E L. 晶体生长机制：能量、动力学和传输. Solid State Phys, 1970, 25：151 - 299.

[8] 大川章哉. 晶体生长. 固体物理, 1975, 10：65、113、175、279、345、409、525、609.

[9] Muller-Krumbhar H. 晶体生长动力学：微观理论和唯象理论. Current Topics in Materials Science, North-Holland, 1978：1 - 46.
晶体生长的蒙特-卡洛模拟. Monte Carlo Methods in Statistical Physics. Springer, 1979：261 - 299.

[10] Langer L S. 晶体生长中不稳定性和形态. Rev Mod Phys, 1980, 52：1 - 28.

[11] 冯端. 晶体生长理论——回顾和前瞻. 物理进展. 江苏物理学会编, 江苏科技出版社, 1980：124 - 164.

二、参考书和文集

[1] Rosenberger F. Fundamentals of Crystal Growth I. Springer, 1979.

[2] Pamplin B. Crystal Growth. Pergaman, 1975.

［3］ Ueda R, Mullin J B. Crystal Growth and Characterization. North-Holland, 1975.

［4］ Hartman P. Crystals Growth: An Introduction. North-Holland, 1973.

［5］ Gilman J J. The Art and Science Of Growing Crystals. Wiley, 1963.

［6］ Proceedings Of ICCG－5. J Crystal Growth, 1977, 42.

［7］ Proceedings of ICCG－4. J Crystal Growth, 1974, 24/25.

［8］ Prooeedings of 1CCG－3. J Crystal Growth, 1971, 13/14.

［9］ Proceedings of ICCG－2. J Crystal Growlh, 1968, 3/4.

［10］ Proceedings of ICCG－1. Crystal Growth, Pergamon, 1967.

［11］ Doremus R H, Roberts B W, Turnbull D. Growth and Perfection of Crystals. Wiley, 1958.

［12］ Discussions of the Faraday Soc No. 5, 1949. Crystal Growth. Butterworths, 1959.

［13］ Schneer C J. Crystal Form and Structure, Benchmark Papers in Geology, Dowden, Hutchinson and Ross, 1977.

［14］ Woodruff D P. The Solid-Liquid Interface. Cambridge University Press, 1973.

［15］ Hirth J P, Pound G M. Condensation and Evaporation. Pergamon, 1963.

［16］ Hurle D T Y. Mechanisms of Growth of Metal Single Crystal from the Melt. Prog in Mat Sci 10. Pergamon, 1962.

［17］ Goodman C H L. Crystal Growth, Theory and Techniques. Plenum, 1, 1974; 2, 1978.

［18］ Brice J C. The Growth of Crystals from Liquids. North-Holland, 1973.

［19］ Brice J C. The Growth of Crystals from Melt. North-Holland, 1965.

［20］ Laudise R A. The Growth of Single Crystals. Prentice-Hall, 1970. 中译本,晶体生长. 刘光照译. 科学出版社, 1979.

［21］ Buckley H. Crystal Growth. Wiley, 1951.

［22］ Christian J W. The Theory of Transformations in Metals and Alloys. Pergamon, 1965.

［23］ Chalmers B. Principles of Solidification. Wiley, 1964.

［24］ Alper A M. Phase Diagrams: Materials Science and Technology. Academic, I－III, 1970.

［25］ 结晶工学ハンドブック. 共立出版株式会社, 昭和 46 年.

［26］ Verma A R. Crystal Growth and Dislocation. Butterworths, 1953.

［27］ Dekeyser W, Amelinckx S. Les Dislocations Et La Croissance Des Cristaux. Masson & Cie, 1955.

［28］ Mathews J W. Epitaxial Growth. Academic, 1975.

［29］ Tritten D J. Physical Fluid Dynamics. Van Nostrand Reinhold, 1977.

［30］ Л. П. Ландау и Е. М. Дифшиц. Статистическая фиэика. Гостехиэдат, 1951. 中译本:统计物理学. 杨训恺等译. 人民出版社,1964.

索　引